Miller와 함께하는

기초화학

김희준 저

자유아카데미

머리말

화학의 장점은 다양성에 있다. 화학 원소도 약 100종류 이상으로 다양하고, 이들이 조합을 이루어 만들어내는 화합물은 수천만 가지가 넘는다. 그런데 자칫하면 화학의 다양성은 화학을 가르치고 배우는 데 부담이 될 수도 있다. 그래서 이 책을 쓰는 데 있어서 곁가지는 최대한 덜어내고 화학의 핵심을 효과적으로 전달하는 것을 첫 번째 주안점으로 삼았다. 기본을 잘 이해하는 것이 많은 사실을 기억하는 것보다 중요하기 때문이다.

두 번째 주안점은 화학의 모든 핵심 내용을 연결하여 하나의 재미있는 이야기로 엮어내는 데 두었다. 우리는 이야기를 좋아하는데, 재미있는 이야기를 들을 때는 재미있고 머리에도 오래 남기 때문이다. 본 저자는 오랫동안 화학을 공부하고 가르치면서 화학에 대한 이야기의 최상의 주제를 '화학적 진화'로 정했다. 137억 년 우주의 진화 역사는 우주가 태어나서 생명을 준비하는 처음 100억 년과 생명이 태어나서 오늘에 이르기까지의 나머지 37억 년으로 구분지을 수 있는데, 화학적 진화는 이 경계 사이에서 무생물로부터 생물이 태어나는 준비 단계에 해당한다.

이런 식으로 우주의 역사에서 이 극적인 기간에 일어나는 화학적 변화를 소재로 하여 화학의 핵심 원리들을 다루다 보면 화학적 진화는 우주 초기의 입자의 진화를 통해서 가벼운 원소가 생기고, 별의 진화를 통해 무거운 원소가 생기는 앞부분과 생명이 태어나서 종이 진화하는 뒷부분의 중간에 자리 잡게 된다. 즉, 중심 과학으로서의 화학의 위치를 강조하고자 하는 세 번째 주안점이 자연스럽게 드러나는 것이다.

화학적 진화를 주제로 화학을 공부하는 최상의 방법은 1950년대에 화학적 진화의 가능성을 연구했던 밀러의 논문을 따라가면서 화학의 원리들을 짚어나가는 것이다. 다행스럽게도 밀러의 역사적인 논문은 고등학생이나 대학생 수준에서 어렵지 않게 읽을 수 있는 수준이다. 이 책을 통해 화학을 접하는 학생이나 일반인들이 한편으로는 우주와 생명의 개괄적인 역사를 배우고, 다른 한편으로는 과학에서 화학의 중심적 위치를 깨닫게 되기를 기대한다.

특히 요즘에는 고등학교에서 화학 I 또는 화학 II를 공부하지 않고 진학한 대학생들이 많다. 그래서 고등학교 화학 I, II의 배경이 없는 학생도 무리 없이 따라갈 수 있도록 화학의 핵심을 상세히 설명하려고 노력했다. 뿐만 아니라 이 책의 구성이 2009년 개정 고등학교 화학 I, II의 교과과정과 유사하기 때문에 고등학생의 심화 학습에도 유용하리라 믿는다.

2012. 3월

저자 김희준

차례

1 원소의 기원

2 밀러의 반응물

3 태초의 지구

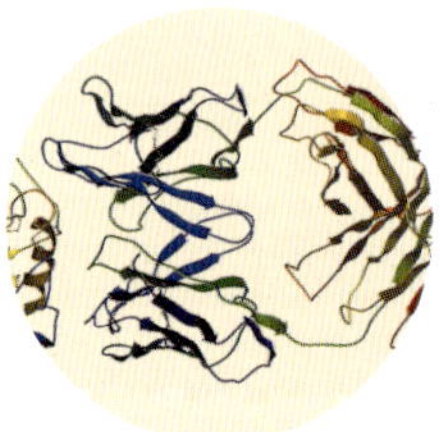

6 생명의 화학

A Production of Amino Acids Under Possible Primitive Earth Conditions

Stanley L. Miller[1, 2]
G. H. Jones Chemical Laboratory, University of Chicago, Chicago, Illinois

The idea that the organic compounds that serve as the basis of life were formed when the earth had an atmosphere of methane, ammonia, water, and hydrogen instead of carbon dioxide, nitrogen, oxygen, and water was suggested by Oparin (*1*) and has been given emphasis recently by Urey (*2*) and Bernal (*3*).

In order to test this hypothesis, an apparatus was built to circulate CH_4, NH_3, H_2O, and H_2 past an electric discharge. The resulting mixture has been tested for amino acids by paper chromatography. Electrical discharge was used to form free radicals instead of ultraviolet light, because quartz absorbs wavelengths short enough to cause photo-dissociation of the gases. Electrical discharge may have played a significant role in the formation of compounds in the primitive atmosphere.

The apparatus used is shown in Fig. 1. Water is boiled in the flask, mixes with the gases in the 5-l flask, circulates past the electrodes, condenses and empties back into the boiling flask. The U-tube prevents circulation in the opposite direction. The acids and amino acids formed in the discharge, not being volatile, accumulate in the water phase. The circulation of the gases is quite slow, but this seems to be an asset, because production was less in a different apparatus with an aspirator arrangement to promote circulation. The discharge, a small corona, was provided by an induction coil designed for detection of leaks in vacuum apparatus.

The experimental procedure was to seal off the opening in the boiling flask after adding 200 ml of water, evacuate the air, add 10 cm pressure of H_2, 20 cm of CH_4, and 20 cm of NH_3. The water in the flask was boiled, and the discharge was run continuously for a week.

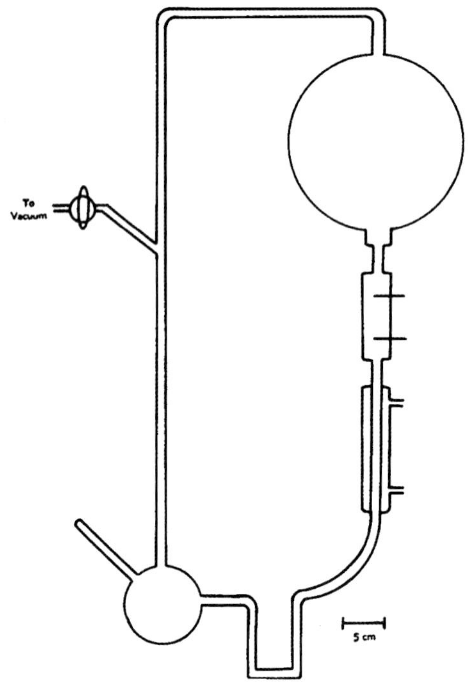

FIG. 1.

During the run the water in the flask became noticeably pink after the first day, and by the end of the week the solution was deep red and turbid. Most of the turbidity was due to colloidal silica from the glass. The red color is due to organic compounds adsorbed on the silica. Also present are yellow organic compounds, of which only a small fraction can be extracted with ether, and which form a continuous streak tapering off at the bottom on a one-dimensional chromatogram run in butanol-acetic acid. These substances are being investigated further.

At the end of the run the solution in the boiling flask was removed and 1 ml of saturated $HgCl_2$ was added to prevent the growth of living organisms. The ampholytes were separated from the rest of the constituents by adding $Ba(OH)_2$ and evaporating *in vacuo* to remove amines, adding H_2SO_4 and evaporat-

[1] National Science Foundation Fellow, 1952–53.
[2] Thanks are due Harold C. Urey for many helpful suggestions and guidance in the course of this investigation.

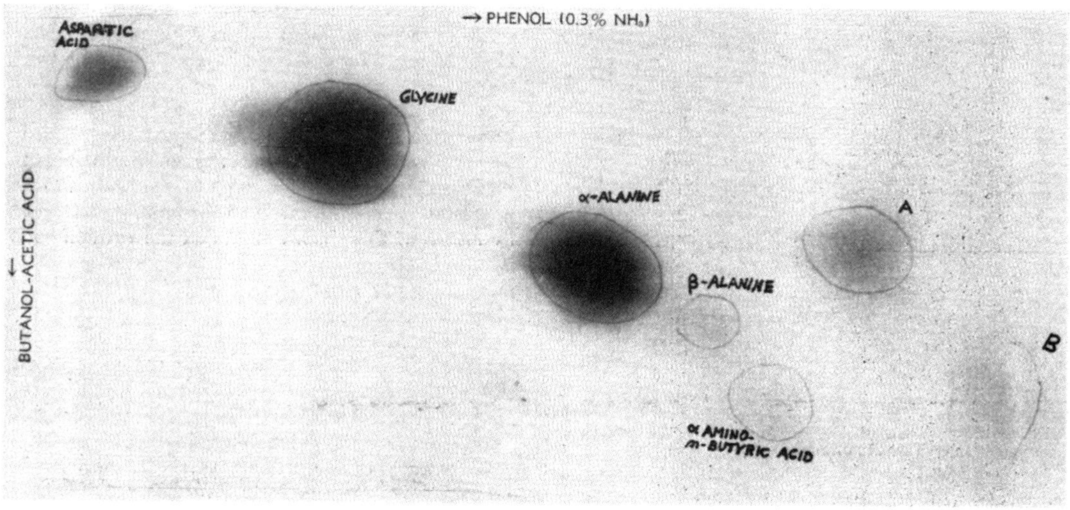

FIG. 2.

ing to remove the acids, neutralizing with $Ba(OH)_2$, filtering and concentrating *in vacuo*.

The amino acids are not due to living organisms because their growth would be prevented by the boiling water during the run, and by the $HgCl_2$, $Ba(OH)_2$, H_2SO_4 during the analysis.

In Fig. 2 is shown a paper chromatogram run in *n*-butanol-acetic acid-water mixture followed by water-saturated phenol, and spraying with ninhydrin. Identification of an amino acid was made when the R_f value (the ratio of the distance traveled by the amino acid to the distance traveled by the solvent front), the shape, and the color of the spot were the same on a known, unknown, and mixture of the known and unknown; and when consistent results were obtained with chromatograms using phenol and 77% ethanol.

On this basis glycine, α-alanine and β-alanine are identified. The identification of the aspartic acid and α-amino-*n*-butyric acid is less certain because the spots are quite weak. The spots marked A and B are unidentified as yet, but may be beta and gamma amino acids. These are the main amino acids present, and others are undoubtedly present but in smaller amounts. It is estimated that the total yield of amino acids was in the milligram range.

In this apparatus an attempt was made to duplicate a primitive atmosphere of the earth, and not to obtain the optimum conditions for the formation of amino acids. Although in this case the total yield was small for the energy expended, it is possible that, with more efficient apparatus (such as mixing of the free radicals in a flow system, use of higher hydrocarbons from natural gas or petroleum, carbon dioxide, etc., and optimum ratios of gases), this type of process would be a way of commercially producing amino acids.

A more complete analysis of the amino acids and other products of the discharge is now being performed and will be reported in detail shortly.

References

1. OPARIN, A. I. The Origin of Life. New York: Macmillan (1938).
2. UREY, H. C. *Proc. Natl. Acad. Sci. U. S.*, **38**, 351 (1952); *The Planets*. New Haven: Yale Univ. Press Chap. 4 (1952).
3. BERNAL, J. D. *Proc. Phys. Soc. (London)*, **62A**, 537 (1949); **62B**, 597 (1949); *Physical Basis of Life*. London: Routledge and Kegan Paul (1951).

Manuscript received February 13, 1953.

밀러의 실험 논문

– 번역 –

가능한 원시 지구 조건에서의 아미노산 생성

스탠리 밀러[1, 2]
존스 연구실
시카고대학교, 시카고, 일리노이

생명의 기반을 이루는 유기 화합물이 이산화탄소, 질소, 산소, 물 대신 메테인, 암모니아, 물, 수소의 대기에서 만들어졌다는 생각은 오파린(1)에 의해 제안되었고, 최근에는 유리(2)와 버날(3)에 의해 강조되었다."

이 가정을 테스트하기 위해서 CH_4, NH_3, H_2O, H_2를 전기 방전을 통해 순환시키는 장치를 제작했다. 얻어진 결과물에 아미노산이 들어 있는지 종이 크로마토그래피를 사용해서 테스트했다. 석영은 기체를 광분해하기에 충분히 파장이 짧은 자외선을 흡수하기 때문에 전기 방전을 통해서 라디칼을 만들었다. 태초의 대기에서 화합물들이 만들어지는데 전기 방전이 중요한 역할을 했을지도 모른다.

그림 1은 실험 장치를 보여 준다. 끓인 물은 5리터 플라스크에서 기체들과 혼합되어 전극 사이를 통과한 후 응축되어 플라스크로 돌아간다. U자관은 반대 방향으로 순환하는 것을 방지해 준다. 방전으로 만들어진 산과 아미노산은 휘발성이 없기 때문에 물층에 모인다. 기체의 순환은 상당히 느리지만, 순환을 빠르게 하기 위해 아스피레이터를 부착한 다른 장치를 사용했을 때는 덜 만들어진 것을 보면 느린 것이 오히려 다행인 것 같다. 진공 장치에서 새는 것을 검출하는 목적으로 고안된 유도 코일을 사용해서 작은 코로나 방전을 일으켰다.

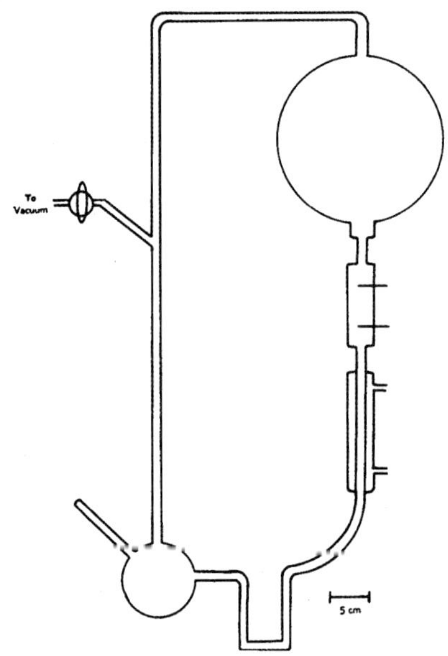

그림 1

실험 과정에서 플라스크에 물 200 mL를 넣고 공기를 뺀 후에 10 cm 압력의 H_2, 20 cm의 CH_4, 20 cm의 NH_3를 넣고 밀봉했다. 물을 끓이면서 1주일 동안 방전을 계속했다.

이 과정을 진행하자 하루 만에 용액은 눈에 띄게 핑크색이 되었고, 일주일 후에는 짙은 붉은색을 띠면서 혼탁해졌다. 혼탁한 주된 이유는 유리에서 나온 콜로이드 상태의 실리카 때문이었다. 붉은색은 실리카에 흡착된 유기 화합물 때문이다. 노란색 유기 화합물도 있는데, 그중 극히 일부만이 에터(에테르, 이써)로 추출되고, 이 유기물은 뷰탄올–아세트산으로 전개한 1차원 종이 크로마토그램에서 아래쪽까지 연속적으로 끌림을 나타낸다. 이 물질들에 대해서는 조사 중이다.

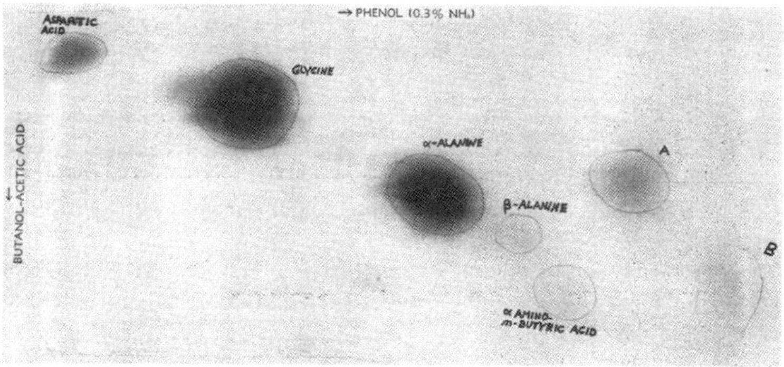

그림 2

반응을 마치고는 플라스크의 용액을 꺼내고 미생물이 자라는 것을 막기 위해서 1 mL의 $HgCl_2$ 포화 용액을 가했다. 양쪽성 물질들은 $Ba(OH)_2$를 가하고 나서 진공하에서 증발시켜 아민을 제거하고, H_2SO_4를 가하고 증발시켜 산을 제거하고, $Ba(OH)_2$로 중화하고 거른 후에 진공하에서 농축시켜 나머지 물질로부터 분리했다.

아미노산은 생명체로부터 온 것이 아님을 알 수 있는데, 반응 도중 끓이고, 분석 도중 $HgCl_2$, $Ba(OH)_2$, H_2SO_4를 가했기 때문에 생명체가 자랄 수 없기 때문이다.

그림 2는 *n*-부탄올-아세트산-물 혼합 용액, 그 다음에는 물로 포화된 페놀로 전개하고 닌하이드린으로 스프레이해서 얻은 종이 크로마토그램을 보여 준다. R_f값(아미노산이 이동한 거리와 용액 전진선이 이동한 거리의 비율), 모양, 스팟의 색이 이미 알고 있는 아미노산, 미지의 물질 그리고 이 두 가지 물질의 혼합물인 경우에 같고, 또한 페놀과 77% 에탄올을 사용해서 일치되는 결과가 얻어지는 것으로부터 아미노산을 동정했다.

이렇게 해서 글라이신과 α-알라닌, β-알라닌을 동정한다. 스팟이 상당히 약하기 때문에 아스파트산과 α-아미노-*n*-뷰티르산의 동정은 다소 불확실하다. A와 B로 표시한 스팟은 아직 동정하지 못했으나 베타, 감마 아미노산일지도 모른다. 이들이 주로 들어 있는 아미노산일 것이지만, 다른 것들도 소량이나마 확실히 들어 있을 것이다. 전체 아미노산의 수율은 밀리그램 단위인 것으로 추산된다.

이 장치를 사용해서 지구의 원시 대기를 재현하려고 했지, 아미노산 생성의 최적 조건을 구하려고 한 것은 아니다. 이 경우에 사용한 에너지에 비해 전체 수율은 낮았지만(흐르는 시스템에서 라디칼을 섞어 주거나, 천연 가스나 석유에 들어 있는 탄소수가 큰 탄화수소나 이산화탄소 등을 사용하거나, 기체들의 비율을 최적화하는 등) 보다 효율적인 장치를 사용하면 이런 식의 과정을 통해 아미노산을 상업적으로 생산할 수도 있을 것이다.

아미노산과 기타 방전의 생성물을 보다 철저하게 분석하는 작업이 진행 중인데, 자세한 결과는 곧 보고할 예정이다.

참고 문헌

1. 오파린. 생명의 기원, 뉴욕: 맥밀란 (1938).
2. 유리. 미국 국립과학아카데미회보 38, 351 (1952);
   행성. 뉴헤이븐: 예일대 출판부, 4장 (1952).
3. 버날. 물리학회 회보 (런던), 62A, 537 (1949); 62B, 597 (1949);
   생명의 물리적 기초. 런던 : 루트리지와 폴 키건 (1951).

Chapter

1 원소의 기원

과학의 역사에서 비교적 쉽게 읽을 수 있으면서도 아주 중요하고 흥미로운 내용을 담은 논문 중에는 초기 지구에서 생명의 출현 가능성을 화학의 입장에서 다룬 밀러(Stanley Miller)의 논문이 있다. 특히 이 짧은 논문에는 화학의 거의 모든 기본 원리가 들어 있어서 이 논문을 따라가면서 스토리텔링 식으로 화학의 기초를 공부하면 화학이 딱딱하지 않고 흥미롭게 다가올 것이다.

밀러 논문이 다루는 내용을 한마디로 정의하면 화학적 진화라고 말할 수 있다. 그런데 진화라고 하면 먼저 다윈이 말한 종의 진화, 즉 생명의 진화가 떠오른다. 요즘에는 별의 진화, 그리고 우주의 진화까지 이야기한다. 생명이 있는 것이 진화한다면 우주 전체가 생명체처럼 단순하게 출발해서 복잡성을 더해가면서 오늘날에 이르렀다는 생각이 드는 것이다.

생명의 진화에 앞서서 화학적 진화가 필요했다면 생명의 기원에 대한 관심은 화학 원소의 기원으로 이어지고, 원소의 기원을 이야기하려면 자연스럽게 우주의 기원을 이야기하게 된다.

1-1 생명과 유기 화합물

지구의 역사에서 가장 중요한 사건을 몇 가지 들라고 한다면 생명의 탄생을 빠뜨릴 수 없을 것이다. 지구의 나이는 46억 년인데, 생명이 태어난 것은 대략 37억 년 전으로 추정된다. 그렇다면 지구에 생명체가 없었던 기간이 9억 년 정도로 유추할 수 있다. 그런데 일단 생명이 출발하고 나서는 지금까지 한 번도 단절된 적이 없이 생명의 역사는 지속되어 왔다. 이러한 생명의 연속성 또는 영속성은 어떻게 해서 가능한 것일까?

또한 그에 못지않게 궁금한 것은 최초의 생명체가 어떻게 태어났을까 하는 문제이다. 37억 년 전에 생명이 태어나기 위해서는 그 이전에 어떤 준비 단계가 필요했을 것이다.

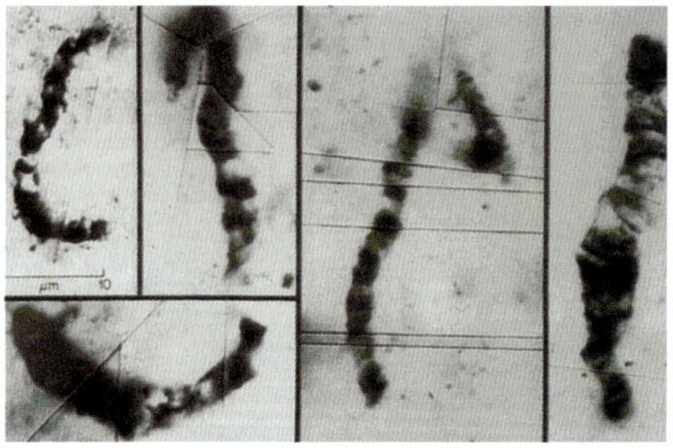

가장 오래된 생명체의 화석이라고 생각되는 마이크로 화석. 두께 1~3 μm (10^{-6} m), 길이 10~20 μm인 필라멘트 모양의 마이크로 화석이다.

생명은 어떤 물질을 기반으로 해서 일어날까? 그런 물질은 어떤 과정을 통해서 만들어졌을까?

밀러의 논문은 다음 문장으로 시작된다.

> "생명의 기반을 이루는 유기 화합물이 이산화탄소, 질소, 산소, 물 대신 메테인, 암모니아, 물, 수소의 대기에서 만들어졌다는 생각은 오파린에 의해 제안되었고, 최근에는 유리와 버날에 의해 강조되었다."

이 문장에는 이산화탄소(carbon dioxide), 질소(nitrogen), 산소(oxygen), 물(water), 메테인(methane), 암모니아(ammonia), 수소(hydrogen) 등 몇 가지 물질의 이름과 오파린, 유리, 버날 등 몇 사람의 과학자 이름이 나온다. 그런데 이 문장을 우리말로 번역해 보면, 이 논문의 첫 번째 문장의 첫 번째 단어가 생명임을 알 수 있다.

화학과 생명은 떼어 놓을 수 없다. 왜냐하면 모든 생명 현상은 생명체를 구성하는 물질들의 화학적 변화를 통해 이루어지기 때문이다. 그런데 이 문장은 생명 자체에 대해서가 아니라 생명의 기반을 이루는 **유기 화합물(有機化合物, organic compound)**에 대해 언급하고 있다. 생명 현상에 관여하는 물질들은 대부분 지름이 1 nm 이하로 작고, 탄소(C)를 골격으로 하는 유기 화합물이기 때문이다.

■ 그림 1-1 각종 유기 화합물들

유기(有機)에서 '기(機)'는 방적기, 비행기, 기계 등에서 알 수 있듯이 움직이면서 무엇인가 일을 하는 물체라는 의미를 가지고 있다. 수천만 년을 꿈쩍하지 않고 제자리에 버티고 있는 바위와 달리, 생명체는 움직이고 자라는 특징이 있는데, 이러한 생명체를 구성하는 물질이 유기 화합물인 것이다.

■ 그림 1-2 대부분 유기 물질의 원료인 석유를 해상에서 시추하는 모습

본래 'organic'이라는 단어는 동물이나 식물의 생체 조직(organ)에서 얻어진 물질이라는 의미이다. 따라서 처음에는 유기 화합물이 천연의 생체 화합물과 같은 의미로 사용되었을 것이다. 그런데 생체 화합물은 모두 탄소 화합물이다. 이 때문에 오늘날에는 인조 섬유나 플라스틱 등의 합성 물질도 탄소를 포함하면 모두 유기 화합물이라고 한다. 대부분 합성 유기 물질의 원료인 석유도 오래 전에 살았던 생명체로부터 유래된 물질이다.

이처럼 모든 유기 화합물은 탄소를 포함하고 있으며, 탄소가 화합물의 뼈대를 이루는 중심 원자가 되어 그 분자의 크기나 성질의 결정에 중요한 역할을 한다. 유기물이 생명체에서 유래된 물질이라는 사실을 생각해 보면 유기 화합물, 즉 **탄소 화합물(carbon compound)**은 생명체를 구성함과 동시에 생명 활동에 핵심적인 역할을 한다는 것을 짐작할 수 있다. 그래서 밀러는 첫 번째 문장에서 이 논문에서는 생명의 기반을 이루는 유기 화합물이 어떻게 만들어졌을지 논의한다는 점을 확실히 하고 있다.

일단 밀러가 만들고자 했던 유기 화합물인 아미노산(amino acid) 중 두 가지인 글라이신(glycine)과 알라닌(alanine)을 보고, 이들이 탄소 화합물인 것을 확인하고 넘어가자.

아래의 모형에서 검은색 구는 탄소 원자, 빨간색 구는 산소(O) 원자, 파란색 구는 질소(N) 원자, 흰색 구는 수소(H) 원자를 나타낸다. 글라이신에는 탄소 원자가 2개, 알라닌에는 탄소 원자가 3개 들어 있는 것을 볼 수 있다. 글라이신이라는 이름은 포도당을 의미하는 글루코스(glucose)와 같이 '달다'는 뜻의 'glycos'가 어원이다. 알라닌은 알코올(alcohol)과 알데하이드(aldehyde) 등의 유기 화합물과 어원이 같다.

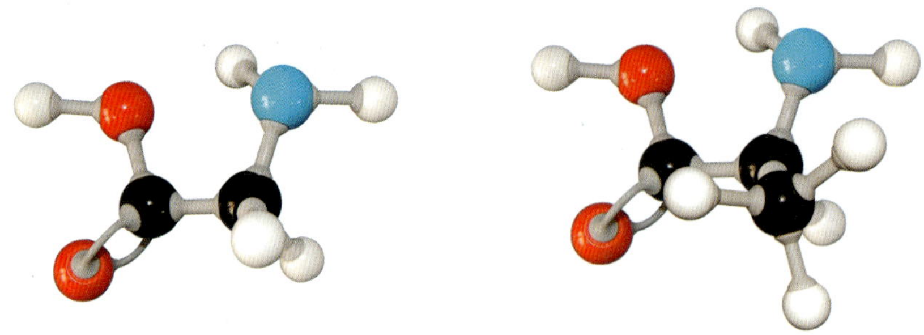

글라이신 알라닌

■ **그림 1-3** 아미노산인 글라이신과 알라닌

체크 포인트

1. 다음 보기를 보고 물음에 답하시오.

보기 ㄱ. 수소 ㄴ. 탄소 ㄷ. 질소 ㄹ. 산소 ㅁ. 인

(1) 유기 화합물을 구분하는 기준이 되는 원소는?

(2) 글라이신에 들어 있는 원소가 아닌 것은?

(3) 글라이신에 1개만 들어 있는 원소는?

2. 글라이신과 알라닌에 들어 있는 원자의 개수가 다른 것은?

① 수소와 산소 ② 수소와 질소 ③ 탄소와 산소

④ 질소와 산소 ⑤ 탄소와 수소

토의 포인트

1. 우리 몸에 들어 있는 유기 화합물의 예를 들어 보시오.

2. 탄소 대신 규소 등의 다른 원소를 기반으로 하는 생명체가 가능할까?

1-2

환원성 대기, 산화성 대기

밀러 논문의 첫 문장은 태초 대기의 주성분이 이산화탄소, 질소, 산소, 물 대신 메테인, 암모니아, 물, 수소였을 것이라는 몇몇 과학자들의 생각을 소개하고 있다. 첫 문장에서 언급하는 것을 보면 태초 대기의 주성분이 환원성인지의 여부가 생명 출현과 직접적인 연관이 있는 것이 틀림없다.

화학을 공부할 때 앞부분에서 산화와 환원이 등장하는 것은 큰 의미가 있다. 화학에서 많이 다루는 물질 중에서 같은 원소로만 이루어진 것은 H_2, N_2, O_2, Cl_2, 흑연 그리고 순수한 금속 등으로, 별로 많지 않다. 반면 물, 암모니아, 메테인, 이산화탄소, 글루코스, 실리카 등의 화합물은 셀 수도 없이 많고, 또 중요하다. 그런데 다른 원소가 만나서 결합할 때는 원소의 개성 차이에 따라 전자를 주고받는 산화와 환원이 일어난다. 다시 말해서 생명에 관련된 반응을 포함해서 대부분의 화학 반응은 산화-환원 반응인 것이다.

왜 과학자들이 메테인, 암모니아, 물, 수소라는 물질들을 선택하였는지, 왜 그런 생각을 하게 되었는지 알기 위해서 논문 첫 문장에서 제시한 물질들의 차이를 살펴보자. 오파린, 유리, 버날 등이 메테인, 암모니아, 물, 수소가 초기 지구 대기의 주성분이었다고 생각했다면 이산화탄소, 질소, 산소, 물은 그것들이 바뀐 형태라고 생각할 수 있다. 그 변화의 핵심은 무엇일까?

메테인 → 이산화탄소
$CH_4 \longrightarrow CO_2$ (수소가 떨어지고 산소가 결합)

암모니아 → 질소
$NH_3 \longrightarrow N_2$ (수소가 떨어짐)

물 → 산소
$H_2O \longrightarrow O_2$ (수소가 떨어짐)

수소 → 물
$H_2 \longrightarrow H_2O$ (산소가 결합)

■ 그림 1-4 산화된 기차

메테인이 이산화탄소로 바뀐 것은 메테인의 탄소와 결합하고 있던 수소가 떨어져 나가고 대신 산소가 결합한 것이다. 산소가 결합하는 반응을 **산화**(**oxidation**)라고 한다면 이 변화는 산화에 해당한다.

암모니아가 질소로 바뀐 것은 암모니아의 질소와 결합하고 있던 수소가 떨어져 나간 것이다. 메테인이 이산화탄소로 산화될 때 수소가 떨어져 나간 것을 보면 산소와 결합하는 것도 산화지만 수소가 떨어져 나가는 것도 산화에 해당한다. 물론 암모니아가 질소로 산화되고 나서 산소와 결합해서 한 단계 더 산화되면 N_2O, NO, NO_2 등의 다양한 질소 산화물이 얻어진다.

물이 산소로 바뀔 때는 물의 산소와 결합하고 있던 수소가 떨어져 나간다. 물과 산소의 관계는 암모니아와 질소의 관계와 마찬가지로 산화에 해당한다. 수소가 물이 되는 것은 수소가 산소와 결합하는 것이므로 산화이다.

그러고 보면 태초 지구 대기의 주성분이 이산화탄소, 질소, 산소, 물 대신 메테인, 암모니아, 물, 수소였을 것이라고 한 것은 메테인, 암모니아, 물, 수소가 이산화탄소, 질소, 산소, 물로 산화되지 않았다는 의미이고, 그것은 오랜 시간이 지나면 산화가 일어날 것이라는 의미를 내포하고 있다. 다시 말하면 산화는 자연스러운 반응의 방향이라는 것이다. 산화가 자연스러운 반응이기 때문에 지금 이 순간에도 우리 몸에서는 산화가 활발하게 일어나면서 열이 방출되어 체온을 유지하고 또 생명 활동에 필요한 화학 에너지를 생산하고 있다.

그런데 이산화탄소, 질소, 산소, 물처럼 이미 산화된 물질이 많으면 그 물질에 들어 있는 산소를 사용해서 다른 물질을 산화시킬 가능성이 높다. 따라서 이런 대기를 **산화성 대기**(**oxidizing atmosphere**)라고 한다. 반면에 산화되기 전의 메테인, 암모니아, 물, 수소의 대기는 수소를 많이 가지고 있기 때문에 **환원성 대기**(**reducing atmosphere**)라고 한다. 밀러는 간단한 유기 화합물이 만들어진 태초의 대기가 환원성이었다는 생각을 논문에서 소개하고 있는 것이다.

환원은 원래 상태로 되돌린다는 의미이다. 따라서 산소와 결합하는 것이 산화라면 산소를 떼어 내는 것은 **환원**(**reduction**)이다. 그런데 앞에서 산소와 결합하는 산화가 수소를 잃는 것과 마찬가지라고 했으므로, 산소를 잃는 대신 수소와 결합해도 환원이 될 것이다. 그러고 보면 산소와 수소는 서로 반대가 되는 어떤 특성을 가지고 있는 것처럼 보인다. 그리고 이 특성은 지구의 환경을 크게 바꾸어 놓고, 생명을 가능하게 하므로 아주 중요한 특성임을 짐작할 수 있다. 산소와 수소는 서로 다른 개성을 가지고 있다고 말해도 좋을 것이다.

■ **그림 1-5** 산소가 관여하는 환원의 예(제철 과정)

태초 지구의 대기가 환원성이라는 말은 수소가 풍부했다는 말도 되고, 산소가 많지 않았다는 말도 된다. 우주(universe)에는 수소와 헬륨(helium)이 가장 풍부하고, 태양계(solar system)가 만들어질 때의 재료도 주로 수소와 헬륨이었으므로, 오파린 등은 초기 지구가 환원성이라고 생각한 것이다.

46억 년 지구의 역사에서 최초의 생명체가 태어나기까지 초기 수억 년 사이에 가벼운 기체인 수소와 메테인, 암모니아 등이 많이 날아가고 대기는 더 이상 환원성이 아니었을지도 모른다는 주장도 있다. 만일 생명이 태어나기 위한 준비 단계에서 지구의 대기가 이미 산화성이 되었다면 지구 상에서 생명이 태어나기는 어려웠을 것으로 생각된다. 산화가 되었다는 것은 이산화탄소나 물처럼 안정한 물질로 바뀌었다는 뜻이다. 그렇다면 이미 바다로 흘러 들어간 물을 사용하여 낙차를 이용하는 수력발전을 할 수 없듯이, 안정한 물질을 사용하여 화학 변화를 통해 생명에 필수적인 물질들을 만들기는 어려울 것이다.

여기서는 일단 산화와 환원이 중요한 화학적 변화인 것 같다는 정도의 의미만을 알고, 밀러가 어떻게 환원성 대기에서 간단한 유기 화합물이 만들어질 수 있다는 것을 실험했는지 알아보기로 하자.

체크 포인트

1. 다음 변화가 산화인지 환원인지 구분하시오.

(1) $H_2O \longrightarrow H_2$ (H의 입장에서)

(2) $H_2O \longrightarrow O_2$ (O의 입장에서)

(3) $CH_4 \longrightarrow CO_2$ (C의 입장에서)

토의 포인트

1. 흔히 산화는 전자를 빼앗기는 반응, 환원은 전자를 얻는 반응이라고도 한다. 그렇다면 산소는 전자를 잘 끌어당기는 편인가, 잘 내주는 편인가?
2. 산소의 반응, 즉 산화가 화학에서 특히 왜 중요한 위치를 차지할까?
3. 산소는 어떻게 발견되었을까?
4. 산소는 어떻게 명명되었을까?

1-3

화학적 진화

밀러 논문에서 첫 번째 문장의 뼈대는 "유기 화합물이 만들어졌다."이다. 밀러는 생명에 필수적인 유기 화합물이 메테인, 암모니아, 물, 수소와 같이 간단한 물질로부터 "만들어졌다."고 말하고 있는 것이다.

137억 년 우주 역사를 크게 두 가지로 구분한다면 적어도 우리가 아는 한 생명이 존재하기 이전의 약 100억 년과 지구 상에 생명이 존재하는 약 37억 년으로 나눌 수 있을 것이다. 이 두 시기의 경계에는 무생물로부터 생물이 태어나는 데 필요한 준비 단계가 있어야 한다. 이 단계에서 일어나는 화학적 변화를 화학적 진화라고 한다.

오늘날 지구 상에서 찾아볼 수 있는 다양한 생물의 조상이 원시 지구에서 태어나기 위해서는 화학적 진화가 선행되어야 했다.

메테인, 암모니아, 물, 수소는 앞에서 본 글라이신에 비해 훨씬 간단한 물질이다. 따라서 메테인, 암모니아, 물, 수소로부터 글라이신이 만들어진 것은 커다란 변화이다. 변화에는 물질의 본질이 바뀌지 않는 **물리적 변화(physical change)**도 있지만, 많은 경우에, 특히 생명 현상에서는 어떤 물질이 다른 물질로 바뀌게 된다. 이런 물질의 질적 변화를 **화학적 변화(chemical change)**라고 한다.

수증기

물

얼음

■ **그림 1-6** H_2O의 물리적 변화

화학적 변화에는 간단한 물질로부터 복잡한 물질로의 변화도 있지만, 음식이 소화되는 것처럼 복잡한 물질이 간단한 물질로 바뀌는 분해도 있다. 그런데 복잡성이 증가하는 경우에는 진화라는 표현을 자주 사용한다. 가장 대표적인 경우가 **생물학적 진화(biological evolution)**이다. 물론 모든 진화에서 복잡성이 증가하는 것은 아니지만 단세포 박테리아에서 다세포 생물이 생기고, 다세포 생물도 점진적으로 복잡한 구조를 갖추게 되면서 생각을 하는 등의 놀라운 기능을 발휘하는 고등 생물이 되는 것은 진화임에 틀림없다.

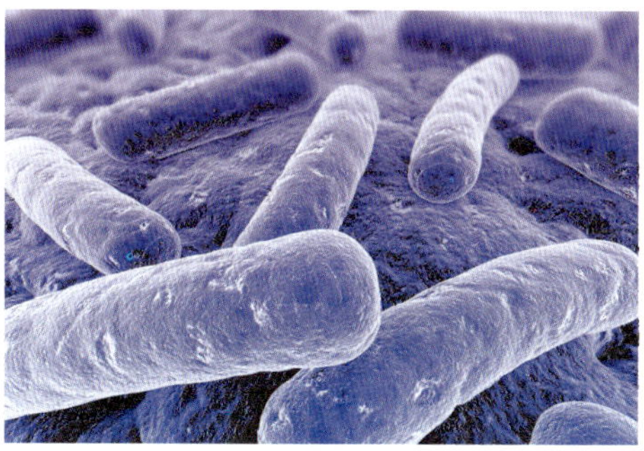
단세포 박테리아(대장균, 호열 세균 등)

다세포 생물(곰팡이, 버섯 등)

고등 생물(식물)

고등 생물(동물)

■ **그림 1-7** 다양한 생물군

그런 의미에서 메테인, 암모니아, 물, 수소처럼 간단한 화합물에서 글라이신과 같이 생명에 필수적이며 비교적 복잡한 물질이 만들어지는 것을 **화학적 진화(chemical**

■ **그림 1-8** 생명체가 살고 있을 가능성이 큰 케플러-22b 행성

evolution)라고 한다. 밀러가 자신의 논문에서 화학적 진화라는 표현을 하지는 않았지만, 나중에 생물학적 진화에 앞서서 일단 최초의 생명체가 태어나기 위해서는 화합물의 진화가 있어야만 했으리라는 의미에서 화학적 진화라는 말이 널리 사용되게 되었다. 즉, 밀러의 논문은 화학적 진화에 관한 최초의 본격적인 논문인 셈이다.

요즘은 지구 밖의 외계에서 생명체를 찾는 연구가 흥미를 끌고 있다. 생명체를 찾으려면 우선 태양과 같은 별에서 적당한 거리에 떨어져 있는, 지구와 비슷한 환경을 가진 행성을 찾는 것이 우선되어야 한다. 외계에서 생명체를 찾는다면 엄청난 뉴스가 될 것이다. 그런데 외계에서도 생명체가 생기려면 그에 앞서서 화학적 진화가 있어야 한다. 그래서 외계에서 날아 들어온 운석에서 아미노산을 찾기도 하고, 별과 별 사이의 공간에서 아미노산을 찾기도 한다. 운석에서는 이미 아미노산이 발견되었고, 우주 공간에서 가장 간단한 아미노산인 글라이신이 발견되었다는 주장도 있지만 아직 확인은 되지 않고 있다.

탐구활동

1. 머치슨 운석(Murchison meteorite)에서 아미노산을 발견한 내용을 조사해 보시오.
2. 성간 공간에서 발견된 화합물에는 어떤 것들이 있는지 조사해 보시오.
3. 성간 공간에 있는 화합물을 조사할 때는 어떤 방법을 사용하는지 알아보시오.

머치슨 운석

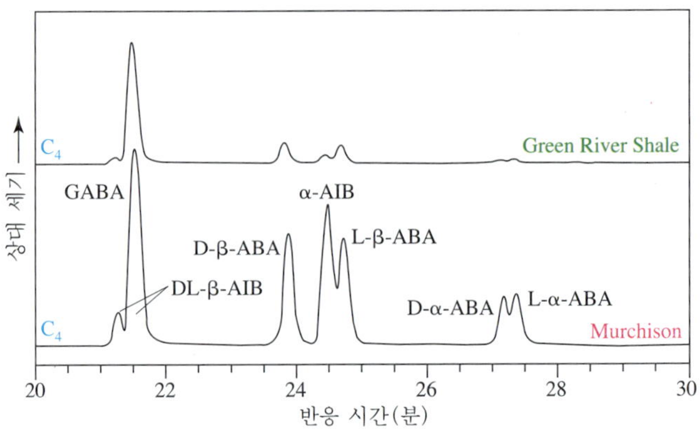

읽을거리 오파린, 유리, 버날, 밀러 이야기

오파린 (Aleksandr Oparin, 1894~1980)

20세기의 찰스 다윈이라고도 불리는 오파린은 러시아의 생화학자로, 생명의 기원에 대한 이론을 처음으로 제시한 과학자이다. 모스크바 주립대학 교수로 재직하였으며, 초기에는 주로 식물 세포에서 일어나는 효소 작용을 연구했다. 1924년에 환원성 지구에서 원시 수프로부터 화학적 진화를 통해 복잡한 탄소 화합물들이 만들어지는 과정을 통해 지구 상의 생명체가 태어났다는 이론을 제시했다. 1970년에는 생명의 기원 연구를 위한 국제학회의 회장으로 선출되었다.

유리는 캘리포니아 대학교 버클리 캠퍼스에서 루이스 교수의 지도로 박사 학위를 받은 미국의 물리화학자이다. 컬럼비아 대학 교수로 있을 때 액체 수소를 반복해서 분별 증류하여 중수소를 발견했고, 나아가서 중수(heavy water, D_2O)도 발견했다. 이러한 업적으로 1934년 노벨 화학상을 수상했다. 제2차 세계대전 중에는 기체 확산을 통해 원자폭탄 제작에 필요한 우라늄-235 동위원소를 우라늄-238로부터 분리하는 방법을 개발하였다. 맨하탄 프로젝트와 함께 시카고 대학교로 옮겼고, 밀러-유리 실험으로 알려진 대학원생 밀러를 지도했다. 행성의 기원과 진화에 관한 책을 저술했고, 우주화학(cosmochemistry)이라는 말을 처음 사용했다.

유리 (Harold Urey 1893~1981). 1934년 노벨 화학상.

존 데스몬드 버날은 아일랜드계의 영국인으로, 케임브리지 대학을 졸업하고, 런던의 브라그 밑에서 X-선 결정학을 공부했다. 케임브리지 대학 교수가 되어 X-선 결정학을 유기 화합물에 적용하기 시작하였다. 그의 제자 중에는 페니실린과 비타민 B-12, 인슐린 등의 구조 연구로 1964년 노벨 화학상을 수상한 도로시 호지킨과 헤모글로빈 단백질의 구조를 밝혀 1962년 노벨 화학상을 수상한 막스 퍼루츠가 있다. 그는 생명의 기원에 관심을 가지고 운석에서 복잡한 화합물을 찾는 연구를 했다.

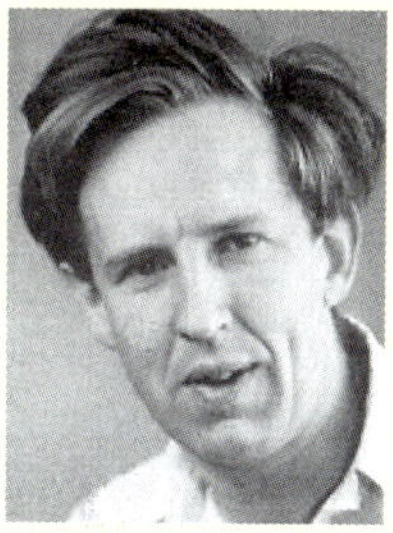
버날 (John Desmond Bernal, 1901~1971)

밀러는 캘리포니아 대학교 버클리 캠퍼스를 졸업하고, 시카고 대학에서 유리 교수의 지도로 박사 학위를 받았다. 밀러-유리 실험으로 알려진 환원성 대기에서 아미노산 합성을 보여 준 박사 학위 논문은 사이언스지에 밀러가 단독 저자로 발표되었다. 1828년에 뵐러가 생체 물질로 알려진 요소를 무기물로부터 합성하여 유기물이나 무기물 모두 근본적인 차이는 없는 것을 보여 주었는데, 밀러는 한 걸음 더 나아가 무기물로부터 생명의 핵심 물질인 아미노산이 만들어질 수 있다는 것을 보여 주었다. 칼텍과 컬럼비아 대학을 거쳐 캘리포니아 대학교 샌디에고 캠퍼스 교수로 재직하면서 오랫동안 연구하였다. 그가 사망한 후 2008년에 그가 남긴 보다 정밀한 기기로 분석한 결과 밀러가 발표한 것보다 많은 아미노산과 다른 흥미로운 화합물들이 검출되었다.

밀러 (Stanley Miller, 1930~2007)

체크 포인트

1. 다음 중 화학적 변화가 아닌 것은?
   ① 수소 원자(H)가 결합하여 수소 분자(H_2)가 된다.
   ② 수소(H_2)와 산소(O_2)가 결합하여 물(H_2O)이 된다.
   ③ 메테인(CH_4)이 주성분인 도시가스를 태워서 에너지를 얻는다.
   ④ 광합성을 통해 이산화탄소(CO_2)와 물로부터 포도당($C_6H_{12}O_6$)이 만들어진다.
   ⑤ 식물의 엽록소는 햇빛의 빨간색 쪽과 파란색 쪽을 흡수하고 나머지를 반사하여 녹색으로 보인다.

2. 다음 화학적 변화 중에서 간단한 물질이 복잡한 물질로 바뀌는 것이 아닌 것은?
   ① 수소(H_2)와 산소(O_2)가 반응해서 물(H_2O)이 된다.
   ② 광합성을 통해 이산화탄소(CO_2)와 물로부터 포도당($C_6H_{12}O_6$)이 만들어진다.
   ③ 포도당으로부터 녹말이 만들어진다.
   ④ 산화 수은(HgO)으로부터 수은(Hg)과 산소(O_2)가 얻어져서 산소가 발견되었다.
   ⑤ 수소(H_2)와 질소(N_2)로부터 암모니아(NH_3)를 만든다.

토의 포인트

1. 일반적으로 진화는 왜 복잡해지는 과정인가?
2. 진화에는 어떤 목적을 향한 방향성이 있는가?
3. 생명의 기원에 대한 다른 가설에는 어떤 것들이 있는가?
4. 다음은 과학적으로 다룰 수 있는 기원에 대한 것이다. 이 중 가장 상세히 알려지고 신빙성이 있는 것은 어떤 것인가?

보기

ㄱ. 생명의 기원	ㄴ. 종의 기원	ㄷ. 인류의 기원
ㄹ. 태양계의 기원	ㅁ. 원소의 기원	ㅂ. 우주의 기원

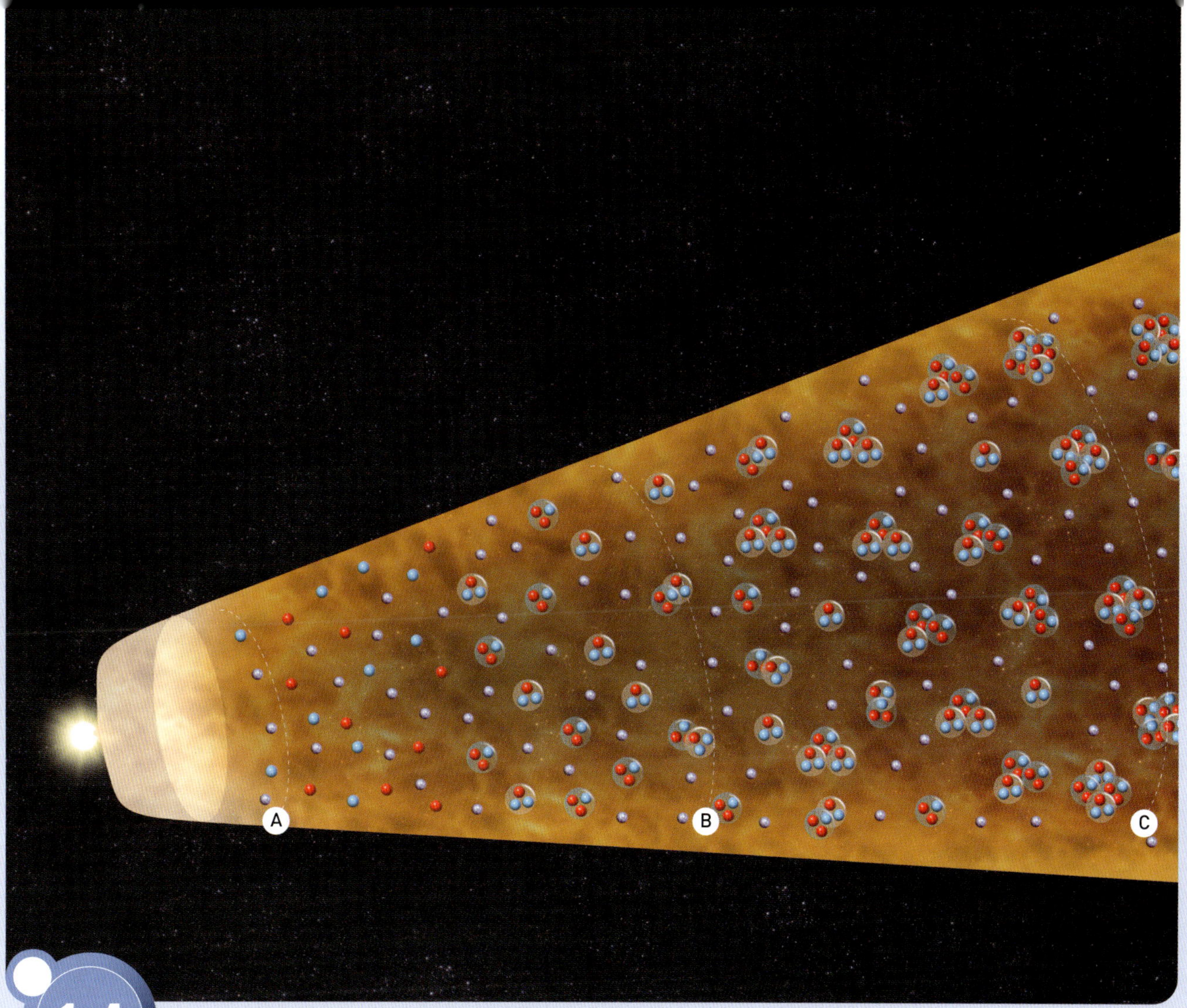

1-4

원소의 기원

빅뱅(0~3분)

Ⓐ 쿼크와 렙톤 탄생(10^{-34}초)

Ⓑ 양성자와 중성자 탄생(1초)

중수소, 삼중수소, 헬륨-3, 헬륨-4 탄생

Ⓒ 수소와 헬륨의 질량비 3 : 1(3분)

●● 수소의 기원

밀러가 실험에 사용한 H_2, CH_4, NH_3, H_2O의 네 가지 물질을 살펴보면 공통적으로 수소(H)가 들어 있는 것을 알 수 있다. H_2는 수소 원자와 수소 원자가 결합한 물질이고, CH_4, NH_3, H_2O는 각각 수소 원자가 탄소, 질소, 산소 원자와 결합한 물질이다.

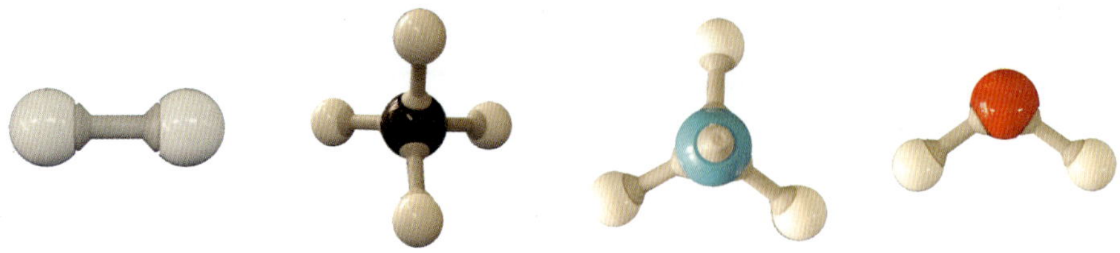

수소 분자 (H_2)　　메테인 (CH_4)　　암모니아 (NH_3)　　물 (H_2O)

원소들의 비슷한 성질이 주기적으로 나타나는 것을 정리한 **주기율표(periodic table**, 3장)에서 수소는 헬륨과 함께 1주기를 이룬다. 그리고 탄소, 질소, 산소는 모두 2주기에 속한다. 주기율표에는 모두 100여 가지의 원소가 들어 있는데, 흔히 원소의 생성을 다룰 때는 수소와 헬륨을 **가벼운 원소(light elements)**, 나머지 원소들을 **무거운 원소(heavy elements)** 라고 한다. 따라서 태초 지구의 대기를 이루었다고 생각되는 수소, 메테인, 암모니아, 물은 가벼운 원소인 수소와 무거운 원소인 탄소, 질소, 산소로부터 만들어진 셈이다.

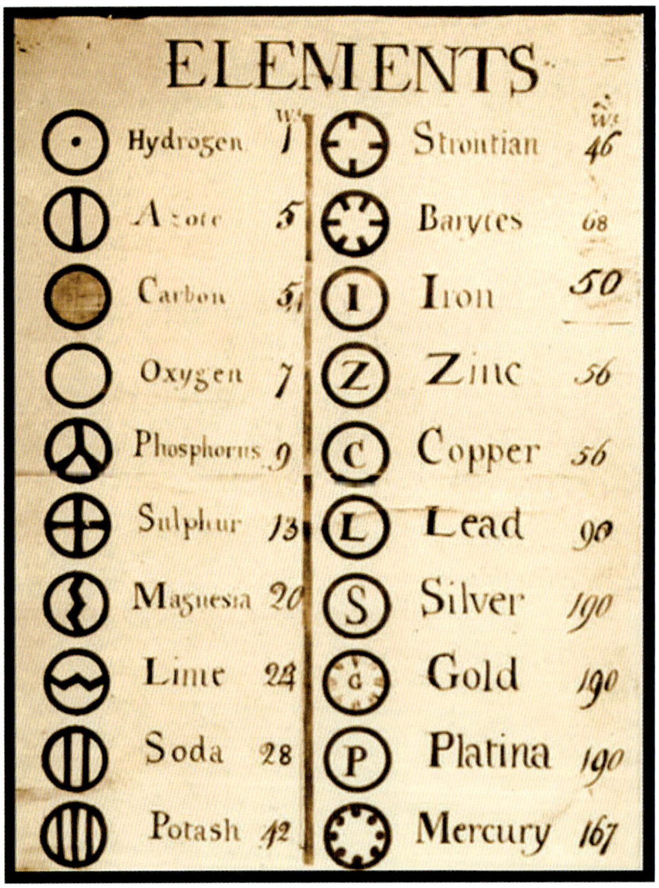

■ **그림 1-9** 돌턴의 원소 기호와 원자량

우주의 기원에 관해 널리 받아들여지는 **빅뱅 모형**(**big bang model**)에 따르면 우주는 지금부터 137억 년 전에 한 점으로부터 대폭발로 출발해서 지금까지 팽창을 계속하고 있다. 우주의 에너지는 일정하기 때문에 우주가 팽창해서 커지면 평균 온도는 떨어질 것이다. 현재 은하와 은하 사이 우주 공간의 온도는 절대 온도로 2.7K 정도이다.

■ **그림 1-10** 우주 팽창 모식도

수소는 주기율표에 들어 있는 100여 가지의 원소 중에서 가장 먼저 빅뱅 우주에서 만들어진 원조 원소이다. 헬륨을 포함해서 모든 다른 원소는 수소가 여러 개 뭉쳐서 만들어졌다고 볼 수 있다. 빅뱅 우주에서 만들어진 수소는 지금 입장에서 보면 수소의 **원자핵**(**atomic nucleus**), 즉 **양성자**(**proton**)이다. 나머지 원소들의 원자핵은 양성자가 뭉쳐서 만들어졌다. 따라서 양성자의 수에 따라 다른 원소가 된다. 그래서 원자핵에 들어 있는 양성자의 수를 **원자 번호**(**atomic number**)라고 한다. 이처럼 화학의 입장에서는 양성자가 기본이기 때문에 양성자가 만들어진 과정을 자세히 살펴보는 것이 좋다.

빅뱅 우주에서 처음 주어진 것은 **에너지**(**energy**)라고 볼 수 있다. 우주가 팽창하고 진화하면서 변하지 않는 가장 기본적인 양이 에너지이기 때문이다. 우주의 에너지가 일정하다는 법칙을 **열역학 제1법칙**(**first law of thermodynamics**)이라고 한다.

에너지는 **질량**(**mass**)이 있는 **물질**(**matter**)과 질량이 없는 **빛**(**light**)으로 나눌 수 있다. 물질의 에너지는 다음과 같은 아인슈타인의 유명한 식으로 주어진다.

$$E = mc^2$$

여기서 m은 질량, c는 **광속**(**speed of light**)이다. c는 3×10^8 m/s로 아주 큰 수이기 때문에 작은 질량이라도 큰 에너지를 가진다. 아무튼 물질의 에너지는 질량에 비례하는데, 비례 상수가 c^2인 셈이다.

빛은 파동(wave)의 성질과 입자(particle)의 성질을 동시에 가지는데, 빛 입자 1개의 에너지는 다음의 식으로 주어진다.

$$E = h\nu$$

여기서 h는 **플랑크 상수(Planck's constant)**, ν는 빛의 **진동수(frequency)**이다. 빛의 에너지는 진동수에 비례하는데, 비례 상수가 h인 것이다.

질량이 있는 물질은 **물질(matter)**과 **반물질(antimatter)**로 나눌 수 있다. 물질과 반물질은 질량을 비롯하여 성질이 모두 같지만 전하(electric charge)가 반대인 관계이다. 예를 들어, **전자(electron)**는 −1의 기본 전하를 가진 물질 입자인데, **반전자(antielectron)**는 전자와 질량이 똑같지만 +1의 전하를 가진다. 빅뱅 우주에서 물질이 반물질보다 10억분의 1 정도 많이 만들어졌다고 한다. 물질과 반물질이 만나면, 예를 들어 전자가 반전자와 충돌하면 서로를 상쇄해서 빛으로 바뀐다. 그래서 초기 우주에서 10억에 해당하는 물질과 반물질이 빛으로 바뀌었고, 1에 해당하는 물질이 남아서 현재의 우주를 물질의 우주로 만들었다고 한다. 밀러 자신이나 밀러가 사용한 H_2, CH_4, NH_3, H_2O도 모두 물질인 것이다.

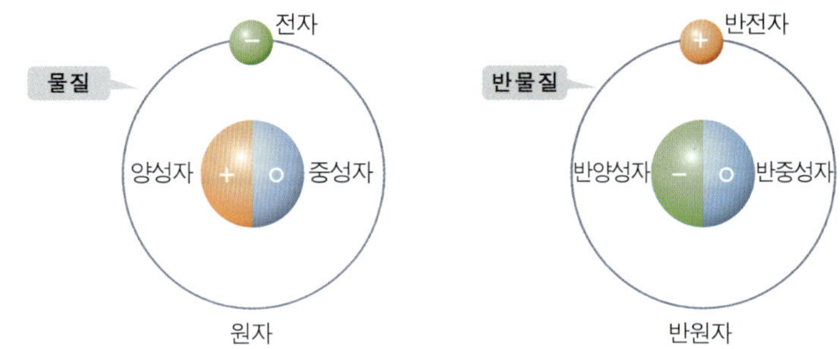

■ 그림 1-11 물질로 이루어진 원자와 반물질로 이루어진 반원자

물질은 **쿼크(quark)**라고 하는 무거운 입자들과 **렙톤(lepton)**이라고 하는 가벼운 입자들로 나눌 수 있다. 쿼크도 6종류, 렙톤도 6종류가 있는데, 그 중에서 H_2, CH_4, NH_3, H_2O 등과 같이 우리 주위의 물질을 만드는 데 사용되는 것은 쿼크 중에서는 **업 쿼크(up quark)**와 **다운 쿼크(down quark)**, 렙톤 중에서는 전자뿐이다. 전자(electron)는 원자들 사이의 화학 결합(chemical bond)을 이루는데, 또 화학 결합을 통해 만들어진 분자(molecule)들이 서로 힘을 미치는 데 중요하다. 업 쿼크와 다운

■ 그림 1-12 유럽원자핵공동연구소(CERN)에 있는 거대하드론충돌기(LHC)의 모습

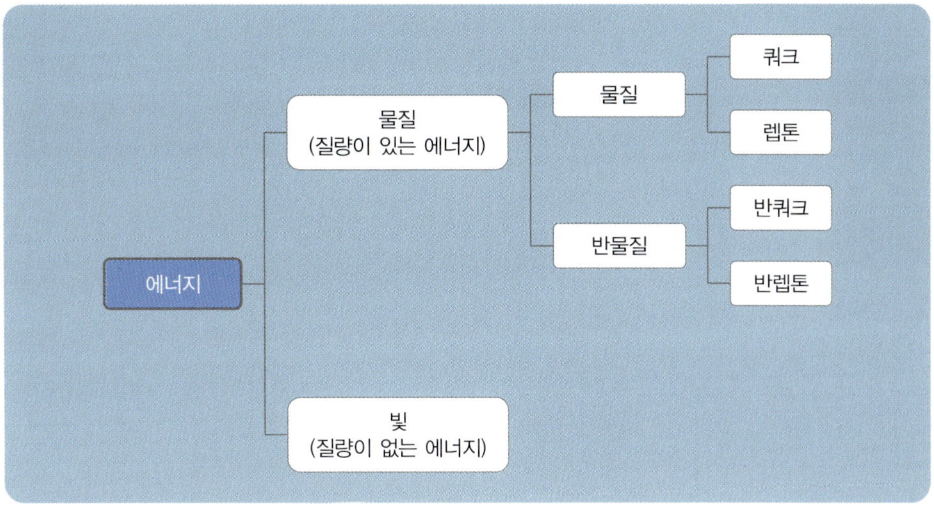

■ **그림 1-13** 초기 우주에서의 에너지 변화

쿼크는 양성자와 **중성자(neutron)**를 만들어서 무거운 원소의 원자핵을 만드는 데 중요하다.

업 쿼크와 다운 쿼크에 관해서 특기할 만한 것에는 크기, 전하, 이들 사이의 힘의 특징이 있다. 쿼크는 크기가 없는 **점 입자(point particle)**로 간주된다. 쿼크는 한 점에서 출발해서 팽창하는 우주의 아주 초기에, 즉 우주의 나이가 10^{-34}초 정도일 때 생겼다고 하는데, 그때 우주는 아주 작았을 것이다. 그런데 우주의 쿼크 수는 10^{81} 정도로 추산된다. 우주에는 천억(10^{11})개 정도의 은하(galaxy)가 있고, 은하에는 평균적으로 천억 개 정도의 태양과 같은 별(star)이 들어 있다고 한다. 태양의 크기와 밀도로부터 대략적인 쿼크 수를 계산할 수 있는데, 그로부터 우주 전체의 쿼크 수를 추산할 수 있는 것이다. 그런데 만일 하나하나의 쿼크가 유한한 크기를 가진다면 10^{81} 정도의 쿼크가 차지하는 부피가 우주의 나이가 10^{-34}초 정도일 때 우주의 크기보다 커지는 모순이 생기게 된다. 그래서 쿼크는 점이라고 보는 것이다.

■ **그림 1-14** 양성자와 중성자

크기 다음으로 중요한 쿼크의 성질에는 전하가 있다. 업 쿼크의 전하는 +2/3이고, 다운 쿼크의 전하는 −1/3이다. 우주의 나이가 10^{-34}초 정도일 때, 업 쿼크와 다운 쿼크가 처음 생겼을 때는 왜 이들이 이런 전하를 가지고 있는지 이상했을 것이다. 그런데 시간이 흘러 우주의 나이가 10^{-6}초 정도 되었을 때 드디어 그 이유를 알게 된다. 업 쿼크 2개와 다운 쿼크 1개가 조합을 이루어 전하가 +1인 양성자가 되고, 업 쿼크 1개와 다운 쿼크 2개가 조합을 이루어 전하가 0인 중성자가 된 것이다. 나중에 양성자와 중성자가 뭉쳐져서 원자핵을 만들고, 또 원자핵과 전자가 뭉쳐져서 원자를 만드는 것을 생각하면 업 쿼크와 다운 쿼크는 양성자와 중성자보다 더 기본적인 입자인 것을 알 수 있다.

1 m 크기의 어린이

사람의 세포

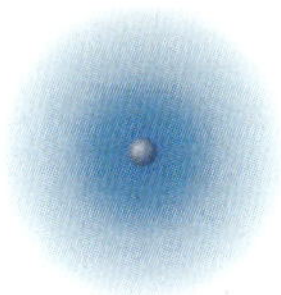

수소 원자

양성자

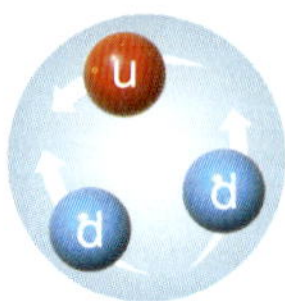

중성자

쿼크가 점 입자인데 비해 양성자와 중성자는 크기가 10^{-15}미터 정도로 유한하다. 7~8살 정도되는 어린이의 크기는 1미터 정도인데, 1미터를 10분의 1씩 다섯 번 갈라서 10^{-5}미터(10마이크로미터, micrometer)가 되면 세포(cell)의 크기가 된다. 10^{-5}미터를 다시 10분의 1씩 다섯 번 갈라서 10^{-10}미터(1옹스트롬, Angstrom)가 되면 수소 원자(hydrogen atom)의 크기가 된다. 10^{-10}미터를 다시 10분의 1씩 다섯 번 갈라서 10^{-15}미터(1페르미, Fermi)가 되면 양성자와 중성자의 크기가 되는 것이다.

표 1-1 10의 배수를 나타내는 접두사

이름	요타 yotta-	제타 zetta-	엑사 exa-	페타 peta-	테라 tera-	기가 giga-	메가 mega-	킬로 kilo-	헥토 hecto-	데카 deca-
기호	Y	Z	E	P	T	G	M	k	h	da
크기	10^{24}	10^{21}	10^{18}	10^{15}	10^{12}	10^{9}	10^{6}	10^{3}	10^{2}	10^{1}

이름	데시 deci-	센티 centi-	밀리 milli-	마이크로 micro-	나노 nano-	피코 pico-	펨토 femto-	아토 atto-	젭토 zepto-	욕토 yocto-
기호	d	c	m	μ	n	p	f	a	z	y
크기	10^{-1}	10^{-2}	10^{-3}	10^{-6}	10^{-9}	10^{-12}	10^{-15}	10^{-18}	10^{-21}	10^{-24}

그런데 어떻게 크기가 없는 점 입자 3개가 모여서 10^{-15}미터의 유한한 크기를 가지는 양성자와 중성자가 될 수 있을까? 그것은 쿼크 사이에 작용하는 **강한 핵력(strong nuclear force)**이라는 힘이 중력(gravity)이나 전자기력(electromagnetic force)과는 전혀 다르기 때문이다. 중력이나 전자기력은 거리의 제곱에 반비례한다($\propto 1/r^2$). 그와 달리 쿼크들이 가까울 때는 강한 핵력은 전혀 작용하지 않아서 쿼크들은 자유롭게 움직인다. 그래서 바깥에서 볼 때는 쿼크가 양성자와 중성자 내부의 어디에나 있는 것처럼 느껴진다.

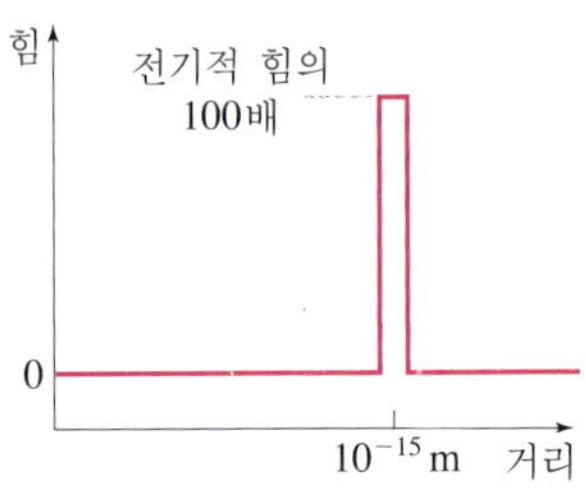

쿼크 사이의 거리가 10^{-15}미터가 되면 전자기력보다 100배 정도 센 강한 핵력이 작용해서 쿼크들을 붙잡는다. 그래서 쿼크들은 양성자와 중성자를 벗어나지 못하고, 불과 3개의 쿼크가 모여 양성자와 중성자의 크기가 되는 것이다. 그리고 10^{-15}미터 이상의 거리에서는 강한 핵력이 1페르미 이내에서와 마찬가지로 0이 된다. 그렇지 않다면 모든 입자들이 강한 핵력으로 뭉쳐버리고, 하나하나의 양성자와 중성자가 존재할 수 없을 것이다.

이제 업 쿼크가 +2/3의 전하를, 다운 쿼크가 −1/3의 전하를 가지고 태어난 것은 간단한 조합을 통해 양성자와 중성자를 만들기 위해서라고 이해가 되었는데, 우주의 나이가 10^{-6}초 정도일 때는 왜 아직 전하가 +1인 양성자와 전하가 0인 중성자가 필요한지는 알 수 없다.

H_2, CH_4, NH_3, H_2O에 들어 있는 수소의 원자핵에는 양성자가 1개 들어 있다. 따라서 중성자가 없어도 양성자만 있으면 수소는 만들어진 셈이다. 그런데 C, N, O의 원자핵에는 모두 중성자가 들어 있다. 강한 핵력의 특성을 통해서 중성자의 역할을 알아보자.

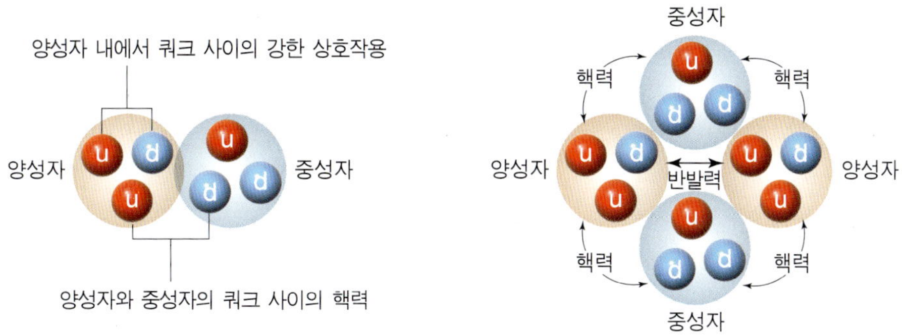

■ **그림 1-15** 양성자와 중성자 사이의 강한 핵력

양성자 둘을 충돌시켜서 두 번째 원소인 헬륨(He)을 만들려고 할 때 충돌 직전에 양성자 사이의 거리가 거의 0이 되면 전하가 +1인 양성자 사이의 반발력(repulsion)이 거의 무한대로 치솟으면서 양성자 둘이 다시 멀어질 것이다. 그런데 양성자와 중성자가 충돌할 때는 전기적 반발력이 없다. 왜냐하면 중성자의 전하가 0이기 때문이다. 양성자와 중성자가 접근해서 양성자 내부의 쿼크와 중성자 내부의 쿼크 사이의 거리가 1페르미가 되면 갑자기 강한 핵력이 작용해서 양성자와 중성자가 결합하게 된다. 이렇게 만들어진 새로운 입자를 무거운 수소라는 의미에서 **중수소(deuterium)**라고 한다. 중수소는 1931년에 밀러의 지도 교수인 유리가 발견했고, 유리는 그 업적으로 1934년에 노벨 화학상을 수상했다. 중수소는 양성자가 1개이기 때문에 원소의 입장에서는 원자 번호가 1인 수소인데, 양성자와 질량이 비슷한 중성자가 추가로 1개 들어 있기 때문에 양성자보다 두 배 정도 무겁다. 양성자 수와 중성자 수의 합을 **질량수(mass number)**라 하고, 원자 번호는 같고 질량수는 다른 입자를 **동위원소(isotope)**라고 한다. 중수소는 보통 수소의 동위원소인 것이다.

이제 중수소 2개가 뭉친 경우를 생각해 보자. 이때도 2개의 양성자 사이에는 전기적 반발력이 작용하지만, 각각의 양성자는 양쪽에서 중성자에 의해 강하게 붙잡혀 있게 된다. 양성자의 쿼크와 중성자의 쿼크 사이에 작용하는 강한 핵력 때문에 드디어 우주에서 두 번째 원소인 헬륨이 탄생한 것이다. 이제 중성자가 왜 필요한지, 나아가서 업 쿼크와 다운 쿼크가 왜 +2/3, −1/3의 전하를 가지고 태어났는지 드러났다.

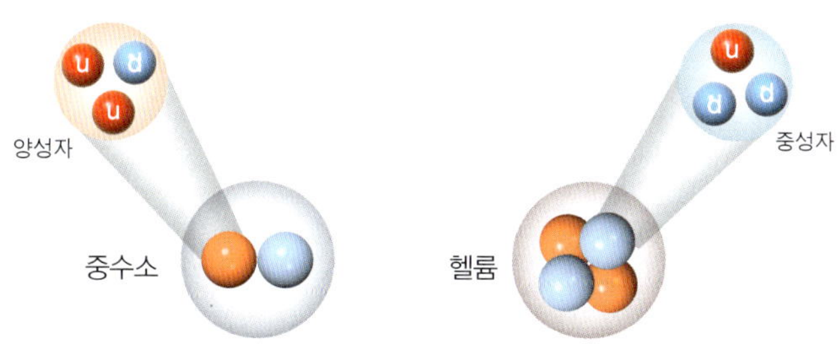

■ **그림 1-16** 강한 핵력으로 뭉친 중수소와 헬륨 원자핵

빅뱅 우주에서 업 쿼크와 다운 쿼크가 태어나고, 양성자와 중성자가 만들어지고, 두 번째 원소인 헬륨이 만들어지는 데까지 대략 3분이 걸렸다고 한다. 수소도 중요하지만 헬륨도 중요하다. 양성자가 2개인 헬륨이 만들어져야 나중에 양성자가 6개인 탄소, 8개인 산소 등이 만들어져서 메테인, 암모니아, 물 등이 만들어지고, 궁극적으로 생명이 탄생할 가능성이 보이기 때문이다.

빅뱅 우주는 급격히 팽창하는 우주이기 때문에 온도와 밀도가 급격히 떨어져서 더 이상 **핵합성(nucleosynthesis)**이 일어나지 못한다. 즉, 온도가 떨어지면 입자들의 **운**

동 에너지(kinetic energy)가 떨어져서 양전하 사이의 반발을 극복하기 어렵고, 밀도가 떨어지면 입자들 사이의 거리가 멀어져서 충돌 확률이 낮아지기 때문이다. 처음 3분 사이에 이루어진 핵합성의 결과로 수소와 헬륨은 3 : 1의 질량 비율로 존재하게 되었다. 헬륨이 수소보다 4배 무거우므로 수소와 헬륨의 개수 비율은 12 : 1인 셈이다.

우주의 팽창이 조금 빨랐다면 헬륨이 만들어지지 못했을 것이다. 그렇다면 나중에 탄소, 질소, 산소 등도 만들어지지 못하고, 또한 메테인, 암모니아, 물 등도 만들어지지 못하면서 궁극적으로 생명도 탄생하지 못했을 것이다. 우주의 팽창이 조금만 느렸다면 수소가 모두 헬륨으로 바뀌어서 나중에 메테인, 암모니아, 물 등을 만들지 못하고 역시 생명이 탄생하지 못했을 것이다.

중성 원자

우주의 나이가 38만 년 정도가 되어 우주의 온도가 3000 K까지 떨어지면서 음전하를 가진 전자가 양전하를 가진 수소와 헬륨의 원자핵에 붙잡혀서 **중성 원자(neutral atom)**를 만든다. 물론 수소의 원자핵인 양성자는 1개의 전자와 결합하면 원자가 되고, 양성자가 2개 들어 있어서 +2의 전하를 가진 헬륨 원자핵은 2개의 전자와 결합해야 원자가 된다.

나중에 중성 원자에서 전자가 떨어져 나가면 양전하를 가진 **이온(ion)**이 얻어진다. 수소 원자는 전자가 1개 밖에 없기 때문에 수소 원자에서 전자가 떨어지면 바로 수소 원자핵인 양성자가 얻어진다. **수소 이온(hydrogen ion, H^+)**은 양성자인 것이다. 수소는 자연에 풍부하고 또 수소 원자는 비교적 전자를 잘 내어주기 때문에 수소 이온은 화학에서 아주 중요한 위치를 차지한다. 밀러가 만들려고 했던 아미노산이 산인 이유는 수소 이온을 잘 내놓기 때문이다.

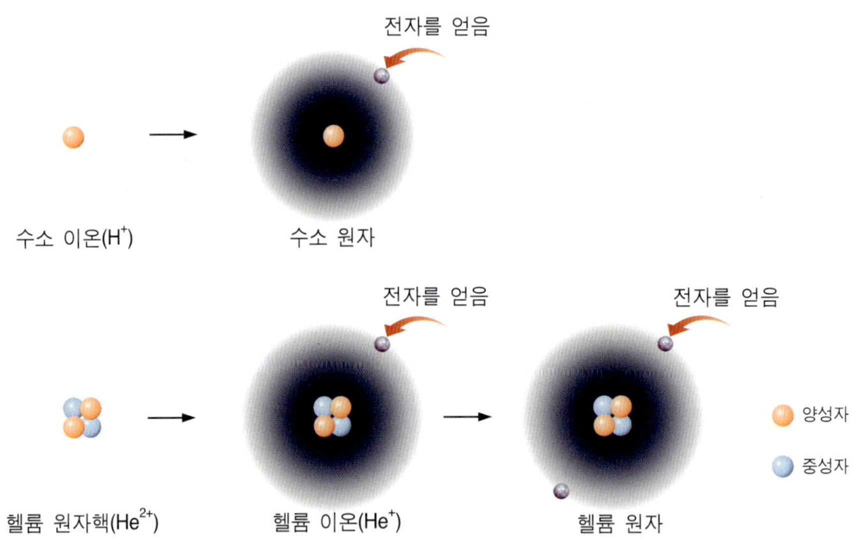

■ 그림 1-17 수소 원자와 헬륨 원자의 탄생

헬륨 원자는 전자가 2개 있기 때문에 전자가 1개 떨어지면 전하가 +1인 헬륨 이온(helium ion, He^+)이 되고, 나머지 전자가 떨어지면 전하가 +2인 헬륨 이온(He^{2+}), 즉 **헬륨 원자핵(helium nucleus)**이 된다. 전자가 2개인 헬륨 원자는 화학적으로 안정해서 다른 원자와 결합하지도 않고, 쉽게 이온으로 바뀌지도 않는다. 그러나 온도가 높은 별의 표면에는 He^+, He^{2+}이 많이 있다.

중성 원자가 만들어진 것은 우주와 생명(life in the universe)의 역사에서 중요한 의미를 가진다. 나중에 우주 공간에서 H_2, CH_4, NH_3, H_2O 등의 분자들은 모두 중성인 H, C, N, O 등의 원자가 결합해서 만들어지기 때문이다. 또 H_2, CH_4, NH_3, H_2O 등의 간단한 분자들이 모여 만들어진 아미노산도 중성 원자들의 화학 결합으로 이루어진다. 사람 몸에는 10^{28}개 정도의 화학 결합을 이룬 원자들이 들어 있다.

쿼크와 전자로부터 원자가 만들어지는 과정은 그림 1-18과 같이 요약할 수 있다. 쿼크와 전자는 1세대, 양성자와 중성자는 2세대, 헬륨 원자핵은 3세대, 중성 원자는 4세대 입자라고 볼 수 있다.

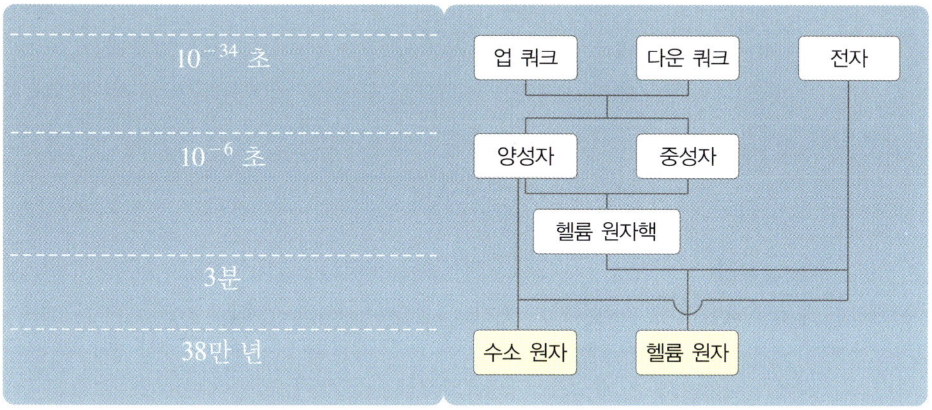

■ **그림 1-18** 쿼크에서 원자의 탄생까지

1초 이전에 우주의 온도가 100억도가 넘을 때는 중성자가 양성자로 붕괴하고, 양성자는 주위에서 에너지를 얻어 중성자로 되돌아가는 변환이 일어난다. 우주의 나이가 1초 정도가 되면 더 이상 양성자는 중성자로 돌아가지 못한다. 그래서 양성자는 1초 때 탄생했다고 볼 수 있다.

그런데 중성 원자가 만들어질 때 이상한 일이 벌어진다. 양성자는 크기가 10^{-15}미터이고 전자는 크기가 없는 점 입자이다. 전자는 쿼크처럼 기본 입자이기 때문에 앞에서 본 대로 쿼크가 점 입자인 것과 같은 이유로 전자도 점 입자인 것이다. 그런데 양성자와 전자가 만나 만든 수소 원자는 크기가 10^{-10}미터로 양성자 크기의 10만(10^5) 배가 된다. 여기에는 중요한 양자론의 원리(quantum principle)가 들어 있다. 원자 같은 미세 세계(microscopic world)에서는 에너지가 연속적이 아니고 불연속적(discontinuous, discrete)이다. 수소 원자에서 에너지가 연속적이라면 전자는 계속해서 양성자까지 끌려갈 것이고, 양전하와 음전하 사이에서 번개처럼 **전기 방전(electric discharge)**이 일어날 것이다.

그러나 원자에서는 전자의 에너지가 불연속적이어서 가장 낮은 에너지가 존재하고, 수소의 경우에는 전자가 양성자로부터 0.5옹스트롬 정도 거리에 있을 때가 에너지가 가장 낮은 상태이다. 이를 **바닥 상태(ground state)**라고 한다. 그래서 수소 원자는 1옹스트롬 정도의 크기를 가지게 되는 것이다. 만일 수소 원자의 크기가 양성자의 크기 정도라면 우리 몸의 크기는 10^{-5}미터, 즉 세포의 크기 정도가 될 것이다. 그러고 보면 전자와 양성자가 결합하면서 크기가 10만 배가 되는 것은 점 입자인 쿼크가 3개 모여 유한한 크기의 양성자가 되는 경우와 유사하다고 볼 수 있다.

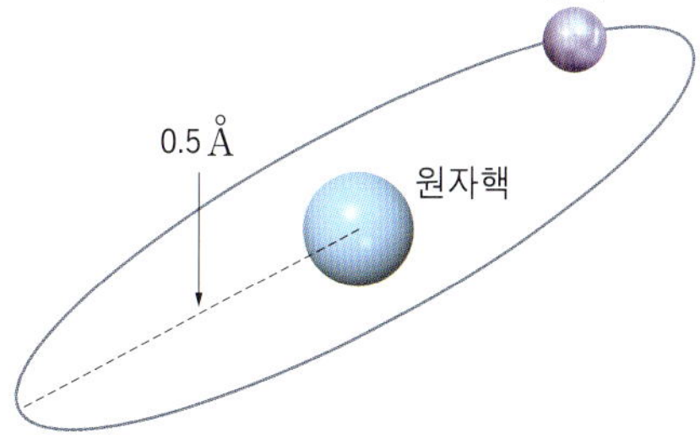

■ **그림 1-19** 수소 원자에서 전자의 궤도 운동

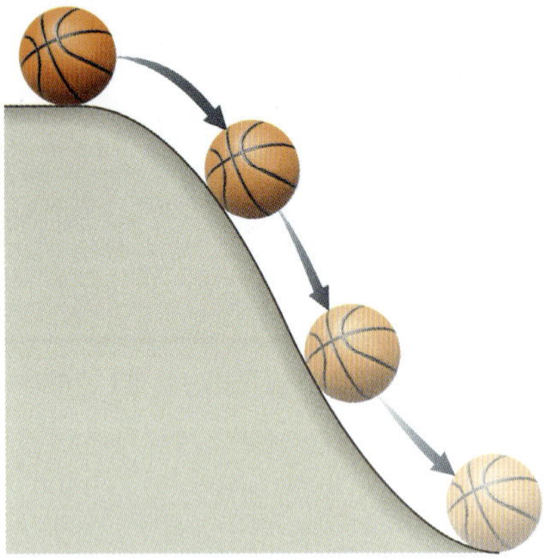

공이 비탈에서 굴러 떨어지는 경우에는 공이 높은 위치와 바닥 사이에 연속적으로 위치하고, 퍼텐셜 에너지도 연속적인 값을 가진다.

공이 계단에서 굴러 떨어지는 경우에는 공의 위치도, 퍼텐셜 에너지도 특정한 불연속적인 값만을 가지게 된다.

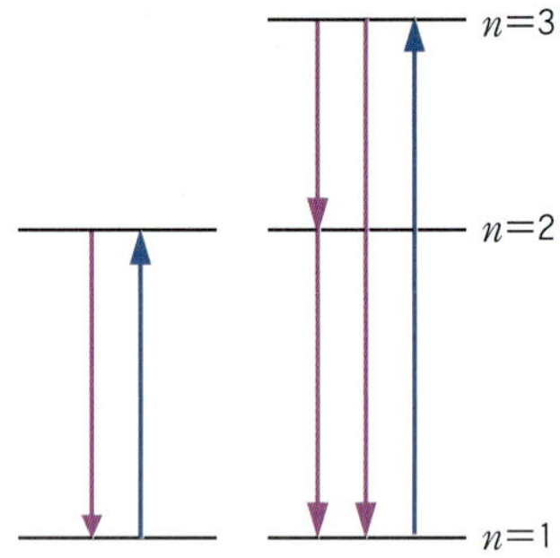

바닥 상태에 있던 수소 원자가 외부에서 에너지를 받아 들뜬 상태로 올라갔다가 떨어질 때 에너지 차이가 빛으로 나오게 된다.

■ **그림 1-20** 전자의 에너지 양자화

에너지가 불연속적인 것을 에너지가 **양자화(quantized)** 되었다고 말한다. 에너지 양자화는 **선 스펙트럼(line spectrum)** 이라는 현상을 통해 가장 쉽게 확인할 수 있다. 형광등에서 나오는 빛을 간단한 분광기(spectroscope)를 사용해서 파장별로 분리해 보면 무지개와 같은 연속 스펙트럼이 아니라 녹색, 빨간색 등에서 선이 나타난다. 이들 선은 형광등에 들어 있는 수은 때문에 나타나는데, 수은 대신 수소를 유리관에 넣으면 보다 가는 선이 선명하게 나타난다.

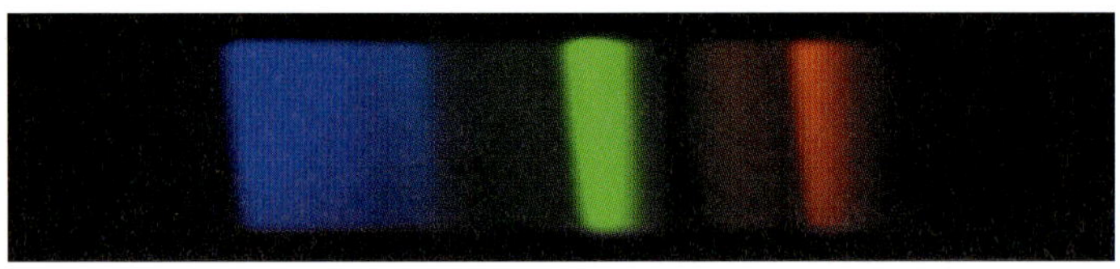

■ **그림 1-21** 수은의 선 스펙트럼

수은이든 수소든 간에 원자 내부의 전자가 외부에서 에너지를 받아 높은 상태로 올라갔다가 보다 낮은 상태로 떨어지면서 여러 파장의 빛이 나오는 것이다. 그런데 높은 에너지 상태도 여러 개가 있고, 낮은 상태도 여러 개가 있기 때문에 어느 상태로 올라갔다가 어느 상태로 떨어지는지에 따라 여러 조합이 가능하고, 이에 따라 여러 가지 색의 빛이 나온다.

원자에서 전자의 에너지 상태를 흔히 **양자수(quantum number)** n으로 표시한다. 바닥 상태는 $n = 1$, 그 다음 상태는 $n = 2$, $n = 3$과 같이 된다. 수소의 경우 전자가 $n = 2$에서 $n = 1$ 상태로 떨어질 때는 에너지 차이가 크기 때문에 가시광선(visible light)보다 파장이 짧은 자외선(ultraviolet light)이 나온다. 앞에서 본 $E = h\nu$ 식에 따르면 빛의 에너지가 크면 진동수가 큰데, 빛의 속도는 일정하기 때문에 1초에 여러 번 진동하면 한 번 진동할 때 빛이 진행하는 거리, 즉 **파장(wave length)** 은 짧아진다. 반대로 에너지가 작으면 파장은 길다. 수소 스펙트럼에서 파장이 가장 긴 빨간색 선은 $n = 3$에서 $n = 2$로 떨어지는 경우이고, 그 다음 하늘색 선은 $n = 4$에서 $n = 2$로 떨어지는 경우이다(2-5절 참조). 이처럼 하나의 상태에서 다른 상태로 올라가거나 떨어지는 것을 **전이(transition)** 라고 한다.

읽을거리 페인 이야기

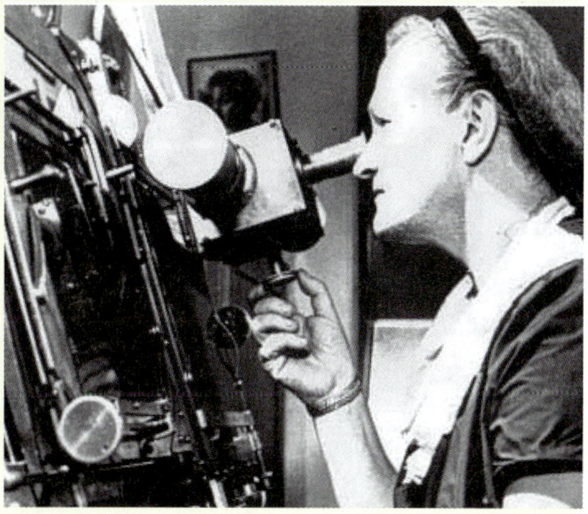

페인(Cecilia Payne, 1900~1979)

대부분의 천문학자들이 태양과 같은 별의 주성분은 철과 같은 무거운 원소라고 믿었던 20세기 초에 세실리아 페인이라는 영국의 케임브리지 대학 출신 여학생이 미국의 하버드 대학 천문대로 유학을 왔다. 페인은 분광기가 부착된 망원경으로 별빛을 모으고 파장별로 분리해서 별빛의 스펙트럼을 조사했다. 그러나 별에는 여러 원소들이 들어 있기 때문에 별빛의 스펙트럼에는 수많은 선들이 들어 있고, 따라서 분석이 어려웠다. 1925년에 페인은 박사 학위 논문에서 별의 주성분은 수소라고 밝혔다. 그러나 페인의 지도 교수를 포함해서 박사 학위 심사위원들은 가벼운 수소가 별의 주성분이라는 결과를 받아들이지 않았다. 페인은 그렇게 해석할 수도 있다는 식으로 결론을 희석해서 박사 학위를 받았는데, 후일 빅뱅 우주에서 수소와 헬륨이 3 : 1의 비율로 만들어지고, 지금도 이 비율이 우주 전체적으로 크게 변하지 않고 유지된다는 사실이 알려지면서 이 논문은 20세기 천문학에서 가장 중요한 논문의 하나로 인정받게 되었다. 왜 H_2, CH_4, NH_3, H_2O 등의 분자에 모두 수소가 들어 있는가라는 질문에 대한 답을 페인이 제공한 셈이다.

우주에 수소가 풍부한 것은 새로 태어난 별의 주위에 아직 별이 되지 못한 수소가 나타내는 스펙트럼으로부터 알 수 있다. 장미 성운(Rosetta nebula)에서는 아직 별이 되지 못한 수소의 구름이 갓 태어난 별의 에너지를 받아 장밋빛을 낸다. 이 빛을 프리즘으로 분리해 보면 수소의 선 스펙트럼이 나타난다.

탄소, 질소, 산소의 기원

우리는 앞에서 빅뱅 후 처음 몇 분 사이에 수소와 헬륨의 핵이 만들어지고, 38만 년 후에 이들이 전자와 결합하여 중성 원자가 만들어진 것을 살펴보았다. 이후에도 우주는 팽창을 계속하면서 온도는 떨어지고, 원자들 사이의 거리는 멀어져 간다. 그러다가 주위보다 밀도가 약간 높은 부분은 중력 작용으로 주위에서 물질을 끌어당겨 밀도가 더 높아지고, 물질을 빼앗긴 부분은 밀도가 더 낮아진다. 이런 중력 작용이 오랫동안 계속되면 밀도가 높은 부분은 별과 은하가 되고, 밀도가 낮은 부분은 빈 공간으로 남게 된다. 그래서 현재의 우주 구조가 만들어진 것이다.

■ **그림 1-22** 독수리 성운에서 별이 태어나는 모습

중력 수축에 의해 밀도가 어느 정도 올라가면 수소와 헬륨 가스의 구름이 형성되고, 중심 온도가 올라간다. 밀도가 올라갈수록 중력 수축은 가속되고, 가스 구름으로부터 원시별(protostar)이 생긴다. 원시별의 중심 온도가 1000만 도 정도에 이르면 수소의 **핵융합(nuclear fusion)**이 일어나서 별이 된다.

수소를 헬륨으로 융합하는 별을 **주계열성(main sequence star)**이라고 하는데, 태양(sun)은 대표적인 주계열성이다. 태양은 약 46억 년 전에 100억 년 동안 융합할 수 있는 수소를 가지고 태어났으므로 이제 중년기에 접어든 셈이다.

별에서 일어나는 수소 핵융합 반응의 반응물은 4개의 양성자이고, 생성물은 2개의 양성자와 2개의 중성자로 이루어진 헬륨 핵이다. 따라서 2개의 양성자가 2개의 중성자로 바뀐 셈이다. 빅뱅 우주에서는 양성자와 함께 중성자가 풍부했기 때문에 그 중성자를 사용해서 반발하는 양성자를 묶어 헬륨을 만들었다. 그런데 수억 년 후에 별이 태어날 때에는 중성자가 모두 사라지고 없기 때문에 양성자로부터 중성자를 만들어가면서 핵융합이 일어나는 것이다.

그런데 빅뱅 우주에서 풍부했던 중성자는 다 어디로 사라진 것일까? 처음 쿼크로부터 양성자와 중성자가 만들어질 때 다운 쿼크가 업 쿼크보다 무겁기 때문에 양성자보다 중성자가 질량이 약간 더 크다. 그런데 질량은 에너지와 대등하기 때문에 중

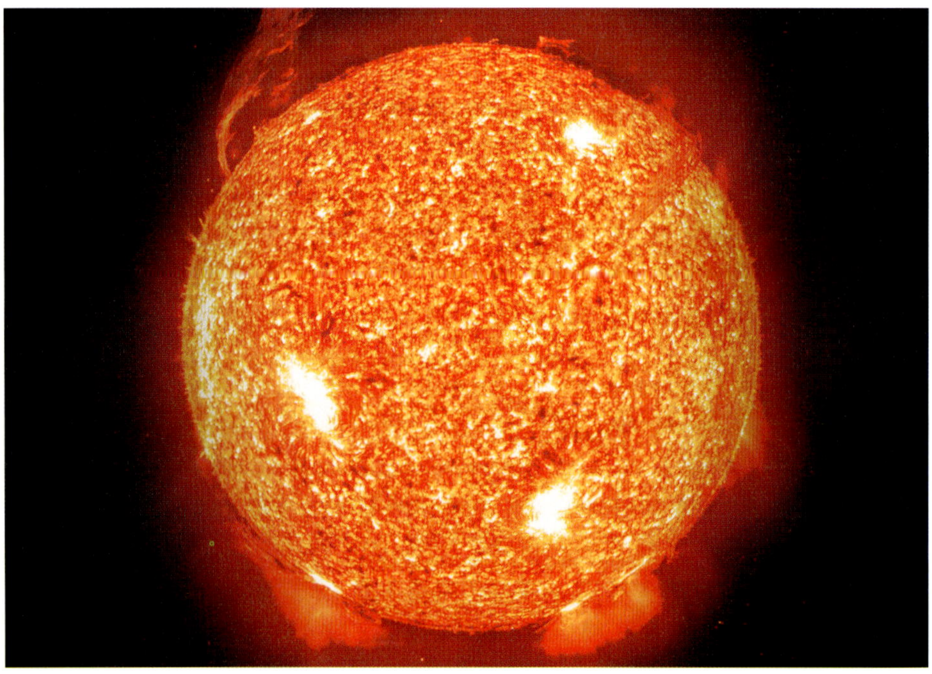

■ **그림 1-23** 주계열성인 태양. 양성자로부터 중성자를 만들면서 핵융합을 하기 때문에 수소 연소는 약 100억 년에 걸쳐 서서히 일어난다.

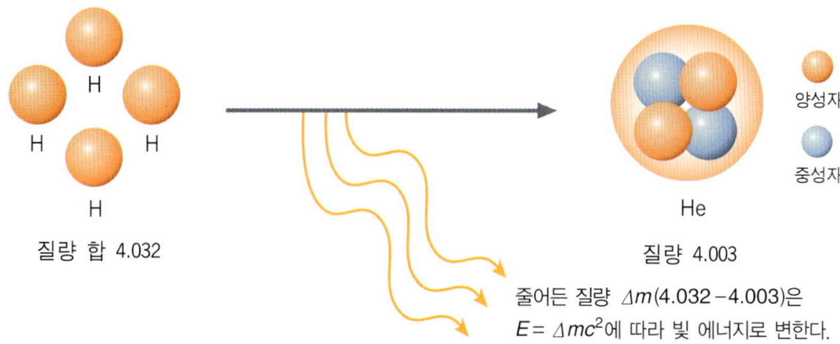

■ **그림 1-24** 수소 핵융합 반응

성자가 양성자보다 에너지가 크고, 에너지가 큰 중성자는 불안정하다. 따라서 따로 있는 중성자는 15분의 반감기(half-life, 4장)를 가지고 양성자와 전자로 붕괴한다. 이를 **베타 붕괴(beta decay)**라고 한다. 빅뱅 우주에서는 중성자가 모두 붕괴하기 전에 3분 만에 서둘러서 중성자를 사용해서 헬륨을 만든 것이다.

그러나 별이 태어날 때는 이미 자유로운 중성자는 모두 붕괴하고 남아 있지 않다. 그래서 별에서는 양성자로부터 중성자를 만들어가면서 수소를 융합해야 한다. 그런데 이것은 낮은 에너지에서 높은 에너지로 올라가는 부자연스러운 과정이다. 이때 작용하는 힘은 **약한 핵력(weak nuclear force)**이다. 따라서 양성자로부터 중성자를 만드는 과정은 아주 느리고, 그래서 태양은 다행히 오래 수소를 융합하면서 에너지를 내는 것이다.

언뜻 생각하면 양성자 2개와 중성자 2개로 이루어진 헬륨이 양성자 4개를 합한 것보다 무거울 것 같다. 그런데 융합 과정에서 질량이 일부 에너지로 바뀌기 때문에 헬륨 핵의 질량은 양성자 4개의 질량보다 약간 작다. 그래서 수소의 원자량은 1.0079인데, 헬륨의 원자량은 4.0026으로 1.0079의 4배보다 약간 작은 것이다.

주계열성의 중심에 헬륨이 축적되고 핵연료인 수소가 떨어지면 수소의 핵융합이 일단 중단된다. 핵융합이 중단되면 핵융합에 의한 에너지 발생이 중단되기 때문에 바깥쪽 방향으로의 압력이 사라진다. 그러면 중심 방향으로 별 전체의 질량에 의한 중력 수축이 일어나 중심 온도가 수소 융합 때의 온도보다 훨씬 더 올라간다. 별의 중심 온도가 약 1억 도에 이르면 3개의 헬륨 핵이 동시에 충돌하면서 융합하여 탄소가 만들어진다. 드디어 밀러 실험에서 사용한 메테인이 만들어질 가능성이, 그리고 생명이 태어날 가능성이 보이는 것이다.

■ **그림 1-25** 헬륨 핵융합 반응

헬륨 핵으로 이루어진 중심 온도가 1억 도라면 중심에서 벗어날수록 온도는 떨어져서 별의 표면 온도는 수천 도가 된다. 그렇다면 중심에서 어느 정도 벗어난 곳에는 수소가 남아 있고, 온도는 수소 융합에 필요한 천만 도 정도인 상황이 된다. 그래서 중심 바깥에서 수소 융합이 일어나면 별이 부풀게 되고, 표면 온도는 떨어져서 **적색거성(red giant)**이 된다. 태양과 같은 주계열성은 표면 온도가 6천 도 정도여서 노랗게 보이는데, 적색거성은 표면 온도가 3천 도 정도라서 붉게 보이는 것이다.

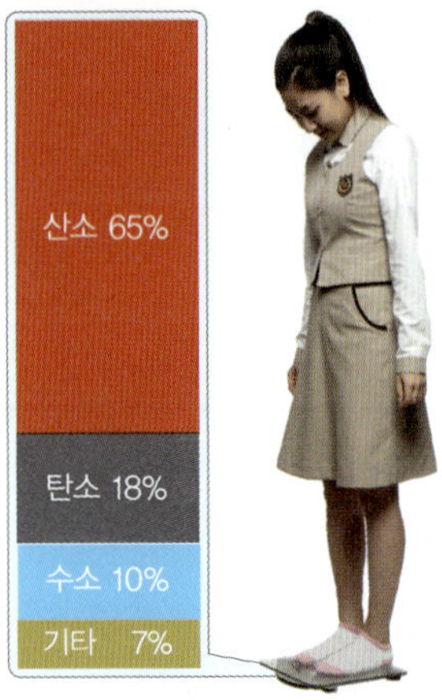

■ **그림 1-26** 우리 몸을 이루는 원소들의 분포

적색거성의 중심에 탄소가 축적되면 헬륨 융합이 중단되고, 다시 온도가 올라가면 다음 단계의 융합이 일어난다. 무거운 별에서 이런 과정이 순차적으로 반복되면서 산소, 마그네슘(magnesium), 칼슘(calcium) 등과 같이 우리 몸에 필수적인 대부분의 무거운 원소들이 만들어진다. 중심에 가장 안정한 핵인 철(iron)이 축적되면 핵융합은 마무리된다.

사람 체중의 10% 정도는 빅뱅 우주에서 만들어진 수소이고, 나머지 90%는 거의 모두가 적색거성에서 만들어진 산소, 탄소, 질소, 포타슘(potassium, 칼륨), 소듐(sodium, 나트륨), 인(phosphorus), 철 등이다.

무거운 적색거성의 마지막 단계에서 중심에 철이 축적되면 더 이상 핵융합이 일어나지 못한다. 그러면 다시 한 번 중력 붕괴에 의해 온도가 치솟으면서 별이 폭발하고, 이때 은하 전체가 내는 빛과 맞먹는 빛을 낸다. 이러한 **초신성 폭발(supernova explosion)**의 순간에 주기율표에 있는 철 이상의 대부분 원소들이 만들어지고, 이미 적색거성에서 만들어진 탄소, 산소, 철 등과 함께 우주 공간으로 빠져나가 다음 세대 별의 재료가 된다.

■ **그림 1-27** 초신성의 잔해인 게성운

그러고 보면 밀러 실험에 사용된 H_2, CH_4, NH_3, H_2O 등의 분자에 들어 있는 수소는 빅뱅 우주에서 만들어졌고, 적색거성에서 만들어진 탄소, 질소, 산소는 초신성 폭발에 의해 우주 공간으로 빠져나가서 수소와 만나 메테인, 암모니아, 물을 만든 셈이다. 그리고 이들은 수억 년 후에 태양계의 재료가 되어 최초의 생명체를 만드는 데 사용되었을지도 모른다. 밀러는 그런 가능성을 테스트하려고 한 것이다.

체크 포인트

1. 원자 번호는 원자에 관한 어떤 수인가?

① 전자의 수　② 양성자의 수
③ 중성자의 수　④ 양성자 수와 중성자 수의 합
⑤ 양성자 수와 중성자 수의 차이

2. 양성자와 중성자 내부의 쿼크 사이에 작용하는 핵심적인 힘은?

① 중력　② 약한 핵력　③ 전기력
④ 자기력　⑤ 강한 핵력

3. 전자와 양성자가 결합해서 중성 원자가 되면서 크기는 몇 배가 되는가?

① 10배 ② 100배 ③ 1000배
④ 10000배 ⑤ 100000배

4. 다음 중 적색거성에서 만들어진 원소가 아닌 것은?

① 수소 ② 탄소 ③ 질소
④ 산소 ⑤ 인

토의 포인트

1. 우주가 팽창하지 않아서 온도가 일정하게 유지되었다면 쿼크와 전자로부터 중성 원자가 만들어지는 과정이 가능했을까?
2. 강한 핵력과 전자기력의 크기가 비슷하다면 양성자와 중성자가 만들어질 수 있었을까?
3. 내시경, 초음파 검사, CT, MRI, PET 등은 의학적으로 인체 내부의 영상을 얻는 데 사용되는 기술들이다. 이 중에서 반물질이 사용되는 경우는 어느 것일까?
4. 우리 몸에 들어 있는 수소 원자와 탄소 원자핵 중 어느 것이 먼저 만들어졌을까?
5. 우리 몸에서 중성자가 조금씩 빠져 나간다면 어떤 일이 일어날까?

Chapter 1 원소의 기원

단원 요약

- 태초의 지구에서 생명의 기반을 이루는 유기 화합물이 만들어진 과정을 화학적 진화라고 한다.
- 1953년에 밀러는 메테인, 암모니아, 물, 수소로부터 아미노산이 만들어질 수 있는지를 테스트하는 논문을 발표했다.
- 메테인, 암모니아, 물, 수소는 각각 이산화탄소, 질소, 산소, 물에 대비되는 환원성 물질이다.
- 운석에서도 아미노산이 발견되는데, 이것은 외계에서도 화학적 진화가 일어날 수 있는 것을 보여준다.
- 수소, 메테인, 암모니아, 물을 구성하는 원소들의 기원은 잘 알려져 있다.
- 가장 가벼운 수소의 핵인 양성자는 137억 년 전 빅뱅 우주에서 업 쿼크와 다운 쿼크의 조합으로 만들어졌다.
- 우주의 나이가 38만 년 정도 되었을 때 양성자가 전자와 결합해서 우주 최초의 중성 원자가 만들어졌다.
- 탄소, 질소, 산소의 핵은 수억 년 후 적색거성의 중심에서 만들어졌다.
- 탄소, 질소, 산소는 초신성 폭발에 의해 우주 공간으로 빠져나가서 수소와 만나 메테인, 암모니아, 물을 만든다.

종합문제

01 밀러가 실험에 사용한 네 가지 물질에 공통적으로 들어 있는 원소는?

① 수소 ② 탄소 ③ 질소
④ 산소 ⑤ 인

02 다음 글을 읽고 괄호를 채우시오.

"생명의 기반을 이루는 유기 화합물이 (　　　), (　　　), (　　　), (　　　) 대신 메테인, 암모니아, 물, 수소의 대기에서 만들어졌다는 생각은 오파린에 의해 제안되었고, 최근에는 유리와 버날에 의해 강조되었다."

03 다음 변화는 산화인가 환원인가?

(1) $C \longrightarrow CO_2$ (C의 입장에서)
(2) $NH_3 \longrightarrow N_2$ (N의 입장에서)
(3) $N_2 \longrightarrow NH_3$ (N의 입장에서)

04 중성자가 반드시 필요하지 않은 원소는?

① 수소 ② 헬륨 ③ 탄소
④ 질소 ⑤ 산소

05 중수소를 발견해서 1934년에 노벨 화학상을 수상한 과학자는?

① 밀러 ② 유리 ③ 오파린
④ 버날 ⑤ 채드윅

06 질량수는 원자에 관한 어떤 수인가?

① 전자의 수 ② 양성자의 수
③ 중성자의 수 ④ 양성자 수와 중성자 수의 합
⑤ 양성자 수와 중성자 수의 차이

07 ^{14}C (질량수가 14인 탄소의 동위원소) 원자에 들어 있는 다운 쿼크의 수는 얼마인가?

08 전하가 +2/3인 업 쿼크 2개와 전하가 −1/3인 다운 쿼크 1개가 조합하여 만들어진 양성자의 전하와 업 쿼크 1개와 다운 쿼크 2개가 조합하여 만들어진 중성자의 전하를 차례로 나타낸 것은?

① 양성자 = +1, 중성자 = −1 ② 양성자 = +1, 중성자 = 0
③ 양성자 = −1, 중성자 = 0 ④ 양성자 = 0, 중성자 = +1
⑤ 양성자 = +1, 중성자 = +1

09 쿼크 사이에 강한 핵력이 작용하는 거리는?

① 1미터 ② 10^{-5}미터 ③ 10^{-10}미터
④ 10^{-15}미터 ⑤ 10^{-20}미터

10 주계열성에서 수소가 헬륨으로 융합할 때 양성자가 중성자로 바뀌는 데 관여하는 힘은?

① 중력 ② 약한 핵력 ③ 전기력
④ 자기력 ⑤ 강한 핵력

11 다음 중 빅뱅 우주에서 만들어진 원소는?

① 수소 ② 탄소 ③ 질소
④ 산소 ⑤ 규소

12 다음 중 적색거성에서 만들어진 원소가 아닌 것은?

① 수소 ② 탄소 ③ 질소
④ 산소 ⑤ 규소

13 다음 중 초신성에서 만들어진 원소는?

① 수소 ② 탄소 ③ 질소
④ 산소 ⑤ 우라늄

14 우리 몸에서 개수로 가장 많은 원소는?

① 수소 ② 탄소 ③ 질소
④ 산소 ⑤ 인

15 우리 몸에서 질량으로 가장 많은 원소는?

① 수소 ② 탄소 ③ 질소
④ 산소 ⑤ 칼슘

16 우주에 수소가 가장 풍부하다는 것을 처음 보여 준 과학자는?

① 밀러 ② 유리 ③ 허블
④ 페인 ⑤ 캐번디시

수소
물
암모니아
메테인

Chapter

2 밀러의 반응물

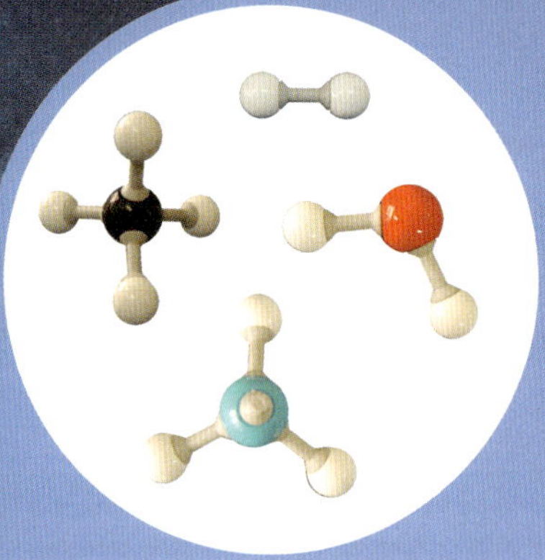

밀러가 사용한 수소(H_2), 메테인(CH_4), 암모니아(NH_3), 물(H_2O)은 초기의 태양계뿐만 아니라 우주 전체적으로도 풍부한 분자들이다. 이 네 가지 분자에는 수소 원자가 공통적으로 들어 있다. 수소 원자는 또 하나의 수소 원자와 결합하면 수소 분자를 만든다. 수소가 산소와 결합하면 물을, 질소와 결합하면 암모니아를, 탄소와 결합하면 메테인을 만든다.

왜 수소끼리는 1 : 1로, 수소와 산소는 1 : 2, 수소와 질소는 1 : 3, 수소와 탄소는 1 : 4로 결합할까? 이런 결합의 원리는 어떻게 밝혀 졌을까?

- 2-1 원소, 화합물, 분자, 원자
- 2-2 원자량, 분자량, 아보가드로수, 몰
- 2-3 원소 분석, 화학 반응식
- 2-4 우주에 풍부한 분자들
- 2-5 보어의 원자 모형
- 2-6 공유 결합과 옥텟 규칙
- 2-7 오비탈과 쌓음 원리

2-1

원소, 화합물, 분자, 원자

밀러 논문의 두 번째 문장은 다음과 같다.

> "이 가정을 테스트하기 위해서 CH_4, NH_3, H_2O, H_2를 전기 방전을 통해 순환시키는 장치를 제작했다."

여기서는 일단 밀러가 사용한 CH_4, NH_3, H_2O, H_2의 네 가지 반응물을 통해 원소와 화합물의 차이, 원자와 분자의 차이를 알아보기로 하자. 이와 같은 간단한 물질에 적용되는 결합의 원리는 우리 주위의 만물에도 그대로 적용되는 자연의 기본 원리이다.

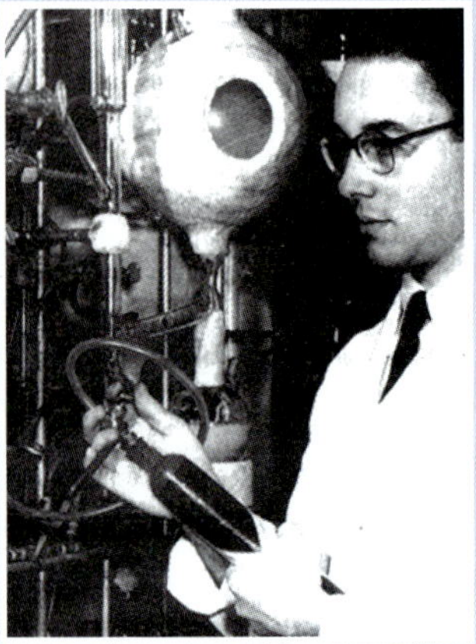

●● 원소

CH_4, NH_3, H_2O, H_2를 놓고 보면 H, C, N, O의 네 가지 원소 기호가 나온다. H는 수소(hydrogen), C는 탄소(carbon), N은 질소(nitrogen), O는 산소(oxygen)를 나타낸다. 이들은 화학적 방법으로 더 이상 간단한 물질로 나눌 수 없기 때문에 **원소(element)** 라고 한다. 반면에 CH_4, NH_3, H_2O의 세 가지 물질은 원자들 사이의 결합을 깨면 각각 C와 H, N과 H, O와 H의 다른 원소로 분해되기 때문에 원소가 아니다.

한 원소를 다른 원소와 구별하는 기준은 원자핵에 들어 있는 양성자 수, 즉 원자 번호가 같은가, 다른가 하는 점이다. H, C, N, O의 원자핵에는 양성자가 각각 1, 6, 7, 8개 들어 있다. H, C, N, O의 중성 원자에는 전자도 각각 1, 6, 7, 8개 들어 있어서 양성자 수와 균형을 이룬다.

탈레스(Thales, BC 약 624~545)는 물을 유일한 원소라고 생각했다.

그런데 전자는 핵보다 바깥쪽에 있기 때문에 외부의 영향을 쉽게 받아서 전자 수는 달라질 수 있다. 양성자 수와 전자 수가 달라지면 중성이 아니기 때문에 **이온(ion)** 이라고 한다. 예를 들어, 원자 번호가 1인 수소 원자에서 전자가 떨어지면 +1의 전하를 가진 수소 이온이 된다. 이처럼 양의 전하를 가진 이온을 **양이온(cation)** 이라고 한다.

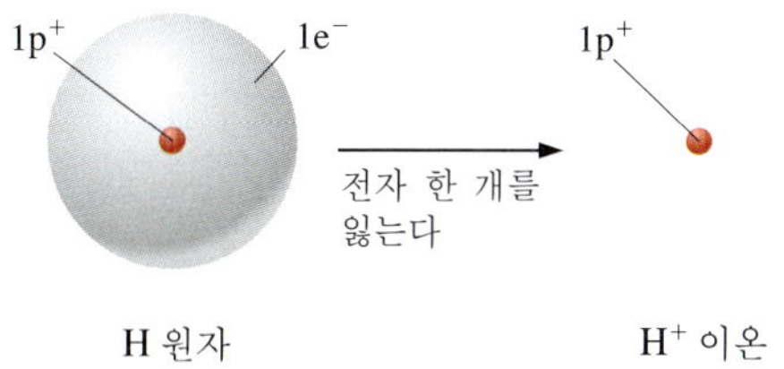

중성 원자가 전자를 얻으면 음의 전하를 가진 **음이온(anion)** 이 된다. 우리 몸에 많이 들어 있는 음이온에는 염소 이온(Cl^-)이 있다. 이온이 되어도 핵의 양성자 수에는 변화가 없기 때문에 원소 면에서는 염소와 염소 이온은 같은 원소이다.

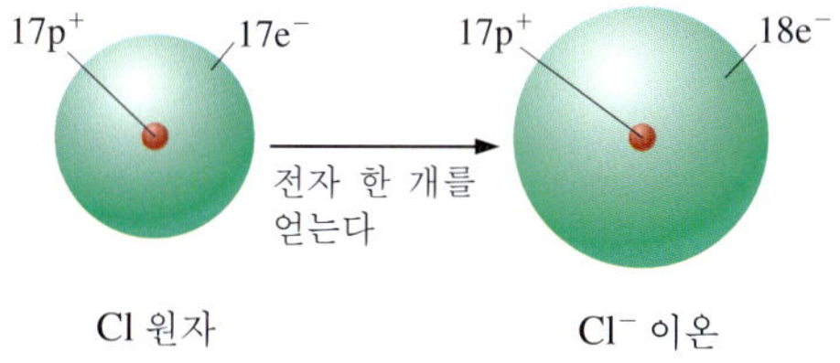

표 2-1 몇 가지 중요한 이온들

양이온	기호	음이온	기호
소듐(나트륨) 이온	Na^+	염화 이온(chloride)	Cl^-
포타슘(칼륨) 이온	K^+	플루오린화 이온(fluoride)	F^-
마그네슘 이온	Mg^{2+}	탄산 이온(carbonate)	CO_3^{2-}
칼슘 이온	Ca^{2+}	탄산수소 이온(bicarbonate)	HCO_3^-
철 이온	Fe^{2+}, Fe^{3+}	질산 이온(nitrate)	NO_3^-
알루미늄 이온	Al^{3+}	아질산 이온(nitrite)	NO_2^-
		황산 이온(sulfate)	SO_4^{2-}
		아황산 이온(sulfite)	SO_3^{2-}
		인산 이온(phosphate)	PO_4^{3-}

캐번디시(Henry Cavendish, 1731~1810)

프리스틀리(Joseph Priestley, 1733~1804)

라부아지에(Antoine Lavoisier, 1743~1794)

H, C, N, O 등의 원소도 높은 에너지를 가하면 핵의 양성자 수가 바뀌어 다른 원소로 바뀔 수 있다. 이런 변화는 화학 변화와 구별해서 **핵변화(nuclear change)** 또는 **핵반응(nuclear reaction)** 이라고 한다. 그러나 화학이 다루는 에너지 수준에서는 핵반응이 일어나지 않는다. 따라서 화학에서는 H, C, N, O처럼 다른 물질로 바뀌지 않는 **기본 물질(elementary matter)** 을 원소라고 정의할 수 있다. 물론 1장에서 살펴본 대로 수소의 핵인 양성자는 보다 기본적인 쿼크로 구성되었다. 그런 면에서 업 쿼크, 다운 쿼크, 전자 등은 **기본 입자(elementary particle)**, 수소는 **화학 원소(chemical element)** 라고 하는 것이 바람직하다. 그러나 편의상 화학에서는 화학 원소를 그냥 원소라고 한다. 그렇게 보면 수소 분자(H_2)도 수소 원자(H)도 모두 원소 입장에서는 수소라고 하는 원소이다. 왜냐하면 핵에 들어 있는 양성자 수가 같기 때문이다. H_2처럼 한 가지 원소로 이루어진 물질을 **홑원소 물질(simple substance)** 이라고도 한다.

수소는 1766년에 영국의 캐번디시가 발견했다. 금속 아연(zinc)에 산을 가할 때 발생하는 기체는 다른 어떤 기체보다도 가볍고 특별한 성질을 가진 새로운 원소로 밝혀진 것이다. 1774년에 마찬가지로 영국의 프리스틀리는 나중에 산화 수은(HgO)으로 밝혀진 물질을 가열하면 반응성이 높은 기체가 발생하는 것을 관찰했다. 이 기체는 수소와 반응하여 물을 만드는 산소로 밝혀졌다.

화합물

CH_4, NH_3, H_2O처럼 다른 원소가 결합해서 이루어진 물질을 **화합물(compound)** 이라고 한다. 화학이 발전하는 과정에서 원소와 화합물을 구분하는 것은 쉽지 않았을 것이다. 예를 들어, 물은 어느 정도 가열하면 끓어서 기체인 수증기로 바뀌었다가 식으면 다시 액체인 물이 되어서 쉽게 수소와 산소로 분해되지는 않는다. 따라서 오랫동안 물은 원소로 간주되었다. 근대 화학의 아버지라고 불리는 프랑스의 라부아지에는 물을 높은 온도로 가열하면 수소와 산소로 분해되고, 수소와 산소가 반응하면 물이 되는 것으로부터 물이 원소가 아니라 화합물인 것을 보여 주었다.

원소의 종류는 약 100가지에 불과하지만 원소들이 다양하게 결합해서 만들어진 화합물의 종류는 수천만 가지에 달한다.

분자

흔히 **분자(molecule)** 를 어떤 물질의 성질을 가지는 최소 단위라고 정의한다. 예를 들어, 한 모금의 물을 반으로 나누면 반 모금도 물의 성질을 그대로 가지고 있다. 반 모금의 물을 반으로, 또 반으로 이렇게 자꾸 나누다 보면 수소 원자 2개가 산소 원자 1개와 결합한 H_2O 분자를 만나게 될 것이다. 이 H_2O 분자를 더 나누면 수소 원자(H)와 산소 원자(O)가 얻어지는데, 수소 원자와 산소 원자는 물과는 전혀 성질이 다르다. 물은 상온에서 액체인 안정한 물질이지만, 수소는 가벼운 기체로, 산소와 폭발적으로 반응하면서 물이 된다. 산소는 반응성이 높은 기체로 대부분 물질을 연소시키며 에너지를 낸다.

물 분자(H_2O) 한 개 → 수소 원자(H) 두 개 + 산소 원자(O) 한 개

H_2 분자는 H 원자와도 구별된다. 캐번디시가 발견한 기체 수소는 H_2 분자이다. 일정량의 수소 기체를 반으로, 또 반으로 이렇게 자꾸 나누다 보면 수소 원자 2개가 결합한 H_2 분자를 만나게 될 것이다. 이 수소 분자는 산소와 반응시키면 물로 바뀌지만, 자체적으로는 상당히 안정해서 H_2 분자들끼리 충돌해도 바뀌지 않고 H_2 분자로 남아 있다. H_2 분자를 한 번 더 나누면 2개의 수소 원자(H)가 얻어지는데, 수소 원자들은 불안정해서 자기들끼리 만나면 금방 H_2 분자로 바뀐다. 수소 분자와 수소 원자는 같은 원소임에도 불구하고 화학적 성질이 크게 다른 것이다. 그런 의미에서 가벼운 기체 수소라는 물질의 성질을 가지는 가장 작은 입자는 H_2 분자이다.

아보가드로(Amedeo Avogadro, 1776~1856)

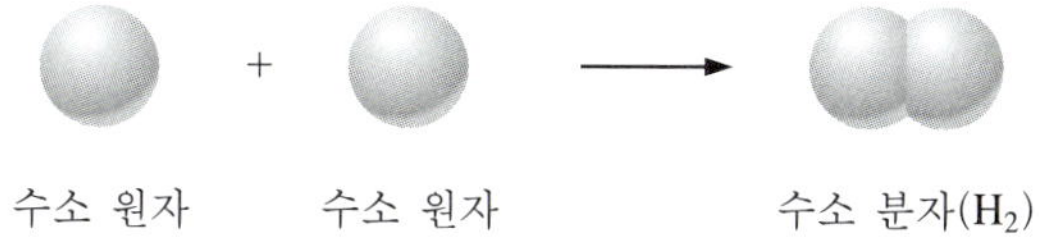

그러므로 일반적으로 분자는 원자(atom)들이 결합해서 만들어진 입자라고 볼 수 있다. 분자를 처음 생각한 사람은 이탈리아의 아보가드로이다.

H_2는 수소 원자 2개가 결합한 분자이고, CH_4는 탄소 원자 1개가 수소 원자 4개와 결합한 분자이다. NH_3는 질소 원자 1개와 수소 원자 3개가, H_2O는 산소 원자 1개와 수소 원자 2개가 결합한 분자이다.

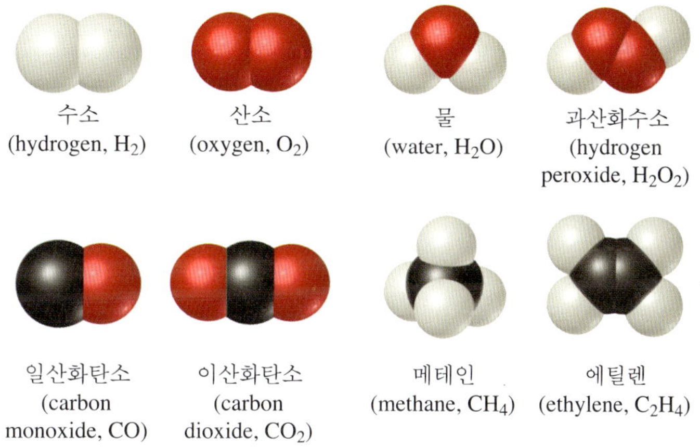

■ **그림 2-1** 분자 모형

■ **그림 2-2** 원자가 바로 분자인 헬륨, 네온, 아르곤

그러나 헬륨, 네온(neon), 아르곤(argon) 등 **비활성 기체(inert gas, noble gas)**의 원자는 결합을 하지 않기 때문에 원자가 곧 분자이다.

돌턴(John Dalton, 1766~1844)

●● 원자

흔히 **원자(atom)**는 우리 주위의 물질을 구성하는 기본 단위 입자라고 말한다. H_2 분자는 수소 원자 2개로, CH_4 분자는 수소 원자 4개와 탄소 원자 1개로, NH_3 분자는 수소 원자 3개와 질소 원자 1개로, H_2O 분자는 수소 원자 2개와 산소 원자 1개로 이루어진 것이다. 약 200년 전에 영국의 돌턴이 원자설을 제창했을 때는 원자는 더 이상 나누어질 수 없는 작고 딱딱한 입자인 줄 알았다. 그러나 약 100년 후에 원자는 아주 작은 전자와 원자핵으로 만들어진 것이 알려졌고, 나아가서 원자핵은 양성자와 중성자로 구성된 것도 알려졌다. 그러나 공기, 물, 땅, 생명체 등 우리 주위의 모든 물질이 원자들로 이루어졌다는 것은 틀림없는 사실이다.

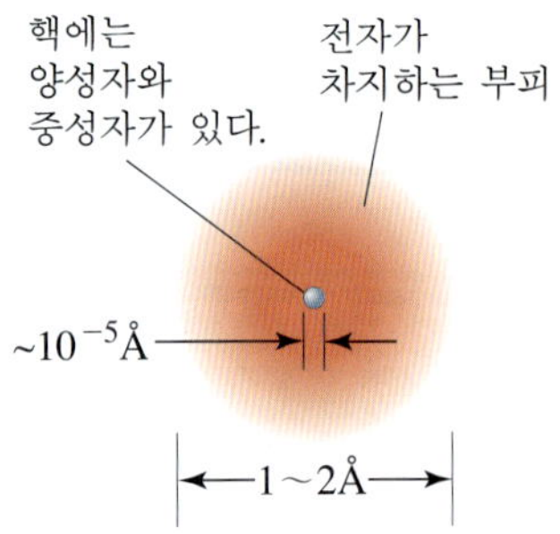

■ **그림 2-3** 원자의 구조

체크 포인트

1. 밀러가 사용한 네 가지 물질 중에서 화합물이 아닌 것은?
2. 밀러가 사용한 네 가지 물질 중에서 분자가 아닌 것은?
3. 밀러가 사용한 네 가지 물질은 모두 몇 가지 원소로 이루어졌는가?

토의 포인트

1. 모든 분자는 화합물인가?
2. 원소와 원자는 어떻게 다른가?
3. 시대에 따라 알려진 원소의 종류는 어떻게 바뀌었을까?

2-2

원자량, 분자량, 아보가드로수, 몰

밀러 실험에서처럼 물질의 변화를 정량적으로 조사하기 위해서는 원자와 분자들의 양을 표시하는 방법이 필요하다. 원자 세계에서는 크기보다 질량이 보다 기본적이다. 그런데 원자와 분자는 너무 작아서 하나하나의 질량을 직접 측정하는 것은 아주 어렵다. 따라서 일단 원자들의 상대적인 질량을 구해야 한다. 그래서 원자량과 분자량은 화학에서 많이 사용되는 기본 어휘에 속한다.

원자 세계에서 양을 다룰 때 사용되는 또 다른 중요한 단어로 몰(mole)이 있다. 로댕의 조각품에는 만 몰 정도의 구리 원자가 들어 있고, 인체에도 만 몰 정도의 수소, 산소, 탄소 등의 원자가 들어 있어서 호모사피엔스가 된다.

●● 원자량

빅뱅 이후 수소가 가장 먼저 만들어졌고, 또 가장 가벼운 원소이므로 수소 원자 1개의 질량을 1이라 하고 다른 원자들의 상대 질량을 구한다. 예를 들어, 1 g의 수소를 산소와 반응시켰더니 9 g의 물이 얻어졌다고 하자. 그런데 물의 화학식은 H_2O이므로 수소 2 g의 반응을 생각하는 것이 편하다. 2 g의 수소가 산소와 반응하면 18 g의 물이 얻어질 것이다. 18 g의 물에는 2 g의 수소와 16 g의 산소가 들어 있는 셈이고, 물의 화학식 H_2O로부터 수소 원자 1개의 질량을 1이라고 하면 산소 원자 1개의 질량은 16이라는 것을 알 수 있다.

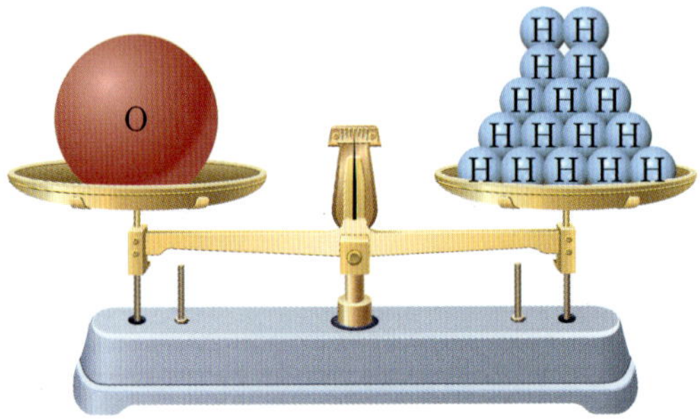

■ **그림 2-4** 산소 원자와 소수 원자의 질량 비교

탄소와 질소의 상대 질량도 같은 방법으로 구하면 각각 12, 14이다. 이러한 원자들의 상대 질량을 **원자량(atomic weight)**이라고 한다. 그러므로 수소 이외의 원소에 대한 원자량은 그 원소의 원자 1개가 수소 원자 1개보다 몇 배나 무거운가를 나타내는 양인 것이다.

표 2-2 몇 가지 원소의 원자량

원소	원소 기호	대략적 원자량	정확한 원자량
수소	H	1	1.008
탄소	C	12	12.011
질소	N	14	14.007
산소	O	16	15.999
소듐	Na	23	22.990
철	Fe	55.8	55.845
염소	Cl	35.5	35.453

현재는 탄소-12 동위원소의 원자량을 정확히 12로 정하고, 이를 기준으로 하여 다른 원소의 원자량을 정한다.

●● 분자량

한 분자에 들어 있는 모든 원자의 원자량을 더한 값을 **분자량(molecular weight)**이라고 한다. 그러므로 H_2의 분자량은 2(= 1 + 1)이다.

원자량과 분자량에 그램 단위를 붙인 것을 **그램 원자량(gram atomic weight)**, **그램 분자량(gram molecular weight)**이라고 한다. 만일 밀러가 1그램 분자량의 수소를 사용해서 반응을 시키기로 했다면, 수소는 2그램이 필요했을 것이다.

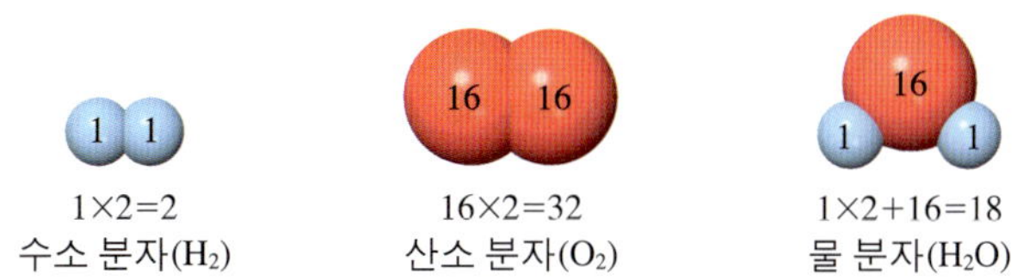

■ **그림 2-5** 몇 가지 분자의 분자량

아보가드로수

이제 남은 문제는 1그램 분자량에 들어 있는 분자의 개수이다. 1811년에 아보가드로에 의해 분자가 제안되고 나서 약 100년 후에 이 숫자가 정확히 알려졌다. **아보가드로수(Avogadro's number)**라고 하는 이 수는 6.022×10^{23}으로, 우주 전체에 있는 별의 숫자보다 큰 수이다. 수소 2 g에는 6.022×10^{23}개의 수소 분자가 들어 있는 것이다.

몰

수소의 그램 원자량에 해당하는 1 g의 수소에는 6.022×10^{23}개의 수소 원자가 들어 있을 것이다. 이처럼 원자나 분자든 간에 아보가드로수만큼의 입자는 중요한 양이다. 그래서 종류에 관계없이 아보가드로수만큼의 입자를 그 입자의 1**몰(mole, mol)**이라고 한다.

$$\text{수소 원자 1몰} = 6.022 \times 10^{23}\text{개의 수소 원자} = 1\text{ g}$$

$$\text{수소 분자 1몰} = 6.022 \times 10^{23}\text{개의 수소 분자} = 2\text{ g}$$

몰과 관련하여 아보가드로 법칙을 알아보자. 아보가드로 법칙에 따르면 온도와 압력이 같으면 같은 부피에 들어 있는 기체 분자의 몰수는 같다. 예를 들어, 표준 상태라고 부르는 0°C, 1기압하에서는 1몰의 수소도, 1몰의 메테인도, 1몰의 암모니아도 같은 22.4리터를 차지하는 것이다. 따라서 같은 온도와 압력하에서 기체 밀도의 비는 바로 기체 분자의 분자량의 비가 된다.

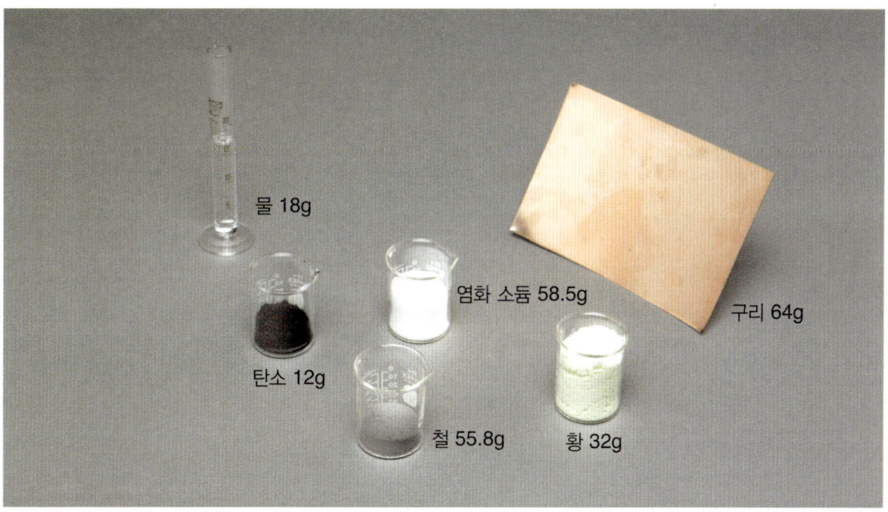

■ **그림 2-6** 1몰에 해당하는 여러 가지 물질의 양

체중이 60 kg 정도인 사람의 몸에는 원자가 몇 몰 정도 들어 있을까? 체중의 2/3 정도가 물이므로 사람의 몸을 60 kg의 물로 보자. 물 분자는 3개의 원자로 이루어졌으므로 1몰의 물에 해당하는 18 g에는 3몰의 원자가 들어 있는 셈이다. 따라서 물 6 g에는 1몰의 원자가 들어 있고, 6 g의 만 배인 60 kg에는 만 몰의 원자가 들어 있다. 만 몰의 원자가 모여 만물의 영장이 된 것이다. 만약 원자량이 63.5인 구리 만 몰로 사람 조각을 만들었다면 무게는 635 kg이 될 것이다.

체크 포인트

1. 현재 원자량의 기준은?

   ① 수소 ② 탄소 ③ 탄소-12 동위원소
   ④ 산소 ⑤ 질소

2. 다음 중 가장 큰 수는?

   ① 수소 2그램의 수소 원자 수
   ② 메테인 8그램의 수소 원자 수
   ③ 암모니아 17그램의 수소 원자 수
   ④ 물 18그램의 수소 원자 수
   ⑤ 수소 분자 1몰의 수소 분자 수

3. 다음 밀러가 사용한 물질 중에서 분자량이 가장 큰 것은?

수소	메테인	암모니아	물

4. 0°C, 1기압에서 2.24리터에는 수소 분자 몇 그램이 들어 있을까? 같은 조건에서 메테인은 몇 그램이 들어 있을까?

토의 포인트

1. 원자량의 기준은 어떻게 바뀌어 왔을까?
2. 아보가드로수의 대략적인 크기가 처음 알려진 것은 언제쯤일까?
3. 아보가드로수를 결정하는 방법에는 어떤 것들이 있을까?
4. 현재 아보가드로수는 유효 숫자 몇 자리까지 정확히 알려졌을까?
5. 19세기에 메테인의 분자량은 어떻게 결정했을까?

2-3

원소 분석, 화학 반응식

CH_4 분자에는 수소 원자 4개와 탄소 원자 1개가 들어 있고, NH_3 분자에는 수소 원자 3개와 질소 원자 1개가 들어 있는 것을 어떻게 알 수 있을까? 또 H_2O 분자는 어떨까? 나무의 주성분인 셀룰로스를 생각하면 더 어려울 것이다.

우리는 밀러가 사용한 수소, 메테인, 암모니아, 그리고 물을 생각할 때 당연한 듯이 H_2, CH_4, NH_3, H_2O라고 분자식을 적는다. 물론 분자식을 알고 있어야 화학 반응식을 제대로 쓸 수 있을 것이다.

약 40억 년 전에 화학적 진화가 일어날 당시 태초의 지구에서 수소, 메테인, 암모니아, 물에서 수소는 H_2, CH_4, NH_3, H_2O 식으로 수소, 탄소, 질소, 산소와 결합을 이루고 있었다. 그러나 불과 200년 전만 해도 화학 결합의 원리가 알려지기 전이기 때문에 CH_4 분자에는 수소 원자 네 개와 탄소 원자 한 개가 들어 있고, NH_3 분자에는 수소 원자 세 개와 질소 원자 한 개가 들어 있는 것을, 또 H_2O 분자에는 수소 원자 두 개와 산소 원자 한 개가 들어 있는 것을 쉽게 알 수 없었다. 이러한 원소들 사이의 결합 방식이 알려지면서 결합의 원리가 밝혀지게 된 것이다.

어떤 화합물에 들어 있는 원소의 성분을 조사하는 것을 **원소 분석(elemental analysis)** 이라고 한다. 메테인을 예로 들어 원소 분석의 원리를 알아보자.

메테인을 연소시키면 이산화탄소와 물이 얻어진다. 이 경우 반응식은 아래와 같이 쓸 수 있다.

$$CH_4 + 2O_2 \longrightarrow CO_2 + 2H_2O$$

이때 반응물은 메테인과 산소이고, 생성물은 이산화탄소와 물이다. 이 식을 살펴보면 반응물과 생성물에 탄소 원자가 각각 1개, 수소 원자가 각각 4개, 산소 원자도 각각 4개 들어 있는 것을 볼 수 있다. 화학 반응에서는 원자들이 재배열을 이룰 뿐 원자가 만들어지거나 없어지지는 않기 때문이다.

그런데 반응식을 위와 같이 쓸 수 있는 것은 메테인, 산소, 이산화탄소, 물의 화학식이 CH_4, O_2, CO_2, H_2O인 것을 알고 있기 때문이다. 메테인이라는 물질이 처음 알려졌는데, 아직 화학식을 모른다고 하자. 메테인을 연소시켰는데 이산화탄소와 물만이 생성물로 얻어졌다면 메테인은 탄소와 수소로만 이루어진 **탄화수소(hydrocarbon)** 인 것을 알 수 있다.

■ **그림 2-7** 메테인 가스를 사용하는 가스레인지

1.6 g의 메테인을 연소시켰는데 4.4 g의 이산화탄소와 3.6 g의 물이 얻어졌다고 하자. 4.4 g의 이산화탄소는 0.1몰에 해당하고, 3.6 g의 물은 0.2몰에 해당한다. 그런데 이산화탄소 0.1몰에는 0.1몰의 탄소 원자가 들어 있고, 물 0.2몰에는 0.4몰의 수소 원자가 들어 있다. 따라서 반응물에는 0.1몰의 탄소 원자와 0.4몰의 수소 원자가 들어 있는 것을 알 수 있다. 메테인이 탄소와 수소만으로 이루어진 탄화수소라면 메테인의 화학식은 CH_4인 것이다.

CH_4, O_2, CO_2, H_2O처럼 분자에 대해서 성분 원자의 개수를 나타낸 식을 **분자식(molecular formula)** 이라고 한다. 원소 기호 다음의 아래첨자는 분자 내의 원자 개수를 나타낸다. 편의상 아래첨자 1은 생략한다. 그러므로 CH_4는 탄소 원자 1개와 수소 원자 4개가 결합한 분자이고, H_2O는 수소 원자 2개와 산소 원자 1개가 결합한 분자이다.

탄소를 이산화탄소로, 수소를 물로 바꾸어서 분석하는 방법은 독일의 리비히(Liebig)가 1830년대에 발전시켰다. 시료를 연소하고 나오는 물은 오산화 인(P_2O_5)과 같은 흡수제에 흡수시키고, 이산화탄소는 수산화 포타슘(KOH)과 같은 알칼리 용액에 흡수한 후 증가한 무게를 측정하여 발생한 양을 알아낸다. 이렇게 해서 생성된 이산화탄소와 물의 양으로부터 원래 물질에 들어 있는 탄소와 수소의 비를 구할 수 있다. 예를 들어, 아세틸렌(H—C≡C—H)을 분석하면 탄소와 수소가 1 : 1로 얻어지고, 그 결과를 CH로 나타낼 수 있을 것이다. 이처럼 화합물에서 성분 원소의 개수비를 나타내는 식을 **실험식(empirical formula)**이라고 한다. 그런데 아세틸렌의 분자량을 측정하면 26으로 얻어진다. 따라서 아세틸렌의 분자식은 C_2H_2인 것을 알 수 있다.

표 2-3 몇 가지 실험식과 분자식

물질	실험식	분자식	물질	실험식	분자
아세틸렌	CH	C_2H_2	다이보레인	BH_3	B_2H_6
벤젠	CH	C_6H_6	하이드라진	NH_3	N_2H_4
에틸렌	CH_2	C_2H_4	수소	H	H_2
폼알데하이드	CH_2O	CH_2O	염소	Cl	Cl_2
아세트산	CH_2O	$C_2H_4O_2$	브로민	Br	Br_2
포도당	CH_2O	$C_6H_{12}O_6$	산소	O	O_2
염화 수소	HCl	HCl	질소	N	N_2
이산화탄소	CO_2	CO_2	아이오딘	I	I_2

리비히가 활동하던 19세기는 간단하지만 중요한 유기 화합물들을 분리하고 연구하던 시기였다. 글루코스(glucose)는 이미 1747년에 건포도에서 처음 분리되었고, 1838년에 듀마가 '달다'라는 뜻의 glycos로부터 glucose라고 명명했지만, 구조가 밝혀진 것은 19세기 말 피셔에 의해서였다. 한편 1806년에는 아미노산의 일종인 아스파라진(asparagine)이 아스파라거스에서 발견되었고, 1820년경에는 글루코스와 마찬가지로 달다는 말에서 유래된 글라이신(glycine)이 동물 단백질인 젤라틴(gelatin)에서 발견되었다. 글라이신은 밀러 실험에서 검출된 아미노산의 일종이다. 1844년에는 DNA의 네 가지 염기 중 하나인 구아닌(guanine)이 천연 비료로 중요하게 사용되던 구아노(guano, 바다 새의 똥이 굳어진 것)에서 분리되었다. 이런 천연물의 분자식을 결정하고 구조를 밝히기 위해서 우선적으로 해야 할 일은 원소 분석이었다.

듀마(Jean-Baptiste Dumas, 1800~1884)

피셔(Emil Fischer, 1852~1919). 1902년 노벨 화학상.

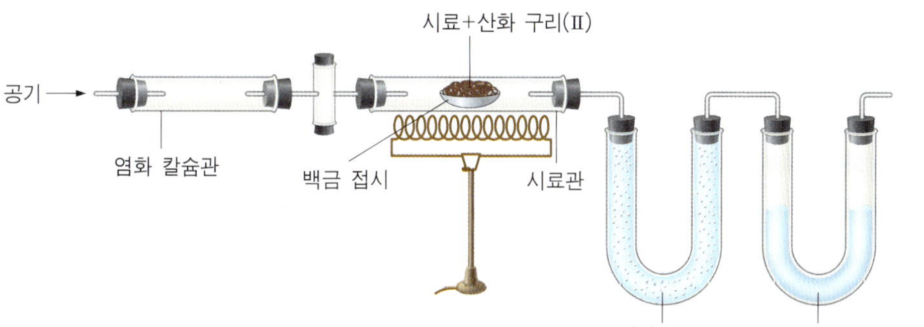

그림 2-8 리비히 분석법 실험 장치

메테인의 연소 반응과는 달리 수소, 메테인, 암모니아, 물로부터 가장 간단한 아미노산인 글라이신이 만들어지는 반응의 반응식을 간단히 쓸 수는 없다. 수소, 메테인, 암모니아, 물은 여러 복잡한 과정을 거쳐서 아미노산을 만들고 그 과정에서 여러 가지 부산물들이 생기는데, 그런 부산물들을 일일이 알기 전에는 메테인의 연소에서와 같이 균형 잡힌 반응식을 쓸 수는 없는 것이다.

읽을거리 리비히 이야기

리비히(Justus Freiherr von Liebig, 1803~1873)

생명체는 탄소 화합물을 기반으로 한다는 사실이 알려지는 과정에서 생체 물질을 구성하는 원소를 분석하는 일이 중요했으리라 짐작할 수 있다. 약 200년 전에 생물과 무생물의 관계를 원소 입장에서 조사한 화학자에 리비히가 있었다.

리비히는 독일의 다름슈타트에서 태어났다. 어릴 때부터 화학에 매료된 리비히는 아버지가 운영하는 공장에서 가져온 화학 물질로 화약을 만들어 학교에서 폭발시키는 바람에 초등학교에서 퇴학을 당했다. 본(Bonn) 대학을 다닌 그는 지도 교수를 따라 에를랑겐(Erlangen) 대학으로 옮겨 박사 학위를 받았다. 1824년에 21세의 나이로 기센(Giessen) 대학 교수가 된 리비히는 그곳에서 세계 최초의 본격적인 화학 분야의 학과를 만들고 실험 중심의 화학 교육을 실천하여 후일 최고의 화학 교육자로 불리게 된다. 1852년에는 뮌헨(München) 대학으로 옮겨 1873년에 죽을 때까지 뮌헨에 머물렀다.

리비히의 가장 중요한 업적 중 하나는 유기 화합물의 탄소와 수소의 분석 방법을 개발한 것이다. 리비히가 활동하던 19세기는 간단하지만 중요한 유기 화합물들을 분리하고 연구하던 시기였다. 유기 화합물을 조사하는 첫 단계는 탄소, 수소, 질소 등의 무게 백분율을 알아내는 것이다. 지금도 고등학교 교과서에 나오는 탄소와 수소의 원소 분석 방법은 리비히가 1830년대에 발전시킨 것이다.

리비히는 식물이 공기로부터 얻는 이산화탄소와 뿌리로부터 얻는 질소 화합물과 미네랄을 가지고 생장하는 것을 알아냈고, 그로부터 질소 비료를 개발하였다. 종전에는 식물의 생장에는 식물이 썩어 흙과 섞인 부식토(humus)가 필수적이라고 생각했지만, 리비히는 비료의 필수 성분이 질소라는 것을 밝힌 것이다. 우리나라가 중화학 공업을 통해 성장과 식량의 자급자족을 이루어낸 1960년대와 1970년대에 비료 공장은 중요한 역할을 했다. 리비히는 식물 생장에서 질소의 역할을 밝혔지만, 막상 대규모로 질소 비료를 생산하게 된 것은 하버(Haber)가 공중 질소를 고정하는 방법을 개발하고 나서이다.

지금은 무기물로부터 유기물이 만들어지는 것이 당연하게 생각되지만, 19세기 전반에 가장 위대한 화학자 중 하나인 베르셀리우스(Berzelius)는 유기물과 무기물은 엄격히 구분되어야 한다고 믿었다. 당시 널리 받아들여졌던 생기론(vitalism)에 따라 유기물은 생체, 생명력과 관련된 특별한 물질로 생각되었던 것이다. 그러한 시기에 리비히는 이산화탄소, 질소 화합물, 미네랄과 같은 무기물과 식물의 성장을 연관지어 농화학, 생리화학, 생화학, 유기화학의 기초를 놓았으며, 언젠가는 당, 아스피린, 몰핀 등 천연물을 합성할 수 있을 것이라고 확신했다. 1828년에 리비히의 절친한 친구였던 뵐러는 생체에서만 만들어진다고 생각되었던 요소(urea)를 무기물인 사이안산 암모늄(ammonium cyanate)을 가열하여 실험실에서 합성함으로써 유기물과 무기물의 관련성을 보여 주었다.

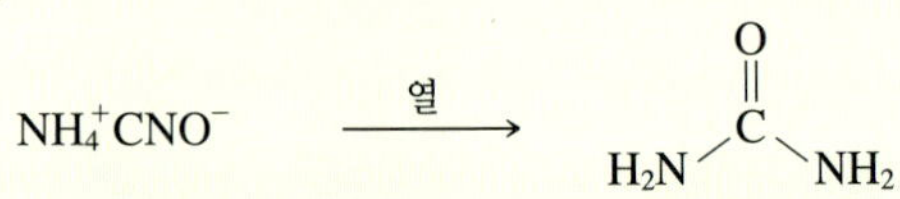

사이안산 암모늄

요소

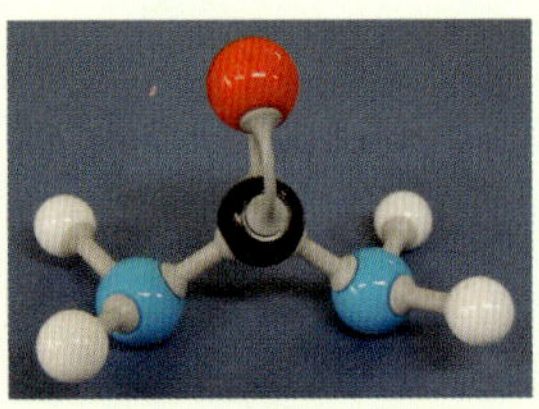

요소

뵐러(Friedrich Wöhler, 1800~1882)

체크 포인트

1. 탄소와 수소로만 이루어진 화합물 1.4그램을 연소했더니 4.4그램의 이산화탄소와 1.8그램의 물이 얻어졌다. 그리고 이 화합물의 분자량은 28로 알려졌다. 이 화합물의 분자식을 추정하시오.

2. 다음 화합물들을 처음 분리된 물질과 연결하시오.

• 글루코스	• 구아노
• 구아닌	• 아스파라거스
• 글라이신	• 건포도
• 아스파라진	• 젤라틴

토의 포인트

1. 리비히의 방법으로 질소를 분석할 수 있을까?

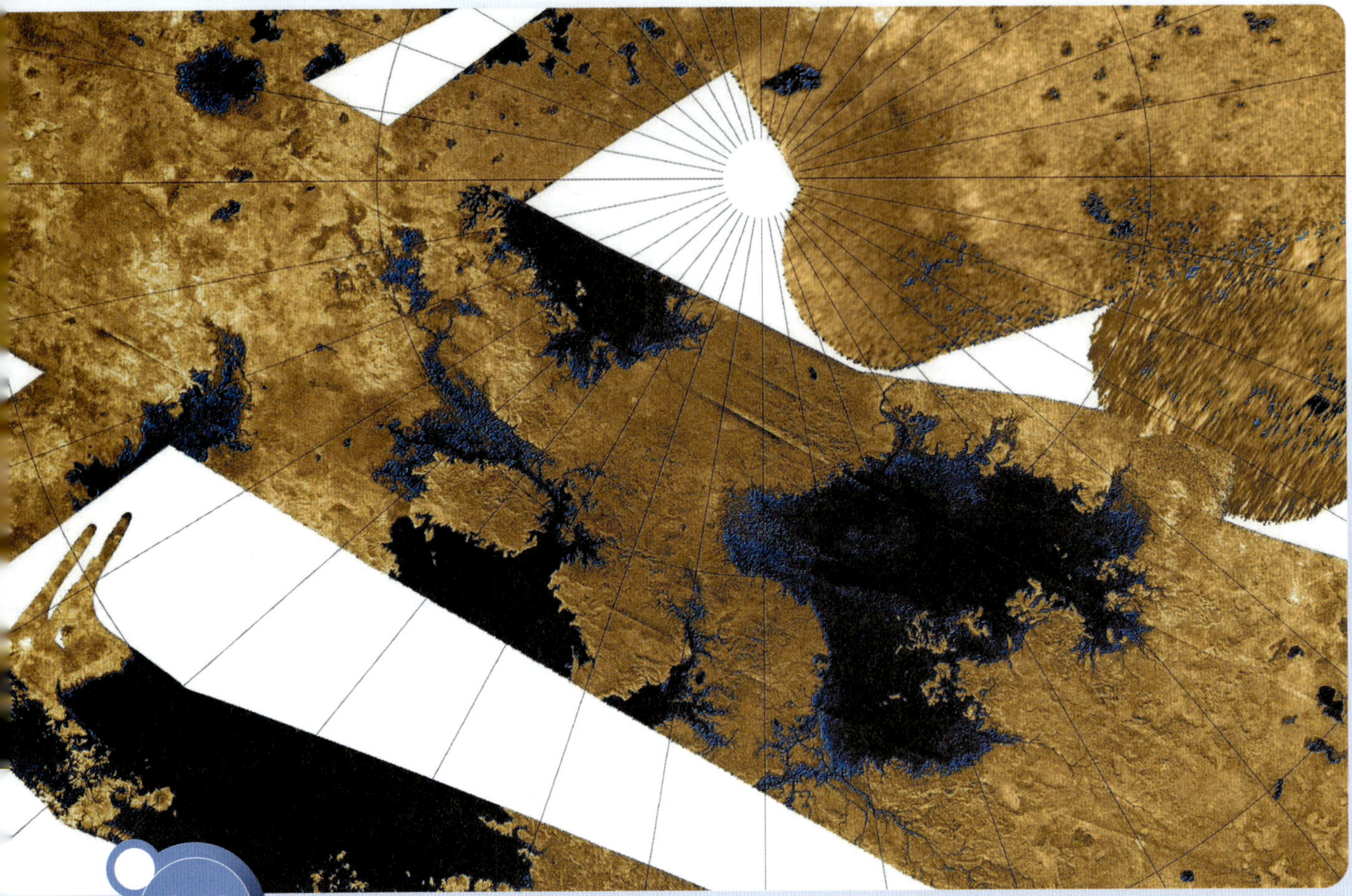

2-4

우주에 풍부한 분자들

밀러는 실험에 사용한 반응물을 CH_4, NH_3, H_2O, H_2 순서로 언급했는데, 이들은 모두 우주에 상당히 풍부한 물질일 것이다. 왜냐하면 이들 물질은 태양계가 만들어질 때 태양계의 재료로 사용되었을 것이고, 조기 지구에도 많이 들어 있는 물질이었을 것이기 때문이다. 그런데 이러한 물질은 언제, 어떻게 만들어졌을까?

1장에서 살펴본 대로 우주의 모든 수소는 137억 년 전에 빅뱅 우주에서 만들어졌다. 그리고 탄소, 산소, 질소 등은 수억 년 후에 별의 중심에서 핵융합 반응을 통해 만들어졌다. 이런 수소에 비해 무거운 원소들이 초신성 폭발 과정에서 우주 공간으로 퍼져 나가서 수소를 만나면 CH_4, NH_3, H_2O과 같은 분자를 만들게 된다. 물론 수소는 일부 이미 결합을 이루어 H_2로 존재한다. 이런 분자들은 토성의 위성인 타이탄에도 풍부하다. 타이탄에는 메테인의 호수가 있을 정도이다. 메테인이 풍부한 것은 몇 년 전에 토성의 위성인 타이탄을 탐사하면서 확인되었다. 오른쪽에 보이는 메테인의 호수는 미국과 캐나다 사이의 오대호보다도 크다.

이 절에서는 왜 밀러가 사용한 반응물이 비교적 우주에 풍부한지를 반응 속도와 관련지어 알아보자.

우주의 원소 분포

우주 전체의 원소 분포는 수소 원자의 개수를 100만이라고 했을 때 상대적으로 대략 다음과 같다.

원소	원자 수
수소(H)	1,000,000개
헬륨(He)	80,000개
산소(O)	840개
탄소(C)	560개
질소(N)	95개

우리는 1장에서 빅뱅 우주에서 처음 3분 사이에 수소와 헬륨이 질량비로 대략 3 : 1의 비율로 만들어진 것을 살펴보았다. 수소에 비해 헬륨이 4배 무거우므로 수소와 헬륨의 개수비는 대략 12 : 1이 될 것이다. 따라서 수소 100만 개당 8만 개 정도의 헬륨이 분포한다는 것은 수소와 헬륨의 비율이 우주 역사를 통해 크게 바뀌지 않았다는 것을 의미한다.

우주에서 세 번째로 풍부한 산소는 수소에 비해 1000분의 1 (0.1%) 정도이다. 헬륨은 수소의 10분의 1, 산소는 헬륨의 100분의 1이라고 기억하면 편하다. 질소는 산소의 약 10분의 1이고, 탄소는 산소와 질소의 평균 정도이다. 이 다섯 가지 원소 중에서 헬륨은 화학 반응을 하지 않으므로 제외하고, 나머지 네 가지 원소들이 결합하면서 만들어진 분자들이 우주 공간에 존재하고, 태양계의 재료로도 사용되었을 것이다. 그렇다면 우주에는 어떤 분자들이 많을까?

우주의 분자 분포

우주 전체적으로 볼 때 별과 별 사이 공간에 존재하는 분자(interstellar molecules)의 분포는 수소 원자의 개수를 100만이라고 했을 때 상대적으로 대략 다음과 같다.

분자	개수
수소(H_2), 일산화탄소(CO), 질소(N_2), 물(H_2O)	10~10,000개
사이안화 수소(HCN), 이산화탄소(CO_2), 암모니아(NH_3)	1개
메테인(CH_4)	그 이하

원자 자체가 분자인 헬륨을 제외하면 우주에서 가장 풍부한 분자는 수소이다. 왜냐하면 가장 풍부한 수소 원자가 한 번 충돌하면 수소 분자가 되기 때문이다.

수소(H_2)

H—H (H_2)

원자 2개가 결합한 **이원자 분자**(**diatomic molecule**) 중에서 수소 다음으로 비교적 풍부한 것으로는 일산화탄소(CO)와 질소(N_2)가 있다. CO와 N_2는 삼중 결합을 만들기 때문에 매우 안정해서 한 번 만들어지면 웬만해서는 분해가 되지 않는다.

일산화탄소(CO)

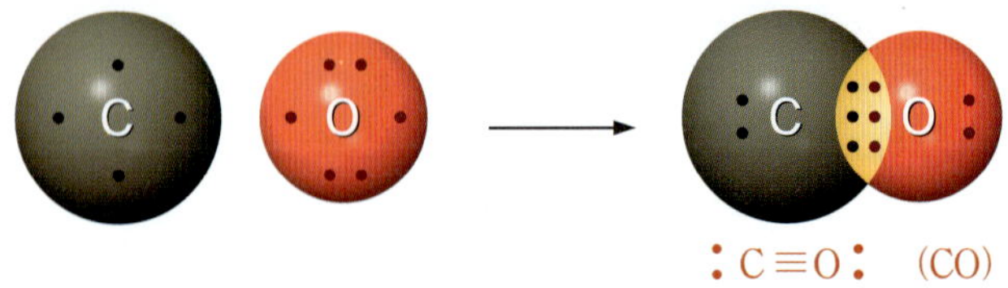

질소(N_2)

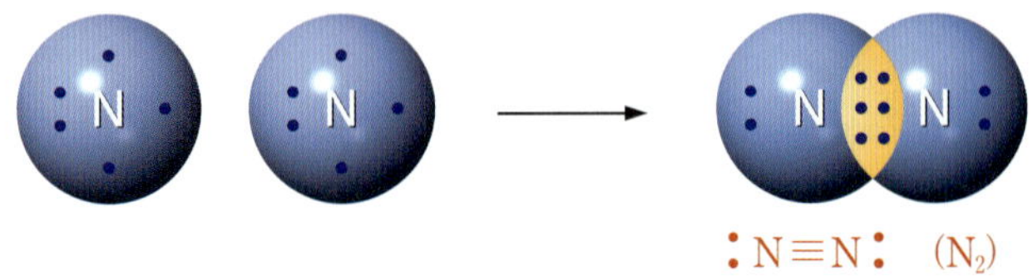

3개의 원자가 결합한 **삼원자 분자**(**triatomic molecule**) 중에서 가장 풍부한 것은 물(H_2O)이다. 물은 우주에서 가장 풍부한 수소 원자 2개와 세 번째로 풍부한 산소 원자 1개가 결합한 화합물이기 때문이다. 암모니아는 가장 풍부한 사원자 분자이다. 여러 단계를 거쳐서 탄소 원자 1개가 4개의 수소 원자와 결합해야 만들어지는 메테인은 암모니아보다도 적다. 그러나 오원자 분자 중에서는 메테인이 가장 풍부할 것이다.

물(H_2O)

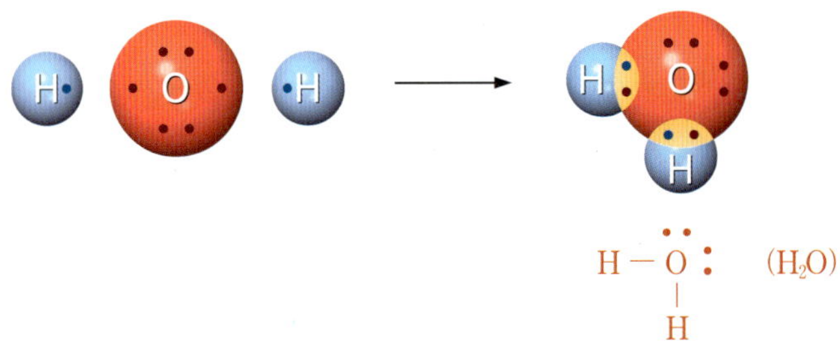

암모니아(NH_3)

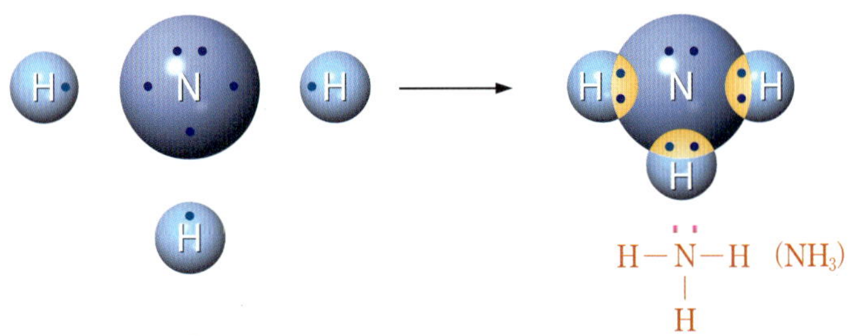

메테인(CH_4)

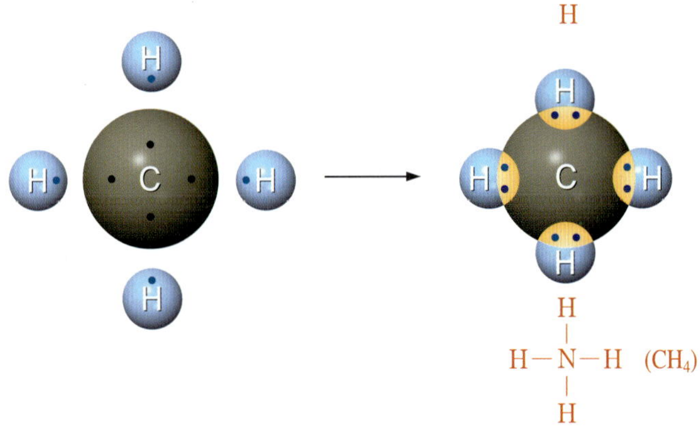

그러고 보면 밀러가 사용한 수소, 메테인, 암모니아, 물은 각각 우주에서 가장 풍부한 이원자 분자, 삼원자 분자, 사원자 분자, 오원자 분자인 셈이다. 그러므로 어떤 분자가 상대적으로 풍부한지는 원자 사이의 결합 방식과 관련이 있는 것이다. 만일 수소와 산소가 1 : 1로 결합한다면 HO가 H_2 다음으로 우주에서 가장 풍부한 분자이면서 또한 가장 풍부한 화합물일 것이다.

원자들이 특정한 방식으로 결합을 이룬다는 개념이 처음 등장한 것은 1850년대이다. 영국의 프랭클랜드는 1852년에 **화학적 친화도(chemical affinity)** 라는 말을 사용했는데, 예를 들어 메테인의 경우 탄소 원자 하나는 최대 4개의 수소 원자와 결합할 수 있는 친화도를 가졌다고 생각했다. 이런 생각은 나중에 탄소 4, 수소 1, 산소 2 등의 원자가(valency)로 발전했다. 화학 결합(chemical bond)이라는 말을 처음 사용한 것도 프랭클랜드였다. 그러나 왜 원소들이 그러한 원자가를 가지는지를 이해하는 데는 60년 이상의 시간이 필요했다.

프랭클랜드(Edward Frankland, 1825~1899)

체크 포인트

1. 우주에서 가장 풍부한 이원자 분자는 무엇인가?
2. 우주에서 가장 풍부한 화합물은 무엇인가?
3. 우주에서 두 번째로 풍부한 화합물은 무엇인가?

토의 포인트

1. 성간 공간에 H_2나 N_2에 비해 O_2가 적은 이유는 무엇인가?
2. 탄소가 질소보다 풍부한데도 불구하고 암모니아가 메테인보다 풍부한 이유는 무엇인가?

2-5

보어의 원자 모형

수소의 분자식을 H_2로 쓸 수 있는 것은 원자들 사이에 결합 규칙이 있기 때문이다. 수소 분자는 모두 H_2로, H_3나 H_4라는 분자는 존재하지 않는다. 그것은 수소 원자는 항상 1개의 결합을 만들기 때문이다. 따라서 수소 원자 2개가 만나 1개씩 결합을 만들면 더 이상 결합을 이룰 여지가 없다.

이런 결합의 규칙이 없다면 질서정연하고 예측 가능한 우리 주위의 물질 세계가 이루어질 수 없을 것이다. 결합의 규칙이 존재한다는 사실은 수소, 탄소, 산소 등 원자의 내부에 어떤 정보가 들어 있다는 것과 그런 정보를 가지기 위한 어떤 구조가 있다는 것을 말해 준다.

원자의 내부 구조를 이해하는 데 핵심 역할을 한 중요한 아이디어 중에는 보어 모형이 있다. 보어 모형은 플랑크와 아인슈타인의 양자론을 러더포드의 핵모형과 결합해서 수소의 선 스펙트럼을 깨끗이 설명해냄으로써 과학의 역사에서 중요한 이정표가 되었다. 특히 보어 모형은 원자 내 전자의 에너지 준위라는 개념을 도입해서 화학 결합의 핵심인 옥텟 규칙의 발판을 마련했다.

우리는 이미 원소들이 만들어지는 과정을 통해서 모든 원자에는 양성자와 중성자로 구성된 작고 단단한 원자핵이 있고, 원자핵 지름의 10만 배 정도 거리에 전자가 위치하고 있는 것을 알아보았다. 그렇다면 원자들이 만나 결합을 이룰 때 바깥쪽의 전자들이 상호작용을 하면서 결합에 참여할 것이라고 생각된다. 따라서 원자 내 전자의 성질을 이해해야 결합의 규칙을 파악할 수 있을 것이다.

19세기 중반에는 원소 분석을 통해서 원소들의 결합 방식이 어느 정도 파악되었다. 그러나 전자가 발견되기 전이기 때문에 왜 수소, 탄소, 산소의 원자가가 각각 1, 2, 4인지는 알 수 없었다. 1869년에 멘델레예프가 주기율을 발표한 것도 전자가 발견되기 거의 30년 전이다.

1897년에 전자를 발견한 톰슨은 원자 내부에 양전하가 골고루 퍼져 있고 음전하를 가진 가벼운 전자가 여러 개 박혀 있는 푸딩 모형을 제안했다. 그러나 1911년에 톰슨의 제자였던 러더포드가 원자의 양전하는 중심의 작은 핵에 집중되어 있다는 것을 발견한 이후 푸딩 모형은 행성 모형으로 대치되었다. 그러나 러더포드의 행성 모형에는 아직 전자의 에너지에 여러 준위(energy level)가 있다는 개념이 들어 있지 않아서 원자가를 설명할 수는 없었다.

톰슨(Joseph John Thomson, 1856~1940).
1906년 노벨 물리학상.

러더포드(Ernest Rutherford, 1871~1937).
1908년 노벨 화학상.

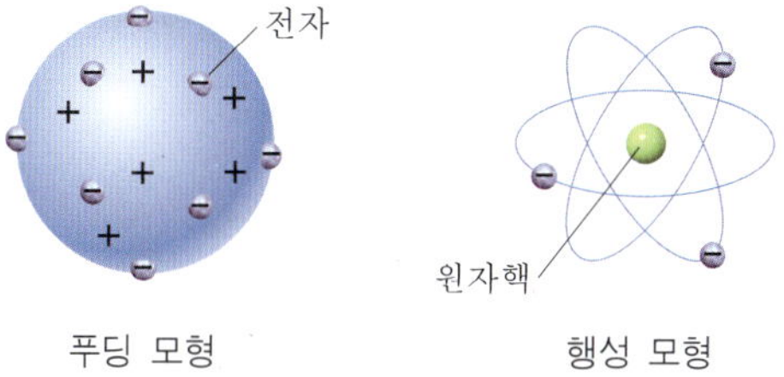

■ **그림 2-9** 톰슨의 푸딩 모형과 러더포드의 행성 모형

●● 수소의 선 스펙트럼

화학 결합의 규칙은 언뜻 보아서는 화학 결합과는 관계가 없어 보이는 선 스펙트럼을 설명하면서 드러나게 된다. 우리는 1장에서 원자 내 전자의 위치와 에너지는 불연속적이어서, 즉 양자화되어서 선 스펙트럼이라는 현상이 나타나는 것을 살펴보았다. 여기서는 원자 내에서 전자 에너지의 양자화가 어떻게 밝혀지게 되었는지를 알아본다. 전자 에너지의 양자화는 화학 결합 규칙의 기본 원리이기 때문이다.

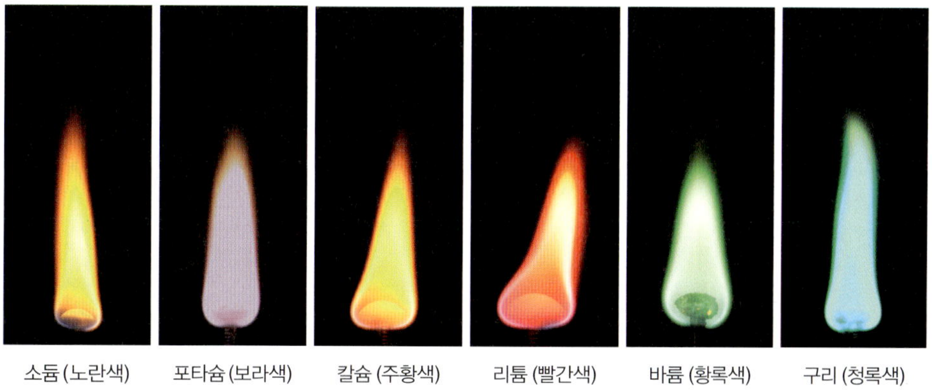

■ **그림 2-10** 여러 가지 금속의 불꽃 반응색

분젠(Robert Wilhelm von Bunsen, 1811～1899)

키르히호프(Gustav Robert Kirchhoff, 1824～1887)

1859년에 독일의 분젠과 키르히호프가 분광기를 발명하여 여러 원소의 불꽃 반응을 관찰하면서 원소마다 특이한 선 스펙트럼을 나타내는 것을 알게 되었다. 그러나 왜 그런 선 스펙트럼이 나타나는지는 알 수 없었다.

대부분 원소의 선 스펙트럼은 구조가 복잡하지만 수소만은 특이하게도 상당히 규칙적인 선 스펙트럼을 나타낸다. 다음 그림에서 볼 수 있듯이 수소의 경우에는 가시광선 영역에서는 빨간색, 녹색, 파란색, 보라색의 네 선이 쉽게 관찰된다. 보라색 다음에도 선들이 있지만 갈수록 약해지기 때문에 눈으로는 잘 볼 수 없다.

이 4개 선의 **파장**(**wave length**)은 656.3, 486.1, 434.0, 410.2나노미터(nm, 10^{-9} m)에 해당한다. 빛은 파장에 상관없이 진공에서는 1초에 약 30만 킬로미터, 정확하게는 2.998×10^8 m를 진행한다. 따라서 파장이 길수록 **진동수**(**frequency**)는 작아지고, 파장이 짧을수록 진동수는 커진다.

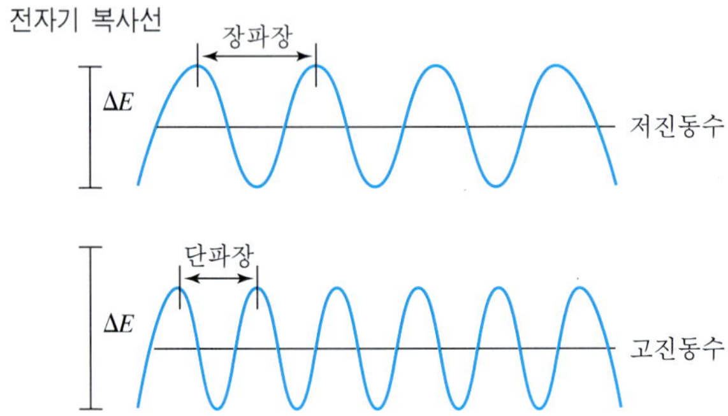

■ **그림 2-11** 진동수는 빛이 광속으로 진행하면서 1초에 진동하는 수이다.

그런데 빛의 에너지는 진동수가 클수록 크다. 즉, 빛의 에너지와 진동수 사이에는 다음과 같은 비례식이 성립한다.

$$E = h\nu \qquad h\text{는 플랑크 상수}(6.626 \times 10^{-34}\ \text{j·s}),\ \nu\text{는 진동수}$$

따라서 수소 선 스펙트럼의 파장을 진동수로 바꾸어서 생각하는 것이 선이 나타나는 위치를 수소 원자에서 전자의 에너지와 관련지어 알아보는 데 유리할 것이다.

우선 빨간색에 해당하는, 파장이 656.3 nm인 빛의 진동수를 구해 보자. 한 번 진동할 때마다 656.3 nm, 즉 656.3×10^{-9} m를 진행하는데, 1초에 2.998×10^8 m를 진행한다면 1초 동안에 진동하는 횟수는 진행하는 거리를 파장으로 나누면 얻어질 것이다.

$$\text{진동수} = \frac{2.998 \times 10^8\ \text{m·s}^{-1}}{656.3 \times 10^{-9}\ \text{m}} = 4.569 \times 10^{14}\ \text{s}^{-1}$$

우리 눈에 붉게 보이는 수소의 선은 매초 약 460조 번씩 진동하는 것이다. 같은 방법으로 녹색, 파란색, 보라색 선의 진동수를 계산하면 다음과 같이 정리할 수 있다.

빨간색 선 : $4.569 \times 10^{14}\,\mathrm{s}^{-1}$
녹색 선 :　$6.168 \times 10^{14}\,\mathrm{s}^{-1}$
파란색 선 : $6.908 \times 10^{14}\,\mathrm{s}^{-1}$
보라색 선 : $7.310 \times 10^{14}\,\mathrm{s}^{-1}$

1885년에 스위스의 발머는 위의 4가지 선의 진동수를 다음과 같이 나타낼 수 있다는 것을 알아냈다.

빨간색 선 : $\nu_3 = (3.290 \times 10^{15})\left(\frac{1}{2^2} - \frac{1}{3^2}\right)\mathrm{s}^{-1}$

녹색 선 :　$\nu_4 = (3.290 \times 10^{15})\left(\frac{1}{2^2} - \frac{1}{4^2}\right)\mathrm{s}^{-1}$

파란색 선 : $\nu_5 = (3.290 \times 10^{15})\left(\frac{1}{2^2} - \frac{1}{5^2}\right)\mathrm{s}^{-1}$

보라색 선 : $\nu_6 = (3.290 \times 10^{15})\left(\frac{1}{2^2} - \frac{1}{6^2}\right)\mathrm{s}^{-1}$

그 후 1890년에 스웨덴의 리드베리는 이 선들의 진동수를 다음 일반식으로 정리하였다.

$$V_{m,n} = (3.290 \times 10^{15})\left(\frac{1}{n^2} - \frac{1}{m^2}\right)\mathrm{s}^{-1}$$

즉, 빨간색 선은 $n = 2$, $m = 3$에 해당하는 것이다. 그리고 녹색 선, 파란색 선, 보라색 선은 모두 $n = 2$이고, m은 각각 4, 5, 6에 해당한다. 모든 선에 공통적으로 적용되는 3.290×10^{15} 값을 **리드베리 상수(Rydberg's constant)**라고 하는데, 리드베리는 자연의 가장 중요한 상수 중 하나인 이 값을 정밀하게 측정하였다.

가시광선에서 관찰되는 수소의 선들은 **발머 계열(Balmer series)**이라고 한다. 리드베리의 일반식이 나온 후 $n = 1$, $n = 3$ 등 다른 계열의 스펙트럼의 존재가 예상되었다. 실제로 하버드의 물리학자 라이먼은 1906년에 **자외선(ultraviolet)** 영역에서 **라이먼 계열(Lyman series)**의 첫 번째 선을 발견하고, 이어서 1906~1914년 사이에 나머지 선들을 발견했다. **적외선(infrared)** 영역의 **파셴 계열(Paschen series)**은 1908년에 발견되었다. 그러나 한 동안은 아무도 왜 수소 선 스펙트럼의 진동수가 이런 값을 나타내지는지는 설명할 수 없었다.

발머(Johann Jakob Balmer, 1825~1898)

리드베리(Johannes Robert Rydberg, 1854~1919)

라이먼(Theodore Lyman, 1874~1954)

파셴(Friedrich Paschen, 1865~1947)

보어 모형

1913년에 중요한 발전이 이루어졌다. 덴마크의 닐스 보어(Niels Bohr)는 몇 가지 간단한 가정하에 원자의 구조에 관한 모형을 만들고, 그로부터 위의 진동수값들을 유도할 수 있었다. 보어 모형의 가정은 다음과 같다.

- 첫째, 원자에서 전자는 원자핵 주위를 원운동한다. 1911년에 러더포드가 금박지에 알파 입자(alpha particle, 헬륨 원자핵)를 충돌시켜 원자핵을 발견한 바 있는데, 원자의 핵모형이 보어 모형의 출발점이다.

쿨롱(Charles Augustin de Coulomb, 1736~1806)

플랑크(Max Karl Ernst Ludwig Planck, 1858~1947). 1918년 노벨 물리학상.

아인슈타인(Albert Einstein, 1879~1955). 1921년 노벨 물리학상.

- 둘째, 음전하를 가진 전자는 양전하를 가진 원자핵과 쿨롱 인력(Coulomb attraction)에 따라 상호작용한다. 수소의 경우에는 원자핵은 바로 양성자이다. 원자 내부에서 입자들 사이의 상호작용(나중에 알려진 양성자와 중성자 내부에서의 쿼크들 사이의 강한 핵력을 제외하고는)은 대부분 전기적이기 때문에 이 가정은 타당하다.
- 셋째, 전자의 각운동량(angular momentum)은 양자화되어 있다. 질량이 m인 입자가 v라는 속도로 운동하면 mv의 운동량을 가진다. 이 입자가 중심으로부터 r의 거리에서 원운동을 하면 mvr의 각운동량을 가진다. 보어는 이 각운동량이 연속적인 값을 가지지 않고 양자화되어 있다고 가정한 것이다. 이것이 가장 획기적인 가정이다. 이에 앞서서 1900년에 플랑크는 에너지의 양자화를, 1905년에 아인슈타인은 빛의 양자화를 제안한 바 있지만, 보어는 양자화의 개념을 원자에 도입하여 원자 세계를 이해하는 데 큰 변혁을 가져 왔다. 각운동량의 양자화는 태양계에서 행성들이 각각의 궤도를 가지고 있는 것과 유사하다. 그래서 보어의 모형을 행성 모형이라고도 한다.

이와 같은 가정을 도입한 결과 보어는 수소처럼 전자가 1개인 원자의 경우 전자의 에너지는 다음과 같은 형태로 얻어지는 것을 보여 주었다.

$$E_n = -\frac{R}{n^2}\ \mathrm{s}^{-1}$$

여기서 n은 양자수(quantum number)로 1, 2, 3 등의 정수이고, 리드베리 상수라고 부르는 R은 3.290×10^{15}의 값을 가진다.

위의 에너지 식으로부터 n이 1~6인 경우 수소의 전자 에너지를 구해 보자.

$$E_1 = -1\ R\ \mathrm{s}^{-1} = -3.290 \times 10^{15}\ \mathrm{s}^{-1}$$

$$E_2 = -\frac{1}{4}\ R\ \mathrm{s}^{-1} = -8.225 \times 10^{14}\ \mathrm{s}^{-1}$$

$$E_3 = -\frac{1}{9}\ R\ \mathrm{s}^{-1} = -3.656 \times 10^{14}\ \mathrm{s}^{-1}$$

$$E_4 = -\frac{1}{16} R\ \mathrm{s}^{-1} = -2.056 \times 10^{14}\ \mathrm{s}^{-1}$$

$$E_5 = -\frac{1}{25} R\ \mathrm{s}^{-1} = -1.316 \times 10^{14}\ \mathrm{s}^{-1}$$

$$E_6 = -\frac{1}{36} R\ \mathrm{s}^{-1} = -9.139 \times 10^{13}\ \mathrm{s}^{-1}$$

이로부터 n이 커질수록 에너지는 0에 접근하는 것을 볼 수 있다. 그것은 전자와 원자핵이 무한대 거리에 있을 때를 에너지의 기준인 0으로 삼는다는 것을 뜻한다. 전자가 원자핵에 끌려서 가까워질수록 전자는 안정해진다. 반면에 전자를 핵으로부터 떼어 놓으려면 에너지가 필요하다.

다른 양자수에 해당하는 전자의 에너지 상태를 **에너지 준위(energy level)**라고도 한다. 선 스펙트럼은 원자 내에서 전자가 높은 에너지 준위로 올라갔다가 낮은 준위로 떨어지면서 빛을 내면서 나타나는 현상이다. 그런데 흥미로운 것은 보어 모형으로부터 구한 전자 에너지값들의 차이로부터 수소 스펙트럼의 선들이 정확히 설명된다는 점이다.

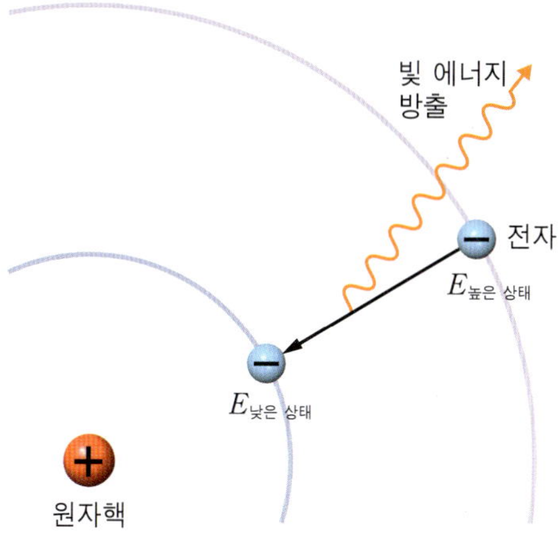

■ **그림 2-12** 빛의 방출 상태에서의 에너지 준위

예를 들어, 앞에서 구한 E_3와 E_2 사이의 에너지 차이를 구해 보자.

$$E_3 - E_2 = (-3.656 \times 10^{14}\,\mathrm{s}^{-1}) - (-8.225 \times 10^{14}\,\mathrm{s}^{-1}) = 4.569 \times 10^{14}\,\mathrm{s}^{-1}$$

이것은 바로 위의 빨간색 선의 진동수이다. 마찬가지로 나머지 선들의 진동수는 E_4와 E_2 사이, E_5와 E_2 사이, E_6와 E_2 사이의 에너지 차이에 해당하는 것을 알 수 있다.

$$E_4 - E_2 = (-2.056 \times 10^{14}\ \mathrm{s}^{-1}) - (-8.225 \times 10^{14}\ \mathrm{s}^{-1}) = 6.169 \times 10^{14}\ \mathrm{s}^{-1}$$

$$E_5 - E_2 = (-1.316 \times 10^{14}\ \mathrm{s}^{-1}) - (-8.225 \times 10^{14}\ \mathrm{s}^{-1}) = 6.909 \times 10^{14}\ \mathrm{s}^{-1}$$

$$E_6 - E_2 = (-9.139 \times 10^{13}\ \mathrm{s}^{-1}) - (-8.225 \times 10^{14}\ \mathrm{s}^{-1}) = 7.311 \times 10^{14}\ \mathrm{s}^{-1}$$

이로부터 수소 스펙트럼의 빨간색 선은 전자가 E_3 에너지 준위에서 E_2로, 녹색 선은 E_4에서 E_2로, 파란색 선은 E_5에서 E_2로, 보라색 선은 E_6에서 E_2로 떨어지면서 나오는 빛인 것을 알 수 있다.

여기서 궁금한 것은 왜 수소 스펙트럼의 선들이 모두 E_2로 떨어지면서 나오는 빛

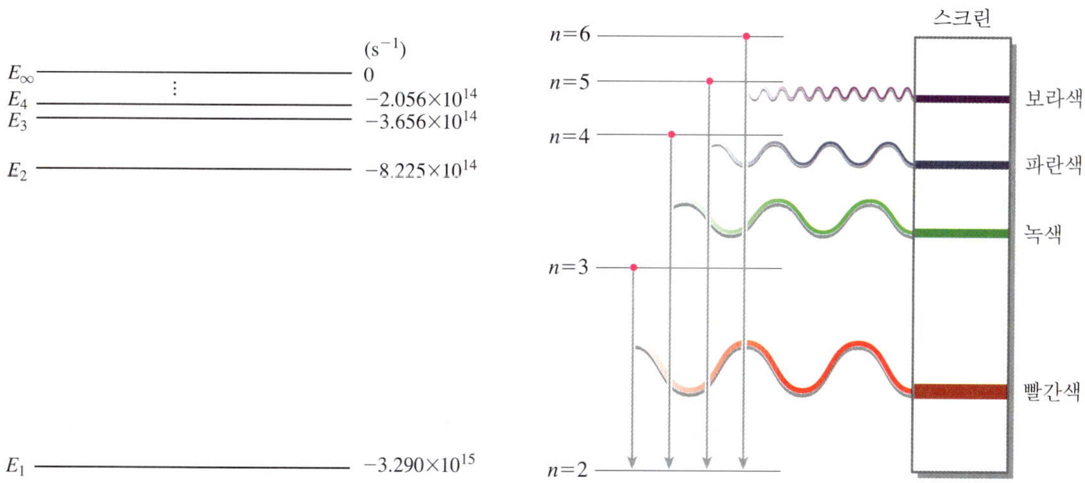

■ **그림 2-13** 보어 모형에 따른 수소의 선 스펙트럼 해석. 가시광선 영역의 발머 계열은 전자가 양자수가 3, 4, 5, 6인 상태로 들떴다가 2인 상태로 떨어지면서 나오는 빛에 해당한다.

인가 하는 점이다. 물론 수소 원자의 전자가 에너지를 받으면 여러 높은 에너지 준위로 올라갔다가 E_1 준위로도 떨어질 것이다. 그러나 E_2와 E_1 준위의 에너지 차이가 크기 때문에 E_1 준위로 떨어질 때 나오는 빛은 진동수가 아주 커서 가시광선 영역을 벗어나고 자외선에 해당한다. 그러므로 쉽게 관찰할 수 있는 가시광선 영역의 선들이 먼저 관찰되었고, 보어의 모형에 의해 설명된 것이다.

가시광선에서 관찰되는 수소의 선들 중에서 발머 계열은 전자가 보다 높은 에너지 준위로부터 $n = 2$인 준위로 떨어지면서 나오는 스펙트럼이다. $n = 2, 3, 4$ 등의 준위로부터 $n = 1$로 떨어질 때는 자외선에서 라이먼 계열이 관찰되고, $n = 4, 5, 6$ 등의 준위로부터 $n = 3$으로 떨어질 때는 적외선에서 파셴 계열이 관찰된다.

물론 발머 계열뿐만 아니라 라이먼 계열과 파셴 계열도 보어 모형에 의해 잘 설명된다. 이렇게 해서 보어 모형은 수소의 선 스펙트럼을 잘 설명하여 원자 내에서 전자 에너지가 양자화된 것을 보여 주었다. 보어 모형이 화학에서 중요한 것은 에너지 준위를 기반으로 옥텟 규칙에 따라 화학 결합을 설명하는 기초를 제공해 주기 때문이다.

체크 포인트

1. 보어는 원자핵과 전자 사이에 다음 중 어떤 힘이 작용한다고 생각했는가?

① 강한 핵력 ② 약한 핵력 ③ 전기력
④ 자기력 ⑤ 중력

2. 수소 스펙트럼의 발머 계열에서 빨간색 선 다음의 선은 어떤 전이에 해당할까?

① $n = 2 \to 1$ ② $n = 3 \to 2$ ③ $n = 4 \to 2$
④ $n = 4 \to 1$ ⑤ $n = 5 \to 2$

3. 다음 중 어느 전이가 발머 계열에서 가장 긴 파장의 빛에 해당할까?

① $E_2 \to E_1$ ② $E_3 \to E_1$ ③ $E_4 \to E_1$
④ $E_3 \to E_2$ ⑤ $E_4 \to E_3$

4. 보어 모형에 관하여 틀린 것은?

① 수소 원자에 적용된다. ② He^+에 적용된다.
③ 전자 에너지의 양자화를 가정했다. ④ 파동역학이 태어나는 계기를 마련했다.
⑤ 에너지 준위의 개념을 통해 옥텟 규칙의 기반을 제공했다.

토의 포인트

1. 보어 모형이 나오기 전에 이미 톰슨은 전자를 발견했다. 톰슨은 어떤 원자 모형을 가지고 있었을까? 톰슨이 전자를 발견했을 당시에 톰슨은 수소 원자에 전자가 1개 들어 있는 것을 알았을까?

2. 보어 모형에는 각 에너지 준위에 최대 몇 개의 전자가 들어갈 수 있다는 개념이 들어 있는가?

2-6

공유 결합과 옥텟 규칙

이미 19세기에 원소 분석과 분자량 측정을 통해 메테인의 분자식은 CH_4인 것이 알려졌다. 그러나 20세기 초에 들어와서도 왜 메테인에서 탄소 원자는 4개의 수소 원자와 결합하는지 알 수 없었다. 그러다가 1913년에 원자 번호가 알려지고, 보어 모형을 통해 원자 내에 전자 에너지 준위가 있다는 것이 밝혀지면서 화학 결합의 원리가 이해되기 시작한다.

그러나 최외각이 8개의 전자로 채워지면 가장 안정한 상태가 되어 결합이 이루어진다는 옥텟 규칙이 완벽히 설명되려면 다음 절에서 다룰 오비탈과 스핀이 도입되어야 한다. 그러고 보면 화학의 핵심 개념 중 하나인 옥텟 규칙이 확립되는 과정은 19세기 후반과 20세기 초반에 걸친 물리학과 화학의 발전 과정과 궤도를 같이 한다.

전자 껍질

화학 결합 원리의 중요한 단서를 제공하는 것은 헬륨, 네온처럼 화학 결합을 이루지 않는, 즉 아주 안정한 **비활성 기체(inert gas, noble gas)** 원소들이다. 원자 번호가 2인 헬륨이 비활성 기체라는 것은 보어 모형에서 $n = 1$에 해당하는, 즉 에너지가 가장 낮은 바닥 상태의 준위에 전자가 2개 들어가면 원자가 안정해진다는 것을 뜻한다. 그 다음 비활성 기체인 네온의 원자 번호가 10인 것을 보면 두 번째 에너지 준위에는 전자가 8개 들어가면 헬륨과 마찬가지로 안정해지는 것을 알 수 있다. 그렇다면 헬륨이나 네온과 같은 비활성 기체 이외 원소들의 경우에는 바닥 에너지 준위에는 전자가 2개, 다음 준위에는 전자가 8개가 되는 방향으로 결합이 이루어질 것으로 생각된다. 에너지 준위는 흔히 **전자 껍질(electron shell)** 이라고도 한다.

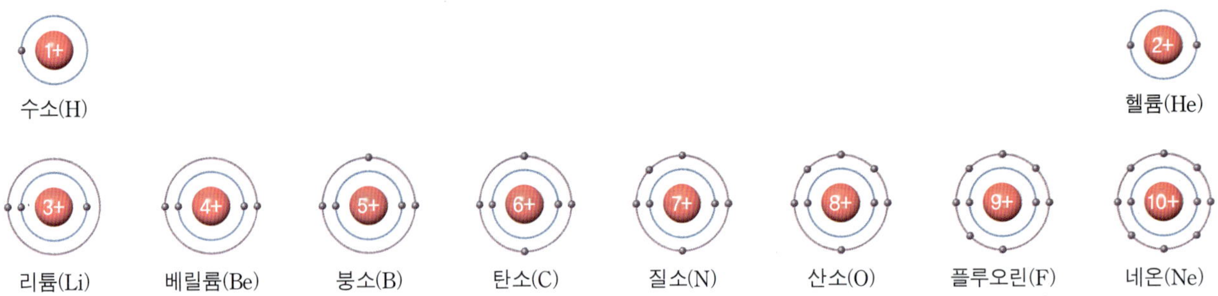

■ **그림 2-14** 원자의 전자 배치

수소 분자

우주에 가장 풍부한 두 가지 원소는 수소와 헬륨이다. 그런데 수소는 반응성이 높고, 헬륨은 반응성이 전혀 없다. 반응성이 없다는 것은 매우 안정하다는 뜻이다. 수소 원자는 전자가 1개 밖에 없어서 불안정하기 때문에 전자를 하나 얻어서 헬륨처럼 전자가 2개인 안정한 상태가 되려고 한다. 가장 좋은 방법은 2개의 수소 원자가 각각 자기의 전자 하나를 내놓고, 이 2개의 전자를 수소 원자 둘이 공유하는 것이다. 이처럼 공유한 전자쌍을 2개의 수소 원자핵, 즉 양성자 사이에 놓으면 양쪽의 양성자는 전자쌍의 음전하에 끌려 가까이 붙잡히게 된다. 결과적으로 2개의 수소 원자는 결합을 이루어 수소 분자(H_2)가 된다. 이처럼 전자를 공유하는 방식의 결합을 **공유 결합(covalent bonding)** 이라고 한다. 공유 결합은 화학 결합 중에서 가장 흔하고 중요한 결합이다. 우리 몸의 대부분 원자들도 공유 결합을 이루고 있다.

가장 간단하면서도 우주에 가장 풍부한 분자인 수소 분자는 이처럼 수소 원자 사이의 **단일 결합(single bond)** 으로 이루어진다. 물론 결합에 참여하지 않는 전자는 없다. H_2는 모든 이원자 분자와 마찬가지로 선형이다. 결합 길이(bond length) 또는 핵간거리(internuclear distance)는 0.74 Å, 결합 에너지(bond energy)는 432 kJ/mol이다.

수소 분자의 구조는 H—H로 나타낸다. H와 H 사이의 결합을 나타내는 짧은 선은 공유 결합에 사용되는 2개의 전자에 해당한다.

H—H

물

물은 왜 H_2O의 분자식으로 표시되는지, 즉 왜 산소 원자 1개가 수소 원자 2개와 결합하는지를 알아보자. 원자 번호가 8인 산소의 원자는 중심핵에 8개의 양성자와 바깥쪽에 8개의 전자를 가지고 있다. 8개의 전자 중에서 2개는 안쪽의 첫 번째 전자 껍질에 들어가서 헬륨처럼 안정한 상태에 있다. 나머지 6개의 전자는 두 번째 전자 껍질에 들어 있는데, 원자 번호가 10인 네온이 안정한 비활성 기체인 것을 보면 두 번째 전자 껍질에는 8개의 전자가 들어가야 채워지는 것을 알 수 있다. 전자 껍질에 8개의 전자가 들어가서 안정해지는 방식으로 결합을 이루는 것을 **옥텟 규칙(octet rule)**이라고 한다. 물론 수소와 헬륨의 경우에는 첫 번째 전자 껍질이 전자 2개로 채워지면 안정해진다. 그러나 그 다음부터는 두 번째 전자 껍질에 모두 8개의 전자가 들어가면 안정해진다. 수소와 헬륨에 비해 이런 경우가 훨씬 많기 때문에 옥텟 규칙이라고 하는 것이다.

우주 공간에서 산소 원자와 수소 원자가 충돌하면 전자를 공유하면서 결합을 이룰 것이다. 이때 수소는 전자가 2개가 되어 안정해지지만 산소는 아직 전자가 1개 모자란다. 이런 상태를 **하이드록실 라디칼(hydroxyl radical, O−H 라디칼)**이라고 한다. 아직 옥텟 규칙이 만족되지 않아 불안정해서 반응성이 높다는 뜻이다. O−H 라디칼이 또 하나의 수소 원자와 충돌해서 전자를 공유하면 안정한 물 분자가 된다. 산소 원자의 경우에는 두 번째 껍질에 들어 있는 6개의 전자 중에서 2개가 공유 결합에 사용되면 옥텟 규칙이 만족된다. 따라서 산소에는 4개의 공유 결합에 참여하지 않는 비공유 전자가 남아 있게 된다.

루이스(Gilbert N, Lewis, 1875~1946)

다음 그림처럼 공유 결합을 짧은 선으로, 비공유 전자를 점으로 나타내는 구조를 **루이스 전자점 식(Lewis electron dot structure)** 또는 **루이스 구조(Lewis structure)**라고 한다.

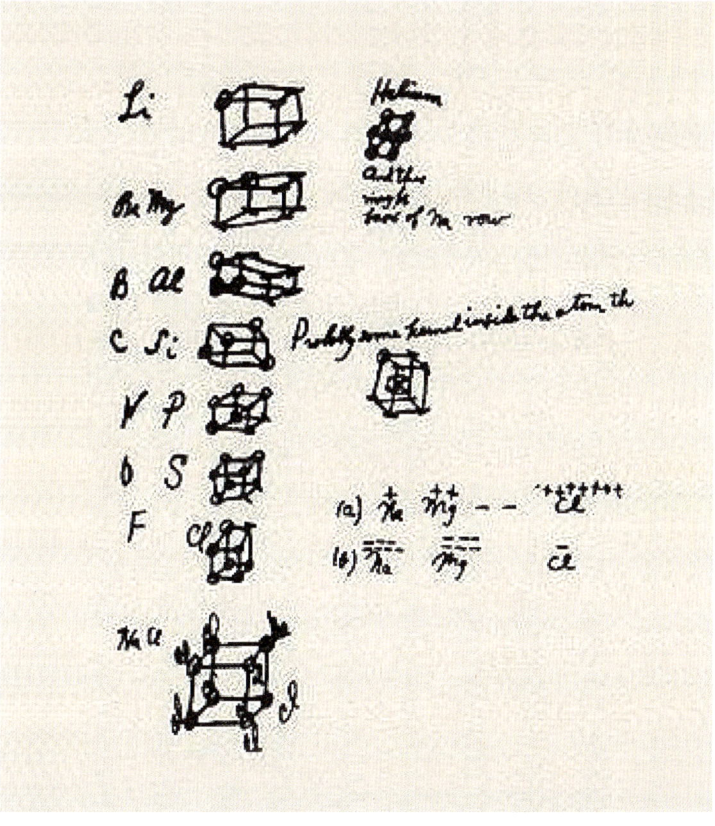

■ **그림 2-15** 옥텟 규칙에 대한 루이스의 생각을 보여 주는 1902년의 스케치

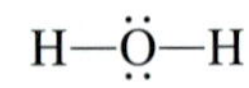

물 분자를 H—O—H 식으로 나타냈다고 해서 물이 직선형이라는 뜻은 아니다. 분자의 삼차원 구조는 다음 장에서 다루기로 한다.

●● 암모니아

원자 번호가 7인 질소는 최외각에 5개의 전자를 가지는데, 그중에서 3개의 전자가 3개의 수소 원자와 전자를 공유하면 최외각에 8개의 전자를 가지게 되어 옥텟 규칙을 만족하는 암모니아를 만들게 된다. 그런데 5개의 최외각 전자 중에서 3개만이 공유 결합을 만들기 때문에 나머지 2개는 결합에 사용되지 않는다. 이런 2개의 전자를 **비공유 전자쌍(lone pair electron)**이라고 한다. 암모니아는 3개의 공유 전자쌍과 1개의 비공유 전자쌍을 가지고 있는 셈이다. 앞에서 살펴본 물은 2개의 공유 전자쌍과 2개의 비공유 전자쌍을 가지고 있다.

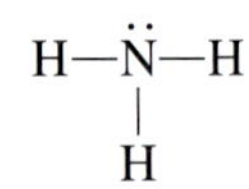

●● 메테인

원자 번호가 6인 탄소는 4개의 수소 원자와 전자를 공유해서 분자식이 CH_4인 메테인을 만든다. 메테인은 4개의 공유 전자쌍을 가져서 옥텟 규칙을 만족시키므로 비공유 전자쌍은 없다. 나중에 다시 살펴보겠지만 비공유 전자쌍이 없다는 점 때문에 메테인은 물이나 암모니아와 화학적 성질이 크게 다르다.

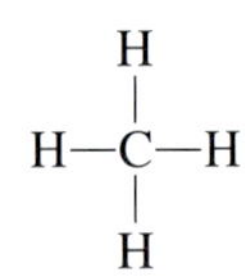

●● 이산화탄소

밀러가 메테인과 대비해서 언급하고 있는 이산화탄소에서 중심 탄소의 4개 최외각 전자는 모두 양쪽 산소와의 **이중 결합(double bond)**에 참여하고 있다. 그래서 중심 탄소에는 비공유 전자쌍이 없다. 그러나 양쪽의 산소 원자는 각각 2개의 비공유 전자쌍을 가지고 있다. 이산화탄소는 광합성의 재료이기 때문에 현재 지구 상 대부분의 생명체에 들어 있는 유기 화합물의 탄소는 이산화탄소의 중심에 위치한 탄소 원자에서 온 것이라 볼 수 있다. 이산화탄소는 2.4절에서 보았듯이 우주에서 물 다음으로 풍부한 삼원자 분자의 하나이다.

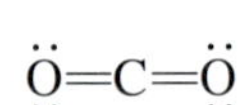

●● 산소

산소 원자는 6개의 최외각 전자를 가지므로 2개씩의 전자를 공유해야 옥텟 규칙이 만족된다. 따라서 산소 분자(O_2)는 이중 결합을 가지고, 각각의 산소 원자는 2개의 비공유 전자쌍을 가진다. 산소 분자의 루이스 구조는 다음과 같다.

$$:\ddot{O}=\ddot{O}:$$

결합 길이는 1.21 Å이고, 결합 에너지는 495 kJ/mol로 O—O 단일 결합 에너지(157 kJ/mol)의 두 배 이상으로 크다. 즉, 산소 분자는 쉽게 원자로 깨지지 않는다. 공기 중의 산소가 단일 결합 분자라면 화재의 위험이 아주 높아질 것이다. 그렇다고 해서 산소의 이중 결합 에너지는 수소의 단일 결합 에너지보다 크게 높지는 않다. 따라서 산소는 적절한 반응성을 나타낸다.

질소

질소 원자는 5개의 최외각 전자를 가지므로 3개씩의 전자를 공유해야 옥텟 규칙이 만족된다. 따라서 질소 분자(N_2)는 **삼중 결합(triple bond)**을 가지고, 각각의 질소 원자는 1개의 비공유 전자쌍을 가진다. 질소 분자의 루이스 구조는 다음과 같다.

$$:N\equiv N:$$

질소 분자의 삼중 결합의 길이는 1.10 Å이고, 결합 에너지는 942 kJ/mol이다. 이것은 질소의 단일 결합 에너지(157 kJ/mol)의 세 배보다 훨씬 크고, 산소의 이중 결합 에너지의 두 배 정도이다. 만일 태초 지구의 대기에 암모니아 대신 질소가 많았다면 질소 분자의 삼중 결합을 깨어 아미노산을 만들기가 훨씬 어려웠을 것이다.

일산화탄소

질소 분자와 같은 전자 구조(electron configuration)를 가진 화합물에는 일산화탄소가 있다. 최외각 전자가 탄소는 질소보다 하나 적고, 산소는 질소보다 하나 많다. 그래서 CO와 N_2는 전체 최외각 전자 수가 같고, 따라서 CO도 N_2와 마찬가지로 삼중 결합을 만든다. 그래서 2.4절에서 살펴보았듯이 CO는 우주에서 가장 풍부한 화합물인 것이다. 일산화탄소의 루이스 구조는 다음과 같다.

$$:\overset{-}{C}\equiv\overset{+}{O}:$$

단, 일산화탄소에서는 탄소가 2개, 산소가 4개의 전자를 내놓아서 삼중 결합을 만들기 때문에 탄소는 음전하를, 산소는 양전하를 띠게 된다. 다시 말해서 탄소는 4개의 최외각 전자 중에서 2개를 내놓고 나머지 2개는 비공유 전자쌍으로 가지고 있고, 산소는 6개의 최외각 전자 중에서 4개를 내놓고 역시 나머지 2개는 비공유 전자쌍으로 가지고 있으면 질소와 같이 삼중 결합을 만들고 각각 옥텟 규칙을 만족하게 되는데, 그렇게 되면 결국 산소가 탄소에게 전자를 한 개 제공한 셈이 되는 것이다.

사이안화 수소

우주에서 물 다음으로 풍부한 삼원자 분자에는 사이안화 수소(hydrogen cyanide)가 있다. 사이안화 수소에서 탄소는 질소와 삼중 결합을, 수소와 단일 결합을 이룬다. 삼중 결합은 한 번 만들어지면 잘 깨지지 않는다. 그래서 HCN은 CO, N_2와 함께 우주에 풍부한 화합물 중의 하나이다. 사이안화 수소의 루이스 구조는 다음과 같다.

$$H-C\equiv N:$$

밀러의 반응물

이제 2.4절에서 살펴보았던 우주에 풍부한 분자들을 다시 적고, 이중 결합이나 삼중 결합을 가진 분자들을 하나씩 지워나가 보자. 왜냐하면 섞어준 물질들이 반응하려면 일단 반응물에서 결합이 끊어져야 하는데, 이중 결합이나 삼중 결합은 단일 결합에 비해 끊기가 훨씬 어렵기 때문이다.

아래의 표에서 보듯이, 밀러가 사용한 네 가지 물질은 우주에서 가장 풍부한 단일 결합만으로 이루어진 네 가지 분자인 셈이다.

표 2-4 우주의 분자들

풍부한 순서	삼중 결합을 가진 분자	이중 결합을 가진 분자	단일 결합을 가진 분자
H_2, CO, N_2, H_2O, HCN, CO_2, NH_3, CH_4	CO, N_2, HCN	CO_2	H_2, H_2O, NH_3, CH_4

체크 포인트

1. 물에서 산소의 최외각에는 몇 개의 전자가 들어 있는 셈인가?
2. 암모니아에서 질소의 최외각에는 몇 개의 전자가 들어 있는 셈인가?
3. 메테인에서 탄소의 최외각에는 몇 개의 전자가 들어 있는 셈인가?
4. 암모니아에서 질소는 몇 개의 비공유 전자쌍을 가지는가?
5. 물에서 산소는 몇 개의 비공유 전자쌍을 가지는가?
6. 산소 분자에서 각각의 산소 원자는 몇 개의 비공유 전자쌍을 가지는가?
7. 질소 분자에서 각각의 질소 원자는 몇 개의 비공유 전자쌍을 가지는가?

토의 포인트

1. 보어 모형이 나오기 전에는 탄소가 4개의 결합을 이루는 것을 어떻게 설명할 수 있었을까?
2. 보어 모형으로부터 옥텟 규칙에서 8이 중요한 이유, 즉 두 번째 전자 껍질에는 전자가 8개까지 들어갈 수 있는 이유를 충분히 설명할 수 있을까?

2-7

오비탈과 쌓음 원리

보어 모형은 수소의 선 스펙트럼을 잘 설명하여 원자 내부에서 전자가 양자역학의 법칙을 따른다는 것을 보여 줌으로써 과학의 역사에서 중요한 이정표를 마련했다. 한편으로, 보어 모형에서는 전자를 태양계에서 행성처럼 원자핵 주위를 운동하는 입자로 취급하는데, 이는 고전역학의 입장이다. 그러나 다른 한편으로는 전자에 대한 각운동량의 양자화를 고려하는 양자론의 입장을 취한다. 이처럼 고전역학과 양자역학이 뒤섞인 모형이 수수께끼 같은 수소의 선 스펙트럼을 정확하게 설명하였다는 것이 실은 미스터리이다.

아무튼 보어 모형이 파동역학으로 발전하고, 오비탈에 스핀과 배타 원리가 합해져서 드디어 옥텟 규칙을 제대로 설명할 수 있게 된다.

●● 오비탈

보어 모형은 원자 내의 에너지 준위 또는 전자 껍질이라는 개념을 도입해서 옥텟 규칙을 통해 화학 결합을 이해하는 토대를 제공하였다. 그러나 왜 헬륨의 경우에는 2, 네온의 경우에는 8이 중요한 수인지의 근본적인 이유는 설명하지 못한다. 흥미롭게도 보어 모형이 벽에 부딪쳐서 그것을 극복하며 한 단계 도약을 이루면서 화학 결합의 이해도 도약을 이루게 된다.

하이젠베르크(Werner Karl Heisenberg, 1901~1976). 1932년 노벨 물리학상.

전자가 하나뿐인 수소의 스펙트럼을 설명하는 데 대성공을 거둔 보어 모형은 헬륨 이상의 원소와 같이 전자가 여러 개인 원자의 선 스펙트럼은 설명하지 못한다. 이러한 다전자 원자에는 보어 모형보다 발전된 본격적인 양자역학이 필요하다.

자연의 근본적인 원리의 하나로 하이젠베르크의 **불확정성 원리(uncertainty principle)** 가 있다. 1926년에 독일의 하이젠베르크가 제시한 이 원리에 따르면 입자의 위치와 운동량을 동시에 정확하게 아는 것은 불가능하다. 따라서 전자를 보어 모형에서처럼 핵 주위를 원운동하는 입자로 취급할 수 없다. 한편 프랑스의 드브로이는 모든 입자는 입자성(particle nature)과 함께 파동성(wave nature)을 동시에 가진다고 제안했다. 빛의 파동성은 오래 전부터 알려졌는데, 1905년에 아인슈타인이 광전효과(photoelectric effect)를 설명하면서 빛의 입자성이 알려졌다. 그러므로 빛은 파동성과 입자성을 동시에 가진다는 뜻인데, 드브로이에 따르면 전자와 같은 입자도 입자성과 함께 파동성을 가진다는 말이다.

드브로이(Louis Victor de Broglie, 1892~1987). 1929년 노벨 물리학상.

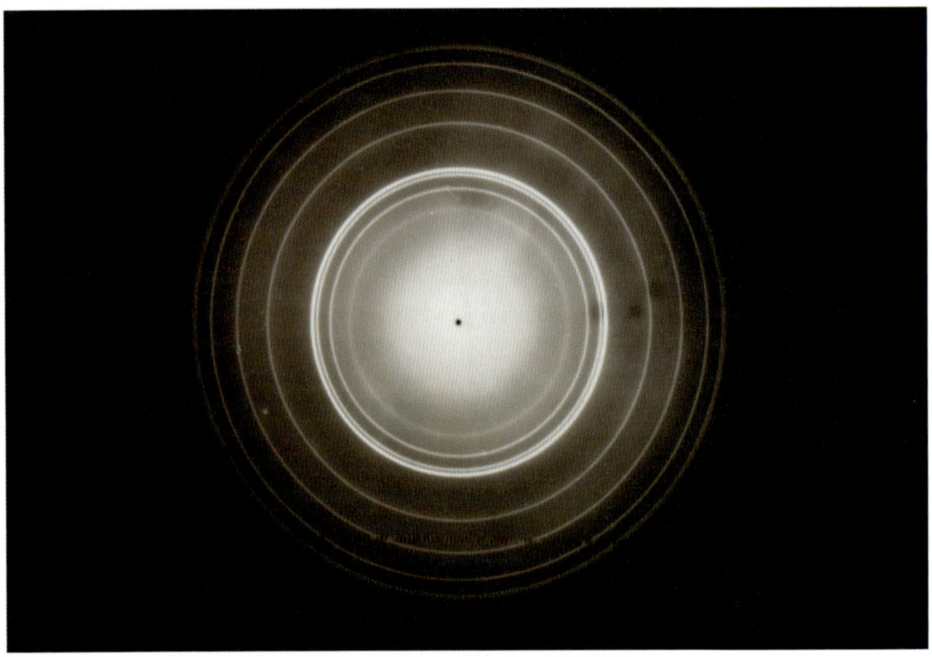

■ **그림 2-16** 전자의 파동성을 보여 주는 회절 패턴

1926년에 오스트리아의 슈뢰딩거는 드브로이의 물질파 이론과 하이젠베르크의 불확정성 원리를 기본으로 하여 전자를 파동으로 파악하는 **파동역학(wave mechanics)** 을 발전시키고 원자 내에서 전자의 상태를 파동으로 기술하는 **슈뢰딩거 방정식(Schrödinger equation)** 을 창안했다. 보어는 전자의 각운동량이 양자화된다는 가정으로 양자수(quantum number)를 도입했지만, 파동역학에서는 원자 내부에서 전자의 파동이 정상파(standing wave)의 조건을 만족시키는 방식으로 양자수가 도입된다.

슈뢰딩거(Schrödinger, Erwin, 1887~1961). 1933년 노벨 물리학상.

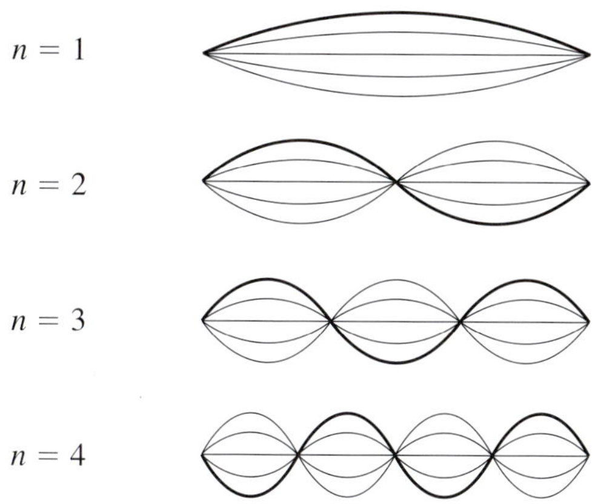

보른(Max Born, 1882～1970). 1954년 노벨 물리학상.

수소나 헬륨 원자 같은 어떤 시스템에 대해 슈뢰딩거 방정식을 풀면 **파동 함수(wave function)**와 에너지가 얻어진다. 파동 함수는 그리스 알파벳 ψ(프사이)로 적는데, **오비탈(orbital**, 또는 **궤도함수)**이라고 한다. 함수라고 하는 것은 ψ가 위치의 함수로 얻어지기 때문이다.

1926년에 슈뢰딩거와 하이젠베르크에 의해 본격적인 양자역학이 발전되고 슈뢰딩거 방정식의 해로 파동 함수가 얻어지면서 보른은 파동 함수의 제곱이 어느 위치에서 전자를 발견할 확률에 해당한다는 해석을 제시했다.

수소 원자에 대해 슈뢰딩거 방정식을 풀면 $n = 1$에 해당하는 에너지 준위에 대해서는 1개의 오비탈이 얻어진다. 이 오비탈을 1s 오비탈이라고 한다. 그리고 $n = 2$에 해당하는 에너지 준위에 대해서는 4개의 오비탈이 얻어진다. 그중 하나는 1s 오비탈과 모양이 비슷하기 때문에 2s 오비탈이라고 한다. s 오비탈은 구형인데, 1s, 2s, 3s로 가면서 오비탈의 반지름은 커지고 에너지는 높아진다. 나머지 3개의 오비탈은 각각 그림 2-18과 같이 x-축, y-축, z-축 방향으로 밀집되어 있다.

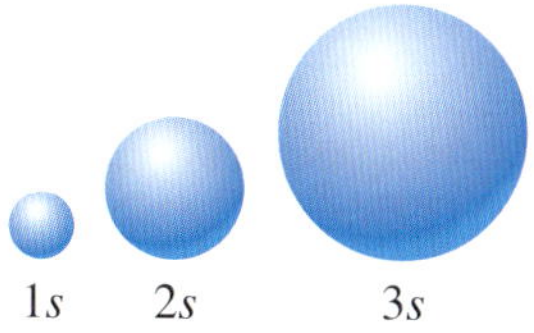

■ **그림 2-17** 1s, 2s, 3s 오비탈

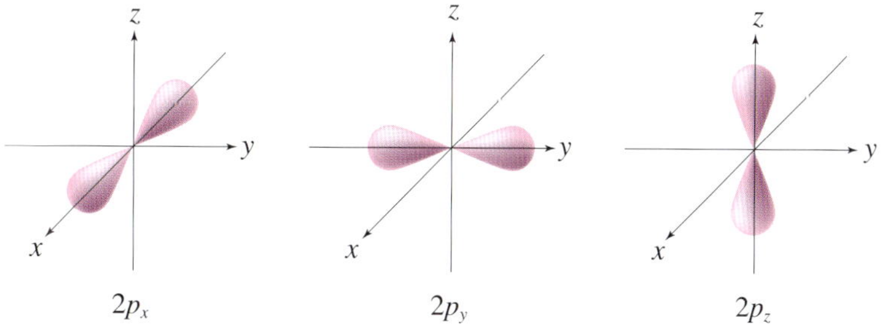

■ **그림 2-18** x, y, z-축을 따라 경계 표면으로 나타낸 세 개의 2p 오비탈

쌓음 원리

밀러가 사용한 메테인, 암모니아, 물에 들어 있는 탄소, 질소, 산소처럼 전자가 여

러 개 있는 원자의 경우에 전자들이 에너지가 낮은 오비탈부터 차례로 채워나가는데, 이때 고려할 중요한 원리가 있다. 전자에는 질량, 전하와 더불어 **스핀 (spin)** 이라는 성질이 있다. 스핀은 지구가 자전하는 것과 유사한 전자의 성질인데, 자전에도 시계 방향과 시계 반대 방향의 두 방향이 있듯이 전자의 스핀도 두 값을 가질 수 있다. 이 스핀의 두 방향을 **업 스핀 (up spin)**, **다운 스핀 (down spin)** 이라 하고 화살표로 나타낸다. 흥미롭게도 나중에 도입된 업 쿼크, 다운 쿼크와 이름에 유사성이 있지만 의미는 다르다.

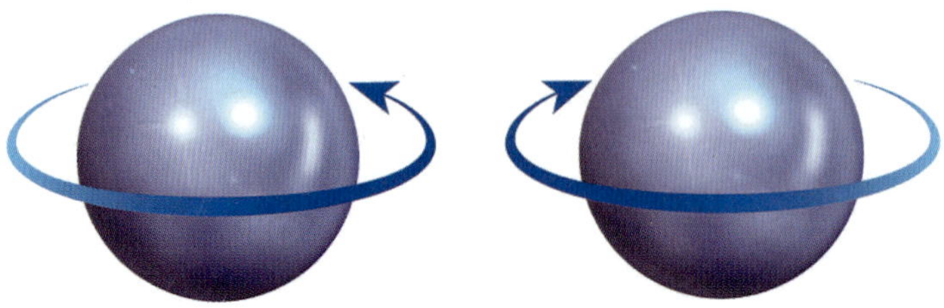

■ **그림 2-19** 전자의 스핀 운동. 전자의 두 가지 스핀 상태는 시계 방향 또는 시계 반대 방향으로 회전하는 것으로 나타낼 수 있다. 두 상태는 위 또는 아래 방향의 화살표로 나타낸다.

파울리 (Wolfgang Pauli, 1900~1958). 1945년 노벨 물리학상.

파울리가 제시한 **배타 원리 (exclusion principle)** 에 따르면 한 오비탈에는 스핀이 같은 전자는 들어갈 수 없다. 그러므로 한 오비탈에는 스핀이 다른 2개의 전자까지 들어갈 수 있는 것이다. 세 번째 전자가 들어가면 스핀의 방향이 이미 들어 있는 2개의 전자 중 하나의 스핀과 같아져서 파울리 배타 원리를 위배하는 것이 된다.

이제 수소부터 차례대로 오비탈에 전자를 채워보자. 수소는 전자가 하나 밖에 없다. 이 전자는 에너지가 가장 낮은 1*s* 오비탈에 들어간다.

	1*s*	2*s*	2*p*
H	(↑)	( )	( )( )( )

헬륨 (He) 의 경우에는 스핀이 반대인 2개의 전자가 1*s* 오비탈에 들어가면 파울리 배타 원리에 어긋나지 않고 에너지가 가장 낮은 상태가 된다.

	1*s*	2*s*	2*p*
He	(↑↓)	( )	( )( )( )

원자 번호가 3인 리튬 (lithium, Li) 은 전자가 3개이다. 그중 둘은 헬륨과 같이 1*s* 오비탈에 들어간다. 세 번째 전자는 다음 준위인 2*s* 오비탈에 들어간다. 이때 리튬 원자를 바깥에서 들여다본다고 하면 1*s* 오비탈의 전자 2개는 2*s* 오비탈의 전자에 비해 깊숙이 자리 잡은 것처럼 보일 것이다. 그래서 이 경우 1*s* 오비탈을 **내부 껍질 (inner shell)**, 2*s* 오비탈을 **외부 껍질 (outer shell)** 이라고 한다. 여러 개의 껍질이 있는 경우에는 제일 바깥 껍질을 **최외각 껍질 (outermost shell)** 이라고 한다. 최외각에 들어 있는 전자를 **원자가 전자 (valence electron)** 라고도 한다. 어떤 원자가 화학 결합을 이룰 때 몇 개의 다른 원자와 결합을 이루는지를 **원자가 (valency)** 라고 하는데, 최외각에 들어 있는 전자의 수가 원자가를 결정하기 때문이다. 그래서 최외각을 **원자가 껍질 (valence shell)** 이라고도 하고, 원자가 껍질에 들어 있는 전자를 원자가 전자라고 하는 것이다. 수소와 리튬은 모두 원자가 전자가 1개인 셈이다.

	$1s$	$2s$	$2p$
Li	(↑↓)	(↑)	( )( )( )

원자 번호가 4인 베릴륨(beryllium, Be)에서 네 번째 전자는 $2p$가 $2s$보다 에너지가 약간 높기 때문에 $2p$에 들어가지 않고, 반대 스핀을 가지고 $2s$로 들어간다.

	$1s$	$2s$	$2p$
Be	(↑↓)	(↑↓)	( )( )( )

원자 번호가 5인 붕소(boron, B)의 다섯 번째 전자는 3개의 $2p$ 오비탈 중 하나에 들어간다.

	$1s$	$2s$	$2p$
B	(↑↓)	(↑↓)	(↑)( )( )

원자 번호가 6인 탄소(C)에서는 여섯 번째 전자가 3개의 $2p$ 오비탈 중 어디에 들어갈지 세 가지 가능성이 생긴다. 3개의 $2p$ 오비탈은 모두 에너지가 같기 때문에 어떻게 들어가도 상관이 없을 것 같지만 실제로는 빈 오비탈에 먼저 하나씩 들어가고 나서 둘씩 짝을 만든다. 같은 전하를 가진 전자 2개가 같은 오비탈에 들어가면 전자 사이의 반발 때문에 에너지가 약간 높아지기 때문이다. 이처럼 에너지가 같은 오비탈에 전자가 채워질 때 비어 있는 오비탈부터 채우는 것을 **훈트 규칙**(**Hund's rule**)이라고 한다.

	$1s$	$2s$	$2p$
C	(↑↓)	(↑↓)	(↑)(↑)( )

원자 번호가 7인 질소(N)에서는 훈트 규칙에 따라 3개의 $2p$ 오비탈에 전자가 하나씩 들어간다.

	$1s$	$2s$	$2p$
N	(↑↓)	(↑↓)	(↑)(↑)(↑)

원자 번호가 8인 산소(O)에서는 마지막 전자가 3개의 $2p$ 오비탈 중 하나에 짝을 지어 들어가고, 나머지 2개의 $2p$ 오비탈에는 전자가 하나씩 들어 있게 된다.

	$1s$	$2s$	$2p$
O	(↑↓)	(↑↓)	(↑↓)(↑)(↑)

원자 번호가 9인 플루오린(fluorine, F)을 거쳐 원자 번호가 10인 네온(Ne)이 되면 3개의 $2p$ 오비탈이 모두 꽉 차게 된다.

	$1s$	$2s$	$2p$
F	(↑↓)	(↑↓)	(↑↓)(↑↓)(↑)

	$1s$	$2s$	$2p$
Ne	(↑↓)	(↑↓)	(↑↓)(↑↓)(↑↓)

스핀에 상관없이 어느 오비탈에 들어 있는 전자의 수를 위첨자로 나타내기로 한다면 탄소, 질소, 산소의 전자 구조는 각각 $1s^22s^22p^2$, $1s^22s^22p^3$, $1s^22s^22p^4$라고 쓸 수 있을 것이다.

네온의 10개 전자 중에서 2개는 n이 1인 내부 껍질에 들어가고, 나머지 8개는 n이 2인 원자가껍질을 채운다. 헬륨의 경우에는 n이 1인 껍질이, 네온의 경우에는 n이 2인 껍질이 원자가껍질인 셈이다. 이처럼 원자가껍질을 채우는 방향으로 전자가 채워져 가는 원리를 한 층씩 구조를 구축해간다는 뜻에서 **쌓음 원리(Aufbau principle)**라고 하며, 다음과 같이 요약할 수 있다.

- 오비탈에 전자가 채워질 때에는 에너지가 낮은 오비탈부터 채워진다.
- 한 오비탈에 들어갈 수 있는 전자는 최대 2개이다(파울리 배타 원리).
- 에너지가 같은 오비탈에 전자가 채워질 때에는 비어 있는 오비탈부터 채워진다(훈트 규칙).

랭뮤어(Irving Langmuir, 1881~1957). 1932년 노벨 화학상.

보어 모형은 에너지 준위 또는 전자 껍질이 있다는 것을 보여 주었지만, 왜 첫 번째 껍질에는 2개까지 그리고 두 번째 껍질에는 8개까지 전자가 들어갈 수 있는지는 보여 주지 않는다. 보어 모형이 나오고 3년 후 1916년에 루이스는 원자들이 전자를 공유하면서 첫 번째 껍질은 2개, 다음 껍질들은 8개의 전자로 채워진다는 화학 결합의 원리를 제시했다. 루이스는 이 방식을 '8의 규칙(rule of eight)'이라고 불렀는데, 1919년에 랭뮤어가 '옥텟 이론(octet theory)'이라는 말로 옥텟이라는 표현을 도입했다. 공유 결합(covalent bond)도 랭뮤어가 처음 사용한 말이다.

1926년에 슈뢰딩거 방정식이 도입되고, 슈뢰딩거 방정식의 해로서 $n = 1$인 경우에는 1개의 오비탈, $n = 2$인 경우에는 4개의 오비탈이 얻어졌다. 전자의 스핀이 발견되고 파울리 배타 원리가 나오면서 한 오비탈에는 전자가 2개까지 들어갈 수 있고, 따라서 $n = 1$인 첫 번째 껍질은 2개의 전자로, $n = 2$인 두 번째 껍질은 8개의 전자로 채워지면 안정해지는 것이 밝혀졌다. 드디어 밀러가 사용한 네 가지 물질의 화학식이 H_2, CH_4, NH_3, H_2O인 이유가 체계적으로 이해된 것이다.

탐구활동

과학의 발견은 앞서 이루어진 발견을 토대로 이루어진다. 다음의 발견들이 어떻게 연결되는지 보어 모형을 중심으로 구조화하는 도식을 만들어 보시오.

- 톰슨의 전자 발견
- 분젠과 키르히호프의 선 스펙트럼 관찰
- 러더포드의 원자핵 발견
- 슈뢰딩거 방정식
- 발머의 식
- 보어 모형
- 플랑크의 에너지 양자화
- 돌턴의 원자설
- 옥텟 규칙

체크 포인트

1. 역사적으로 순서가 맞는 것은?

① 파동역학-옥텟-보어 모형-스핀
② 옥텟-보어 모형-파동역학-스핀
③ 보어 모형-파동역학-스핀-옥텟
④ 보어 모형-옥텟-파동역학-스핀
⑤ 보어 모형-파동역학-옥텟-스핀

2. 원자 내 전자의 상태를 이해하는 데 기여한 과학자와 원리를 연결하시오.

• 하이젠베르크	• 확률적 해석
• 드브로이	• 배타 원리
• 슈뢰딩거	• 불확정성 원리
• 파울리	• 파동역학
• 보른	• 물질의 파동성

3. 질소의 전자 구조를 그리시오.

	$1s$	$2s$	$2p$
N	( )	( )	( )( )( )

토의 포인트

1. 스핀 개념은 누가 도입했을까?

2. 파동역학과 스핀의 도입으로 어떻게 옥텟 규칙을 설명할 수 있게 되었는가?

단원 요약

Chapter 2 밀러가 사용한 반응물

- 밀러가 사용한 수소(H_2), 메테인(CH_4), 암모니아(NH_3), 물(H_2O)은 모두 분자이다.
- H_2는 홑원소 물질이고, CH_4, NH_3, H_2O은 화합물이다.
- 유기 화합물에 들어 있는 탄소의 양은 시료를 연소해서 얻어진 이산화탄소의 무게로부터, 수소의 양은 물의 무게로부터 결정할 수 있다.
- 밀러가 사용한 수소, 메테인, 암모니아, 물은 우주에서 가장 풍부한, 단일 결합만으로 이루어진 분자들이다.
- H_2, CH_4, NH_3, H_2O의 결합 방식은 옥텟 규칙으로 설명할 수 있다.
- 옥텟 규칙은 보어 모형과 오비탈을 통해 이해할 수 있다.

종합 문제

01 다음 중 설명이 틀린 것은?

① 원소 : 화학적 방법으로 더 간단한 물질로 나눌 수 없는 기본 물질
② 화합물 : 다른 원소가 결합해서 만들어진 물질
③ 이온 : 원자의 양성자 수와 전자 수가 다른 입자
④ 원자량 : 원자 1개의 질량
⑤ 동위원소 : 중성자 수는 다르지만 양성자 수는 같은 원소

02 수소 원자(H)도 수소 분자(H_2)도 같은 원소인 이유로 가장 적절한 것은?

① 지름이 10^{-10}미터 정도로 비슷하다.
② 원자핵의 크기가 10^{-15}미터 정도로 비슷하다.
③ 빅뱅 우주에서 만들어졌다.
④ 원자핵에 양성자가 1개 들어 있다.
⑤ 원자핵 주위에 1개의 전자를 가지고 있다.

03 다음 문장의 틀린 부분을 수정하시오.

질량수는 원자량의 소수점 이하를 반올림해서 정수로 만든 값이다.

04 다음 문장의 틀린 부분을 수정하시오.

모든 원자핵의 질량수는 원자 번호의 2배이다.

05 다음 중 원자가 곧 분자인 것은?

① 수소 ② 헬륨 ③ 산소 ④ 탄소 ⑤ 질소

06 오늘날 원자량의 기준이 되는 원소는?

① 수소 ② 탄소 ③ 산소 ④ 철 ⑤ 라듐

07 하루에 1.8리터의 물을 마셨다고 하자. 이 물에 들어 있는 원자의 개수를 유효 숫자 하나로 구하시오.

08 다이아몬드 1캐럿은 약 0.2그램이다. 우리가 하루에 약 2kg의 음식을 먹는데 그중에서 70%는 물이고, 30%는 탄수화물(CH_2O)이라고 하자. 2kg의 음식에 들어 있는 탄소를 모두 다이아몬드로 바꾼다면 몇 캐럿이 될까?

09 한 숨의 부피는 약 0.5리터인데, 그 중 산소는 21%를 차지한다. 한 숨에 들어 있는 산소를 생산하기 위해서는 몇 그램의 이산화탄소가 광합성을 통해 포도당으로 바뀌어야 하는가? 모든 기체는 상온, 1기압에서 약 22리터의 부피를 차지한다.

10 어떤 사람의 체중이 x킬로그램이라고 하자. 이 사람 몸에 들어 있는 원자 수를 구하려면 x에 10의 몇 제곱을 곱하면 될까?

11 만물의 영장인 사람의 몸에는 대략 몇 몰의 원자가 들어 있는가?

① 백 ② 천 ③ 만 ④ 억 ⑤ 조

12 다음 중 1그램에 들어 있는 분자 수가 가장 큰 것은?

① 산소 ② 공기 ③ 물 ④ 네온 ⑤ 이산화탄소

13 밀러가 아미노산 분석을 위해 사용한 크로마토그래피의 어원인 크로뮴은 원자 번호가 24이고, 원자량은 51.996이다. 이와 관련하여 옳지 않은 것은?

① 크로뮴의 양성자 수는 24이다.

② 모든 크로뮴 원자핵에는 28개의 중성자가 들어 있다.

③ 원자 번호가 커지면 양성자 수보다 많은 중성자가 필요해진다.

④ Cr^{3+} 이온에는 21개의 전자가 들어 있다.

⑤ 가장 풍부한 크로뮴 동위원소의 질량수는 52이다.

14 원자 크기의 입자 중에는 다음의 경우들이 있다.

(a) 양성자 수와 중성자 수는 같고 전자 수만 다른 경우

(b) 양성자 수와 전자 수는 같고 중성자 수만 다른 경우

(c) 중성자 수와 전자 수는 같고 양성자 수만 다른 경우

(d) 양성자 수와 중성자 수는 다르고 전자 수만 같은 경우

(e) 양성자 수와 전자 수는 다르고 중성자 수만 같은 경우

(f) 양성자 수, 중성자 수, 전자 수가 모두 다른 경우

아래의 조합은 어느 경우에 해당하는가?

(1) ^{12}C 원자, ^{14}C 원자 (2) ^{18}O, $^{18}O^{2-}$ (3) ^{32}P 원자, $^{32}S^{2+}$

(4) ^{23}Na, $^{23}Na^{+}$ (5) ^{40}Ar 원자, $^{40}Ca^{2+}$ (6) $^{35}Cl^{-}$, $^{37}Cl^{-}$

(7) $^{3}H^{-}$, ^{4}He 원자 (8) ^{14}C 원자, ^{16}O 원자

15 다음 입자들과 각각의 역할을 연결하시오.

양성자 •	• 원자의 외곽에 위치해서 화학 결합, 전류 발생 등 일을 한다.
중성자 •	• 원자의 중심에 위치해서 전자의 에너지 상태를 결정한다.
전　자 •	• 반발하는 양성자들을 원자핵에 붙잡아준다.

16 리비히의 원소 분석법에서 CuO를 사용하는 이유는?

① 구리는 열을 잘 전달한다.

② 구리에는 Cu_2O와 CuO의 두 가지 산화물이 있어서 CuO는 산소를 쉽게 내준다.

③ 구리는 광택이 있다.

④ 구리는 녹이 잘 슨다.

⑤ Cu_2O와 CuO에서 모든 산소는 쉽게 산화제로 작용한다.

17 리비히의 원소 분석법에서 $CaCl_2$는 물을 흡수하는 역할을 한다. Ca^{2+} 이온과 Cl^- 이온이 물과 강하게 상호작용하기 때문이다. 비슷한 이유로 $CaCl_2$가 사용되는 경우는?

① 비료　　② 세제　　③ 콜드팩
④ 제설제　　⑤ 냉매

18 수소 원자에서 전자가 $n = 2$ 준위로부터 $n = 1$ 준위로 전이하는 경우와 $n = 3$ 준위로부터 $n = 2$ 준위로 전이하는 경우 중 어느 때 나오는 빛의 파장이 더 길지 설명하시오.

19 다음 중에서 원자의 선 스펙트럼과 관련이 적은 것은?

① 우주의 팽창　　② 우주의 원소 분포
③ 원자 내 전자 에너지의 양자화　　④ 우주 배경 복사
⑤ 프라운호퍼선

20 다음 중 어느 전이에 해당하는 선이 가장 강하게 나타날까?

① $E_2 \rightarrow E_1$　　② $E_3 \rightarrow E_1$　　③ $E_4 \rightarrow E_1$
④ $E_3 \rightarrow E_2$　　⑤ $E_4 \rightarrow E_3$

21 수소 스펙트럼의 발머 계열에 관하여 <u>틀린</u> 것은?

① 파장이 짧아질수록 선 사이의 간격이 좁아진다.

② 파장이 짧아질수록 선의 강도가 증가한다.

③ 파장이 짧아질수록 그 선을 나타내는 빛의 에너지가 증가한다.

④ 파장이 짧은 보라색 쪽에 이론적으로 무한 개의 선이 들어 있다.

⑤ 발머 계열보다 파장이 긴 적외선 영역에 파셴 계열이 들어 있다.

22 보어 모형에 관하여 <u>틀린</u> 것은?

① 전자가 원자핵 주위 어느 위치에 있을 확률을 예측할 수 있다.

② He^{+}에 적용된다.

③ 전자의 각운동량의 양자화를 가정했다.

④ 파동역학이 태어나는 계기를 마련했다.

⑤ 에너지 준위의 개념을 통해 옥텟 규칙의 기반을 제공했다.

23 밀러가 사용한 네 가지 물질의 화학식 H_2, H_2O, NH_3, CH_4로부터 추정할 수 있는 수소, 탄소, 질소, 산소의 원자가를 구하시오.

24 탄소, 질소, 산소가 각각 4, 3, 2개의 결합을 만드는 이유와 가장 관련이 <u>적은</u> 것은?

① 첫 번째 전자 껍질에 모두 2개의 전자가 들어 있다.

② 두 번째 전자 껍질에 각각 4, 5, 6개의 전자가 들어 있다.

③ 두 번째 전자 껍질을 채우기 위해서는 각각 4, 3, 2개의 전자가 필요하다.

④ 원자핵에는 각각 6, 7, 8개의 중성자가 들어 있다.

⑤ 오비탈에 전자가 채워질 때는 파울리 배타 원리가 적용된다.

25 다음 중 삼중 결합을 가지지 <u>않는</u> 분자는?

① CO ② HCN ③ N_2 ④ CO_2 ⑤ C_2H_2

26 잘 정의되는 전자의 고유한 성질이 <u>아닌</u> 것은?

전하	크기	질량	스핀

27 3개의 *p* 오비탈처럼 에너지가 같은 오비탈에 전자가 채워질 때 먼저 빈 오비탈에 전자가 하나씩 채워지는 원리는?

① 하이젠베르크의 불확정성 원리 ② 입자 –파동 이중성

③ 아인슈타인의 상대성 원리 ④ 파울리 배타 원리

⑤ 훈트 규칙

28 한 오비탈에는 최대 2개의 전자가 들어갈 수 있다는 원리는?

① 하이젠베르크의 불확정성 원리 ② 입자 –파동 이중성

③ 아인슈타인의 상대성 원리 ④ 파울리 배타 원리

⑤ 훈트 규칙

29 다음 중 가장 안정한 상태의 탄소 원자에서 전자 구조는?

	$1s$	$2s$	$2p$
①	(↑↓)	(↑↓)	(↑)(↑)( )
②	(↑↓)	(↑↓)	(↑↓)( )( )
③	(↑↑)	(↑↓)	(↑↓)( )( )
④	(↑↑)	(↑↓)	(↑)(↑)( )
⑤	(↑↓)	(↑↑)	(↑)(↑)( )

30 메테인, 암모니아, 물, 이산화탄소에서 중심 원자 주위에 공유 전자쌍과 비공유 전자쌍이 각각 몇 개씩 있는지, 그리고 합은 얼마인지 답하시오.

Chapter

3 태초의 지구

지구는 137억 년 우주 나이의 3분의 2가 지난 후, 즉 지금으로부터 46억 년 전에 태어났다. 처음 태어날 때는 지구도 태양이나 다른 행성들과 마찬가지로 수소, 헬륨 그리고 약간의 일산화탄소, 질소, 물, 이산화탄소, 암모니아, 메테인 등으로부터 이루어졌을 것이다. 그러다가 태양이 핵융합을 시작하고 에너지를 내면서 가벼운 수소와 헬륨은 대부분 태양계 바깥쪽으로 밀려났다.

초기 지구는 수많은 소행성의 충돌 때문에 표면이 마그마로 뒤덮여 있었을 것이다. 소행성의 충돌이 점차 줄어들면서 지구 표면이 식어 지각을 만들고, 대기에 들어 있던 수증기가 응축되어 바다를 만들었다. 밀러가 상상한 약 40억 년 전의 지구 표면에는 아미노산의 재료라고 볼 수 있는 수소, 메테인, 암모니아의 대기와 물의 바다가 존재했다.

3-1

끓는점

태초의 지구는 지금과 같이 기체의 대기, 액체의 바다, 고체의 지각으로 이루어졌다. 그중에서 지금의 지구와 가장 크게 다른 것은 대기의 조성일 것이다. 물론 바다에건, 육지에건, 하늘에건 생명체가 존재하지 않았다는 것이 가장 두드러진 차이인 것은 말할 나위가 없다. 화산 폭발을 통해 많은 양의 물이 지구 내부로부터 표면으로 나온다.

태초의 지구 표면은 온도가 높았기 때문에 대기에 상당한 양의 수증기가 들어 있었다. 물론 광합성에 의해 이산화탄소가 산소로 바뀌기 전이므로 산소는 거의 없고 이산화탄소가 풍부했다. 지구가 식으면서 대기 중의 수증기가 대부분 액체인 물로 응축되어 바다를 만들었다. 즉, 지구의 표면 온도가 물의 끓는점 이하로 떨어졌다는 뜻이다. 그러나 아직 질소나 이산화탄소는 기체로 남아 있다. 지구의 표면 온도가 아직은 질소나 이산화탄소를 액체나 고체로 바꿀 정도는 아니기 때문이다. 그러고 보면 수증기가 먼저 물로 응축되어 바다를 만들었다는 것은 물의 끓는점이 상당히 높다는 것을 뜻한다.

물은 왜 그렇게 끓는점이 높을까? 이것을 이해하는 것은 분자 사이의 상호작용을 이해하는 것이 된다.

밀러는 어떻게 초기 지구의 상황을 실험실에서 흉내 냈을까? 그의 논문 세 번째 문단에는 다음 문장이 나온다.

> "그림 1(그림 3-1)은 실험 장치를 보여 준다. 끓인 물은 5리터 플라스크에서 기체들과 혼합되어 전극 사이를 통과한 후 응축되어 플라스크로 돌아간다."

밀러는 수소, 메테인, 암모니아를 기체(gas) 상태로 직접 실험 장치에 주입하고, 액체(liquid)인 물은 끓여서 수증기로 만들어 수소, 메테인, 암모니아 기체와 섞여 반응하도록 했다. 수소, 메테인, 암모니아가 생명이 태어나기 전 원시 지구의 대기를 모방하기 위한 것이라면, 물은 태초의 바다에 해당할 것이다.

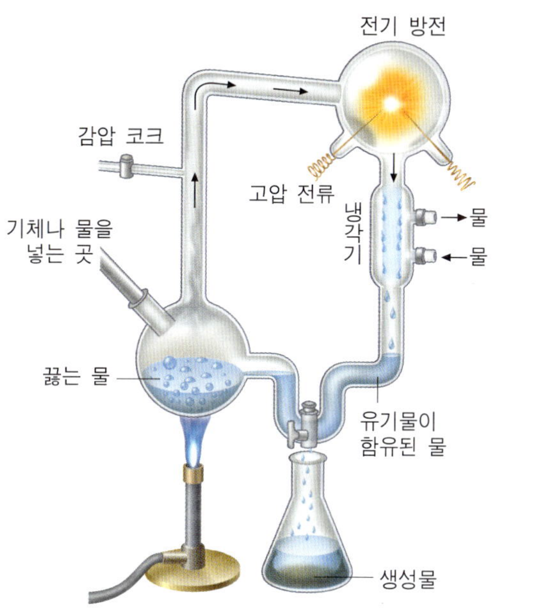

■ **그림 3-1** 밀러의 실험 장치

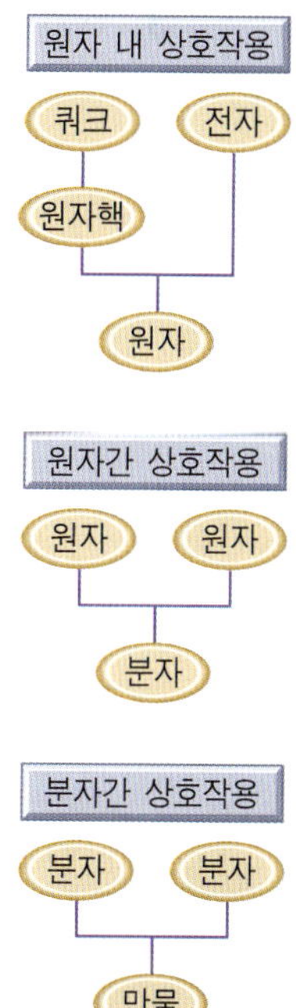

수소, 메테인, 암모니아, 물이 왜 각각 H_2, CH_4, NH_3, H_2O 식으로 결합하는지는 2장에서 공유 결합의 원리와 옥텟 규칙으로 설명하였다. 그런데 분자식만 가지고는 왜 상온에서 수소, 메테인, 암모니아는 기체이고, 물은 액체인지는 설명할 수 없다.

우리는 1장에서 원소의 기원을 추적하면서 쿼크들이 뭉쳐서 원자핵을 만들고, 원자핵이 전자와 뭉쳐서 원자를 만드는 과정, 즉 원자 내부에서 일어나는 상호작용을 살펴보았다. 2장에서는 원자간 상호작용을 통해서 분자가 만들어지는 화학 결합의 원리를 다루었다. 이제는 이렇게 해서 만들어진 분자들이 어떻게 상호작용하면서 우리가 보고 느낄 수 있는 만물을 만드는지 다룰 차례이다.

지구 환경을 기권(atmosphere), 수권(hydrosphere), 지권(lithosphere)으로 나누듯이 우리 주위 대부분의 물질은 기체, 액체, 고체로 존재한다.

상온에서 수소, 메테인, 암모니아는 기체이고, 물은 액체라는 것은 수소, 메테인, 암모니아의 **끓는점(boiling point)**은 상온보다 낮고, 물의 끓는점은 상온보다 높다는 것을 뜻한다. 왜 상온에서 유독 물만 액체이고, 다른 물질들은 기체일까? 물론 어떤 기체 물질이라도 온도를 충분히 낮추면 액체로 바뀌고, 온도를 더 낮추면 고체가 된다.

왜 물질의 상태는 온도와 직접 관련이 있을까? 모든 분자는 두 가지 상반된 경향

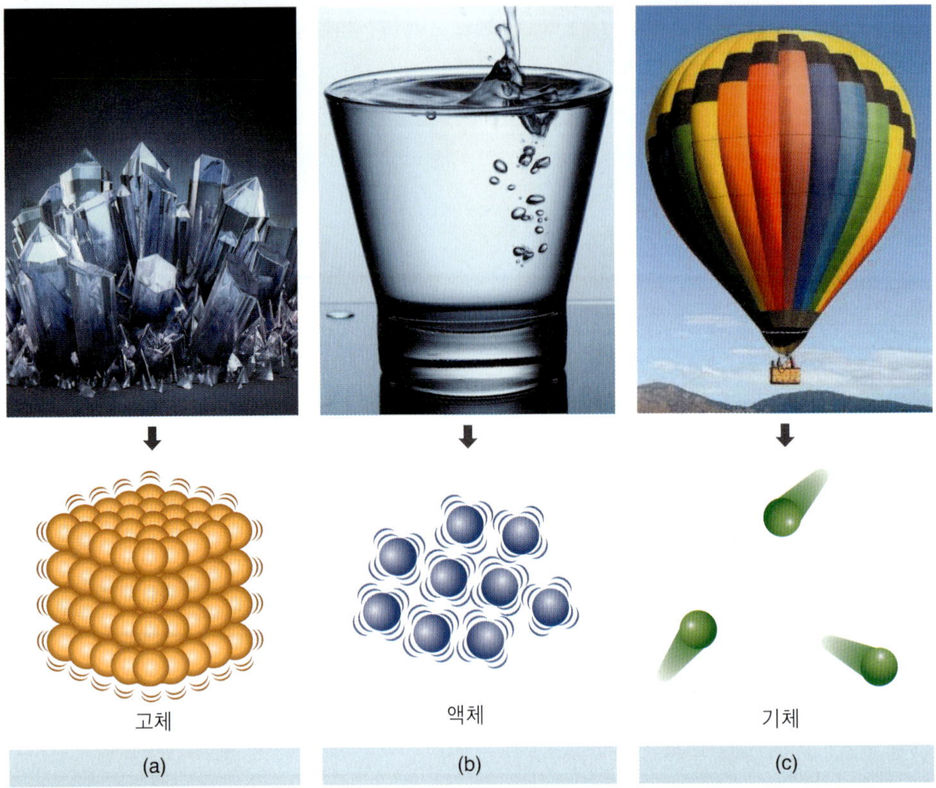

■ **그림 3-2** (a) 고체. 일정한 모양과 부피를 갖는다. (b) 액체. 부피는 일정하지만 모양은 일정하지 않다. (c) 모양과 부피가 모두 일정하지 않다.

을 지닌다. 하나는 분자들 사이에 전기적으로 끄는 힘이 작용해서 분자들이 모여 안정한 구조를 가지려는 경향이고, 다른 하나는 분자들이 넓은 공간으로 나아가 자유롭게 돌아다니려는 경향이다. 주어진 조건에서 안정화의 경향이 자유화의 경향보다 우세하면 그 물질은 액체나 고체로 존재하고, 안정화의 경향보다 자유화의 경향이 우세하면 그 물질은 기체나 액체로 존재할 것이다.

그런데 분자들 사이의 인력 크기는 분자의 구조라는 내부 조건에 달려 있지만, 분자가 얼마나 자유롭게 운동할 수 있는지, 즉 분자의 운동 에너지가 얼마나 큰지는 온도라는 외부 조건에 달려 있다. 따라서 온도가 높아지면 분자의 운동 에너지가 커져서 분자들을 잡아주는 힘보다 끌어당기는 분자를 뿌리치는 힘이 커진다. 반대로 온도가 낮아지면 분자의 운동 에너지가 작아져서 이웃 분자를 뿌리치는 힘이 분자들 사이에 끌어당기는 힘보다 약해진다. 그러므로 온도가 올라가면서 얼음이 녹고, 물이 끓는 것은 자유화의 효과가 안정화의 효과보다 우세해지기 때문인 것이다.

표 3-1 수소, 메테인, 암모니아, 물의 끓는점

분자식	H_2	CH_4	NH_3	H_2O
결합	H−H	H−C	H−N	H−O
원자 번호	(1) − 1	(1) − 6	(1) − 7	(1) − 8
끓는점(°C)	−253	−161	−33	100

그런데 어떤 물질이 녹는 것보다는 끓는 것이 보다 큰 변화이다. 고체와 액체의 차이보다는 액체와 기체의 차이가 큰 것이다. 고체와 액체에서는 크기의 차이는 있지만 분자 사이의 끄는 힘이 상당히 강하게 작용하는데, 기체에서는 분자들이 거의 독립적으로 자유롭게 운동한다. 따라서 분자 사이에 작용하는 힘의 크기를 비교하려면 액체가 기체로 바뀌는 온도, 즉 끓는점을 비교하는 것이 좋다. 다시 말하면 끓는점의 차이를 조사하면 분자 사이에 작용하는 힘의 크기 차이를 알 수 있는 것이다.

이제부터 밀러가 사용한 네 가지 물질의 끓는점의 차이를 이해하기 위해 끓는점에 어떤 규칙성이 있는지 알아보자.

수소, 메테인, 암모니아, 물의 끓는점은 수소가 결합한 상대 원소의 원자 번호와 밀접한 관련을 나타낸다. 수소가 수소(원자 번호 1)와 결합한 H_2는 끓는점이 −253°C(절대 온도 20 K)로 아주 낮다. 수소가 탄소(원자 번호 6)와 결합한 메테인은 끓는점이 −161°C(절대 온도 112 K)로 낮지만, 수소보다는 90°C 정도 높다. 수소가 질소(원자 번호 7)와 결합한 암모니아는 끓는점이 −33°C로 메테인에 비해 거의 130°C나 높다. 마지막으로 수소가 산소(원자 번호 8)와 결합한 물의 끓는점은 암모니아에 비해 약 130°C가 높은 100°C이기 때문에, 상온(25°C)에서는 분자량이 작은 화합물로는 유독 액체로 존재하는 것이다. 이처럼 끓는점은 원자 번호와 어떤 관련이 있어 보이는데, 다음 절에서는 그 이유를 원소의 주기율과 관련지어 생각해 본다.

체크 포인트

1. 다음 중 맞는 것은?

① 메테인의 끓는점은 수소의 끓는점과 암모니아의 끓는점의 평균에 상당히 가깝다.

② 메테인의 끓는점은 수소의 끓는점과 물의 끓는점의 평균에 상당히 가깝다.

③ 암모니아의 끓는점은 수소의 끓는점과 물의 끓는점의 평균에 상당히 가깝다.

④ 암모니아의 끓는점은 메테인의 끓는점과 물의 끓는점의 평균에 상당히 가깝다.

⑤ 밀러가 사용한 4가지 물질 중에서 메테인의 끓는점이 가장 낮다.

토의 포인트

1. 분자 사이에 작용하는 힘의 크기를 비교하려면 끓는점과 녹는점 중에서 어느 쪽을 조사하는 것이 좋을까?

3-2

주기율

밀러가 사용한 네 가지 물질 중에서 한 가지 원소만으로 이루어진 수소를 제외하면 나머지 세 가지는 수소가 탄소, 질소, 산소와 결합한 화합물이다. 그런데 이 세 가지 화합물인 메테인, 암모니아, 물은 성질이 서로 매우 다르다. 뿐만 아니라 만물이라는 말이 있듯이 우리 주위의 물질은 성질이 매우 다양하다.

그런데 언뜻 복잡한 물질 세계의 배후에는 주기율이라는 단순한 원리가 자리 잡고 있다. 따라서 주기율은 화학의 중심에 위치하고, 주기율을 이해하는 것은 화학을 공부하는 첩경이다.

흔히 원자의 내부 구조, 특히 보어 모형과 관련해서, 또 화학 결합의 원리를 제공하는 면에서 주기율을 도입한다. 그러나 이 책에서는 물질의 거시적인 성질과 연관지어 주기율을 다루기로 한다.

메테인은 가벼운 기체로 $-161°C$가 되어야 액체로 바뀐다. 또 메테인은 도시 가스의 주성분으로 태우면 많은 열을 내는 중요한 **화석 연료(fossil fuel)**이다. 그리고 메테인은 물에 잘 녹지 않고, **산성(acidity)**이나 **염기성(basicity)**을 나타내지 않는다.

암모니아도 가벼운 기체이지만 메테인과 달리 $-33°C$가 되면 액체로 바뀐다. 메테인이 연소를 통해 에너지를 공급해 주어 우리의 삶을 편안하게 해 주는 데 비해, 물에 잘 녹고 염기성인 암모니아는 비료의 주성분으로 식물의 성장을 도와서 농업 생산성을 크게 높여 준다. 암모니아는 메테인보다 직접적으로 우리 생명과 관련이 깊은 것이다.

중성인 물은 수소, 메테인, 암모니아와 달리 상온에서 액체이다. 생명 현상은 물이 풍부한 세포 환경에서 일어나기 때문에 물은 생명에 필수적이다.

(a) (b) (c)

■ **그림 3-3** (a) 도시 가스의 주성분인 메테인, (b) 비료의 주성분인 암모니아, (c) 생명 현상에 필수적인 물

탄소, 질소, 산소는 원자 번호가 6, 7, 8로 바로 이웃한 원소들인데, 왜 이들의 화합물은 이렇게 큰 차이를 나타낼까?

●● 원자가 전자

오비탈(2장 참조)에 전자가 채워지는 순서에 따라 원소들을 배치하는 표를 만들어 보자. 이때 $n = 1$에 해당하는 $1s$ 오비탈에 전자가 채워지는 수소(H)와 헬륨(He)을 1주기 원소, $n = 2$에 해당하는 $2s$, $2p$ 에너지 준위에 전자가 채워지는 리튬(Li), 베릴륨(Be), 붕소(B), 탄소(C), 질소(N), 산소(O), 플루오린(F), 네온(Ne)을 2주기 원소라고 한다. 2주기 다음에는 소듐(Na), 마그네슘(Mg), 알루미늄(Al), 규소(Si), 인(P), 황(S), 염소(Cl), 아르곤(Ar)이 3주기를 이룬다. 이처럼 그림 3-4와 같이 원소들을 원자 번호 순서에 따라 배열한 표에서 왼쪽에서 오른쪽으로의 행(row)을 **주기(period)**라 하고, 위에서 아래로의 열(column)을 **족(group)**이라고 한다.

이렇게 주기와 족에 따라 원소들을 배열한 표를 **주기율표(periodic table)**라고 하는데, 주기율표에 원자가껍질에 들어 있는 전자 수를 표시해 보면 아래 그림과 같이 흥미로운 패턴이 나타난다. 이 그림은 주기율표의 일부로, 수소부터 칼슘까지 20가지

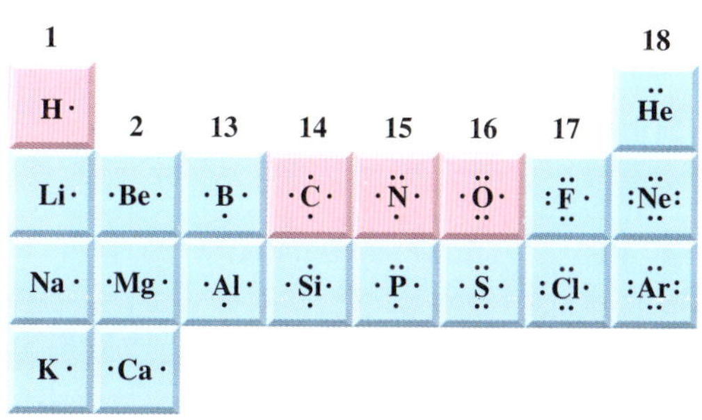

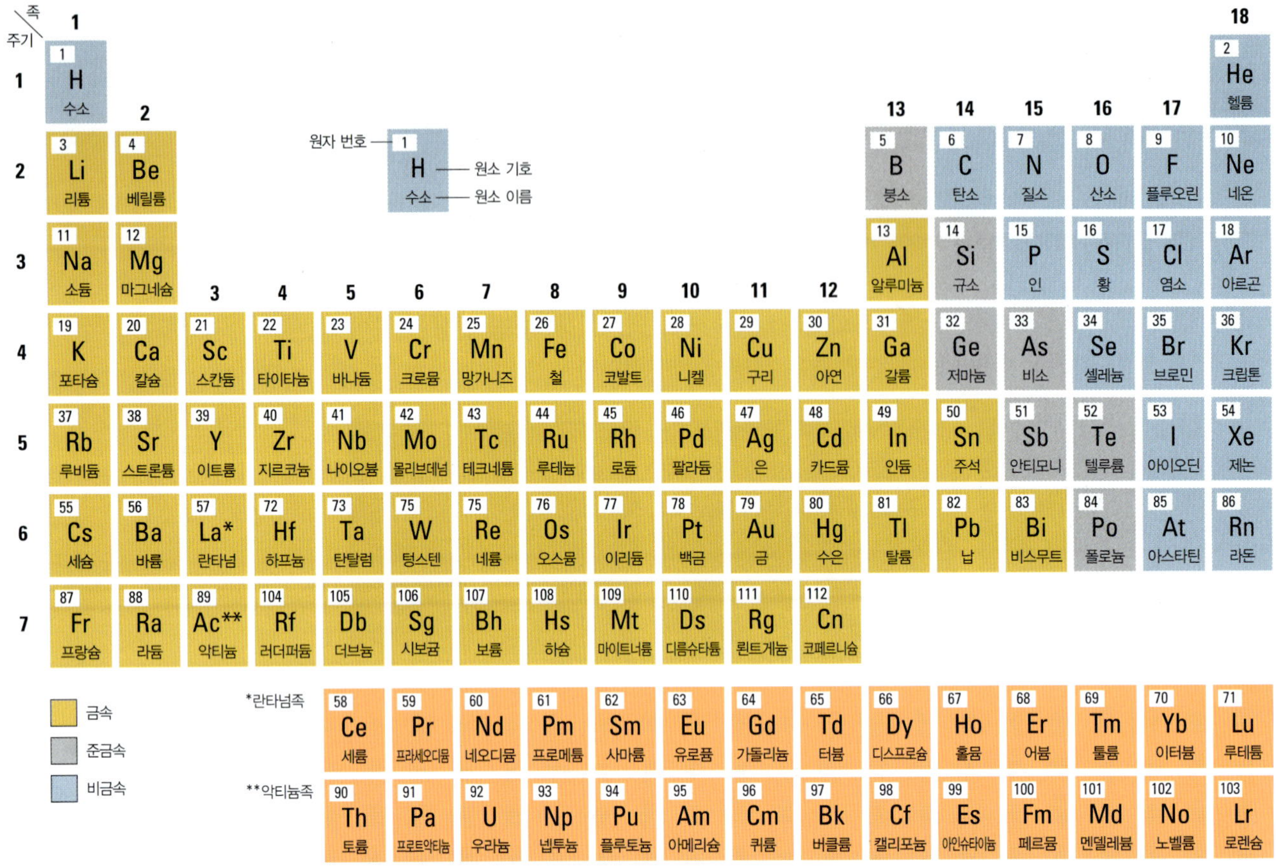

■ **그림 3-4** 원소의 주기율표

원소의 전자 구조를 보여 준다. 한 주기 내에서는 왼쪽에서 오른쪽으로 원자 번호가 늘수록 원자가 전자 수가 늘어나는데, 아래위로는 원자가 전자 수가 같다. 그런데 원자가껍질의 전자 수가 원소의 화학적 성질을 결정하기 때문에, 아래위로는 화학적 성질이 비슷한 원소가 자리 잡게 된다.

예를 들어, 제일 왼쪽의 리튬, 소듐, 포타슘은 모두 반응성이 높은 금속으로 쉽게 산화되고, 염(salt)을 만든다. 제일 오른쪽의 헬륨, 네온, 아르곤, 크립톤 등은 매우 안정해서 다른 원자와 결합을 만들지 않는다.

그런데 이렇게 원자 번호 순서로 배열된 주기율표를 만들려면 양성자를 알아야 하고, 또 원자핵 내의 양성자 수를 셀 수 있어야 한다. 그리고 에너지 준위마다 최대 몇 개까지의 전자가 채워질 수 있는지도 알아야 한다. 그런데 이것들은 모두 20세기에 들어와서 알려진 지식이다.

처음으로 지금 사용되는 것과 가장 비슷한 주기율표가 만들어진 것은 양성자가 발견되기 50년 전인 1869년이었다. 그 해에 러시아의 화학자 멘델레예프는 당시 알려진 60가지 정도의 원소들을 원자량 순서대로 나열하면 아래위로 성질이 비슷한 원소가 나타나는 것을 알게 되었다. 물론 그때는 양성자와 전자를 몰랐고, 원자 번호라는 개념이 없었기 때문에 원자량 순서로 나열하는 수밖에 없었다. 그런데 원자 번호가 증가하면 양성자 수와 중성자 수도 증가하기 때문에 결과적으로 원자량도 증가하게 마련이다. 그래서 몇 가지 예외를 제외하고는 원자량 순서는 원자 번호 순서와 같고, 따라서 멘델레예프의 주기율표는 지금의 주기율표와 크게 다르지 않는 것이다.

이처럼 원자가 전자는 밀러가 사용한 메테인, 암모니아, 물의 화학식을 설명하는

■ **그림 3-5** 멘델레예프(Dmitri Mendeleev, 1834~1907)와 그의 주기율표

데 유용하다. 원자가 전자가 4개인 탄소는 원자가 전자가 1개인 수소 원자 4개와 결합해서 옥텟 규칙을 만족하는 메테인을 만든다. 마찬가지로 원자가 전자가 5개인 질소는 수소 원자 3개와 결합해서 암모니아를 만들고, 원자가 전자가 6개인 산소는 수소 원자 2개와 결합해서 물을 만드는 것이다.

●● 원자 반지름

메테인, 암모니아, 물 분자의 대략적인 크기를 생각해 보려면 수소, 탄소, 질소, 산소의 **원자 반지름(atomic radius)**을 알아야 할 것이다. 수소는 1개의 전자가 1*s* 오비탈에 들어 있기 때문에 크기가 작다. 수소 원자의 반지름은 0.53옹스트롬인데, 앞에서 살펴본 보어 모형을 통해 이 값을 처음 계산해낸 보어의 이름을 따서 0.53옹스트롬을 **보어 반지름(Bohr radius)**이라고 한다.

2주기에 속하는 탄소, 질소, 산소의 원자 반지름은 어느 정도일까? 탄소, 질소, 산소는 각각 $n = 2$에 해당하는 두 번째 전자 껍질에 4개, 5개, 6개의 전자를 가지고 있다. 그런데 보어 모형에 따르면 수소처럼 핵의 전하가 1인 경우에는 n이 증가함에 따라 원자 반지름은 n^2에 따라 증가한다. 그러므로 수소 원자에서 전자가 $n = 1$인 첫 번째 전자 껍질에서 $n = 2$인 두 번째 전자 껍질로 올라가면 원자 반지름은 0.53옹스트롬에서 2.1옹스트롬으로 4배 커지는 것이다. 그런데 탄소, 질소, 산소에서는 두 번째 껍질에 전자들이 들어 있지만 각각 핵전하(nuclear charge)가 6, 7, 8로 수소의 핵전하 1에 비해 상당히 크기 때문에, 전자들이 핵 쪽으로 강하게 끌려서 원자 반지름이 수소에 비해 그다지 크지는 않다. 뿐만 아니라 탄소, 질소, 산소의 원자 반지름은 각각 0.77, 0.70, 0.66옹스트롬으로 원자 번호가 커질수록 반지름은 작아진다. 1주기에서도 같은 이유 때문에 수소보다 헬륨의 원자 반지름이 작다. 1주기, 2주기 원소들의 알려진 원자 반지름은 표 3-2와 같다.

$_6C$

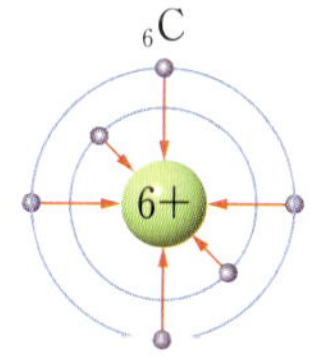

$_7N$

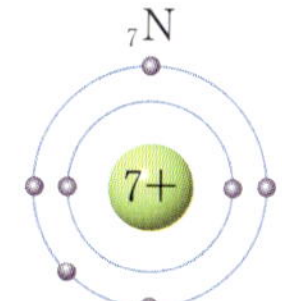

$_8O$

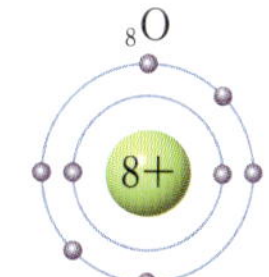

원자 번호가 8인, 즉 전자가 모두 8개인 산소의 반지름은 전자가 1개뿐인 수소의 반지름에 비해 불과 25% 정도 더 크다. 이 내용은 나중에 자세히 살펴보겠지만 물에

표 3-2 2주기까지의 원자 반지름(옹스트롬)

H 0.53							He 0.32
Li 1.52	Be 1.11	B 0.88	C 0.77	N 0.70	O 0.66	F 0.64	Ne 0.69

서 수소와 산소가 수소 결합을 잘 만들어 물이 액체 상태로 있게 해 준다는 면에서, 또 DNA에서도 수소 결합을 통해 이중 나선 구조를 유지한다는 면에서 아주 중요하다. 결과적으로 탄소, 질소, 산소로 갈수록 핵전하가 커지면서 원자 반지름이 작아지는 경향은 메테인, 암모니아, 물로 갈수록 끓는점이 높아지는 경향과 관련이 있어 보인다.

●● 이온화 에너지

이온은 화학에서 중요한 위치를 차지한다. 많은 경우에 원자들은 이온으로 바뀌어 우리 주위의 물질 세계를 만들고, 생명 현상에 관여하기 때문이다. 지각을 구성하는 대부분의 암석에도 이온성 물질이 들어 있다. 바닷물에도 엄청난 양의 이온이 녹아 있다. 우리 몸에서 이온들은 신경에서의 신호 전달, 삼투압 유지, 완충 작용 등의 중요한 역할을 한다. 산소와 결합해서 헤모글로빈이 산소를 운반하게 해 주는 것도 철 이온이다. 식물 엽록소의 광합성 센터에는 마그네슘 이온이 자리 잡고 있다.

■ **그림 3-6** 지각은 여러 가지 이온성 물질을 포함하며, 바닷물에도 이온이 많이 함유되어 있다.

중성 원자에서 전자를 하나 떼내어 무한대 거리까지 가져가는 데 필요한 에너지를 **이온화 에너지(ionization energy)**라 하고, kJ/mol 단위를 주로 사용한다. 전자가 핵으로부터 무한대 거리에 있을 때의 에너지를 0으로 하여 기준점으로 잡기 때문에, 원자에서의 전자 에너지는 음의 값을 가진다. 그런데 이온화 에너지는 전자를 떼내는 데 필요한 에너지이기 때문에 전자 에너지에서 마이너스 부호를 떼낸 값이 된다. 앞의 보어 모형에서 살펴본 대로 수소의 전자 에너지는 -1312 kJ/mol이고, 수소의 이온화 에너지는 1312 kJ/mol이다.

첫 번째 전자를 떼내는 데 필요한 에너지를 첫 번째 이온화 에너지, 두 번째 전자를 떼내는 데 필요한 에너지를 두 번째 이온화 에너지라고 한다. 2주기까지 원소의 첫 번째 이온화 에너지는 표 3-3과 같다.

H와 He, C와 O를 비교해 보면 알 수 있듯이 같은 주기 내에서는 원자 번호가 증

표 3-3 2주기까지의 이온화 에너지 (kJ/mol)

H							He
1312							2372
Li	Be	B	C	N	O	F	Ne
520	900	801	1086	1042	1314	1681	2081

가하면 이온화 에너지가 전반적으로 같이 증가한다. 전자는 같은 껍질에 들어가는데, 핵의 양전하가 증가하면 전자는 보다 강하게 핵으로 끌리기 때문이다. 같은 족 내에서는 1주기에서 2주기로 넘어가면서 원자 반지름이 커지고, 최외각 전자가 핵으로부터 멀어지기 때문에 핵으로 끌리는 힘이 약해지고, 따라서 이온화 에너지는 감소한다.

전자 친화도

기체 상태의 중성 원자가 추가로 전자를 얻어 에너지가 안정화되는 정도를 **전자 친화도 (electron affinity)** 라고 한다. 언뜻 생각하면 중성인 원자가 음전하를 가진 전자와 상호작용할 이유가 없을 것 같다. 그러나 핵의 양전하는 핵의 작은 공간에 몰려 있는 데 반해, 전자들은 원자 내의 넓은 공간에 구름처럼 퍼져 있고, 또 원자핵을 중심으로 어느 정도 대칭적으로 분포하기 때문에, 외부에서 전자가 어떤 방향에서 접근한다면 핵의 양전하를 느끼게 된다. 이러한 상황을 가리켜 원자 자체의 전자들이 핵의 양전하를 가리는 **가리움 효과 (shielding effect)** 가 불완전하다고 말한다.

가리움 효과가 완전하다면 외부의 전자가 볼 때는 **유효 핵전하 (effective nuclear charge)** 가 0이 될 것이다. 그러나 불완전한 가리움 효과 때문에 유효 핵전하는 0보다 커진다. 예를 들어, 리튬 원자의 경우 밖에서 볼 때 3개의 전자는 3개의 양성자 전하를 다 가리지 못한다. 그래서 구름 사이로 햇빛이 비춰듯이 리튬 핵의 양전하는 외부의 전자에 인력을 미친다. 리튬의 전자 친화도는 60 kJ/mol이다. 핵전하가 큰 산소의 전자 친화도는 141 kJ/mol이고, 전자 하나를 얻으면 최외각이 채워지는 플루오린은 전자 친화도가 328 kJ/mol이나 된다. 마찬가지로 핵전하가 증가함에 따라 수소, 탄소, 산소로 갈수록 유효 핵전하도, 전자 친화도도 증가한다.

핵의 양전하는 구름 사이로 햇빛이 비춰듯이 외부의 전자에 인력을 미친다.

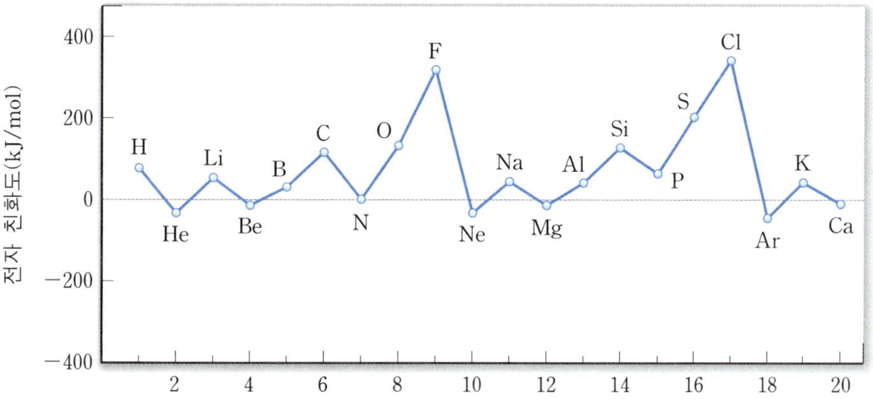

■ **그림 3-7** 원자 번호 1~20까지 원소들의 전자 친화도

●● 전기음성도

화학에서 다루는 대부분의 화합물은 전자를 공유하면서 결합을 이루는 공유 결합 화합물이다. 그런데 만일 두 원자가 전자를 하나씩 내놓아 공유 결합을 이루고 나서 공유한 2개의 전자를 똑같이 나누어 가진다면 결합을 이루었다는 점을 빼고는 원래 상태와 달라진 것이 없을 것이다. 또한 모든 공유 결합은 기본적으로 큰 차이가 없을 것이고, 따라서 다양한 화합물의 특성을 기대하기 어렵다. 그러나 다행히 원자들이 결합을 이루고 나서 공유한 전자를 자기 쪽으로 끌어당기는 정도가 제각기 다르다. 그래서 우리 주위의 흥미로운 물질 세계가 펼쳐지고 생명도 가능해지는 것이다.

■ **그림 3-8** 전기음성도의 차이로 인해 다양한 물질 세계와 생명이 탄생할 수 있게 된다.

어떤 원자가 공유한 전자를 끌어당기는 정도를 **전기음성도(electronegativity)** 라고 한다. 원래 중성이었던 원자가 전자를 끌어당길수록 전기적으로 음성이 되기 때문이다. 이온화 에너지가 높아서 전자를 떼내기가 어려울수록 그리고 전자 친화도가 높아서 전자를 끌어당기는 경향이 클수록 전기음성도가 높다고 예상할 수 있다.

표 3-4는 널리 사용되는 폴링(3-5절 읽을거리 참조)의 척도에 따른 전기음성도를 2주기까지 원소들에 대해 보여 준다.

표 3-4 2주기까지의 전기음성도

H						
2.1						
Li	Be	B	C	N	O	F
1.0	1.5	2.0	2.5	3.0	3.5	4.0

2주기에서 볼 수 있듯이 리튬에서 플루오린까지 원자 번호가 증가하면서 전기음성도는 0.5씩 증가한다. 2주기 원소에서는 바깥쪽 전자들이 모두 n = 2인 두 번째 전자 껍질에 들어 있기 때문에 원자핵의 양전하가 커질수록 전자는 강하게 핵 쪽으로 끌리게 되는 것이다.

물에 들어 있는 산소의 전기음성도(3.5)는 플루오린의 전기음성도(4.0) 다음으로 높다. 그러므로 산소는 자연에서 전기음성도가 두 번째로 높은 원소인데, 플루오린은 산소에 비해 자연에 양이 적고, 또 반응성이 너무 높아서 한 번 결합하면 잘 떨어지지 않는다. 따라서 우리 주위의 화학 반응에서는 찾아보기 어렵고, 생명 현상에도 직접 관여하지 않는다. 그래서 밀러 실험에 등장하는 원소들 중에는 산소의 전기음성도가 가장 높다.

메테인에 들어 있는 탄소의 전기음성도는 2.5로, 여러 원소 중에서 중간 정도이다. 이것은 탄소가 전자를 잘 내주는 1족과 잘 받는 7족 사이의 중간에 위치한다는 점과 잘 맞는다. 4개의 결합을 만든다는 점과 아울러 어느 정도 전자를 내줄 수도, 받을 수도 있다는 점은 탄소가 여러 원소와 다양한 화합물을 만들도록 한다. 암모니아에 들어 있는 질소의 전기음성도는 3.0으로 산소보다는 낮지만 탄소보다는 높다.

수소의 전기음성도는 2.1로, 비금속 원소 중에는 가장 낮은 편이다. 그래서 수소는 산소나 염소처럼 전기음성도가 높은 원소와 결합하면 쉽게 전자를 내주고 양성자로 떨어져 나오기 때문에 산으로 작용한다.

이제 수소, 메테인, 암모니아, 물에 들어 있는 네 가지 원소들의 전기음성도를 알았으므로, 전기음성도를 통해 왜 수소, 메테인, 암모니아는 기체로 원시 지구의 대기를 이루고, 물은 액체로 원시 바다를 이루었는지 알아보자.

읽을거리 옥타브와 옥텟

자연의 원리를 우리 주위의 일들과 연관지어 이해하고, 파악하는 것은 과학을 재미있게 공부하는 좋은 길이다.

피아노의 건반에는 88개의 키가 있다. 88 올림픽으로 우리에게 친숙한 숫자이다. 피아니스트는 88개의 키가 내는 음들의 화합(和合)을 통해 아름다운 음악을 만들어낸다. 그 중에는 다른 키보다 훨씬 자주 사용되는 키도 있고, 아주 드물게 사용되는 키도 있다.

자연에는 피아노의 키와 비슷한 수의 화학 원소들이 있다. 북핵문제 때문에 가끔 접하는 우라늄은 92번째 원소로, 자연에서 가장 무거운 원소인데, 피아노 건반에서 제일 높은 음을 내는 키인 셈이다. 자연도 약 90가지 원소 중에서 20가지 정도의 원소를 주로 사용해서 삼라만상을 만들어낸다. 생명체에서는 수소, 산소, 탄소가 압도적으로 많이 사용된다. 도, 미, 솔인 셈이다. 그 다음으로는 파, 라처럼 질소와 인이 필수적이다. 우리 몸에는 그 밖에도 칼슘, 포타슘, 황, 소듐, 염소, 마그네슘이 꽤 들어 있고, 열 가지 정도의 미네랄 성분이 미량 들어 있다.

피아노에서는 도, 미, 솔을 같이 누르면 각자의 음을 내면서 화음을 이룬다. 그런데 원소의 세계에서는 가벼운 기체인 수소, 마시면 상쾌한 산소 그리고 검은 숯에 들어 있는 탄소를 조합하면 원래의 성질은 어디로 사라지고, 포도주와 같은 전혀 다른 물질로 변화된다. 그래서 원소 세계의 화합(和合)은 화합(化合)이다.

건반의 세계와 원소의 세계에는 또 다른 공통점이 있다. 도에서 시로 가면 다시 도로 돌아온다. 마찬가지로 주기율표에서 소듐, 마그네슘, 알루미늄, 규소, 인, 황 그리고 일곱 번째인 염소 다음에는 다시 소듐과 한 옥타브 차이가 나는 포타슘이 온다. 한 옥타브 내에서 모든 음에 특이한 음색이 있듯이 원소의 옥타브 내에서도 원소들은 모두 제 몫이 있다. 소듐은 원래 광택이 나는 금속이지만 염소와 화합하면 우리 몸에 필수적인 소금이 된다. 마그네슘은 지구 상 모든 녹색 식물의 엽록소에 들어 있어서 햇빛의 에너지를 받아 탄수화물을 만드는 광합성의 첫 단추를 꿰는 역할을 한다. 가볍고 강도가 높은 알루미늄은 항공기와 우주 산업의 핵심 소재이고, 규소는 대지의 주성분이면서 아울러 반도체의 주역이다. 인은 인체의 골격도 만들고, DNA 이중 나선의 골격도 만든다. 황은 단백질과 타이어에 적절한 견고성과 유연성을 동시에 부여해서 생을 가능하게도 하고 편하게도 한다. 소듐과 함께 소금의 성분인 염소는 마시는 물의 소독을 통해 수많은 사람을 전염병으로부터 구했다. 그리고는 다시 소금과 비슷한 염을 만들면서 신경계에서 핵심적인 역할을 하는 포타슘으로 돌아간다.

비행기

반도체

한편 도레미도와 도미레도가 다른 멜로디인 것처럼 포도주 내에서도 수소, 산소, 탄소는 결합 방식에 따라 흥을 돋우는 알코올이 되기도 하고, 맛과 향을 내는 에스터가 되기도 한다.

한 가지 더! 악보에 쉼표가 있듯이 주기율표에는 모든 원소가 쉼을 찾는, 원소의 이상향이 있다. 염소와 포타슘 사이에는 쉬기를 좋아해서 귀족 기체(noble gas)라 불리는 아르곤이 자리 잡고 있는 것이다. 이 여덟 번째 족인 귀족 기체가 되기 위해 모든 원소는 8을 지향하는 자연의 원리를 따라 열심히 화합을 실천한다. 이 원리는 옥타브와 어원이 같은 옥텟 규칙이라고 한다. 원자들은 이 규칙에 따라 화합해서 여름의 마지막 장미가 되기도 하고, 우리 몸이 되기도 한다. 우리 몸은 우주의 별보다도 많은 개수의 원자들이 화합(化合)을 통해 화합(和合)을 이루고 있는 자연의 걸작인 것이다.

체크 포인트

1. 원자 반지름이 가장 작은 원소는?

① H ② He ③ Li ④ F ⑤ Be

2. 다음 중 맞는 것은?

① 같은 주기의 원소는 원자가 전자 수가 같다.

② 같은 족의 원소는 원자가 전자 수가 같다.

③ 같은 주기의 원소는 원자가, 즉 결합수가 같다.

④ 같은 족의 원소는 최외각의 주양자수가 같다.

⑤ 같은 족의 원소는 유효 핵전하가 같다.

3. 전기음성도의 크기와 가장 밀접한 관계를 가지는 요인은?

① 최외각 전자 수 ② 핵전하 ③ 중성자 수

④ 원자가 ⑤ 원자량

4. 금, 은, 동의 메달 순위는 녹이 스는, 즉 산화되는 정도와 관련이 있다. 금, 은, 동의 이온화 에너지 순서를 쓰시오. 또 금, 은, 동의 전자 친화도 순서를 쓰시오.

토의 포인트

1. 2주기에서 C, N, O, F로 가면서 반지름이 작아지는 것으로 보아 이들 원소가 수소와 공유결합을 이루면 공유한 전자를 자기 쪽으로 끌어당기는 경향이 어떻게 다를 것으로 예측되는가?

2. 플루오린이 산소나 네온에 비해 자연에서 양이 적은 이유는 무엇일까?

3. 플루오린이 산소처럼 풍부하다면 세상은 어떻게 달라졌을까?

3-3

산화수와 형식 전하

전기음성도는 화학에서 가장 중요한 개념 중 하나이다. 그런데 전기음성도로부터 화학에서 중요한 또 하나의 개념인 산화수를 이해할 수 있게 된다.

우리 주위의 물질 세계에서 우리에게 중요한 성질에는 색깔, 냄새, 맛 등이 있다. 우리 주위가 모두 한 가지 색으로 되어 있다면 어떨까? 또 모든 음식이 냄새도 같고 맛도 같다면 어떨까? 그런데 알고 보면 이런 다양한 성질을 나타내는 물질들은 모두 서로 다른 원소들 사이의 결합을 통해 만들어진 화합물이다.

서로 다른 원소들은 전기음성도가 다르다. 따라서 다른 원소들 사이의 반응에는 전자의 이동이 따르고, 이는 밀러 논문의 첫 문장에서 강조한 산화-환원 반응에 해당한다. 즉, 우리가 즐기는 음식의 맛, 꽃의 향기와 색깔 모두 산화의 결과라고 할 수 있다. 그렇다면 산화를 잘 이해하는 것은 화학을 잘 공부하는 첩경이다. 산화를 이해하는 데 유용한 개념에는 산화수가 있다. 여기서는 산화수와 그에 관련된 형식 전하에 대해 알아보자. 그리고 산화수를 밀러 논문에 나오는 화합물에 적용해 보자.

다양한 생물들이 세포 내에서 다양한 산화 반응을 통해 맛, 냄새, 색깔 등을 나타내는 화합물들을 만들어내는 대사 과정에는 에너지가 필요하다. 이러한 에너지는 궁극적으로 태양 에너지로부터 온다. 그런데 태양 에너지를 화학 에너지로 전환하는 광합성의 핵심도 산화-환원이다. 따라서 광합성(6장)을 이해하는 데도 산화수가 아주 유용하다.

●● 산화수

전기음성도가 높은 산소와 전기음성도가 상대적으로 낮은 수소가 결합한 물을 생각해 보자. 물에서 원래 중성이었던 산소는 수소로부터 전자를 끌어당겨서 어느 정도 음전하를 띠게 될 것이다. 반면에 전자를 내준 수소는 어느 정도 양전하를 띠게 된다. 이때 전자는 완전히 수소로부터 산소로 이동하는 것은 아니기 때문에 산소의 음전하는 0과 −1 사이의 값을 가지고, 수소의 양전하는 0과 +1 사이의 값을 가질 것이다. 그래서 이런 경우에 산소의 음전하는 **부분 음전하(partial negative charge)**, 수소의 양전하는 **부분 양전하(partial positive charge)**라고 한다. 물론 결합하는 두 원소의 전기음성도 차이가 크면 부분 전하는 크고, 전기음성도 차이가 작으면 부분 전하는 작을 것이다.

앞에서 주기율과 관련해서 알아보았듯이 원소들의 전기음성도는 다양한 값을 가진다. 따라서 전기음성도의 차이도 다양한 값을 가지게 된다. 같은 종류의 원자가 결합한 H_2, N_2, O_2, F_2 등의 경우 전기음성도 차이는 0이고, H−C, H−N, H−O, H−F, C−N, C−O, C−F, N−O, Si−O, Na−Cl 등 다른 종류의 원자가 결합한 경우에는 전기음성도 차이가 크건 작건 간에 0은 아니다. 밀러가 사용한 네 가지 물질 중에서도 수소를 빼고 메테인, 암모니아, 물은 전기음성도가 다른 원소끼리 결합하고 있는 화합물이다. 그러고 보면 모든 화합물에서 전기음성도가 다른 원소의 결합을 찾아볼 수 있을 것이다.

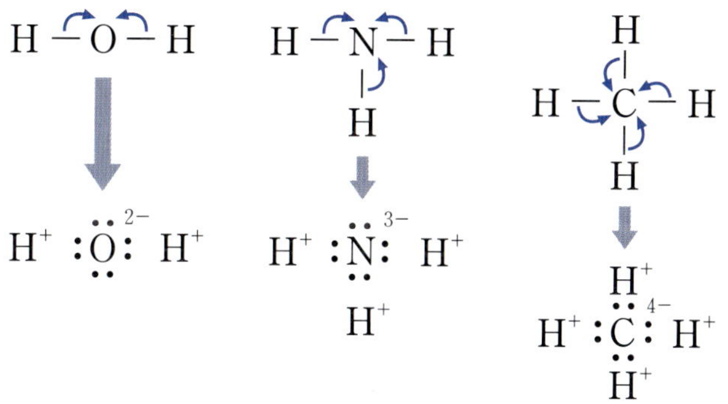

■ **그림 3-9** 물, 암모니아, 메테인에서의 각 원자의 산화수

그런데 결합한 두 원자의 전기음성도 차이가 다양하기 때문에, 일일이 그 차이를 엄밀히 정의하고 언급하는 것은 불편하다. 따라서 일단 전기음성도가 높은 쪽이 전기음성도가 낮은 쪽으로부터 전자를 완전히 끌어갔다고 가정하고 결합의 특성을 파악하는 것이 편리하다. 그래서 공유된 전자가 완전히 전기음성도가 높은 쪽으로 이동했을 때 어느 원자가 가지는 전하를 그 원자의 **산화수(oxidation number)**라고 정의한다. 예를 들어, 물에서 산소는 양쪽의 수소로부터 전자를 하나씩 끌어가서 산화수가 −2가 되고, 각각의 수소는 산화수가 +1이 된다. 당연히 중성 분자에서 모든 원자의 산화수의 합은 0이다. 물론 H_2, N_2, O_2 등의 홑원소 물질에서는 모든 원자의 산화수가 0이다.

밀러 논문의 첫 문장에서 언급하고 있는 물질에 대하여 산화수를 다음의 표 3-5와 같이 요약할 수 있다. 화합물의 경우 수소의 산화수는 +1이고, 산소의 산화수는 −2인 것을 알 수 있다. 반면에 주기율표에서 2주기의 중간에 위치한 탄소의 산화수는 +4에서 −4의 두 가지 극단적인 경우가 있다.

표 3-5 몇 가지 원소의 원자 수, 전기음성도, 산화수

분자	원자	원자 수	전기음성도	산화수
H_2	H	1	2.1	0
	H	1	2.1	0
N_2	N	1	3.0	0
	N	1	3.0	0
O_2	O	1	3.5	0
	O	1	3.5	0
CH_4	H	4	2.1	+1
	C	1	2.5	−4
NH_3	H	3	2.1	+1
	N	1	3.0	−3
H_2O	H	2	2.1	+1
	O	1	3.5	−2
CO_2	C	1	2.5	+4
	O	2	3.5	−2

산화수는 산화와 환원을 이해하는 데 아주 유용하다. 수소가 연소해서 물이 되는 반응을 통해 산화-환원 반응에서 산화수가 어떻게 달라지는지 알아보자.

$$2H_2 + O_2 \longrightarrow 2H_2O$$

수소는 산소와 결합해서 산화되었는데, 이때 수소의 산화수는 0에서 +1로 증가했다. 반면에 산소는 수소와 결합해서 환원되는데, 산화수는 0에서 −2로 감소했다. 이로부터 산화는 산화수의 증가, 환원은 산화수의 감소에 해당하는 것을 알 수 있다.

형식 전하

산화수가 공유된 전자가 전기음성도가 높은 원자로 완전히 이동했다고 가정하는 하나의 극단이라면, 전기음성도 차이에도 불구하고 전자가 전혀 이동하지 않았다고 가정하는 또 다른 극단이 있을 수 있다. 이처럼 공유된 전자를 두 원자가 똑같이 나누어 가진다고 가정하는 경우에, 각각 원자의 전하를 실제 전하와는 다르다는 의미에서 **형식 전하(formal charge)**라고 한다. 표 3-5에 나오는 모든 분자에서 모든 원자의 형식 전하는 0이다.

형식 전하가 0이 아닌 대표적인 예로 일산화탄소가 있다. 2장에서 살펴본 대로 일산화탄소는 N_2와 같이 삼중 결합을 통해 옥텟 규칙을 만족시키는 분자이다.

$$\overset{-}{:}C\equiv O\overset{+}{:}$$

그런데 탄소는 최외각 전자가 4개이고, 산소는 최외각 전자가 6개이기 때문에 삼중

결합을 이루는 6개의 공유 전자 중에서 2개만이 탄소에서 오고, 나머지 4개는 산소에서 올 수밖에 없다. 이때 6개의 공유 전자를 탄소와 산소가 반씩 나누어 가진다고 하면 탄소는 전자를 하나 얻은 셈이 되어 형식 전하가 −1이 되고, 산소는 전자를 하나 내준 셈이 되어 형식 전하가 +1이 된다.

일산화탄소에서 산소가 6개의 공유 전자를 모두 끌어간다고 하면 탄소로부터는 2개의 전자를 끌어간 셈이고, 따라서 산소의 산화수는 −2가 될 것이다. 물론 탄소의 산화수는 +2이다. 이처럼 일산화탄소는 산화수와 형식 전하가 반대 부호를 가지는 특별한 경우이다.

이런 일산화탄소의 특징은 인류가 철기문명을 일으킬 때 매우 중요한 의미를 지니게 된다. 전기음성도가 높아서 전자를 끌어가는, 그래서 산화수가 (−)값을 가지는 산소가 옥텟 규칙을 만족하면서 일산화탄소를 만들기 위해 전자를 탄소에게 내준다면 유효 핵전하가 큰 산소로서는 불만족스러운 상황이 되고, 따라서 일산화탄소는 다소 불안정한 상태에 있게 될 것이다. 이러한 일산화탄소가 철광석에 들어 있는 산화철을 만나면 쉽게 산화 철로부터 산소를 떼어내서 이산화탄소로 바뀐다. 물론 산화철은 철로 환원되어 철기를 만드는 데 사용된다.

■ **그림 3-10** 고려 청자의 비취색은 삼산화 이철이 일산화탄소와 반응하여 이산화탄소와 일산화 철로 되면서 푸른색의 빛을 낸다.

체크 포인트

1. CH_4가 연소하는 반응에서 C, H, O의 산화수는 어떻게 바뀌는지 산화-환원과 관련해서 설명하시오.

2. 지구의 대기에서 NH_3가 N_2로 바뀌었다면 N의 산화수는 어떻게 바뀌었는지 산화-환원과 관련해서 설명하시오.

토의 포인트

1. 산화는 산화수의 증가, 환원은 산화수의 감소에 해당한다면, 전자의 이동이라는 측면에서는 산화와 환원을 어떻게 정의할 수 있을까?

2. 산화수와 형식 전하가 반대 부호를 가지는 일산화탄소는 그렇지 않은 경우에 비해서 비교적 안정할까, 불안정할까?

3-4

수소, 물, 메테인, 암모니아의 구조

끓는점과 같은 분자의 성질은 분자의 구조와 밀접한 관련이 있을 것이다. 분자는 원자들이 화학 결합을 이루어 만들어낸 입자이기 때문에 분자 구조는 원자들의 결합 방식에 의해 정해진다. 그런데 우리 주위에도 1차원적인 차선, 2차원적인 도로망, 3차원적인 빌딩의 숲이 있듯이 분자의 세계에도 1차원, 2차원, 3차원적인 구조가 있다. 따라서 태초의 지구 환경을 이해하려면 옥텟 규칙에 따라 결합을 이룬 수소, 물, 메테인, 암모니아 등 간단한 분자들의 3차원 구조를 이해할 필요가 있다.

뿐만 아니라 수소, 물, 메테인, 암모니아의 3차원 구조는 밀러가 만들고자 했던 아미노산 구조의 기본을 이룬다. 그리고 아미노산의 구조는 아미노산들이 펩타이드 결합으로 연결된 단백질 구조(6장)의 기본이 된다.

●● 수소

H_2는 2개의 수소 원자가 공유 결합을 이룬 분자이기 때문에 1차원적인 직선형 분자이다. 우주에서 가장 가벼운 수소는 가장 간단한 기하학적 구조를 가진 분자인 것이다.

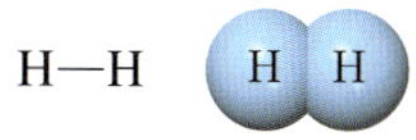

■ **그림 3-11** 수소를 연료로 사용하는 자동차

●● 물

물은 원자의 결합으로 이루어진 가장 간단한 분자인 H_2의 2개 수소 원자 사이에 1개의 산소 원자가 끼어 있는 분자이다. 다시 말해서 H_2O는 2개의 직선형 H－O 결합이 O를 중심으로 연결된 분자이기 때문에, H_2O 3개의 원자는 한 평면에 놓이게 된다. 2개의 직선이 교차하면 한 평면을 만들기 때문이다. 물론 이때 H_2O의 3개 원자가 한 직선상에 놓인다면 물은 H_2와 마찬가지로 직선형 1차원 구조를 가질 것이다. 그러나 실제로 물은 굽은 2차원 구조를 가지고, 그 때문에 물은 생명과 지구 환경을 가능하게 하는 핵심 물질이 된다.

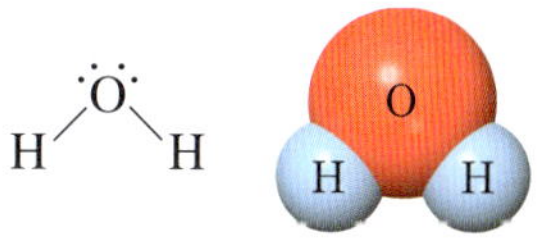

그런데 왜 물은 직선이 아니고 굽은 구조를 가질까? 중심 산소 원자는 수소 원자와 공유하는 2개의 공유 전자쌍 그리고 2개의 비공유 전자쌍, 즉 모두 4개의 전자쌍을 가지고 있다. 그런데 이 4개의 전자쌍은 각각 －2의 음전하를 가지기 때문에(－1×2개의 전자) 서로 반발해서 최대한 멀어지려고 할 것이다. 결과적으로 산소의 원자가 껍질에 들어 있는 4개의 전자쌍은 대략적으로 **정사면체 구조(tetrahedral structure)**를 가지게 된다. 그리고 2개의 O－H 결합만을 볼 때는 104.5도의 각도를 이룬다. 이처럼 원자가 전자로 이루어진 전자쌍의 반발을 통해 분자 구조를 예측하는 이론을 **원자가껍질 전자쌍 반발 이론(valence shell electron pair repulsion, VSEPR theory)**이라고 한다. 물 분자를 생각할 때는 2개의 비공유 전자쌍을 잊어서는 안 된다.

■ **그림 3-12** 생명 현상에 필수적인 물

●● 메테인

편의상 물을 먼저 이야기했지만, 사실은 물, 암모니아, 메테인의 구조를 이해하는 첫 번째 출발점은 메테인이다. 메테인에서 모든 원자가 한 평면에 놓인다면 메테인은 정사각형 모양의 2차원 구조를 가지는 분자가 될 것이다. 그러나 실제 메테인은 3차원적 입체 구조를 가진다.

메테인의 루이스 구조는 어떻게 원자들이 옥텟 규칙에 맞게 전자를 공유하여 화학 결합을 이루는지 말해 줄 뿐, 분자의 3차원 구조를 보여 주지는 않는다. 루이스 구조를 보고 메테인에서 4개의 수소 원자가 탄소와 같은 평면에 놓인 것으로 생각해서는 안 된다. 사실 19세기 중반까지도 원소 분석을 통해 실험식을 구하고, 기체 밀도로부터 분자량을 구하고, 원자들 사이의 결합 방식을 파악하는 것이 급선무였다. 그래서 메테인의 분자식이 CH_4로 밝혀진 후 오랫동안 메테인의 5개 원자가 한 평면에 놓인 것으로 종이에 구조를 그렸다. 그러다가 1874년에 당시 22세의 네덜란드의 대학원생이었던 반트호프가 메테인의 정사면체 구조를 제안했다. 정삼각형 4개를 이어붙인 정사면체의 중심에 탄소 원자가 자리 잡고, 정사면체의 4개의 꼭짓점에 각각 수소 원자가 위치한 구조인 것이다.

반트호프 (Jacobus van't Hoff, 1852~1911). 1901년 노벨 화학상.

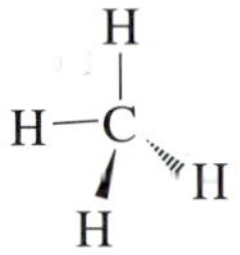

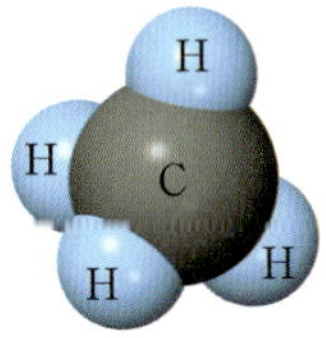

■ **그림 3-13** 반트호프가 만든 정사면체

메테인이 평면이 아니고 입체 구조를 가지는 이유는 앞에서 물의 구조와 관련하여 설명한 원자가껍질 전자쌍 반발 이론으로 설명된다. 중심 탄소 원자는 4개의 수소 원자와 전자를 공유해서 최외각에 8개의 전자를, 즉 4개의 공유 전자쌍을 가진다. 이 4개의 전자쌍은 서로 반발해서 최대한 멀어지려고 한다. 그런데 4개의 결합은 동일한 C－H 결합이기 때문에 4개 C－H 결합 사이의 각도는 완전히 같아야 한다. 이것은 바로 정사면체 구조이고, H－C－H의 결합 각도는 109.5도이다.

메테인이 보여 주는 정사면체 구조는 화학에서 가장 중요한 기하학적 구조이다. 중심 탄소에 수소 대신 탄소가 결합해도 정사면체 구조는 기본적으로 유지되고, 또 두 번째 탄소가 새로운 정사면체 구조의 중심이 되는 식으로 수백만 가지의 다양한 탄소 화합물이 만들어진다. 물론 각각의 탄소 원자에는 수소 이외에도 산소, 질소, 황 등의 다른 원자가 결합할 수 있어서 탄소 화합물은 엄청난 다양성을 가지게 된다.

암모니아

암모니아의 루이스 구조를 보면 중심 질소 원자가 1개의 비공유 전자쌍을 가지고 있는 것을 알 수 있다. 전자가 발견되기 전 또는 원자가 전자나 옥텟 규칙이 알려지기 전에는 암모니아를 평면상의 정삼각형 구조로 생각했을지도 모른다. 그런데 암모니아의 중심 질소 원자는 메테인에서의 탄소 원자와 마찬가지로 4개의 전자쌍을 가진다. 차이점은 메테인의 4개 전자쌍은 모두 공유 전자쌍인 데 비해, 암모니아는 3개의 공유 전자쌍과 1개의 비공유 전자쌍을 가진다는 점이다. 4개의 전자쌍이 반발해서 정사면체 구조를 가진다는 점에서는 메테인, 암모니아, 물 모두 기본적으로 차이가 없다. 그러고 보면 8개의 전자에서 나온 옥텟 규칙이 화학에서 기본적이라면, 4개의 전자쌍에서 나온 정사면체 구조 역시 화학에서 기본적일 것이다.

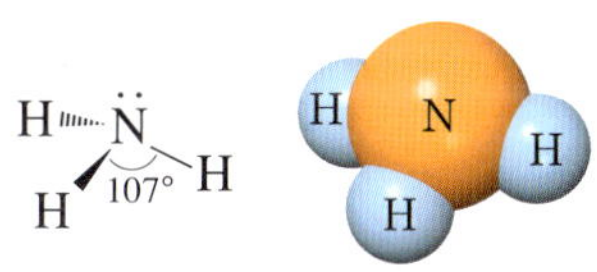

■ **그림 3-14** 삭힌 홍어가 강한 냄새를 내는 것은 요소가 발효하면서 암모니아로 바뀌기 때문이다.

이산화탄소, 질소, 산소

밀러가 메테인과 대비해서 언급하고 있는 이산화탄소에서 중심 탄소는 양쪽의 산소와 이중 결합을 이루어 옥텟 규칙을 만족하고 있다.

별도의 비공유 전자쌍이 없는 탄소의 입장에서는 이중 결합끼리 최대한 멀어지는 구조, 즉 O－C－O 각도가 180도인 선형 구조를 만들게 된다. 이러한 선형 구조 때문에 이산화탄소는 물과 달리 상온에서 기체로 존재하고, 그래서 식물은 쉽게 공기로부터 이산화탄소를 흡수하여 광합성을 할 수 있다. 흥미롭게도 탄소와 같은 족에 속하는 규소의 산화물인 이산화 규소(SiO_2)는 고체로서, 우리가 디디고 살아가는 대지의 주성분을 이룬다.

이산화탄소와 마찬가지로 공기에 들어 있으면서 직선 구조를 가진 분자에는 공기의 78%를 차지하는 질소(N_2)와 공기의 21%를 차지하는 산소(O_2)가 있다. 질소와 산소가 직선 구조를 가지는 이유는 둘 다 수소처럼 2원자 분자이기 때문이다.

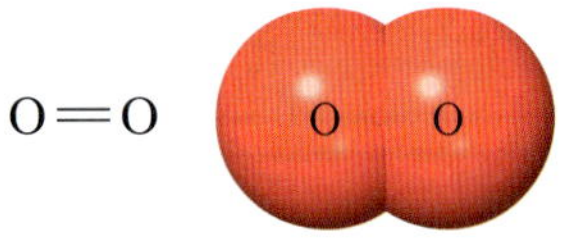

체크 포인트

1. 밀러가 사용한 네 가지 반응물 중에서 직선형 분자는 무엇인가?
2. 다음 중 직선형 분자가 <u>아닌</u> 것은?

   ① N_2　② O_2　③ CO_2　④ H_2O　⑤ HCN

토의 포인트

1. 이산화탄소에서 중심 탄소 주위에는 4개의 전자쌍이 있는데도 불구하고 정사면체 구조가 아닌 이유는 무엇일까?
2. 암모니아에서 질소와 수소 사이의 결합각은 어떻게 추정할 수 있을까?

3-5

분자간 상호작용

수소, 메테인, 암모니아, 물의 구조를 알았으니 이제부터 왜 수소, 메테인, 암모니아는 상온에서 기체이고, 물은 액체인지를 분자 구조와 관련지어 생각해 보자.

앞에서 살펴본 대로 쿼크와 전자들이 원자 내부에서 상호작용하여 원자핵과 원자를 만들고(1장), 원자들은 화학 결합을 통해서 분자를 만든다(2장). 그리고 분자들은 서로 상호작용하여 기체, 액체, 고체로 이루어진 만물을 만든다. 그런데 원자 내부의 상호작용은 화학 결합에 비해 상당히 강하고, 화학 결합은 분자들 사이의 상호작용에 비해 상당히 강하다. 마치 여러 조직과 기관들이 단단히 뭉쳐서 우리 개개인의 몸을 만들고, 부모와 형제들이 긴밀한 관계를 통해 가족을 구성하고, 가족들이 모여 사회를 이루는 것과 비슷하다. 이웃 간의 관계는 아무래도 가족 간의 관계보다는 약한 것처럼, 분자들 사이의 상호작용은 화학 결합보다는 약하다. 그러나 인간 사회를 특징짓는 많은 일들이 가족 내에서의 관계보다는 가족 밖에서의 관계를 통해 일어나듯이, 물질 세계에서도 분자들 사이의 상호작용이 중요한 의의를 지닌다. 원자나 분자는 직접 눈으로 보거나 피부로 느낄 수 없는 데 반해, 분자간 상호작용을 통해 만들어진 공기, 물, 땅 등은 우리가 직접 경험하는 거시 세계를 이루기 때문이다. 이러한 분자간 상호작용은 수소, 메테인, 암모니아, 물 등에서 어떻게 나타날까?

●● 쌍극자-쌍극자 상호작용

(a)

(b)

■ **그림 3-15** (a)는 S극끼리 서로 마주보고 있어서 서로 밀고, (b)는 S극과 N극이 서로 마주보고 있어서 서로 끈다.

분자간의 인력은 전기력인데, 전기력과 자기력은 전자기력의 양면이다. 따라서 자석을 생각해 보면 분자 사이의 전기력도 쉽게 이해할 수 있다.

막대자석에는 N극과 S극이 있는데, 같은 극끼리는 밀고 다른 극끼리는 당기는 성질이 있기 때문에 여러 개의 자석을 모아 놓으면 서로 밀치고 당기고 하면서 다른 극끼리 끌려 안정한 구조를 가지게 될 것이다.

분자의 경우에는 전기적으로 한쪽이 (+), 다른 쪽이 (−)극인 경우가 많다. 공유결합에 사용된 전자가 분자의 한쪽으로 치우치게 되면 그쪽은 약간의 음전하를 띠고, 전자를 내준 쪽은 약간의 양전하를 띠게 된다. 이런 일은 서로 다른 원소가 만날 때 일어난다. 예를 들어, 수소, 탄소, 산소의 세 가지 원소를 생각해 보면 산소 원자핵의 양전하는 +8이기 때문에 양전하가 +1인 수소나 +4인 탄소에 비해 전자를 끌어당기는 경향이 크고, 따라서 산소는 전기음성도가 탄소보다 높고, 탄소는 전기음성도가 수소보다 높다. 앞에서 살펴본 대로 폴링의 척도에 따르면 산소의 전기음성도는 3.5, 탄소는 2.5, 수소는 2.1의 값을 가진다. 우리 주위에서 쉽게 찾아볼 수 있는 대부분의 원소는 전기음성도가 약간씩 다르기 때문에, 다른 원소가 결합한 화합물에서는 전하의 치우침이 일어나게 마련이다.

전기음성도가 큰 원소와 작은 원소가 1 : 1로 결합한 대표적인 공유 결합 화합물인 염화 수소(hydrogen chloride, HCl)에서, 전기음성도가 3.0인 염소는 전자를 수소로부터 끌어당겨서 (−)의 부분 전하(partial negative charge, δ^-)를 가지고, 수소는 염소에게 전자를 내주어 (+)의 부분 전하(partial positive charge, δ^+)를 가진다. 그래서 HCl와 같은 분자를 극성(polar)이 있다라고 하거나 또는 **극성 분자(polar molecule)**라고 한다. 극성 분자는 하나의 분자 내에 +극과 −극의 2개의 극이 있기 때문에 **쌍극자(dipole)**라고도 한다. N극과 S극을 가진 자석도 쌍극자이다.

쌍극자 모멘트(dipole moment)
쌍극자에서 부분 전하의 크기의 절대값과 δ^+와 δ^- 사이의 거리를 곱한 값.

쌍극자에서 부분 전하의 크기의 절대값과 δ^+와 δ^- 사이의 거리를 곱한 값을 **쌍극자 모멘트(dipole moment)**라고 한다. 시소에서는 일단 체중이 커야 누르는 효과가 크지만, 체중이 작은 아이라도 축에서 먼 거리에 앉으면 모멘트가 큰 것과 마찬가지이다. HCl은 쌍극자 모멘트가 큰 분자이다.

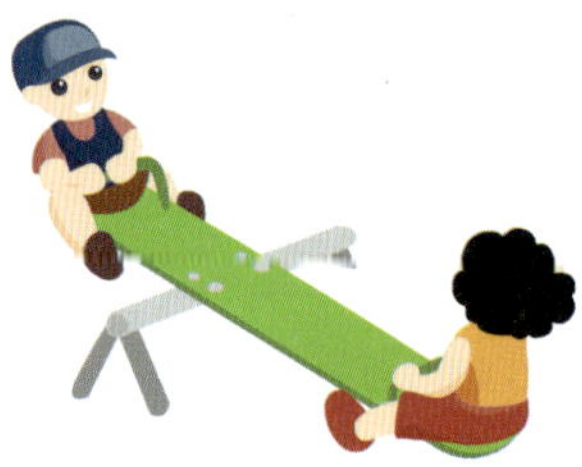

시소를 탈 때 축에서 먼 거리에 앉으면 모멘트가 크다.

쌍극자 모멘트의 단위로는 네덜란드의 화학자 디바이의 이름을 따서 디바이(D, debye)가 사용된다.

자석이 N극과 S극끼리 끌려서 안정화되는 것처럼 HCl은 (−) 전하와 (+) 전하가 끌려서 안정화된다. 그런데 같은 원소끼리 결합한 H_2의 경우에는 어느 쪽으로 전자가 크게 치우칠 이유가 없으므로 쌍극자 모멘트가 0이고, 끓는점이 −253°C(20 K)로 아주 낮다. 그에 비해 쌍극자 모멘트가 큰 HCl의 끓는점은 −85°C로 H_2의 끓는점보다 무려 170°C 정도나 높다. 수소가 수소와 결합했는지, 염소와 결합했는지에

끓는점

HCl	−85°C
H_2	−253°C
O_2	−183°C

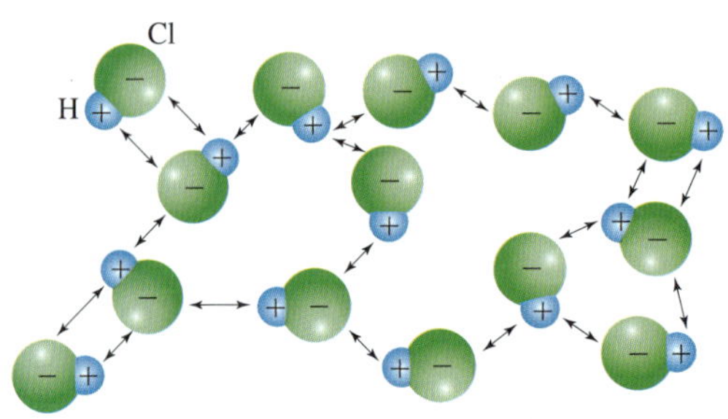

■ **그림 3-16** HCl 분자 사이의 쌍극자-쌍극자 힘

따라 이와 같은 큰 차이가 생기는 것이다.

HCl과 분자량이 비슷하지만 **무극성(nonpolar)**인 O_2도 끓는점이 −183°C로 HCl보다 100°C나 낮다. 이것을 보면 HCl의 끓는점이 높은 것은 극성이 있기 때문인 것을 알 수 있다. 극성이 있는, 즉 쌍극자인 분자들이 서로 끄는 힘을 **쌍극자-쌍극자 힘(dipole-dipole force)** 또는 **쌍극자-쌍극자 상호작용(dipole-dipole interaction)**이라고 한다.

디바이(Debye, 1884~1966). 1936년 노벨 화학상.

쌍극자 모멘트가 큰 경우에 쌍극자-쌍극자 상호작용이 클 것이다. 그런데 쌍극자 모멘트는 부분 전하(δ^+와 δ^-의 절대값의 크기)가 커서 클 수도 있고, δ^+와 δ^- 사이의 거리가 커서 클 수도 있다. 부분 전하가 크면 쌍극자-쌍극자 상호작용이 크리라는 것은 쉽게 짐작할 수 있다. 그런데 부분 전하가 크기는 같고 δ^+와 δ^- 사이의 거리가 큰 경우는 어떻게 이해할 수 있을까? δ^+와 δ^-의 크기는 같고, δ^+와 δ^- 사이의 거리가, 예를 들어 1옹스트롬과 2옹스트롬으로 다른 2개의 쌍극자가 나란히 2옹스트롬 거리에 위치하고 있다고 하자. 두 쌍극자 모멘트는 반대 방향을 향하여 같은 방향일 때보다 낮은 에너지 상태에 있다. 이때 한 쌍극자의 δ^+와 다른 쌍극자의 δ^- 사이의 거리는 두 경우에 모두 2옹스트롬으로 같아서 δ^+와 δ^- 사이의 인력도 같다. 그런데 쌍극자 내에서 δ^+와 δ^- 사이의 거리가 커져서 쌍극자 모멘트가 커지면 한 쌍극자의 δ^+와 다른 쌍극자의 δ^+ 사이의 거리도, δ^-와 δ^- 사이의 거리도 커져서 반발력은 작아진다. 이처럼 쌍극자 모멘트가 커지면 인력은 변하지 않는데, 반발력은 작아져서 결과적으로 쌍극자-쌍극자 인력이 커지게 된다.

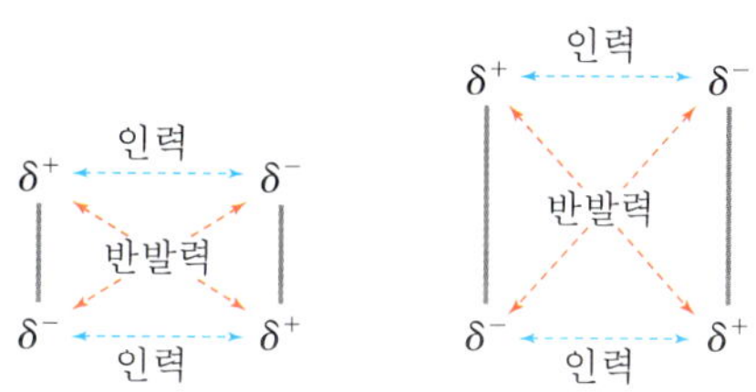

■ **그림 3-17** 부분 전하의 크기는 같고 부분 전하 사이의 거리가 달라서 분자의 쌍극자 모멘트의 크기가 다른 경우에 대한 쌍극자-쌍극자 상호작용. 쌍극자 모멘트가 (a) 작은 경우, (b) 큰 경우.

분산력

밀러 논문에서 언급된 메테인, 수소, 질소, 산소는 모두 **무극성 분자(nonpolar molecule)**이다. 여기에 헬륨을 추가해서 다섯 가지 무극성 분자의 끓는점을 정리하면 다음과 같다.

분자	He	H_2	N_2	O_2	CH_4
끓는점 (°C)	−269	−253	−196	−183	−161

일단 이들 무극성 분자의 끓는점은 극성 분자인 HCl의 끓는점에 비해 훨씬 낮은 것을 알 수 있다. 그런데 왜 이들은 모두 무극성인데 끓는점의 차이를 나타낼까? 우선 수소와 산소의 경우를 살펴보자. 기체 수소는 −253°C에서, 기체 산소는 −183°C에서 액체로 바뀌는 것을 보면 산소 분자 사이에도 약하지만 수소 분자 사이에서보다는 강한 끄는 힘이 작용한다는 것을 알 수 있다.

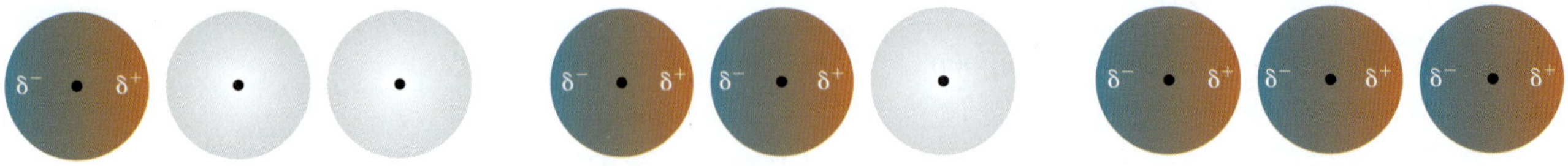

■ **그림 3-18** 두 분자가 접근하면 한 분자의 핵이 인접한 분자의 전자 구름을 잡아 당겨 전자가 한쪽으로 쏠리면서 편극이 일어난다. 순간적으로 유도 쌍극자가 형성되고, 유도 쌍극자 사이에 분산력이 작용한다.

런던(Fritz London, 1900~1954)

두 개 O−H 결합의 극성이 상쇄되지 않아서 물은 극성 분자이다.

$\ddot{O}::C::\ddot{O}$

루이스 구조로 나타낸 이산화탄소.

이산화탄소에서는 탄소의 전자가 양쪽의 산소 원자에 의해서 똑같이 끌려가므로 전체적으로 무극성 분자이다.

H_2, O_2 분자에서 전자가 완전히 대칭적으로 분포하고 있다면 이들 분자의 쌍극자 모멘트는 0이고, 아무리 온도를 낮추어도 액체로 바뀌지 않을 것이다. 그런데 전자는 원자핵에 비해 아주 가벼운 입자이기 때문에 항상 빠르게 움직이고 있다. 무극성 분자에서도 무거운 원자핵과 가벼운 전자가 움직이는 속도가 서로 다르기 때문에 순간적으로 전자가 분자의 한쪽으로 치우침이 일어나서 일시적인 쌍극자가 만들어질 수 있는 것이다.

전자가 한쪽으로 치우쳐서 쌍극자가 만들어지는 현상을 **편극(polarization)**이라고 하는데, 편극은 HCl에서처럼 영구적일 수도 있고, 순간적이고 일시적일 수도 있다. 일시적 편극에 의해 만들어진 쌍극자는 가까이에 있는 다른 분자에 영향을 주어 약한 **유도 쌍극자 모멘트(induced dipole moment)**를 만들어 낼 수 있다. 이러한 경우에 분자 사이에 작용하는 약한 힘을 **분산력(dispersion force)**이라고 한다. 분산력은 이를 처음 이론적으로 유도한 프릿츠 런던의 이름을 따서 **런던 힘(London force)**이라고도 한다.

무극성 분자라고 해도 분산력에 차이가 있으면 끓는점에 차이가 생긴다. 끓는점이 가장 낮은 물질은 헬륨으로, 끓는점이 −269°C이다. 이것은 헬륨이 −269°C 이하에서는 액체로 존재하다가 절대 온도로 4 K인 −269°C가 되면 헬륨 분자들의 운동 에너지가 약간 증가하여 분자들이 서로 잡아당기는 힘을 극복하고 자유로운 기체 상태가 된다는 뜻이다. 헬륨은 하나의 원자가 분자인 경우로, 모든 분자 중에서 가장 작은 분자이다. 심지어 핵전하가 +2인 헬륨 원자는 수소 원자보다도 작다. 수소 원자에서는 첫 번째 껍질에 들어간 1개의 전자가 +1의 핵전하에 의해 끌린다. 그러나 헬륨 원자에서는 첫 번째 껍질에 들어간 2개의 전자가 +2의 핵전하에 의해 끌리기 때문에 원자 반지름이 수소보다 작아지는 것이다. 따라서 헬륨 원자 내에서 전자가 한쪽으로 치우친다 해도 유도된 쌍극자 모멘트는 매우 작고 분산력은 약할 것이다. 그래서 헬륨은 4 K에서 끓는다.

수소 원자가 2개 결합한 수소 분자는 헬륨 원자보다 크고, 따라서 유도된 쌍극자 모멘트도 크다. 그러므로 분산력도 헬륨보다 크고, 끓는점이 −253°C, 즉 20 K로 헬륨의 끓는점보다 상당히 높다.

질소와 산소 원자는 수소 원자보다 약간 크기 때문에 질소 분자와 산소 분자도 수소 분자보다 크고, 분산력도 크다. 그런데 삼중 결합을 이룬 질소가 이중 결합을 이룬 산소보다 약간 작기 때문에 분산력도 작고, 끓는점도 약간 낮다. 또한 산소 분자는 결합에 참여하지 않은 비공유 전자가 모두 8개가 있어서, 비공유 전자가 4개인 질소 분자에 비해 편극이 잘 일어난다.

지금까지 살펴본 헬륨, 수소, 질소, 산소는 한 가지 원소로 이루어진 홑원소 물질이고, 따라서 **영구 쌍극자 모멘트(permanent dipole moment)**가 0인 무극성 분자이다. 그런데 메테인은 탄소와 수소가 결합한 화합물이다. 그런데도 메테인은 끓는점이 −161°C로 상당히 낮다. 메테인에서는 탄소가 수소로부터 전자를 약간 끌어당겨서 C−H 결합은 약간의 극성을 나타내어, 전체적으로 전자가 바깥쪽 수소로부터 중심의 탄소 쪽으로 약하게 끌린다. 그러나 4개의 C—H 결합이 대칭적으로 자리 잡고 있기 때문에 4개 결합의 약한 극성이 상쇄되어 전체적으로는 무극성 분자가 된다. 따라서 메테인의 끓는점은 극성 분자인 HCl의 끓는점 −85°C에 비해 상당히 낮다. 중심 탄소 주위에 4개의 수소 원자가 결합하고 있는 메테인 분자는 산소 분자보다 크고, 따라서 분산력이 커서 끓는점도 산소의 끓는점보다는 높다. 이처럼 분산력의 차이로 밀러 논문에 언급된 수소, 질소, 산소, 메테인의 끓는점 차이를 설명할 수 있다.

분자가 어느 정도 커지면 분산력이 상당히 커져서 끓는점이 영구 쌍극자-영구 쌍극자 상호작용이 있는 경우보다도 높아진다. 예를 들면, 메테인은 끓는점이 −161°C이지만, 에테인(ethane, C_2H_6)은 −89°C로 HCl과 비슷해지고, 펜테인(pentane, C_5H_{12})은 36°C로 상온에서 액체이다. 탄소수가 많아지면 파라핀(paraffin)처럼 고체가 된다.

파라핀을 사용한 양초

수소 결합

지금까지 살펴본 헬륨부터 메테인까지의 무극성 분자는 끓는점이 −269°C와 −161°C 사이로 아주 낮다. 그런데 분자량이 16인 메테인은 끓는점이 −161°C인 데 반해, 분자량이 17인 암모니아는 끓는점이 −33°C이고, 분자량이 18인 물은 끓는점이 100°C나 된다. 왜 분자량이 비슷한 화합물 사이에서 끓는점에 이렇게 큰 차이가 생길까?

암모니아와 물은 메테인과 달리 극성 분자이다. 물 분자는 굽은 모양인데, 물에서 수소는 전기음성도가 큰 산소에게 전자를 잘 내준다. 따라서 물에서는 산소가 양쪽의 수소에게서 전자를 강하게 끌어당기고, 2개의 O—H 결합의 극성이 합해져서 전체적으로는 산소 쪽으로 전자가 쏠리게 된다. 결과적으로 물은 큰 쌍극자 모멘트를 가지고, 여러 개의 물 분자들이 모이면 자석들이 서로 끌리는 것과 마찬가지로 서로 끌어당겨서 액체인 물이 되는 것이다.

그런데 물은 끓는점이 쌍극자-쌍극자 힘이 작용하는 HCl의 끓는점(−85°C)보다 거의 200도나 높다. 물의 높은 끓는점은 쌍극자-쌍극자 힘만으로는 설명하기 어려운 것이다. 물의 끓는점이 높은 이유는 HCl과 달리 쌍극자-쌍극자 힘보다 10배 정도 강한 **수소 결합(hydrogen bonding)**이 작용하기 때문이다.

공유 결합은 한 분자 내에서 원자들 사이의 결합이다. 그런데 수소 결합이란 한 분자 내에서 전기음성도가 높은 F, O, N 원자에게 전자를 내주고 부분 양전하를 띠고 있는 수소가, 이웃 분자에서 음전하를 띠고 있는 원자와 비교적 강하게 끌려서 이루어지는 분자 사이의 결합을 말한다. 수소 결합은 크기가 작고 부분 양전하를 띠고 있는 H와 부분 음전하를 띠고 있는 F, O, N(크기가 H와 비슷함) 사이에 작용하는, 예외적으로 강한 쌍극자-쌍극자 힘이라고 볼 수도 있다.

물의 경우에는 산소에게 전자를 내준 수소가 다른 물 분자의 산소에게 강하게 끌

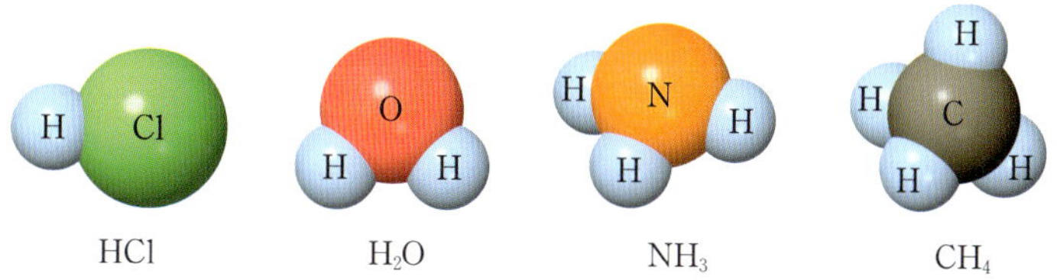

■ 그림 3-19 극성 결합을 이루는 분자들의 예

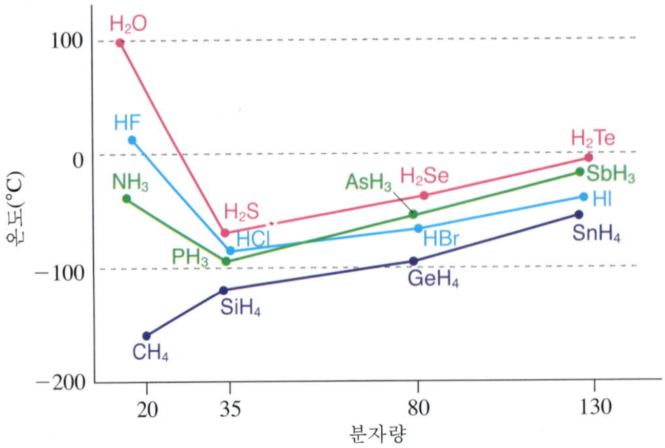

■ **그림 3-20** 주기별 끓는점 비교. 수소 결합을 하는 F, O, N이 포함된 분자의 경우에 끓는점이 높은 것을 알 수 있다.

린다. 따라서 물 분자들을 떼어 놓으려면 많은 에너지가 필요하고, 그래서 물은 끓는점이 높다. 암모니아의 경우에도 수소 결합 때문에 끓는점이 −33°C로 HCl의 끓는점보다 50°C 정도 높다.

그런데 같은 수소 결합이 작용하는데 왜 물의 끓는점은 암모니아의 끓는점보다 130°C 이상이나 높을까? 일단 산소가 질소보다 전기음성도가 높은데다가, 물에서는 산소 원자가 2개의 수소 원자로부터 전자를 끌어당기기 때문에 수소는 비교적 큰 (+)부분 전하를 가진다. 암모니아에서는 산소보다 전기음성도가 낮은 질소 원자가 3개의 수소 원자로부터 전자를 끌어당기기 때문에, 수소는 물에서보다 작은 (+)부분 전하를 가진다. 따라서 암모니아에서보다 물에서 수소 결합이 강하다.

뿐만 아니라 물 분자 하나는 평균적으로 2개의 수소 결합을 만드는데, 암모니아 분자는 1개의 수소 결합 밖에는 만들지 못한다. 그림 3-21에서 보면 2개의 수소와 2개의 비공유 전자쌍을 가지고 있는 물 분자 하나는 4개의 물 분자에 둘러싸여 수소 결합을 만든다. 하나의 결합에는 2개의 물 분자가 참여하기 때문에 결과적으로 모든 물 분자는 2개의 수소 결합을 만드는 셈이 된다.

반면에 수소는 3개지만 비공유 전자쌍이 1개뿐인 암모니아는 평균적으로 1개의 수소 결합을 만든다. 이런 효과들이 합해져서 암모니아에서의 수소 결합은 물에서보다 아주 약하고, 그 차이는 끓는점의 큰 차이로 나타난다.

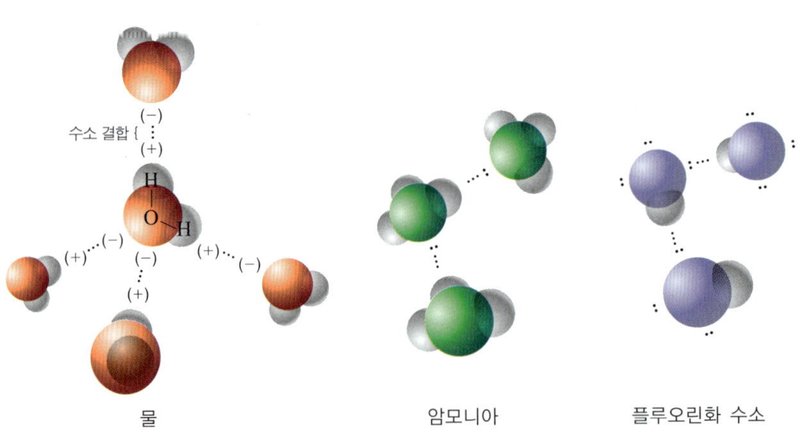

■ **그림 3-21** 물, 암모니아, 플루오린화 수소(HF) 분자의 수소 결합

지금까지 수소, 메테인, 암모니아, 물에 대하여 분자간 상호작용을 논의한 것을 정리해 보자. 수소와 메테인의 경우에 적용되는 가장 강한 분자간 상호작용은 분산력이다. 그래서 둘 다 끓는점이 아주 낮다. 그래도 수소보다 큰 분자인 메테인은 분산력이 수소의 경우보다는 커서 끓는점이 수소보다는 높다. 암모니아와 물에서는 수소 결합이 작용한다. 물의 경우에는 수소가 전기음성도가 상당히 높은 산소와 수소 결합을 이루기 때문에 수소 결합이 강하고, 물 분자 하나당 2개의 수소 결합을 이루기 때문에 끓는점이 100°C로 아주 높다. 암모니아의 경우에는 수소가 전기음성도가 산소보다는 낮은 질소와 수소 결합을 이루기 때문에 물의 경우보다는 수소 결합이 약하고, 또 암모니아는 분자 하나당 1개의 수소 결합을 이루기 때문에 끓는점이 −33°C로 상온 이하이다. 결과적으로 수소, 메테인, 암모니아는 태초 지구의 대기를 이루고, 물은 태초 지구의 바다를 이루었다. 밀러는 그 상황을 재현하기 위하여 수소, 메테인, 암모니아는 반응 용기에 기체로 주입하고, 물은 플라스크에 넣은 것이다.

끓는점의 차이로 태초 지구의 대기는 암모니아를 포함한 이산화탄소와 질소의 대기로 이루어졌고, 바다는 물로 이루어졌다. 현재 지구의 대기는 대부분 질소와 산소로 이루어졌다.

그림 3−22에는 여러 가지 물질의 끓는점이 정리되어 있다. 왼쪽의 그룹은 분산력만 작용하는 경우인데, 끓는점의 범위가 매우 넓은 것을 알 수 있다. 중간은 쌍극자−쌍극자 상호작용이 작용하는 경우이다. 괄호 안에 쌍극자 모멘트값이 주어졌다. 이 경우에는 분산력의 효과가 합해져서 쌍극자 모멘트값이 작은 HBr의 끓는점이 HCl의 끓는점보다 높다. 에터의 끓는점이 HCl의 끓는점보다 높은 것도 같은 이유이다. 오른쪽은 수소 결합이 작용하는 경우이다. 수소 결합이 작용하는 암모니아의 끓는점이 수소 결합이 작용하지 않지만 쌍극자 모멘트와 아울러 분산력이 큰 아세톤이나 에터의 끓는점보다 낮은 것을 볼 수 있다.

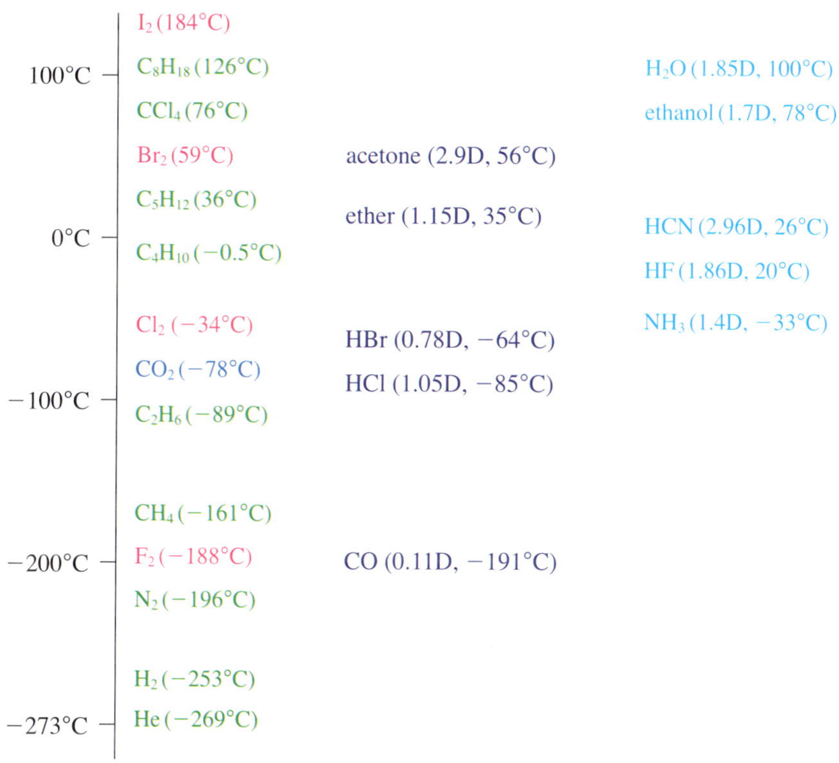

■ **그림 3−22** 몇 가지 물질의 끓는점

읽을거리 위대한 과학자이자 평화를 사랑한 폴링

폴링(Linus Pauling, 1901~1994). 1954년 노벨 화학상, 1962년 노벨 평화상.

원자는 전기적인 힘을 통해 상호작용하여 분자를 만들고, 분자도 전기적인 힘을 통해 상호작용하여 기체, 액체, 고체 등 우리 주위의 물질을 만든다. 양자역학을 화학에 도입하여 원자간 상호작용과 분자간 상호작용을 이해하는 데 크게 기여한 화학자 중에 폴링이 있다. 폴링의 주요 업적에는 공유 결합 이론, 전기음성도와 수소 결합의 개념 등이 있다.

20세기의 가장 위대한 화학자 중 한 사람으로 불리는 폴링은 1901년에 미국 오레곤에서 태어났는데, 9세에 아버지가 사망하자 스스로 돈을 벌며 공부를 했다. 오레곤농업대학 학부 시절에 화학에서 두각을 나나낸 폴링은 캘리포니아 공대(California Institute of Technology)에서 X-선 결정학으로 박사 학위를 받았다. 25세에 유럽으로 건너가 좀머펠트(Sommerfeld) 밑에서 막 태동하기 시작한 양자역학을 공부하기 시작하였다. 이후 양자역학을 화학에 도입하여 양자화학(quantum chemistry)이라는 새로운 분야를 개척하고, 전기음성도, 혼성, 공명 등의 중요한 개념들을 발전시켰다. 1939년에 저술한 "화학 결합의 본질(The Nature of the Chemical Bond)"은 화학의 고전이 되었다. 평생을 버클리 소재 캘리포니아 대학 교수로 지내며 수많은 제자를 키워냈고, 옥텟 규칙과 공유 결합으로 화학 결합의 기초를 다진 루이스(G. N. Lewis)는 새로운 과학인 양자역학을 받아들여 화학 결합 이론을 체계화하는 데는 앞장서지 못한 반면, 루이스의 다음 세대 화학자였던 폴링은 그 점에서 루이스보다 유리한 위치에 있었던 셈이다.

1927년부터 1963년까지 캘리포니아 공대 교수로 재직한 폴링은 1930년대부터 생체 분자, 특히 단백질에 관심을 기울였다. 1940년대에는 정상 헤모글로빈과 겸상적혈구빈혈증 환자에게서 볼 수 있는 헤모글로빈이 전기장에서 다른 방향으로 움직이는 것을 관찰하고, 질병의 원인을 분자 수준에서 이해하는 최초의 예를 제시했다. 그때부터 분자 질환(molecular disease)이라는 말이 쓰이기 시작했다. 1950년에 폴링은 단백질 구조에서 중요한 역할을 하는 폴리펩타이드 고리의 알파 나선 구조(alpha helical structure)를 제안했다. 그 후 X-선 결정학으로 밝혀진 많은 단백질에서 알파 나선 구조는 단백질의 기능을 발휘하기 위한 구조를 갖추는 데 결정적으로 중요하게 작용하는 것이 확인되었다. 단백질 구조에서 성공을 거둔 폴링은 당시 생물학에서 핵심 질문이었던 DNA의 분자 구조에 관한 모형을 제안했다. 폴링의 모형은 삼중 나선 모형으로서 당-인산 골격이 중심에 자리 잡고 염기들이 바깥으로 향하는 구조를 가지고 있었다. 1953년에 발표된 왓슨과 크릭의 이중 나선 논문 서두에 당시 과학계의 풋내기 왓슨과 크릭이 폴링 모형의 오류를 지적하는 내용이 나온다. 산으로 해리해서 음전하를 띠는 인산을 가진 당-인산 골격이 3개씩이나 중심에 모여 있는 것은 전기적 반발 때문에 타당하지 못하다는 것이다. 폴링은 다음 해인 1954년에 화학 결합에 관한 업적으로 노벨 화학상을 수상하였고, 왓슨과 크릭은 1962년 노벨 생리의학상을 수상했는데, 그 해에 폴링은 핵무기 확산 반대 운동으로 노벨 평화상을 수상하여 두 번 노벨상을 받은 몇 명의 과학자 중 하나가 되었다.

체크 포인트

1. 다음 중 어느 쪽이 끓는점이 높을까? 그리고 그 이유는 무엇일까?
   (1) H_2, He
   (2) O_2, N_2
   (3) HCl, CH_4
   (4) H_2O, NH_3

2. 다음 중 끓는점 순서로 맞는 것은?
   ① $H_2 < H_2O < CH_4 < NH_3$
   ② $CH_4 < NH_3 < H_2 < H_2O$
   ③ $CH_4 < H_2 < H_2O < NH_3$
   ④ $H_2 < CH_4 < NH_3 < H_2O$
   ⑤ $H_2 < NH_3 < CH_4 < H_2O$

토의 포인트

1. 분자 전체의 쌍극자 모멘트는 분자 내 결합의 쌍극자 모멘트의 벡터합으로 주어질 것이다. H_2, HCl, CH_4, NH_3, H_2O 등의 예를 들어, 분자의 쌍극자 모멘트가 결정되는 다양한 경우를 도식화해 보시오.
2. 수소 결합이 작용하는 분자의 끓는점은 수소 결합이 작용하지 않는 분자의 끓는점보다 항상 높은가?
3. 플루오린화 수소(HF)의 끓는점은 상온에 가까운 19.5°C이다. 왜 H—F의 전기음성도 차이가 H—O의 전기음성도 차이보다 큰 데도 불구하고 물의 끓는점이 플루오린화 수소의 끓는점보다 높을까?

탐구활동

외부 태양계에는 아직도 초기 태양계의 모습이 그대로 유지되고 있다. 태양계 탐사선이 토성의 위성인 타이탄을 탐사한 결과에 대해 조사해 보시오. 금성, 지구, 화성의 대기와 목성, 토성, 천왕성, 해왕성의 대기에 대한 차이를 분자량과 분자의 극성과 관련지어 설명해 보시오.

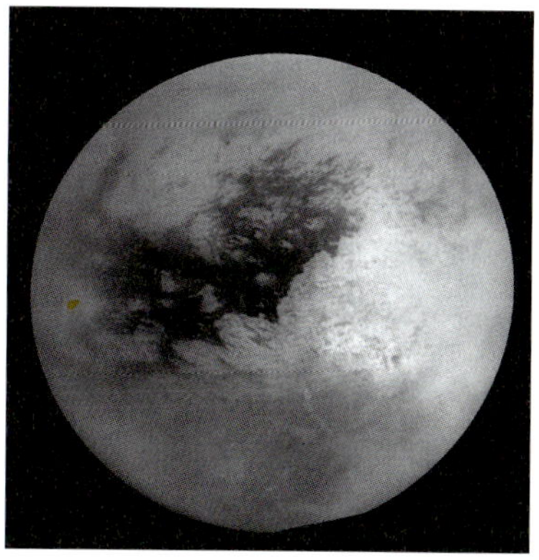

토성의 위성인 타이탄

3-6

고체 지각과 이온 결합

수소, 메테인, 암모니아 등의 기체 분자들이 태초의 대기를 이루고, 액체인 물이 태초의 바다를 이루었을 당시에 지구 표면에는 고체인 지각(earth's crust)도 존재했을 것이다. 그렇지 않다면 바다가 있을 수 없기 때문이다. 밀러 실험에서는 물을 담고 끓이는 데 사용된 유리 플라스크가 중요한 고체로 등장한다. 물론 유리 기구는 물뿐만 아니라 수소, 메테인, 암모니아 기체의 반응 용기로도 중요하다. 밀러는 유리의 주성분인 석영(quartz)에 관해 언급하고 있다. 여기서는 석영의 고체로서의 특성에 대해 살펴보자.

한편 지각에서 공유 결합으로 이루어진 석영 구조의 사이사이에는 여러 가지 양이온과 음이온이 끼어들어 가서 밀도를 높이고, 다양한 특징을 나타낸다. 그런데 이런 이온들끼리 만나면 이온 결합을 통해 소금과 같은 이온 결정을 만든다. 이 절에서는 밀러가 언급한 석영을 다루면서 고체인 지각과 이온 결정에 대해 알아본다.

●● 고체인 실리카

석영은 SiO_2 (실리카)의 화학식으로 나타낼 수 있는 광물이다. 지구 표면에서 가장 풍부한 원소는 1순위가 산소, 2순위가 규소이다. 왜냐하면 실리카는 지구 표면에서 가장 풍부한 화합물로서, 지각의 주성분이기 때문이다.

규소(silicon, 실리콘, Si)는 주기율표에서 탄소와 같은 족에 속하는 원소이다. 따라서 규소는 탄소와 마찬가지로 4개의 최외각 전자를 가지고, 4개의 결합을 이룬다. 그래서 탄소가 산소와 결합하면 CO_2가 되듯이 규소가 산소와 결합하면 SiO_2가 되는 것이다.

그런데 왜 CO_2는 기체인데 SiO_2는 고체일까? 탄소와 산소는 같은 2주기 원소라서 원자 반지름이 비슷하고(탄소는 0.77 Å, 산소는 0.66 Å), 그래서 탄소와 산소의 오비탈이 잘 겹쳐서 쉽게 이중 결합을 만들어 CO_2 분자로 존재할 수 있다. 그러나 3주기에 속하는 규소는 반지름이 1.17 Å으로 산소에 비해 매우 커서 오비탈이 잘 겹치지 않는다. 따라서 이중 결합을 통해 SiO_2라는 단일 분자를 만들지 못한다. 전자 구름(electron cloud)이 겹치는 부분이 Si–O인 경우에는 C–O인 경우보다 적기 때문이라고 볼 수 있다. 그래서 규소는 산소와 이중 결합 대신 단일 결합을 만들면서 거대한 규소와 산소의 네트워크를 만든다. 우리가 땅을 디디고 살아가는 것을 생각하면 규소가 산소와 이중 결합을 만들지 못하는 것이 다행이다.

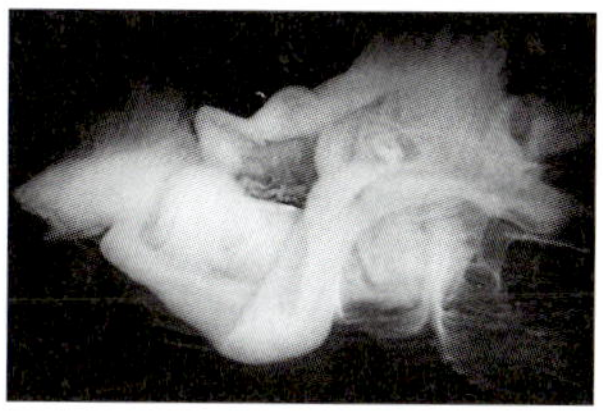

드라이아이스(CO_2)

●● 이온 결합

대부분의 암석에는 실리카로부터 만들어진 규산 이온(SiO_3^{2-})을 중심으로 포타슘 이온(K^+), 소듐 이온(Na^+), 칼슘 이온(Ca^{2+}), 마그네슘 이온(Mg^{2+}), 철 이온(Fe^{2+}, Fe^{3+}), 알루미늄 이온(Al^{3+}) 등의 양이온과 탄산 이온(CO_3^{2-}), 황산 이온(SO_4^{2-}) 등의 음이온이 다양한 비율로 들어 있어서 지각을 이룬다. 뿐만 아니라 SiO_2에 약간의 금속이 들어가면 자수정, 루비, 사파이어 등의 보석이 되기도 한다.

자수정

이처럼 양이온과 음이온이 만나면 많은 경우에 정전기적으로 끌려서 강한 **이온 결합(ionic bond)**을 이룬다. 예를 들어, 소금은 소듐 이온과 염소 이온이 이온 결합을 이룬 물질이다. 이 경우에는 소듐이 염소에게 전자를 완전히 내주었다고 볼 수 있다. 그러므로 이온 결합은 극성 공유 결합 중에서 결합하는 두 원소의 전기음성도 차이가 아주 큰 경우에 해당한다.

루비

여기서 이온 결합과 공유 결합의 세기를 비교해 보자. +1의 전하를 가진 입자와

사파이어

■ **그림 3-23** 자연의 석영과 실리카의 구조(빨간색은 Si, 파란색은 O)

−1의 전하를 가진 입자가 1 Å 거리에 떨어져 있다 하고, 이때 쿨롱 에너지를 구해 보면 약 1400 kJ/mol이 얻어진다. C−H 공유 결합의 길이는 약 1.1 Å이고, 결합 에너지는 412 kJ/mol이다. 이로부터 원자 사이의 거리가 같으면 이온 결합이 공유 결합보다 3배 정도 강하다고 말할 수 있을 것이다.

한편 가장 흔하고 중요한 소금에서 Na^+의 반지름은 1.0 Å이고, Cl^-의 반지름은 1.8 Å이다. 따라서 Na^+-Cl^-의 거리는 2.8 Å인 셈이다. 쿨롱 에너지는 거리에 반비례하므로 NaCl에서 이온 결합 에너지는 500 kJ/mol이다. 그런 관점에서 보면 대표적인 이온 결합 에너지는 대표적인 공유 결합 에너지와 대략 비슷하다고 볼 수도 있다.

이온 결합으로 이루어진 결정을 **이온 결정(ionic crystal)**이라고 한다. 그림 3-24에서 볼 수 있는 암염(rock salt)은 Na^+와 Cl^-가 규칙적으로 서로를 둘러싸면서 만들어낸 안정한 구조의 이온 결정이다.

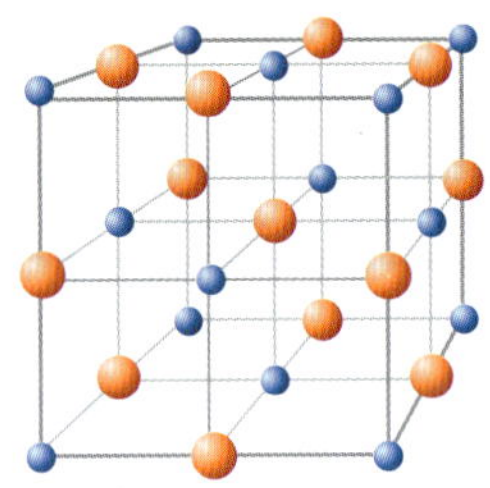

■ **그림 3-24** 암염과 NaCl의 결정 구조(주황식은 Cl^-, 파란색은 Na^+)

소금

감람석

소금은 무색이지만 아름다운 색을 나타내는 결정도 있다. 지각과 지구의 핵 중간에는 녹은 암석 성분으로 이루어진 맨틀(mantle)이 있다. 화산 폭발 때 분출되는 마그마는 이 맨틀에서 온 것이다. 맨틀의 주요 성분 중에는 감람석(olivine)이 있는데, 녹색을 띠는 감람석에는 마그네슘 이온(Mg^{2+})이 많이 들어 있다.

Mg^{2+} 이온은 지각이나 맨틀에 풍부한 Na^+, K^+, Ca^{2+} 등에 비해 이온 반지름(ionic radius)이 상당히 작아서 결정 구조를 이루는 다른 이온 사이에 쉽게 끼어들어 갈 수 있다. 따라서 Mg^{2+} 이온을 포함하는 감람석은 다른 암석에 비해 밀도가 높고, 지구 중심 쪽으로 가라앉기 때문에 지각보다는 맨틀에 많이 들어 있는 것이다. 이처럼 이온 반지름은 고체의 결정 구조에서 중요한 의미를 지닌다.

그런데 왜 Mg^{2+} 이온은 반지름이 작을까? 3주기의 Na^+, Mg^{2+}, Al^{3+} 이온에 대해 생각해 보자. 중심 원자의 경우에도 Na, Mg, Al로 가면서 핵전하가 11, 12, 13으로 증가하기 때문에 3번째 전자 껍질에 들어 있는 최외각 전자들이 핵으로 끌려서 원자 반지름이 감소한다. 그런데 Na^+, Mg^{2+}, Al^{3+} 이온의 경우에는 각각 1, 2, 3개의 최외각 전자를 잃고 Ne의 전자 구조를 가진 상태이기 때문에 일단 2번째 전자 껍질이 최외각이 되면서 반지름이 크게 감소한다. 예를 들어, Na 원자 반지름은 1.86 Å인데 비해, Na 이온 반지름은 0.98 Å이다. 뿐만 아니라 Na^+, Mg^{2+}, Al^{3+} 이온은 모두 전자 수가 같지만 핵전하가 11, 12, 13으로 다르기 때문에 전자들이 핵으로 끌려서 Mg^{2+}, Al^{3+}의 이온 반지름은 각각 0.79, 0.57 Å에 불과하다. 이온 반지름이 특히 작은 Al^{3+} 이온도 결정 구조의 틈새에 잘 끼어들어 가기 때문에 암석에 많이 들어 있고, 암석의 밀도를 높인다.

N, O, F 음이온의 경우에는 전자를 각각 3, 2, 1개 얻어서 Ne 구조가 되기 때문에

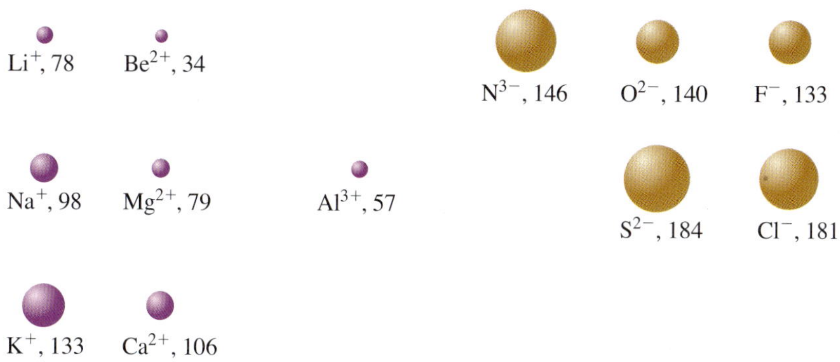

■ **그림 3-25** 몇 가지 원소들의 이온 반지름 (pm)

중성 원자에 비해 이온 반지름이 커진다. Na, Mg, Al 이온과 마찬가지로 N^{3-}, O^{2-}, F^- 음이온은 전자 수는 같은데, 핵전하가 7, 8, 9로 증가하기 때문에 N^{3-}, O^{2-}, F^- 순서로 이온 반지름이 감소한다. 그래서 Mg^{2+}, Al^{3+} 이온과 마찬가지로 F^- 이온도 암석에 많이 들어 있다.

체크 포인트

1. 실리카에서 Si—O 결합은 공유 결합인가, 이온 결합인가?
2. 중성 원자가 전자를 내놓고 양이온이 되면 반지름이 증가할까, 감소할까?
3. 중성 원자가 전자를 얻어서 음이온이 되면 반지름이 증가할까, 감소할까?
4. 우리 몸에 많이 들어 있는 이온에는 어떤 것이 있을까?

토의 포인트

1. SiO_2가 CO_2처럼 기체라면 지구 상 생물의 진화는 어떻게 달라졌을까?
2. 자연에는 공유 결합과 이온 결합 중에서 어느 쪽이 더 많을까?

단원 요약

- 수소, 메테인, 암모니아는 끓는점이 낮아서 상온에서 기체이고, 물은 끓는점이 높아서 상온에서 액체이다.
- 분자들 사이의 상호작용이 약하면 끓는점이 낮고, 강하면 끓는점이 높다.
- 수소, 탄소, 질소, 산소 등과 같은 원소들 성질의 차이는 주기율로 이해할 수 있다.
- 수소, 탄소, 질소, 산소로 가면서 핵전하가 증가함에 따라 전자를 끌어당기는 경향, 즉 전기음성도가 커진다.
- 전기음성도가 다른 원자끼리 결합하면 결합의 쌍극자 모멘트가 생기고, 결합의 쌍극자 모멘트가 합해져서 분자 전체의 쌍극자 모멘트가 결정된다.
- 분자간 상호작용은 기본적으로 쌍극자-쌍극자 상호작용이다. 영구 쌍극자 모멘트가 없는 경우에는 약한 분산력이 작용하고, 예외적으로 강한 쌍극자-쌍극자 상호작용이라고 볼 수 있는 경우에는 수소 결합이 있다.
- 지구 표면에서 가장 풍부한 원소인 산소와 규소가 결합한 실리카는 고체인 지각을 이룬다. 지각의 암석에는 여러 가지 이온들이 들어 있다.
- 전기음성도 차이가 큰 원소가 결합하면 이온 결합을 이룬다.

종합 문제

01 밀러가 사용한 수소, 메테인, 암모니아, 물에 관하여 틀린 것은?

① 모두 수소 원자를 포함한다.

② 모든 원자의 최외각이 채워져 있다.

③ 모두 극성 결합을 가진다.

④ 모두 분자 사이에 어떤 힘이 작용한다.

⑤ 이들 분자의 구조를 이해하려면 최외각의 전자만 고려하면 된다.

02 분자간의 힘은 기본적으로 어떤 힘인가?

① 강한 핵력 ② 전기력 ③ 자기력

④ 약한 핵력 ⑤ 중력

03 다음 서술을 맞게 고치시오.

(1) 분자 내의 공유 결합이 강한 분자는 분자 사이의 상호작용이 강하다.

(2) 분자 내에 극성 공유 결합이 있으면 분자 전체로도 극성을 가진다.

(3) 쌍극자 모멘트는 분자 내 부분 전하(δ^+, δ^-)의 곱이다.

(4) H—O 결합의 쌍극자 모멘트는 H—F 결합의 쌍극자 모멘트보다 크다.

(5) 극성 결합이 3개인 암모니아의 쌍극자 모멘트는 극성 결합이 2개인 물의 쌍극자 모멘트보다 크다.

(6) 물 분자의 쌍극자 모멘트는 H—O 결합의 쌍극자 모멘트의 2배이다.

(7) 메탄올(CH_3OH)에서는 4개의 수소가 수소 결합에 참여한다.

(8) 물이 얼면 수소 결합이 강해진다.

04 메테인, 암모니아, 물 순서로 H—C—H, H—N—H, H—O—H의 결합각이 감소한다. 이로부터 추정할 수 있는 것은?

① 공유 전자쌍-공유 전자쌍 사이의 반발 효과가 가장 크다.

② 비공유 전자쌍-비공유 전자쌍 사이의 반발 효과가 가장 크다.

③ 공유 전자쌍-비공유 전자쌍 사이의 반발 효과가 가장 크다.

④ 공유 전자쌍이거나 비공유 전자쌍이거나 반발 효과에는 차이가 없다.

⑤ C, N, O 모두 옥텟 규칙을 만족한다.

05 다음 중 결합각 비교가 맞는 것은?

① $NH_4^+ < NH_3$ ② $CH_4 < NH_3$ ③ $H_2O < NH_3$

④ $CO_2 < CH_4$ ⑤ $NH_4^+ < CH_4$

06 분자간 상호작용의 크기와 직접 관련이 적은 것은?

① 끓는점 ② 녹는점 ③ 표면 장력

④ 비열 ⑤ 열전도도

07 다음 중 전기음성도가 가장 높은 원소는?

① H ② He ③ C ④ N ⑤ O

08 산소보다 전기음성도가 높을 것으로 예상되는 원소는?

① N ② F ③ Ne ④ Cl ⑤ Be

09 밀러가 사용한 수소, 메테인, 암모니아, 물 중에서 쌍극자 모멘트가 가장 큰 것은 무엇인가?

10 폼산(formic acid, HCOOH)의 루이스 구조를 그리고, 폼산이 수소 결합을 할 수 있는지 설명하시오.

11 다음 중 분자간 상호작용의 종류가 같은 것끼리 묶은 것은?

① (H_2, H_2O) (CH_4, NH_3) ② (H_2, NH_3) (CH_4, H_2O)

③ (H_2, CH_4, NH_3) (H_2O) ④ (H_2, CH_4) (H_2O, NH_3)

⑤ (H_2) (CH_4, NH_3, H_2O)

12 다음 비활성 기체의 끓는점을 보기에서 고르시오.

Ne Rn Xe Kr Ar

보기

−108°C −246°C −62°C −153°C −186°C

13 H_2, H_2O, CH_4, NH_3 중에서 끓는점이 물의 어는점보다 높은 것은?

① H_2O ② H_2O, NH_3

③ H_2O, CH_4 ④ H_2O, NH_3

⑤ H_2O, NH_3, CH_4, H_2

14 순수한 물과 암모니아에서는 수소 결합이 작용한다. 수소 결합은 혼합물에서도 똑같이 작용할까? 물에 암모니아가 약간 녹아있다면 물과 암모니아 사이에는 어떤 상호작용이 일어날까?

15 메테인은 물에 잘 녹을까, 잘 녹지 않을까?

16 메탄올(CH_3OH)이 물에 잘 녹는 것은 메틸기($-CH_3$) 때문일까, 하이드록실기($-OH$) 때문일까?

17 수소가 N, O, F 같은 2주기 원소가 아니고 이들과 같은 족의 3주기 원소인 P, S, Cl과 결합한 PH_3, H_2S, HCl 경우에는 수소 결합을 만들까?

18 셀룰로스(cellulose) 분자들 사이에는 수소 결합이 작용한다. 수소 결합은 공유 결합에 비해 약한 데도 불구하고 면과 같이 셀룰로스로 이루어진 섬유가 질긴 이유는 무엇일까?

19 쌍극자 모멘트의 단위로는 디바이(D, debye)가 사용된다. HF의 쌍극자 모멘트는 1.86 D, HCl의 쌍극자 모멘트는 1.05 D이다. 이에 관하여 틀린 것은?

① F가 Cl보다 전기음성도가 높다.

② H—Cl의 핵간 거리가 H—F의 핵간 거리보다 크다.

③ HCl의 끓는점이 HF의 끓는점보다 낮다.

④ HCl과 HF 모두 수소 결합을 한다.

⑤ HCl과 HF 모두 쌍극자-쌍극자 상호작용이 가장 강하다.

20 얼음은 물에서 뜨는데 드라이아이스는 가라앉는 이유는 무엇일까?

21 아세톤($CH_3-CO-CH_3$)의 루이스 구조를 그리고, 아세톤이 상온에서 액체인 이유를 설명하시오.

22 HF, HCl, HBr, HI의 끓는점이 높아지는 순서로 맞는 것은?

① $HF < HCl < HBr < HI$

② $HI < HBr < HCl < HF$

③ $HF < HI < HBr < HCl$

④ $HCl < HBr < HI < HF$

⑤ $HCl < HBr < HF < HI$

23 아세톤과 요소 중에서 어느 쪽이 분자간 상호작용이 클까?

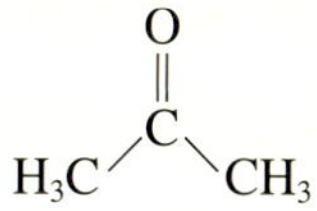

아세톤

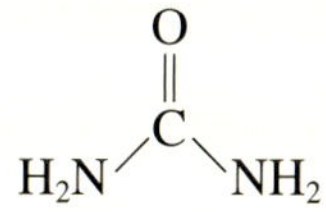

요소

24 실리카 결정에서 가상적으로 산소를 모두 제거할 경우 얻어지는 규소 결정은 다음 중 어느 것과 가장 유사할까?

① 다이아몬드　② 흑연　③ 그래핀

④ 드라이아이스　⑤ 소금

25 SiO_2에 관하여 맞는 것은?

① O=C=O의 결합각이 180도인 것과 마찬가지로 O—Si—O의 결합각은 180도이다.

② CO_2와의 가장 중요한 차이는 Si—O의 전기음성도 차이가 C—O의 전기음성도 차이보다 크다는 점이다.

③ C와 Si의 원자 반지름은 비슷하다.

④ SiO_2도 CO_2와 마찬가지로 이중 결합을 만들 수 있다면 SiO_2도 상온에서 기체일 것이다.

⑤ 실리카는 드라이아이스와 구조가 비슷하다.

26 HCl은 공유 결합, NaCl은 이온 결합 물질인 이유와 직접 관계가 없는 것은?

① H는 Na보다 반지름이 작다.

② H는 Na보다 이온화 에너지가 크다.

③ H는 Na보다 전자 친화도가 크다.

④ H는 Na보다 전기음성도가 높다.

⑤ Na^+ 이온과 Cl^- 이온은 안정한 결정 구조를 만든다.

27 다음 중에서 이온 반지름이 가장 작은 것은?

① F^- ② Cl^- ③ Na^+ ④ Mg^{2+} ⑤ Al^{3+}

28 다음 중에서 이온 반지름이 가장 큰 것은?

① K^+ ② Mg^{2+} ③ Ca^{2+} ④ F^- ⑤ Cl^-

Chapter

4 태초의 에너지

에너지는 과학에서 가장 핵심적인 개념의 하나이다. 노자의 도덕경에는 도생일(道生一), 일생이(一生二), 이생삼(二生三), 삼생만물(三生萬物)이라는 말이 나온다. 도에서 하나가 생기고, 하나에서 둘이 생기고, 둘에서 셋이 생기고, 이 셋으로부터 만물이 생겼다는 말이다. 물론 노자가 그런 뜻으로 말한 것은 아니지만 과학적으로 보면 1은 에너지라고 볼 수 있다. 왜냐하면 시간이 흐르면서 우주의 나이가 늘어나고, 우주가 팽창하면서 공간이 늘어나고, 우주가 진화하면서 별과 은하가 태어나고, 지구 상의 생명체가 태어나고 죽지만, 우주 전체의 에너지는 변하지 않고 일정하다고 믿기 때문이다. 그 에너지가 물질과 반물질의 2, 물질과 빛의 2, 쿼크와 렙톤의 2로 바뀐다. 업 쿼크, 다운 쿼크, 전자의 3이 양성자, 중성자, 전자의 3으로 조합을 이루면 그 다음부터는 양성자, 중성자, 전자의 3이 만물을 만들어낸다.

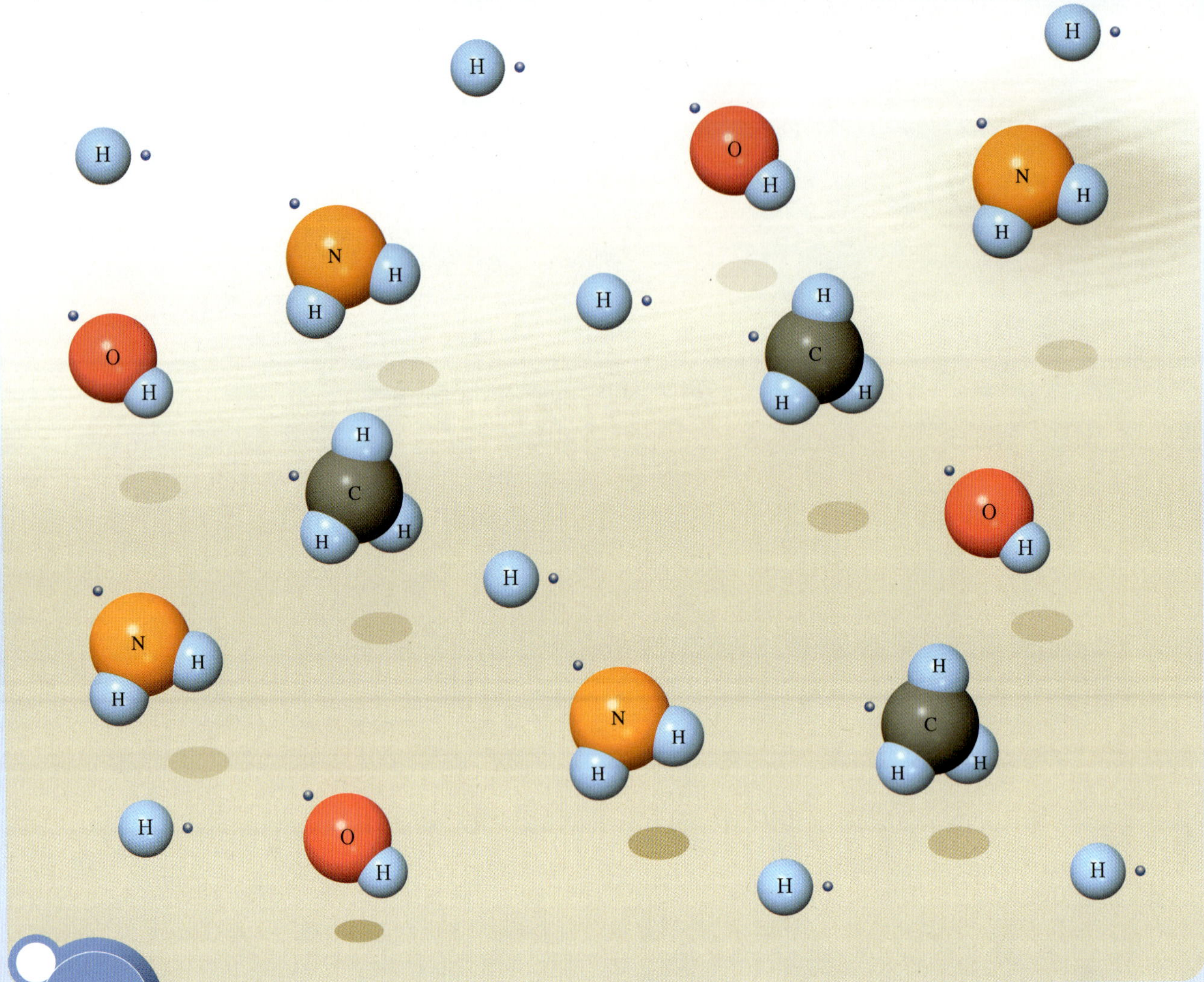

4-1

라디칼

밀러의 실험에서도 에너지가 중요한 역할을 한다. 에너지가 주어져야 수소, 메테인, 암모니아, 물의 결합이 깨지고, 깨진 조각(라디칼)들이 다른 방식으로 재조합을 이루면서 생명에 필수적인 아미노산을 만들 수 있기 때문이다. 예를 들어, 수소 분자에서 두 개의 원자가 공유하고 있던 전자를 하나씩 되찾아 가지고 원자로 되돌아간다면 두 개의 수소 원자가 될 것이다. 그리고 불안정한 수소 원자는 다른 수소 원자를 만나면 급격히 반응해서 결합을 이룰 것이다. 그런 의미에서 우주에서 가장 풍부한 원자인 수소 원자는 라디칼이다.

그렇다면 2장에서 살펴본 대로 우주 공간에서 원자들이 결합해서 안정한 분자들을 만드는 과정에서 처음 두 개의 입자가 충돌해서 만들어진 화학종은 라디칼인 경우가 많을 것이다. 예를 들어, 물이 되기 전 중간 단계인 O—H는 수소 원자와 마찬가지로 산소 원자가 홀전자를 가진 라디칼이다. 요즘은 노화 과정에도 라디칼이 관여한다고 알려졌다. 그래서 라디칼 반응을 억제하는 폴리페놀 등의 항산화 물질이 많이 들어 있는 과일이나 야채를 섭취하는 것이 노화 방지에 도움이 된다고 한다.

앞에서 살펴본 대로 밀러 논문의 두 번째 문장에는 CH_4, NH_3, H_2O, H_2를 전기 방전을 통해 순환시킨다는 말이 나온다. 그리고 밀러는 실험 장치를 설명하면서 다음과 같이 말했다.

> "석영은 기체를 광분해하기에 충분히 파장이 짧은 자외선을 흡수하기 때문에, 자외선 대신 전기 방전을 통해서 라디칼을 만들었다."

왜 밀러는 아미노산을 만들기 위해 라디칼을 만들었을까? 라디칼을 만들 때 자외선과 전기 방전은 어떤 역할을 할까?

밀러 실험에서 라디칼의 의미를 이해하기 위해서 가장 간단한 아미노산인 글라이신의 구조를 수소, 메테인, 암모니아, 물의 구조와 관련지어 생각해 보자.

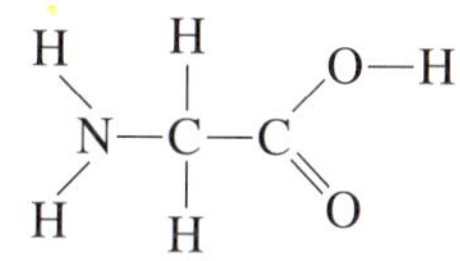

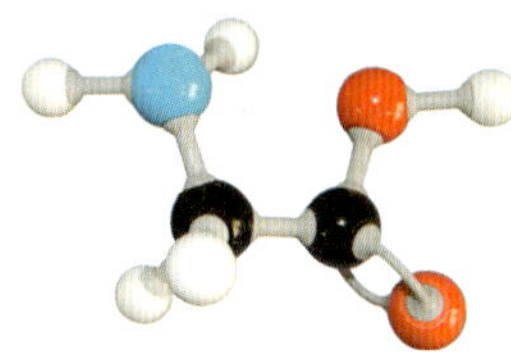

글라이신 (NH_2CH_2COOH)

글라이신뿐만 아니라 모든 아미노산의 중심에는 탄소가 자리 잡고 있다. 이 중심 탄소는 메테인에서 온 것이 틀림없다. 밀러의 네 가지 반응물 중에서 탄소를 가진 것은 메테인 밖에는 없기 때문이다. 또한 메테인의 중심 탄소와 결합한 아민기 ($-NH_2$)는 질소를 포함한 암모니아에서 온 것이 틀림없다. 수소, 메테인, 암모니아, 물로부터 글라이신이 만들어지기 위해서는 여러 단계의 반응들이 여러 다른 순서와 조합을 통해 일어날 수 있기 때문에 반응 경로를 정확히 추적하는 것은 불가능하다. 여기서는 아미노산 합성에서 밀러가 언급한 라디칼의 의의를 파악하기 위해서 메테인과 암모니아가 어떻게 결합할 수 있는지 생각해 보자.

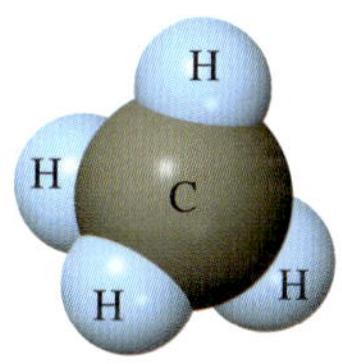

메테인 (CH_4)

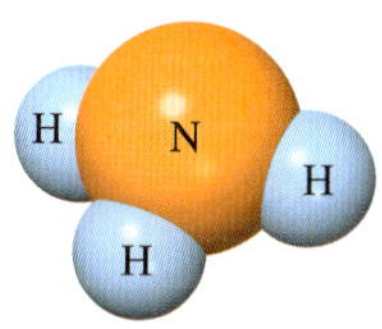

암모니아 (NH_3)

메테인에서 수소 원자와 탄소 원자 사이의 결합은 각각의 원자가 전자를 1개씩 내놓고 이 2개의 전자를 공유한 결합이다. 따라서 메테인에서 수소 원자 1개가 자기가 내놓았던 전자를 되찾아 가지고 떨어져나가면, 메테인은 두 번째 전자 껍질에 쌍을 이루지 못한 전자가 1개 남게 된다. 수소 원자도 마찬가지로 쌍을 이루지 못한 전자가 1개 남게 된다. 이처럼 홀전자를 가진 화학종을 일반적으로 반응성이 높다는 뜻으로 **라디칼 (radical**, 급진주의자) 이라고 한다.

라디칼끼리 만나면 홀전자 둘이 즉시 공유 결합을 만든다. 메틸 라디칼 ($\cdot CH_3$) 이 수소 라디칼 ($\cdot H$) 과 만나면 메테인으로, 아민 라디칼 ($\cdot NH_2$) 이 수소 라디칼과 만나면 암모니아로 되돌아갈 것이다. 그러나 메틸 라디칼과 아민 라디칼이 만나면 탄소와 질소 사이에 공유 결합이 만들어져서 메틸아민이 얻어진다. 메테인과 암모니아에서 메틸아민이 생기는 반응은 다음과 같이 쓸 수 있다.

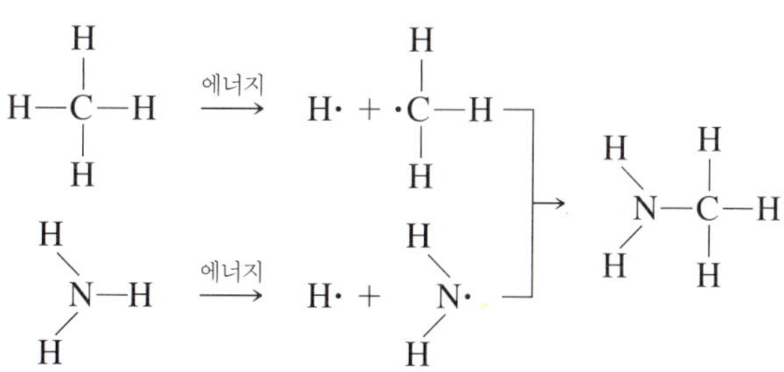

그러고 보면 글라이신은 메틸아민에 카복실기가 결합한 형태의 화합물이다. 카복실기의 탄소도 메테인에서 왔을 것이고, 카복실기의 하이드록실기(—OH)는 물에서 왔을 것이다. 하이드록실기는 물에서 수소 원자가 떨어져나가서 얻어진 하이드록실 라디칼(·O—H)이 탄소의 홀전자와 결합한 형태이다. 카복실기에는 탄소와 이중 결합을 이룬 산소 원자가 있는데, 이 산소 원자도 물로부터 온 것이 틀림없다.

그런데 밀러 실험에서는 전기 방전을 통해 옥텟 규칙에 따라 결합을 이루고 있는 분자들로부터 라디칼을 만들었지만, 우주의 역사에서는 라디칼이 먼저 만들어졌다. 우주의 나이가 38만 년 정도일 때 처음 만들어진 수소 원자는 지금 돌이켜 보면 수소 라디칼이라고 부를 수 있을 것이다. 안정한 수소 분자가 만들어지려면 2개의 수소 라디칼이 만나야 한다.

수소

물이 생기기 위해서는 수소와 산소 원자들이 만나야 한다. 우주에서 가장 풍부한 원소인 수소는 별과 별 사이의 공간에 비교적 풍부하다. 적색거성에서 만들어진 산소의 원자핵은 초신성 폭발을 통해 우주 공간으로 빠져나오면서 전자와 결합하여 산소 원자가 된다. 그런데 옥텟 규칙에 따라 산소 원자 1개가 수소 원자 2개와 결합해서 물이 되려고 하는 경우, 공간은 넓고 원자는 작기 때문에 산소 원자 1개와 수소 원자 2개, 즉 3개의 원자가 동시에 만나 결합할 확률은 아주 낮다. 일단 수소와 산소 원자가 1 : 1로 만나면 전자를 하나씩 공유하면서 결합이 이루어진다. 이렇게 만들어진 O—H 식의 화학종에서 산소는 아직 전자가 1개 부족하다. 그래서 짝을 이루지 못한 전자가 1개 남아 있는 ·O—H는 수소 원자와 마찬가지로 반응성이 높은 라디칼이다.

■ **그림 4-1** 초신성 폭발 때 산소의 원자핵이 우주 공간으로 나오면서 전자와 결합하여 산소 원자가 된다.

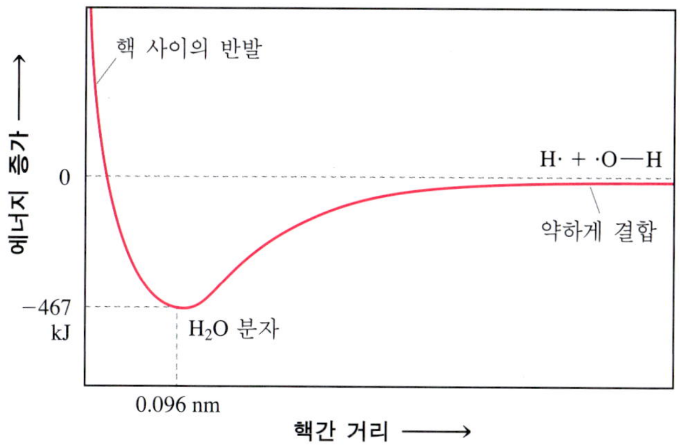

■ **그림 4-2** 원자핵 간 거리에 따른 H 라디칼과 OH 라디칼 사이의 퍼텐셜 에너지

H· 라디칼이 ·O—H 라디칼을 만나면 홀전자를 공유해서 안정한 물 분자를 만들 것이다.

$$H\cdot + \cdot O-H \longrightarrow H-O-H$$

이때 H· 라디칼과 ·O—H 라디칼이 무한대 거리에 떨어져 있는 상태의 에너지를 0이라고 하면 물이 되어 안정화가 이루어지게 되는데, 에너지는 낮아져서 음(−)의 값을 가지게 된다. 이 에너지 차이가 바로 H—O 결합 에너지인 467 kJ/mol에 해당한다.

체크 포인트

1. 다음 중 라디칼이 <u>아닌</u> 것은?

① 수소 원자　　② 산소 원자　　③ H—O

④ H—O—H　　⑤ CH_3

2. 2개의 라디칼이 따로 있는 상태와 2개의 라디칼이 결합을 이룬 상태 중에서 어느 쪽의 에너지가 낮을까?

토의 포인트

1. 지구의 대기보다 우주 공간에 상대적으로 라디칼이 많은 이유는 무엇일까?

4-2

결합 에너지, 빛 에너지, 전기 에너지

화학적 진화의 첫 단계는 수소, 메테인, 암모니아, 물이 에너지를 받아서 몇 가지의 간단한 라디칼을 만드는 과정이다. 화학적 진화를 거쳐서 생명이 탄생하고, 종이 진화하면서 이루어낸 가장 놀라운 성취 중 하나인 광합성에서는 태양의 빛 에너지를 받아서 이산화탄소와 물로부터 포도당이 만들어진다. 이때 중요한 초기 반응은 빛 에너지를 이용해서 물의 O—H 결합을 깨는 과정이다.

그런데 밀러는 빛 대신 전기 에너지를 사용해서 라디칼을 만들었다. 그 말은 한편으로는 화학 결합에 관여하는 전자는 빛과 상호작용이 잘 된다는 뜻도 되고, 다른 한편으로는 전자는 전하를 가지고 있기 때문에 외부에서 주어진 전기 에너지를 쉽게 받아들인다는 뜻도 된다. 이 절에서는 결합 에너지를 빛 에너지, 전기 에너지와 관련지어 살펴본다.

●● 자외선의 에너지

H−O 결합 에너지가 467 kJ/mol이라면 적절한 방식으로 외부에서 467 kJ/mol에 해당하는 에너지를 받으면, 물의 H−O 결합이 끊어져서 H· 라디칼과 ·O−H 라디칼이 만들어질 것이다. 마찬가지로 메테인으로부터는 H· 라디칼과 함께 $\cdot CH_3$ 라디칼이, 암모니아로부터는 H· 라디칼과 함께 $\cdot NH_2$ 라디칼이 만들어진다. 물론 수소 분자로부터는 2개의 H· 라디칼이 만들어진다. 그 다음에는 이런 라디칼들이 다양하게 조합을 이루어 비교적 안정한 화합물을 만들고, 그 다음에는 그 화합물들이 다시 에너지를 받아서 복잡한 구조의 라디칼을 만들고, 그 라디칼이 다시 다른 화합물을 만들고 하는 식으로 화학적 진화가 이루어질 것이다. 그러므로 화학적 진화의 첫 단계는 수소, 메테인, 암모니아, 물이 에너지를 받아서 몇 가지의 간단한 라디칼을 만드는 과정이다.

밀러가 이러한 라디칼을 만들기 위해서 어느 정도의 에너지를 필요로 했는지 알아보자. H_2, CH_4, NH_3, H_2O 분자를 이루는 결합 에너지는 다음과 같다.

결합	에너지
H−H	432 kJ/mol
H−C	412 kJ/mol
H−N	391 kJ/mol
H−O	467 kJ/mol

앞에서 살펴본 대로 산소는 다른 원소들을 산화시켜서 안정한 화합물을 만드는데, 앞의 네 가지 결합 중에서 H−O 결합 에너지가 상대적으로 큰 것이 눈에 띈다. 그렇다면 일단 가장 강한 H−O 결합을 깰 수 있는 에너지를 공급해야 할 것이다. H−O 결합을 깰 수 있는 에너지라면 그보다 약한 다른 결합은 보다 쉽게 깰 수 있을 것이다.

빛은 결합을 직접 깨는 데 아주 효과적이다. 빛을 통해 에너지를 공급한다고 가정하고, H−O 결합을 깨는 데 필요한 빛의 파장을 구해 보자. H−O 결합 에너지를 아보가드로수로 나누면 결합 1개당 에너지가 얻어진다.

$$\frac{467\ \text{kJ/mol}}{6.022 \times 10^{23}} = 7.75 \times 10^{-19}\ \text{J}$$

그런데 빛 입자(광자, photon)의 에너지는 앞에서 본 대로 '플랑크 상수 × 진동수'로 주어진다. 따라서 H−O 결합 에너지에 해당하는 빛의 진동수는 다음과 같다.

■ **그림 4-3** 빛은 결합을 깨는 데 매우 효과적이다.

$$E = h\nu \qquad \nu = \frac{E}{h}$$

$$\nu = \frac{\text{결합 에너지}}{\text{플랑크 상수}}$$

$$= \frac{(7.75 \times 10^{-19}\ \text{J})}{(6.626 \times 10^{-34}\ \text{J}\cdot\text{s})}$$

$$= 1.17 \times 10^{15}\ \text{s}^{-1}$$

광속을 진동수로 나누면 파장이 얻어진다.

$$\frac{(2.998 \times 10^{8}\ \text{m}\cdot\text{s}^{-1})}{(1.17 \times 10^{15}\ \text{s}^{-1})} = 2.56 \times 10^{-7}\ \text{m}$$

$$= 256\ \text{nm}$$

가시광선의 파장 범위는 400 nm부터 700 nm 정도까지이다. 파장이 짧은 400 nm가 보라색 쪽이므로 256 nm는 가시광선을 벗어나서 자외선에 해당한다. 이 계산에서 알 수 있듯이 아미노산을 만들기 위해 필요한 라디칼을 만드는 데는 자외선 에너지가 필요한데, 실험 장치에 필수적인 유리의 성분인 석영이 자외선을 흡수하기 때문에 밀러는 다른 방법을 고안해야 했다.

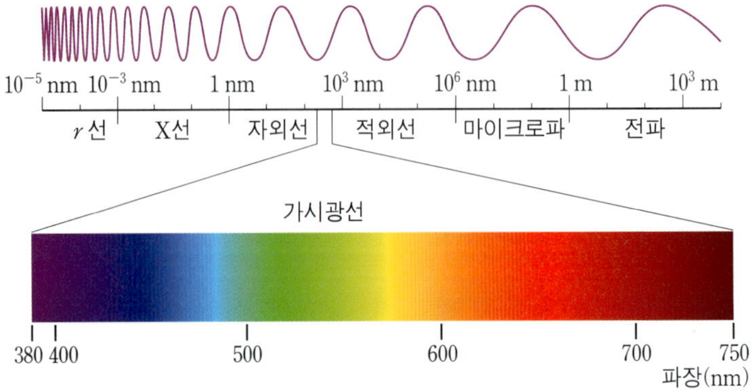

■ **그림 4-4** 빛의 파장에 따른 스펙트럼

석영에 대해서는 3장에서 살펴본 바 있다. 석영이 자외선을 흡수하는 것은 앞에서 보어 모형과 관련하여 살펴본 수소의 전자 에너지 구조에서 $n = 1$ 준위와 $n = 2$ 준위 사이의 에너지 차이가 자외선에 해당하는 것과 유사하다. 수소와 석영 모두 원자가전자가 바닥 준위에서 높은 준위로 올라갈 때 가시광선이 아니라 자외선을 흡수하기 때문에 색깔을 나타내지 않는다.

에너지라는 말은 열역학이 자리를 잡던 시대인 1849년에 나중에 켈빈 경이 된 톰슨이 처음 사용했다.

톰슨(William Thomson, 1824~1907)

전기 에너지

자외선 대신 전기 방전을 사용한 밀러는 또한 다음과 같이 말하고 있다.

> "태초의 대기에서 화합물들이 만들어지는 데 전기 방전이 중요한 역할을 했을지도 모른다."

태초의 대기에서의 전기 방전이라면 **번개(lightening)**를 뜻하는 것이다. 번개가 치는 이유는 아직도 정확히 알려지지 않았다. 아무튼 구름 속에서 양전기와 음전기가 어떤 이유로 분리되었다가 만나서 방전하는 것이 번개인데, 이때 주변 온도는 3만도에 달한다고 한다.

결합 에너지는 화학 에너지인데, 화학 에너지는 양전하를 가진 원자핵과 음전하를 가진 전자 사이, 또 전자들 사이의 거리에 따라 주어지는 **전기적 퍼텐셜 에너지(electric potential energy)**라고 볼 수 있다. 앞에서는 자외선과 관련하여 화학 에너지와 빛 에너지의 관계를 살펴보았다. 여기서는 결합 에너지와 운동 에너지의 관계를 살펴보자.

어떤 온도에서 분자의 운동 에너지는 $3RT/2$로 주어진다. 여기서 R은 8.31 J/mol·K의 값을 갖는 기체 상수이고, T는 절대 온도이다. 상온에 가까운 300 K에서 기체 분자의 운동 에너지를 구해 보자.

■ 그림 4-5 대기의 구름 속에서 번개는 화합물을 만드는 데 많은 역할을 했을 것이다.

$$\frac{3}{2}RT = \frac{3}{2}(8.31\ \text{J/mol·K})\ (300\ \text{K}) = 3.7\ \text{kJ/mol}$$

이 값은 O—H의 결합 에너지인 467 kJ/mol의 약 1%에 불과하다. 그래서 대부분의 분자는 상온에서 안정한 것이다. 3000 K라 하더라도 분자의 운동 에너지는 대부분 화학 결합 에너지의 10% 정도이다.

3만도가 되면 분자의 운동 에너지가 화학 결합 에너지와 비슷해져서 결합이 쉽게 깨지고, 대부분의 분자는 이온이나 라디칼로 바뀔 것이다. 생명에 필수적인 물질이 만들어지는 과정에서 전기가 작용했을지 모른다는 것은 흥미로운 일이다.

갈바니(Luigi Galvani, 1737~1798)

1780년경에 이탈리아의 갈바니는 해부한 개구리의 다리가 전기의 작용으로 움직이는 것을 보고 동물 전기(animal electricity)라는 생각을 했고, 나중에는 갈바니 전지(Galvanic cell)를 발명했다. 매리 셸리(Mary Shelley)의 소설에는 전기 충격을 가해서 프랑켄슈타인(Frankenstein)에게 생명을 부여하는 이야기가 나온다. 둘 다 전기와 생명 현상의 관계를 암시하고 있는데, 밀러 실험에는 생명의 전 단계에서 전기가 핵심 역할을 했을지도 모른다는 암시가 보이는 것이 흥미롭다.

프랑켄슈타인의 표지

그러고 보면 원자와 분자 내부에, 또 분자들 사이에 작용하는 대부분의 힘은 전기적 힘이다. 양전하를 가진 원자핵과 음전하를 가진 전자 사이의 힘도 전기적이고, 중성 원자 사이의 화학 결합도 전기적이다. 그래서 적절한 전기적 에너지를 공급하면 화학 결합이 깨져서 라디칼들이 만들어지는 것이다. 오존층이 생기기 전 태초의 지구 표면에는 지금보다 훨씬 많은 자외선이 태양으로부터 도달했을 것이다. 따라서 태초의 지구에서 아미노산이 만들어졌다면 자외선이 라디칼을 만드는 데 어느 정도 에너지를 제공했을지도 모른다. 한편 밀러 실험에서 사용된 전기 방전처럼 번개에 의한 전기 에너지가 사용되었을 수도 있다. 지금도 번개에 의한 에너지에 의해 공기 중에 있는 상당한 양의 질소가 분해되어 생태계에서 순환되고 있다.

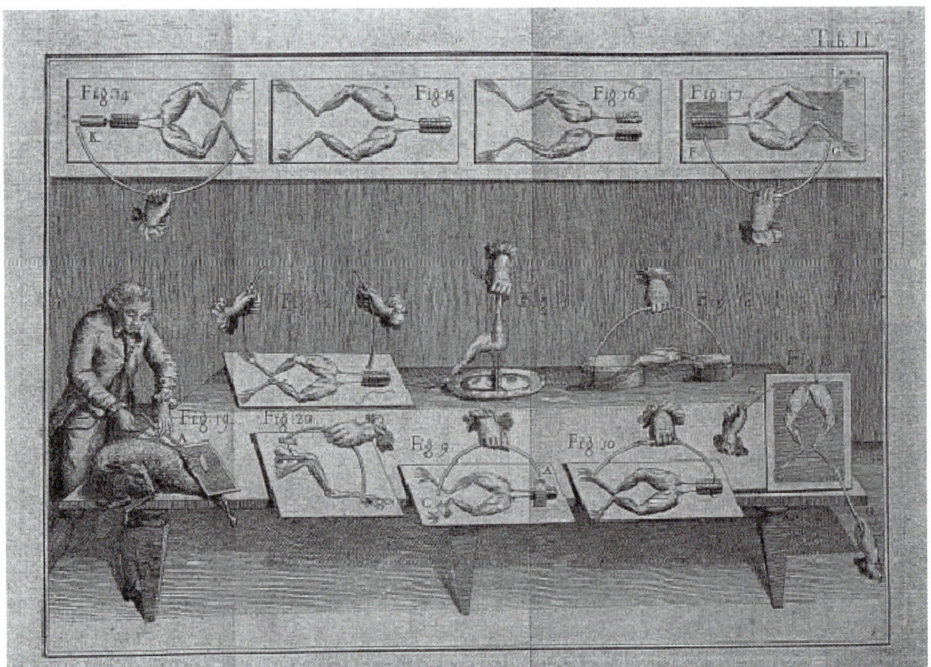

■ **그림 4-6** 갈바니의 동물 전기 그림

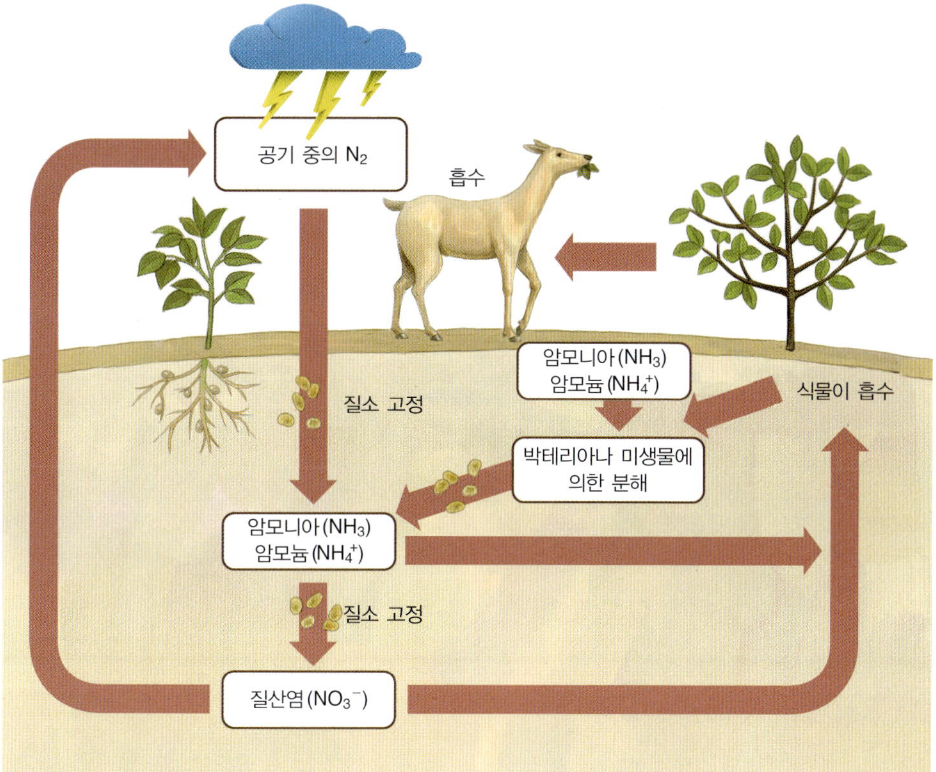

■ **그림 4-7** 자연에서의 질소 순환

체크 포인트

1. 다음 중 결합 에너지가 가장 큰 것은?

① H—H　　② H—C　　③ H—N

④ H—O　　⑤ C—C

2. H—H 결합 에너지를 깨는 데 필요한 빛의 파장은 얼마인가?

토의 포인트

1. H—H, H—C, H—N로 가면서 결합 에너지가 낮아지는 이유는 무엇일까?

2. H—O의 결합 에너지가 H—H의 결합 에너지보다 큰 이유는 무엇일까?

3. 유리가 투명한 것을 보면 석영은 가시광선을 흡수하지 않는 것을 알 수 있다. 밀러 실험에서 1주일 동안 전기 방전을 하는 대신 1년 동안 가시광선을 쪼였다면 아미노산이 얻어졌을까?

4-3

엔탈피, 엔트로피

밀러 실험에서 에너지는 라디칼을 만들 때 뿐만 아니라 물을 순환시키는 데도 사용되었다. 밀러 논문에는 다음과 같은 문장이 나온다.

"물을 끓이면서 1주일 동안 방전을 계속했다."

물을 끓였다는 것은 온도를 100°C 정도로 높여서 액체 상태의 물을 기체 상태의 수증기로 바꾸었다는 말이다. 그래야 물 분자들이 다른 기체 분자들과 섞이게 되고, 전기 방전에 의해 라디칼이 되어서 다른 라디칼들과 재결합하여 아미노산을 만들 수 있기 때문이다.

그런데 물이 끓는 과정에는 어떤 자연의 원리가 들어 있을까?

왜 물은 뜨거워지면 기체로 바뀔까? 우리는 흔히 온도가 높아져서 물 분자들이 높은 운동 에너지를 가지게 되면 물 분자들을 붙잡아 주는 힘을 뿌리치고 뛰쳐나간다고 쉽게 설명한다. 그런데 이 과정에는 엔트로피(entropy)라는 말로 표현되는 아주 중요한 자연의 원리가 들어 있다.

●● 엔탈피 변화

자연에서 일어나는 모든 일에는 두 가지 상반된 경향이 복합적으로 작용한다. 윷놀이를 예로 들어서 이 두 가지 경향에 대해 생각해 보자. 4개의 윷 조각을 모아서 높이 던지면 두 가지 일이 일어난다. 하나는 모든 윷 조각이 위에서 아래로 떨어진다는 점이다. 그것은 높은 곳에서는 물체의 퍼텐셜 에너지가 높고, 낮은 곳에서는 물체의 퍼텐셜 에너지가 낮은데, 모든 물체는 퍼텐셜 에너지가 낮아져서 안정해지려는 경향이 있기 때문이다.

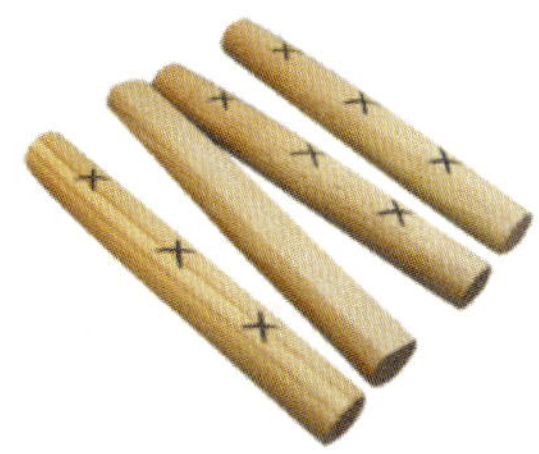

윷

물레방아나 수력발전소와 같은 역학적 시스템에서 퍼텐셜 에너지의 차이는 운동 에너지로 바뀌어서 일을 한다. 화학적 시스템에서 화학적 퍼텐셜 에너지 차이는 열로 발생한다. 예를 들어, 수소나 탄소가 연소해서 안정한 상태가 되면 반응물(reactant)과 생성물(product)의 에너지 차이는 열로 나온다. 그래서 어떤 물질이 어떤 상태에서 가지고 있는 화학 에너지의 양을 **엔탈피(enthalpy)**라 하고, H로 표시한다. 엔탈피 자체는 열이 아니지만 엔탈피 차이(ΔH)는 열로 나오는 것이다.

엔탈피라는 말은 1909년에 캐머링-온네스가 처음 사용했다.

캐머링-온네스(Kamerlingh-Onnes, 1853~1926). 1913년 노벨 물리학상.

전기음성도가 비교적 낮은 수소나 탄소가 전기음성도가 높은 산소와 반응해서 열이 나오는 것 같은 **자발적 과정(spontaneous process)**에서는, 생성물인 물과 이산화탄소의 엔탈피가 수소, 탄소, 산소의 엔탈피보다 낮을 것이므로 이러한 **발열 반응(exothermic reaction)**의 엔탈피 변화는 마이너스값을 가진다. 물론 수소와 탄소가 같이 들어 있는 메테인이 연소하는 반응도 마찬가지이다. 또 수소가 산소 대신 비교적 전기음성도가 높은 질소와 반응해서 암모니아를 만드는 것도 발열 반응이다.

$2H_2 + O_2 \longrightarrow 2H_2O$ 발열 반응 엔탈피 감소 $\Delta H < 0$

$C + O_2 \longrightarrow CO_2$ 발열 반응 엔탈피 감소 $\Delta H < 0$

$CH_4 + 2O_2 \longrightarrow 2H_2O + CO_2$ 발열 반응 엔탈피 감소 $\Delta H < 0$

■ **그림 4-8** 발열 반응의 예

이들 반응의 역반응은(만일 일어난다면) 엔탈피가 증가하는 **흡열 반응(endothermic reaction)** 일 것이다.

$2H_2O \longrightarrow 2H_2 + O_2$ 흡열 반응 엔탈피 증가 $\Delta H > 0$
$CO_2 \longrightarrow C + O_2$ 흡열 반응 엔탈피 증가 $\Delta H > 0$
$2H_2O + CO_2 \longrightarrow CH_4 + 2O_2$ 흡열 반응 엔탈피 증가 $\Delta H > 0$
$2NH_3 \longrightarrow N_2 + 3H_2$ 흡열 반응 엔탈피 증가 $\Delta H > 0$

우리 주위에서 볼 수 있는 대부분의 반응은 발열 반응이다. 우리 주위에서는 대부분의 물체가 위에서 아래로 떨어지는 것과 마찬가지이다. 그런데 콜드팩처럼 섞어만 주면 자발적으로 열을 흡수해서 차가워지는 흡열 반응도 있는 것을 보면, 경우에 따라서는 엔탈피 이외에도 다른 요인이 작용하는 것을 알 수 있다.

콜드팩

엔트로피 변화

윷놀이에서 안정화와 다른 또 하나의 경향은 윷 조각의 앞뒤가 뒤섞여서 모나 윷보다는 개가 나올 확률이 높아지는 것이다. 4개의 윷 조각이 모두 한 방향을 나타내는 모나 윷은 **질서도(order)** 가 높다고 볼 수 있고, 반은 한 방향을, 다른 반은 다른 방향을 나타내는 개는 **무질서도(disorder)** 가 높다고 볼 수 있다. 물에 잉크가 한 방울 떨어지면 잉크는 물 전체로 퍼져나가지만, 잉크가 다시 한 방울로 모이는 일은 일어나지 않는 것도 마찬가지이다. 이처럼 자연스럽게 일어나는 일에서는 무질서도가 증가하는 경향이 있다. 무질서도의 크기는 **엔트로피(entropy)** 라 부르고 S로 나타낸다. 엔탈피의 경우에도 엔탈피 자체보다는 엔탈피 차이 또는 엔탈피 변화가 중요하듯이 엔트로피에서도 그 변화(ΔS)가 중요하다.

엔트로피라는 말은 1865년에 클라우지우스가 처음 사용했다.

클라우지우스(Rudolph Clausius, 1822~1888)

물이 끓을 때 엔트로피는 크게 증가할 것이다. 왜냐하면 기체 상태에서 물 분자들은 넓은 공간에서 자유롭게 운동하기 때문이다. 얼음이 녹아서 액체인 물이 될 때도 마찬가지이다. 물이 분해해서 기체인 수소와 산소로 바뀌면 분자의 개수가 증가해서 엔트로피가 증가하고, 또 액체가 기체로 바뀌어서 엔트로피가 증가한다.

물이 끓음 엔트로피 증가 $\Delta S > 0$
얼음이 녹음 엔트로피 증가 $\Delta S > 0$
$2H_2O(l) \longrightarrow 2H_2(g) + O_2(g)$ 엔트로피 증가 $\Delta S > 0$

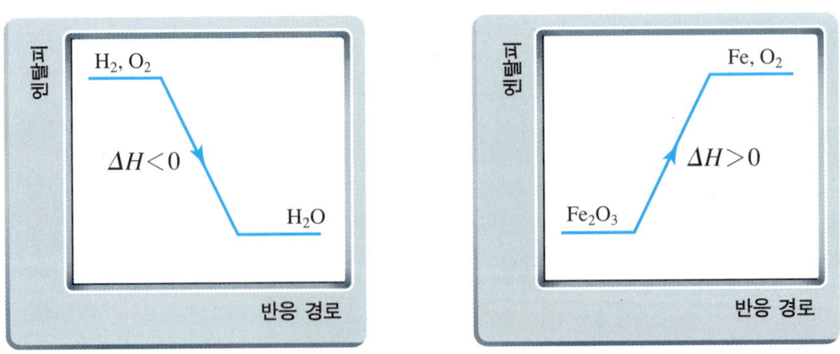

발열 반응 흡열 반응

■ **그림 4-9** 발열 반응과 흡열 반응. 발열 반응에서는 시스템의 엔탈피가 낮아지면서 그 차이가 열로 나타난다.

기체가 액체가 되거나 액체가 고체가 되면 엔트로피가 감소하고, 분자 수가 감소하면 엔트로피가 감소할 것이다.

수증기의 응축	엔트로피 감소	$\Delta S < 0$
물이 얾	엔트로피 감소	$\Delta S < 0$
$2H_2(g) + O_2(g) \longrightarrow 2H_2O(l)$	엔트로피 감소	$\Delta S < 0$
$N_2(g) + 3H_2(g) \longrightarrow 2NH_3(g)$	엔트로피 감소	$\Delta S < 0$

물이 끓으면 엔트로피는 증가한다.

체크 포인트

1. 다음 반응은 모두 발열 반응이다. 이로부터 추론할 수 있는 것은?

$2H_2 + O_2 \longrightarrow 2H_2O$ $C + O_2 \longrightarrow CO_2$

$CH_4 + 2O_2 \longrightarrow 2H_2O + CO_2$ $N_2 + 3H_2 \longrightarrow 2NH_3$

① 전기음성도 차이가 있는 원소끼리 반응하면 열이 나온다.
② 산소와 질소는 전기음성도가 같다.
③ 수소와 탄소는 전기음성도가 같다.
④ 철이 녹슬 때는 열을 흡수한다.
⑤ 제철 과정에서는 전체적으로 열이 발생한다.

토의 포인트

1. 선 스펙트럼 현상에서 전자가 높은 에너지 상태에서 낮은 에너지 상태로 전이할 때 빛이 나온다. 그렇다고 해서 높은 에너지 상태에서 전자가 많은 빛 에너지를 가지고 있다고 말할 수는 없다. 물질의 엔탈피를 열 에너지라고 말할 수 있을까?

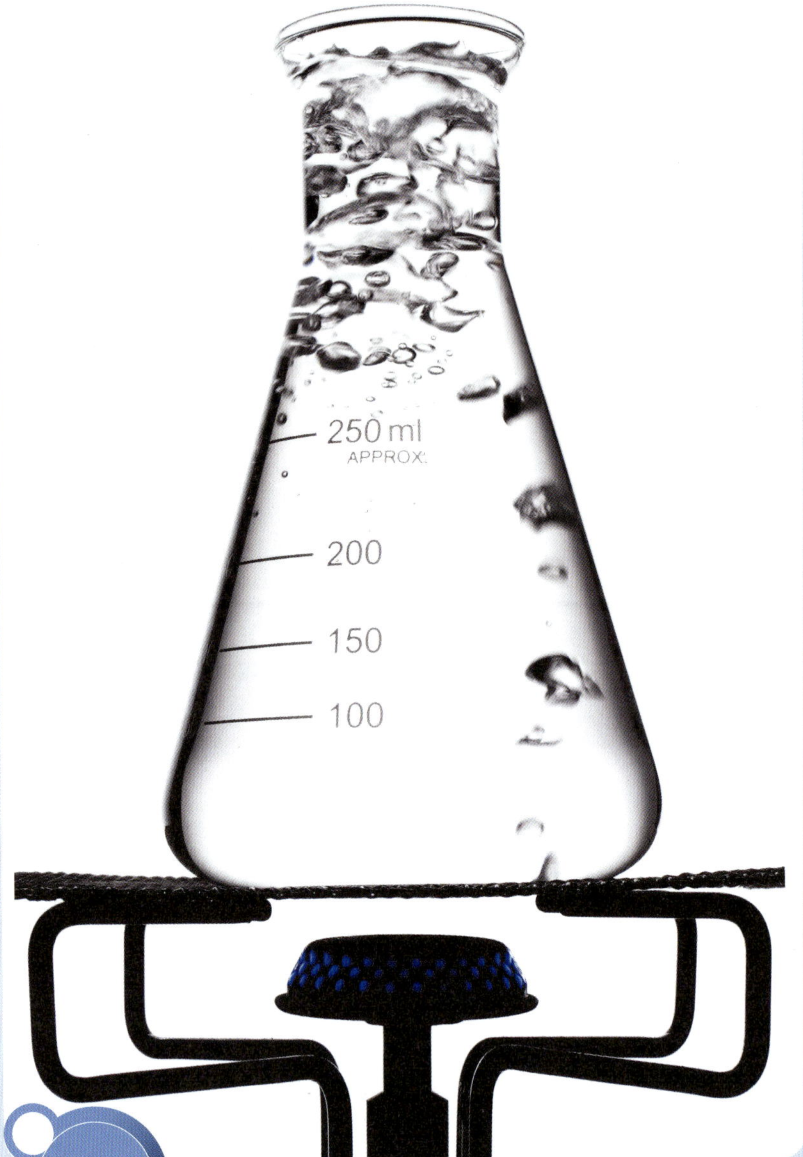

4-4

자유 에너지

밀러 실험에서 물을 끓이는 경우로 돌아가자. 물의 경우에는 물 분자들이 수소 결합에 의해 끌려 액체나 고체가 되는 것이 안정해지는, 그러므로 엔탈피가 낮아지는($\Delta H < 0$) 방향이다. 그렇다면 물이 끓어서 액체가 기체로 바뀔 때는 엔탈피가 증가하는($\Delta H > 0$) 셈인데, 엔탈피 증가는 안정화와는 반대 방향이라서 엔탈피 면에서는 일어나지 않을 것 같은 과정이다.

엔탈피 변화 이외의 다른 중요한 변화의 요인은 무엇일까? 자연에서 일어나는 모든 과정을 하나의 통일적 원리로 설명할 수는 없을까?

●● 안정과 자유의 조화

인간 세상에서와 마찬가지로 자연에서도 어떤 일이 일어날 때는 안정과 자유의 조화가 이루어진다. 안정화는 엔탈피의 감소로, 자유화는 엔트로피의 증가로 나타난다.

고체가 액체로 바뀌는 것 그리고 액체가 기체로 바뀌는 것은 모두 엔트로피가 증가하는($\Delta S > 0$) 방향이다. 그런데 고체가 액체로 바뀔 때보다 액체가 기체로 바뀔 때 엔트로피 증가가 훨씬 클 것이다. 기체 상태에서는 물 분자들이 넓은 공간에서 자유롭게, 무질서하게 운동하기 때문이다. 그러므로 엔탈피가 증가해서 안정도 면에서는 불리하지만, 엔트로피 증가 효과가 우세하기 때문에 물이 끓는 것이다.

여기서 하나의 중요한 점을 발견하게 된다. 높은 온도에서 물이 끓는 것을 보면 엔트로피 증가 효과는 높은 온도에서 보다 중요하게 작용하는 것이다.

물의 끓음	$\Delta H > 0$	$\Delta S > 0$	높은 온도에서 끓음

이제는 수증기가 응축해서 물이 되는 경우를 생각해 보자. 밀러 실험에서는 전기 방전이 일어나는 플라스크를 거친 기체가 콘덴서(condenser)를 통과하면서, 수증기는 물로 응축(condense)해서 아래에 모이도록 고안되었다. 콘덴서의 바깥쪽으로는 찬 물을 계속해서 흘려서 낮은 온도를 유지한다. 물론 끓는점이 낮은 수소, 메테인, 암모니아는 기체로 남아서 실험 장치를 순환한다.

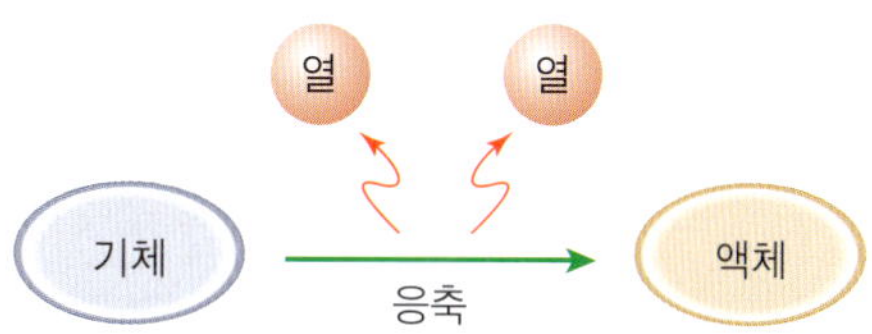

■ **그림 4-10** 수증기가 주위로 열을 방출하며 물로 된다.

수증기가 응축해서 물이 되면 엔탈피는 감소한다. 수소 결합을 이룬 물이 하나하나의 분자로 존재하는 수증기보다 안정한 상태이기 때문이다. 그런데 기체가 액체로 바뀌면서 엔트로피는 감소한다. 그러므로 수증기가 응축하는 것은 엔탈피 면에서는 유리하지만, 엔트로피 면에서는 불리하다. 그런데도 불구하고 그런 일이 일어나는 것을 보면 낮은 온도에서는 엔트로피 효과가 엔탈피 효과에 비해 작은 것을 알 수 있다. 위에서 높은 온도에서는 엔트로피 증가 효과가 중요하게 작용한다고 했던 것과 일치한다. 지구 표면에서 데워진 공기가 높이 올라가면 수증기가 물방울이 되어서 비가 오는 것은 수증기가 찬 공기를 만나 온도가 낮아지기 때문이다.

■ **그림 4-11** 더운 공기가 높이 올라가면 수증기가 물방울이 되어 비가 오게 된다.

수증기의 응축 $\Delta H < 0$ $\Delta S < 0$ 낮은 온도에서 응축

깁스(Josiah Willard Gibbs, 1839~1903)

지금까지 물이 끓고, 수증기가 응축하는 경우를 통해서 모든 과정에는 엔탈피 변화와 엔트로피 변화라는 두 가지 요인이 복합적으로 작용한다는 것과 엔트로피 변화의 효과는 온도와 관계가 있다는 것을 살펴보았다. 그렇다면 이 두 가지 효과를 묶어서 하나의 양으로 나타낼 수 있다면 유용할 것이다. 이 새로운 양을 **깁스 자유 에너지(Gibbs free energy, G)**라고 한다. 어떤 온도에서 깁스 자유 에너지의 변화(ΔG)는 다음과 같이 주어진다.

$$\Delta G = \Delta H - T\Delta S$$

자발적 과정.
주말에 정리한 방이 수요일이 되면 엉망이 되는 것은 자발적 과정이다.

ΔG가 유용한 이유는 ΔH와 ΔS 각각의 값에 상관없이 ΔG가 마이너스값을 가지면 그 반응이 자발적으로 일어나리라는 것을 확실히 알 수 있기 때문이다. 반면에 ΔH가 마이너스값을 가진다고 해서 그 반응이 반드시 자발적으로 일어난다고 할 수는 없다. ΔS가 큰 마이너스값을 가진다면 높은 온도에서는 $-T\Delta S$가 큰 플러스값이 되어 전체적으로 ΔG가 플러스값을 가지게 되기 때문이다.

이제 밀러 실험에 등장하는 물질들을 사용해서 자유 에너지에 관한 모든 가능성을 생각해 보자.

1. $\Delta H < 0$, $\Delta S > 0$: 온도에 관계없이 항상 자발적

$C(s) + O_2(g) \longrightarrow CO_2(g)$ 탄소의 연소
안정한 C−O 결합, CO_2의 엔트로피가 O_2의 엔트로피보다 높음

2. $\Delta H < 0$, $\Delta S < 0$: 낮은 온도에서 자발적

$2H_2(g) + O_2(g) \longrightarrow 2H_2O(g)$ 수소의 연소
안정한 O−H 결합, 분자 수 감소

$N_2(g) + 3H_2(g) \longrightarrow 2NH_3(g)$ 암모니아 합성
안정한 N−H 결합, 분자 수 감소

$H_2O(g) \longrightarrow H_2O(l)$ 수증기의 응축
물 분자 사이의 수소 결합, 기체가 액체로 바뀜

$Zn(s) + 2H^+(aq) \longrightarrow Zn^{2+}(aq) + H_2(g)$ 수소의 발생
Zn^{2+}이 물에 둘러싸여 안정화
Zn^{2+}을 둘러싸는 물 분자의 엔트로피 감소 효과가 수소 기체 발생에 따른 엔트로피 증가 효과보다 큼

3. $\Delta H > 0$, $\Delta S > 0$: 높은 온도에서 자발적

$2H_2O(g) \longrightarrow 2H_2(g) + O_2(g)$ 물의 열분해
안정한 O−H 결합 분해, 물 분자 사이의 수소 결합 분해, 분자 수 증가
밀러 실험의 전기 방전 온도에서 일어남

$2NH_3(g) \longrightarrow N_2(g) + 3H_2(g)$ 암모니아의 열분해
안정한 N−H 결합 분해, 분자 수 증가
밀러 실험의 전기 방전 온도에서 일어남

$H_2(g) \longrightarrow 2H(g)$ 수소의 열분해
H−H 결합 분해, 입자 수 증가
밀러 실험의 전기 방전 온도에서 일어남

$H_2O(l) \longrightarrow H_2O(g)$ 물의 끓음
물 분자 사이의 수소 결합 분해, 액체가 기체로 바뀜

4. $\Delta H > 0$, $\Delta S < 0$: 온도에 관계없이 항상 비자발적

$CO_2(g) \longrightarrow C(s) + O_2(g)$ 탄소 연소의 역반응
탄소가 환원되고 산소가 산화되는 이 반응은 광합성과 유사하다.
광합성이 자발적으로 일어나지 않듯이 이 반응도 비자발적이다.

●● 기체 CO_2, 고체 SiO_2

밀러가 실험 장치를 만들 때 사용한 유리에도 자유 에너지의 원리가 들어 있다. 유리는 공기나 물처럼 투명하면서도 공기나 물과는 달리 고체이기 때문에 대단히 유용하다. 인류가 유리를 만들 줄 알기 때문에 유리를 갈아서 렌즈를 만들게 되었고, 렌즈를 사용해서 망원경(telescope)과 현미경(microscope)을 만들어서 거시 세계와 미시 세계를 탐구하게 되었다.

화학에서도 유리는 아주 중요하다. 유리가 투명하기 때문에 시험관(test tube)이나 플라스크(flask) 안에서 일어나는 화학 변화를 관찰할 수 있고, 피펫(pipet)이나 뷰렛(buret)을 사용해서 용액의 부피를 측정할 수 있는 것이다. 밀러 실험에서 유리는 수소, 메테인, 암모니아 기체를 넣어 반응시키는 반응 용기로, 또 물을 담아 끓여서 수소, 메테인, 암모니아 기체와 섞여 순환하면서 반응하는 데 사용되었다. 수증기를 응축시키는 콘덴서도 유리로 만들어진다.

플라스크

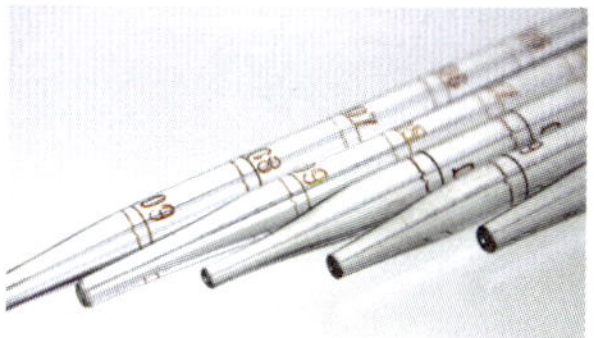
피펫

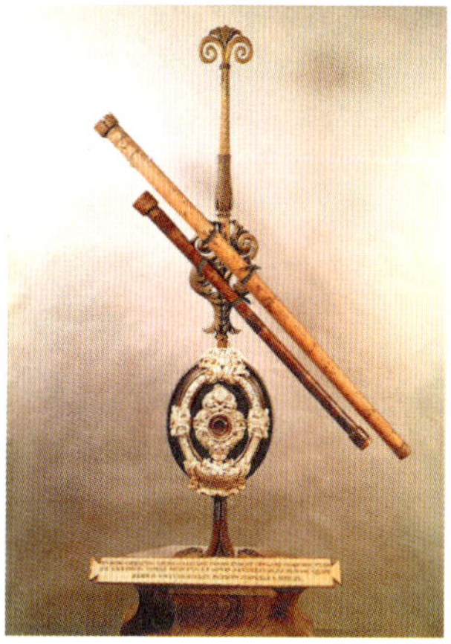
갈릴레이의 망원경

후크의 현미경

■ **그림 4-12** 인류는 유리를 사용하여 망원경과 현미경을 만들어서 인류 발전에 공헌하고 있다.

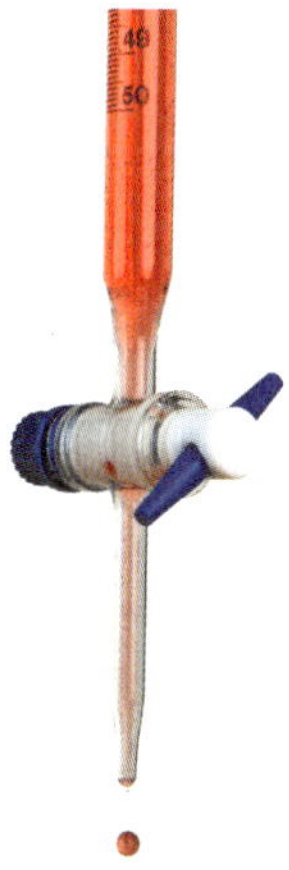
뷰렛

유리의 주성분은 이산화 규소(SiO_2)로, 상온에서 기체인 이산화탄소와 화학식 형태가 같다. 그런데 만일 SiO_2가 CO_2처럼 기체라면 유리를 만들 수 없는 것은 물론이고, 우리가 디디고 사는 지각 자체가 존재할 수 없게 된다. 앞에서 살펴본 대로 탄소가 산화되어 CO_2를 만드는 반응은 엔탈피는 감소하고 엔트로피는 증가하기 때문에 온도의 높고 낮음에 관계없이 항상 잘 일어난다. 만일 규소가 산화되는 반응도 탄소의 경우와 같이 일어난다면, 즉 규소가 산소와 이중 결합을 만들어서 SiO_2 분자로 존재할 수 있다면 아래의 가상적 반응도 모든 온도에서 자발적으로 일어날 것이다. 그렇게 되면 모든 SiO_2는 CO_2처럼 기체로 공기 중에 떠돌아다닐 것이므로 지각을 만들 수 없게 된다.

$Si(s) + O_2(g) \longrightarrow SiO_2$(g, 가상적) 규소의 산화
Si의 전기음성도 $1.9 <$ H의 2.1
안정한 Si—O 결합, 엔탈피 감소, 엔트로피 증가 예상됨
$\Delta H < 0$, $\Delta S > 0$ 온도에 관계없이 항상 자발적

그런데 규소는 산소와 이중 결합을 만들지 못해서 기체 상태의 SiO_2 분자로 존재할 수 없다. 대신 산화 규소는 Si—O 단일 결합이 3차원적으로 네트워크를 이룬 고체로 존재한다. 이처럼 생성물인 SiO_2는 고체이고, 이 SiO_2를 만드는 반응에서는 산소 기체가 사라지기 때문에 전체적으로 엔트로피가 감소한다. 따라서 실제로 일어나는 반응은 낮은 온도에서 자발적이다.

$Si(s) + O_2(g) \longrightarrow SiO_2(s)$ 규소의 산화
$\Delta H < 0$, $\Delta S < 0$ 낮은 온도에서 자발적

태초의 지구 표면은 뜨거운 마그마로 뒤덮여 있었다. 지구가 점점 식으면서 위의 반응에 따라 SiO_2가 만들어지고, SiO_2가 주성분인 지각이 생기고, 지각이 있기 때문에 바다도 생겨났다. 그리고 바닷물이 증발해서 바다 위의 대기에는 약간의 수증기가 들어 있게 되었고, 밀러 실험에 따르면 이 수증기의 산소가 아미노산의 —COOH기에 자리 잡게 된 셈이다.

■ **그림 4-13** 원시 지구의 진화 과정

체크 포인트

1. 물이 어는 경우는 다음 중 어디에 해당하는가?

$\Delta H < 0$	$\Delta S < 0$	낮은 온도에서 자발적
$\Delta H > 0$	$\Delta S > 0$	높은 온도에서 자발적

2. 얼음이 녹는 경우는 다음 중 어디에 해당하는가?

$\Delta H < 0$	$\Delta S < 0$	낮은 온도에서 자발적
$\Delta H > 0$	$\Delta S > 0$	높은 온도에서 자발적

토의 포인트

1. 지구 전체로는 철이 가장 풍부한 원소이지만 지구 표면의 철은 대부분 산화 철의 형태로 철광석에 들어 있어서 직접 사용할 수 없다. 산화 철에서 산소를 떼어내는 데는 어떤 방법들이 있을까? 또 어떤 방법이 가장 실용적일까?

4-5

화학 평형

밀러가 실험 장치에 수소, 메테인, 암모니아 기체를, 플라스크에는 물을 넣고 나서 플라스크를 가열하기 전의 상황을 생각해 보자. 온도는 25°C라고 하자. 진공 펌프로 플라스크의 공기를 다 빼내고 위의 기체들을 넣었다면 처음에는 혼합 기체에 수증기는 전혀 없었다고 볼 수 있다. 물이 증발하면서 실험 장치 내에 물 분자가 점차 늘어나고, 전체 기체 중에서 수증기의 분압도 증가할 것이다. 수증기의 분압이 어느 값에 도달하면 겉보기로는 아무 변화가 없는 상태가 된다.

분자 수준에서는 어떨까? 우리나라의 국민 일인당 연평균 소득이 몇 년째 2만 달러에 머물러 있다고 해서 모든 국민이 같은 부를 누리는 것도 아니고, 더구나 각자의 부가 일정하게 유지되는 것도 아니다. 개개인의 입장에서는 부가 늘기도 하고 줄어들기도 한다. 단지 전체적으로 평균값이 일정하다는 뜻이다. 이런 상태를 평형이라고 한다. 화학에서는 평형을 이해하고, 우리가 원하는 방향으로 평형을 이동하는 것이 중요하다.

●● 물의 상평형

수증기의 압력이 낮을 때는 물 분자 사이의 거리가 멀어서 충돌이 자주 일어나지 않는다. 충돌하는 물 분자들은 일단 쌍극자-쌍극자 힘으로 끌리고 충돌하고 나면 수소 결합으로 뭉쳐서 작은 물방울로 응축될 것이다. 그런데 이런 일이 일어나고 있는 동안에도 액체 물 표면에서는 증발이 계속된다. 그래서 한 동안은 증발이 응축보다 우세하다. 그러다가 어느 단계에 이르면 증발과 응축이 같은 속도로 일어나게 된다. 그때 수증기의 압력을 그 온도에서 **물의 증기압(vapor pressure)**이라고 한다. 25°C에서 물의 증기압은 0.0313기압이다.

25°C에서 물의 증기압이 0.0313기압일 때 공기 중 단위 부피당 질소 또는 산소 분자의 개수는 물 분자 개수의 몇 배 정도일까? 또 한 방향으로 볼 때 질소 또는 산소 분자 몇 개당 물 분자 1개가 있는 것일까?

질소와 산소 분자가 합해서 나타내는 압력은 1기압이고, 수증기가 나타내는 압력은 0.0313기압이므로 단위 부피당 질소 또는 산소 분자의 개수와 물 분자 개수의 비율은 아래와 같이 압력의 비율로 주어진다.

$$\text{3차원적 비율}: \frac{(N_2 + O_2)}{(H_2O)} = \frac{1\text{기압}}{0.0313\text{기압}} = \text{약 } 32$$

그런데 이 비율은 같은 부피의 공기에 들어 있는 분자들의 비율, 즉 3차원적 비율이다. 한 방향으로 보았을 때의 비율, 즉 1차원적 비율을 구하려면 세제곱근을 구하면 된다.

$$\text{1차원적 비율}: \frac{(N_2 + O_2)}{(H_2O)} = (32)^{\frac{1}{3}} = \text{약 } 3$$

눈앞의 공기를 질소-질소-산소-물-질소-질소-산소-물 식으로 상상해 보자. 그때 온도가 일정하게 유지되면 액체에서 기체로, 기체에서 액체로의 변화가 같은 속도로 일어나서 겉으로는 아무 변화가 없는 것 같이 보인다. 이런 상황을 **동적 평형(dynamic equilibrium)** 또는 **상평형(phase equilibrium)**이라고 한다. 예를 들면, 물과 얼음처럼 두 상태 사이에 서로 상대방 쪽으로 바뀌려는 평형을 들 수 있다. 평형 상태에서는 자유 에너지 변화가 0이다. 왜냐하면 평형에 도달하기 전에는 자유 에너지가 감소하는 방향으로 반응이 진행하지만, 평형에서는 자유 에너지가 감소하는 과정과 자유 에너지가 증가하는 과정이 균형을 이루기 때문이다.

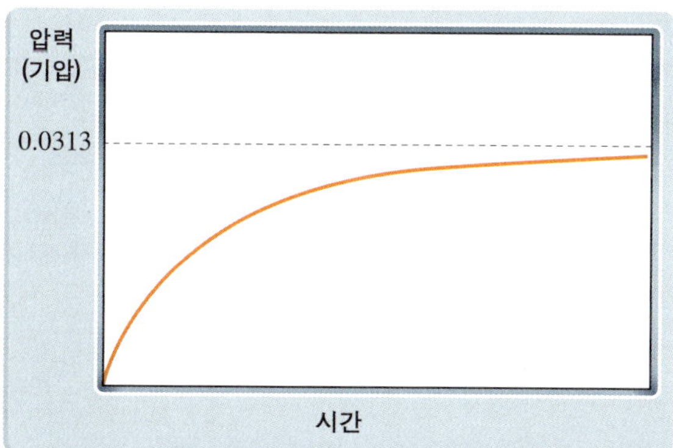

■ **그림 4-14** 25°C에서 물의 증기압

■ **그림 4-15** 물과 얼음처럼 두 상태 사이에서 서로 상대방 쪽으로 바뀌는 것을 동적 평형이라고 한다.

압력밥솥

이제 밀러가 플라스크에 들어 있는 물을 가열해서 100°C에 도달했다고 하자. 물론 그 사이에는 온도가 올라가면서 물의 증기압도 올라가고, 물 분자 사이의 거리도 가까워질 것이다. 물의 온도가 100°C에 도달하면 물의 증기압이 1기압에 도달한다. 그래서 기체 상태의 물 분자 사이의 거리가 약 3분의 1로 줄어들어서 1기압의 공기에서 질소나 산소 분자 사이의 거리와 같아진다. 대기압이 1기압인 상황에서라면 이때 물은 끓게 된다. 그런데 밀러 실험에서처럼 밀폐된 공간에서 물을 끓인다면 전체 기체의 압력이 1기압을 초과할 것이므로, 이때는 물이 100°C보다 약간 높은 온도에서 끓게 된다. 이것이 압력밥솥의 원리이다. 아무튼 물이 끓을 때도 낮은 온도에서 증발할 때와 마찬가지로 동적 평형이 이루어진다. 이것은 물이 얼고 얼음이 녹을 때도 마찬가지이다.

●● 화학 평형

하버(Fritz Haber, 1868~1934). 1918년 노벨 화학상.

이제는 화학 반응에서의 평형을 고려해 보자. 밀러 실험에서 암모니아를 사용한 것은 태초의 지구에서 생명이 처음 출발할 때 아미노산에 들어 있는 $-NH_2$기의 질소는 암모니아에서 올 수밖에 없다고 생각하였기 때문이다. 약 만 년 전에 인류가 농경을 시작하고 곡식을 생산하려고 할 때도 질소를 공급해야만 했다. 특히 약 100년 전에 세계 인구가 급격히 증가하면서 식량 문제를 해결하기 위해 질소 비료가 절실히 필요하게 되었다. 이때 하버-보쉬 법에 따라 수소와 질소로부터 합성한 암모니아가 인류에게 질소를 공급했다. 암모니아 합성을 통해 화학 반응에서의 평형을 생각해 보자.

$$N_2(g) + 3H_2(g) \longrightarrow 2NH_3(g)$$

질소와 수소를 적당한 비율로 섞어주고 적절한 반응 조건을 찾아서 위의 반응이 진행하도록 했다고 하자. 처음에는 자유 에너지가 감소하는 방향으로 이 반응이 진행해서 어느 정도의 암모니아가 만들어진다. 그런데 전기음성도 차이가 큰 질소와 수소가 결합하는 이 반응은 발열 반응이다. 그래서 어느 정도 온도가 올라가면 만들어진 암모니아가 분해한다. 암모니아가 분해하면 엔탈피가 증가하지만 엔트로피도 증가하기 때문에 높은 온도에서는 분해가 일어나는 것이다. 한편에서는 암모니아가 만들어지고, 다른 한편에서는 암모니아가 분해한다면 언젠가는 평형이 이루어질 것이다. 물의 상평형 경우에는 물 자체는 변화하지 않고 물의 상태만 바뀌었지만, 이 경우는 질소, 수소, 암모니아 사이의 변화이기 때문에 상평형이 아니라 **화학 평형**

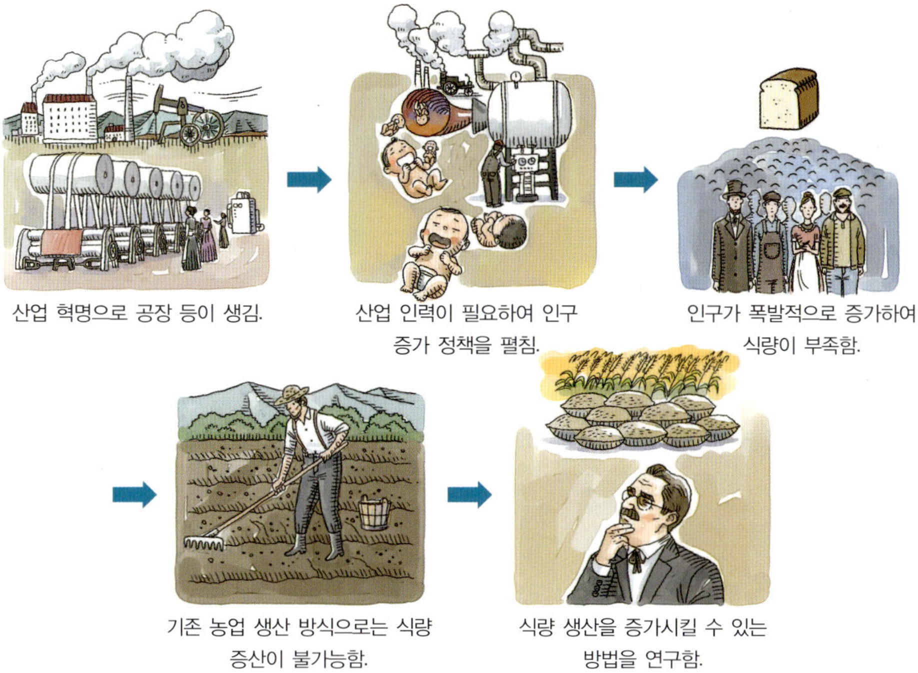

■ **그림 4-16** 비료를 만들게 된 배경

(chemical equilibrium) 이다.

화학 평형에는 침전 평형, 산-염기 평형, 착물 형성 평형 등의 여러 종류가 있다. 밀러가 만든 아미노산에 대해서는 산-염기 평형이 특히 중요한데, 산-염기 평형은 5장에서 자세히 다루기로 한다.

●● 르샤틀리에 원리

화학에서는 어떤 상태에서 평형이 이루어졌는지를 아는 것도 중요하지만, 어떻게 하면 원하는 방향으로 평형을 이동할 수 있는지가 더 중요하다. 그래야 원하는 물질을 만들 수 있거나 원하지 않는 물질을 줄일 수 있기 때문이다.

위의 암모니아 합성 반응이 평형에 도달했다고 하자. 이때 반응 시스템에 다음과 같은 변화를 주었다면 평형은 어떤 방향으로 이동할까?

1. 높은 온도

평형 상태에서 온도를 올리면 암모니아는 질소와 수소로 분해한다. 즉, **역반응 (reverse reaction)** 이 일어나는 것이다. 암모니아를 합성하는 **정반응 (forward reaction)** 은 발열 반응이기 때문에 반응식에서 생성물에 열을 추가하면 의미가 확실해진다.

$$N_2(g) + 3H_2(g) \longrightarrow 2NH_3(g) + \text{열}$$

온도를 올리는 것은 열을 가하는 것인데, 열을 가했더니 역반응이 일어난다는 것은 가해 준 열을 소모하는 방향으로 평형이 이동했다는 것을 뜻한다. 평형에 열이라는 스트레스를 가하면 가해 준 스트레스를 해소하는 방향으로 평형이 이동한다는 말이다.

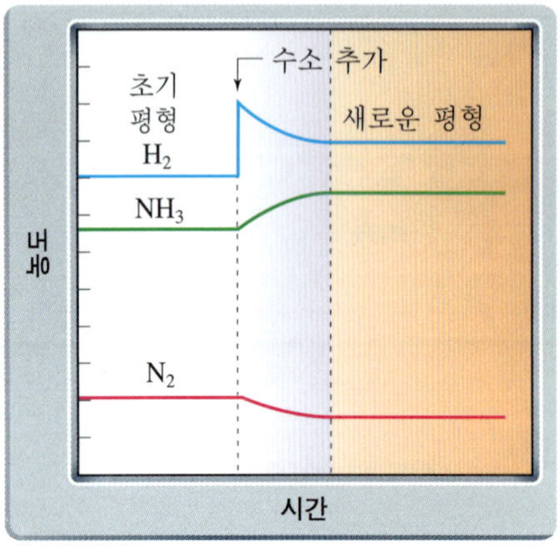

■ **그림 4-17** 암모니아 합성에 적용되는 르샤틀리에 원리

2. 높은 압력

평형 상태에서 압력을 올리면 질소와 수소의 양은 줄어들고 암모니아의 양은 늘어난다. 즉, 정반응이 더 일어나는 것이다. 암모니아 합성에서는 분자 수가 감소하기 때문에 압력이 줄어든다. 평형 상태에서 압력이라는 스트레스를 가하면 분자 수가 줄어서 가해 준 스트레스를 해소하는 방향으로 평형이 이동하는 것이다.

3. 반응물 추가

평형 상태에서 질소와 수소를 추가로 가하면 생성물인 암모니아가 늘어난다. 이 경우에도 반응물의 추가라는 스트레스를 가하면 생성물이 늘면서 반응물이 줄어 가해 준 스트레스가 해소된다.

4. 생성물 제거

암모니아의 수율을 높이는 또 하나의 방법은 합성된 암모니아를 제거하는 것이다. 다행히 암모니아는 끓는점이 −33°C라서 냉각을 통해 쉽게 액화할 수 있다. 액체 암모니아는 기체인 반응물로부터 쉽게 분리된다. 이 경우에도 생성물의 제거라는 스트레스를 가해서, 스트레스를 줄이는 방향으로 평형을 이동시켜 생성물을 늘리는 것이다.

르샤틀리에 (Henry Le Chatelier, 1850~1936)

19세기 말에 프랑스의 르샤틀리에는 화학 평형의 이동을 체계적으로 연구하고, 반응 시스템에 외부로부터 어떤 스트레스가 가해지면 그 스트레스를 해소하는 방향으로 평형이 이동한다는 사실을 발견했다. 이를 **르샤틀리에 원리 (Le Chatelier's principle)** 라고 한다. 르샤틀리에는 이 원리를 암모니아 합성에 적용해서 암모니아를 합성하는 최적의 조건을 찾으려고 노력했다. 1901년에 그는 200기압을 견디는 철제 반응 용기를 만들고, 600°C에서 암모니아 합성을 시도했다. 그러나 용기가 새는 바람에 용기는 폭발했고, 그는 암모니아 합성을 포기했다. 후에 하버가 암모니아 합성에 성공하고 노벨상을 수상하자, 르샤틀리에는 암모니아 합성을 포기한 것이 자신의 최대 실수였다고 말했다고 한다.

체크 포인트

1. 물과 얼음이 평형을 이루고 있을 때 온도를 낮추면 평형은 어느 방향으로 이동할까? 온도를 높이면 어떻게 될까?

2. 암모니아 합성에서 온도를 낮추면 평형은 어느 방향으로 이동할까? 압력을 낮추면 어떻게 될까?

토의 포인트

1. 상평형에서나 화학 평형에서나 평형이 이루어졌을 때 겉으로 보기에 아무 변화가 없다. 분자 수준에서는 어떨까?

탐구활동

전 세계의 연간 암모니아 생산량은 얼마나 될까?
우리나라의 연간 암모니아 생산량은 얼마나 될까?
전 세계적으로 연간 생산량이 가장 많은 단일 물질은 무엇일까?
이런 물질을 생산하기 위해 얼마나 많은 에너지가 사용될까?

4-6

반응 속도

지금까지는 결합 에너지, 자유 에너지 등의 관점에서 화학에서 에너지의 중요성을 알아보았다. 화학에서 에너지는 반응 속도라는 측면에서도 중요한 의미를 지닌다.

우리가 보통 속도라고 할 때는 달리기에서처럼 물체의 운동 속도를 말한다. 그런데 운동 속도는 시간에 따른 위치의 변화를 뜻한다. 화학 반응 속도에서는 시간에 따른 반응물이나 생성물의 양에 대한 변화를 다룬다. 밀러 실험에서 초기에는 아미노산의 양이 0이었다. 적당한 시간이 흐르면서 아미노산의 양이 증가해야 밀러의 실험이 성공을 거두는 것이다. 이처럼 화학에서는 반응 속도가 중요하다.

반응 속도에 관하여 밀러 논문에는 다음 문장이 나온다.

"이 과정을 진행하자 하루 만에 용액은 눈에 띄게 핑크색이 되었고, 일주일 후에는 짙은 붉은색을 띠면서 혼탁해졌다."

이 과정이란 물을 끓여 순환시키고 전기 방전을 통해 혼합 기체에 에너지를 공급하는 과정을 말한다. 하루 만에 용액 색이 바뀌었고, 일주일 후에 색이 진해졌다면 반응 시간과 반응의 진행 정도 사이에 밀접한 관계가 있다는 것을 알 수 있다.

우리 주위에서도 시간에 따라 변화를 감지할 수 있는 일이 많이 있다. 밥을 먹고 두세 시간이 지나면 슬슬 배가 고파지는 것은 먹은 음식이 소화되는 정도가 시간과 어느 정도 비례하기 때문이다. 겨울이 지나고 봄이 와서 날씨가 따뜻해지면 새싹이 돋아나고 꽃이 피는 것은, 온도가 높아지면 단위 시간당 반응이 많이 일어나서 세포 활동이 활발해지기 때문이다. 숨이 찰 때 잠깐 쉬면 원래 상태로 회복되는 것은 근육이나 두뇌 활동에 필수적인 ATP가 합성되는 속도가 빠르기 때문이다. 이 모든 과정에는 수초, 수시간 또는 수일 단위의 시간에 걸쳐 어떠한 변화(change)가 일어난다.

변화는 화학의 핵심이다. 원자나 분자가 그대로 있다면 그것은 화학이 아니다. 화학은 원자나 분자가 일정한 규칙에 따라 질서 있게 다양한 물질로 변화하는 것을 다루는 과학이다. 그런데 변화를 측정하고 어떤 방식으로 표현하려면 단위 시간당 일어나는 변화를 조사하고 식이나 그래프로 나타내야 한다. 따라서 화학에서 반응의 속도(reaction rate)를 조사하려면 어떤 변화하는 양을 선택해서 시간이 흐름에 따라 그 양이 어떻게 달라지는지를 측정해야 할 것이다.

밀러가 실험을 진행하면서 시간에 따라 측정하고 싶었던 변화하는 양은 무엇이었을까? 물론 수소, 메테인, 암모니아, 물 모두 반응에 참여할 것으로 생각되므로 이들이 감소하는 과정을 관찰할 수 있다면 좋을 것이다. 그러나 이 네 가지 물질은 모두 기체 상태에서는 눈에 보이지 않아서 변화를 알아내기 어렵다. 뿐만 아니라 이들은 모두 과량으로 들어 있고 넣어 준 양의 아주 일부만이 다른 물질로 변화할 것으로 예상되기 때문에 약간의 감소는 잡아내기 어려울 것이다.

밀러가 가장 측정하고 싶었던 것은 만들어진 아미노산의 양이었을 것이다. 그런데 아미노산에는 20종류가 있기 때문에 어떤 아미노산이 생길지도 알 수 없다. 아마도 밀러는 가장 간단한 글라이신이나 그 다음으로 간단한 알라닌을 기대했을지 모른다.

■ **그림 4-18** 밥을 먹은 후 시간이 지나면 배가 고파지는데, 이것은 먹은 음식이 소화되는 정도가 시간과 어느 정도 비례하기 때문이다.

(a) (b)

■ **그림 4-19** (a) 여러 화합물들의 다양한 색. (b) 아름다운 색깔을 나타내는 꽃.

그런데 글라이신이나 알라닌이 만들어졌다고 해도 둘 다 물에 잘 녹고 무색이기 때문에 만들어졌는지, 만들어졌다고 해도 얼마나 만들어졌는지 알 수 없다.

다행히 글라이신이나 알라닌은 무색이더라도 다른 많은 화합물은 색을 나타낸다. 잠깐 주위를 둘러보아도 우리 주위의 많은 물질이 색을 나타내고 있음을 알 수 있다. 식물의 엽록소나 꽃잎의 색소 같은 천연 색소도 있고, 다양한 인공 염료도 있다. 이처럼 여러 가지 화합물이 다양한 색을 나타내는 것은 화합물의 구조에 따라 흡수하는 빛의 파장이 약간씩 다르기 때문이다.

"화합물의 구조, 흡수되는 빛의 파장, 화합물이 나타내는 색을 이어주는 연결 고리는 전자이다. 옥텟 규칙에 따라 원자들을 결합해 주는 것도 전자이고, 화합물의 구조와 에너지 상태를 결정하는 것도 전자이고, 특정한 파장 범위의 빛을 흡수하게 하는 것도 전자이기 때문이다. 그래서 수소, 메테인, 암모니아, 물과 같이 무색인 라디칼로 해체되었다가 다시 모여서 어떤 특정한 물질을 만들면 색을 나타내게 되는 것이다."

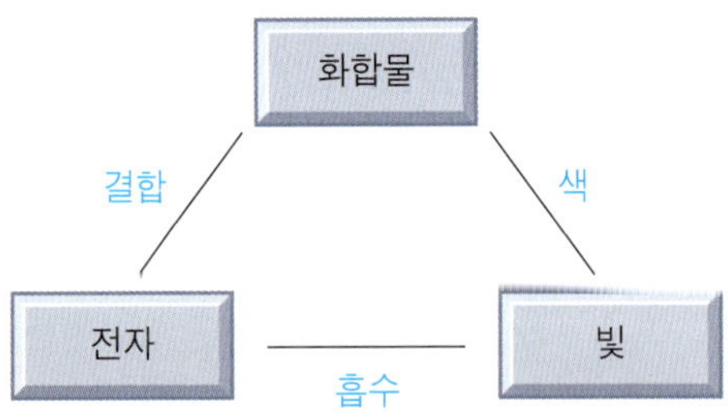

밀러는 나중에 종이 크로마토그래피를 통해서 몇 가지 아미노산이 만들어진 것을 확인했다. 그러나 하루 만에 용액이 눈에 띄게 핑크색이 된 것을 보고 밀러는 일단 전기 방전을 통해 어떤 화학 변화가 일어난 것을 확신할 수 있었을 것이다. 그리고 아미노산이 만들어졌을지도 모른다는 기대를 가졌을 것이다. 일주일 후에는 짙은 붉은색을 띠면서 혼탁해진 것을 보고는 반응이 더욱 진행한 것을 알았고, 그렇다면 원하는 아미노산이 만들어졌을지도 모른다는 기대는 더욱 커졌을 것이다.

이 경우에 반응 속도를 어떻게 정량적으로 나타낼 수 있을까? 모든 아미노산의 중심에는 탄소가 자리 잡고 있으므로, 아미노산이 만들어지면 메테인의 농도가 줄어들

■ **그림 4-20** 반응 속도는 반응물의 농도에 비례하는 경우가 많다.

것은 틀림없다. 그래서 일단 반응 속도를 Δt만한 시간 동안 감소한 메테인의 농도, $\Delta[M]$로 표시할 수 있다. 마이너스 부호는 감소를 나타낸다.

$$반응\ 속도 = -\frac{\Delta[M]}{\Delta t}$$

이 반응 속도를 매 순간에 남아 있는 메테인 농도의 함수로 나타내면 시간이 흐르면서 메테인의 농도가 어떻게 변화하는지 알 수 있게 된다.

일반적으로 반응물이 많을수록 반응은 많이 일어날 것이다. 실제로 반응 속도가 반응물의 농도에 비례하는 경우가 많이 있다. 반응물의 농도를 $[A]$라고 한다면 반응 속도는 다음과 같이 나타낼 수 있다.

$$반응\ 속도 = -\frac{\Delta[A]}{\Delta t} = k[A]$$

여기서 k는 비례 상수로서 **속도 상수(rate constant)**라고 한다. 그리고 위에서처럼 반응 속도가 반응물의 농도에 1차적으로 비례하는 반응을 **1차 반응(first order reaction)**이라고 한다.

1차 반응에서 시간이 흐르면 반응 속도는 어떻게 바뀔까? 시간이 흐르면 반응 물질이 줄어들고, 따라서 반응 속도도 줄어들 것이다. 이런 반응에서 반응 물질의 농도는 핵분열에 의한 핵붕괴의 예에서 볼 수 있듯이 지수 함수적으로 감소한다. 스트론튬(strontium, Sr)-90의 핵붕괴는 다음과 같이 나타낼 수 있다.

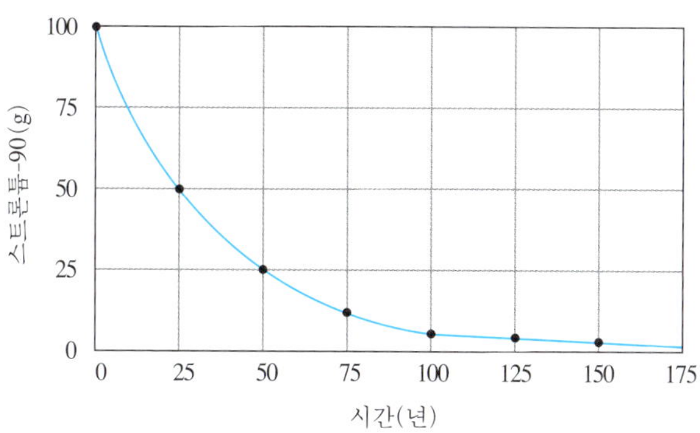

원자 폭탄이 터질 때 나오는 재 속에 스트론튬-90이 포함되어 있다.

이 경우 시간에 따른 스트론튬-90의 질량 변화는 다음 식으로 나타낼 수 있다. $[S]_0$는 초기 질량, $[S]_t$는 시간이 t일 때의 질량이다.

$$[S]_t = [S]_0 \exp(-kt)$$

1차 반응에서 처음 농도가 반으로 줄어드는 데 걸리는 시간을 **반감기(half-life)**라 부르고, $t_{1/2}$로 나타낸다. 스트론튬-90 붕괴의 경우에는 반감기가 25년인 셈이다. 속도 상수 k가 클수록 반감기는 짧을 것이다. 둘 사이에는 다음 관계가 성립한다.

$$t_{1/2} = \frac{0.693}{k}$$

현재 지구 상에서 발견된 가장 오래된 암석의 나이는 41억 년으로 추정된다. 한편 가장 오래된 생명체의 화석이 들어 있는 암석의 나이는 35억 년 정도이다. 이러한 암석의 나이는 우라늄 동위원소(U-238, U-235)가 납(Pb-206, Pb-207)으로 붕괴한 결과 현재 암석에 들어 있는 이들 동위원소의 양을 측정해서 결정된다. U-238과 U-235의 붕괴는 1차 반응이고, 반감기가 알려져 있기 때문에 이들 동위원소를 분석하면 반감기로부터 나이를 계산할 수 있는 것이다. 밀러가 관심을 가졌던 화학적 진화가 일어난 시기가 대략 40억 년 전이라고 생각되는 것은 이처럼 방사능 붕괴를 통하여 지구의 나이와 생명체 화석의 나이를 추정할 수 있었기 때문이다.

체크 포인트

1. 단위 시간당 어떤 생성물의 양이 증가하는 속도를 반응 속도라고 한다면, 생성물이 분해되는 경우에는 반응 속도를 구하기 위해서 생성 속도에서 분해 속도를 빼야 할 것이다. 2장에서 살펴본 우주의 분자 분포에 관하여 틀린 것은?
   ① 우주에 수소 분자가 풍부한 것은 일단 반응물인 수소 원자가 풍부하기 때문이다.
   ② 우주에 수소 분자가 풍부한 또 하나의 이유는 H−H 결합이 아주 강해서 별빛의 에너지로는 쉽게 깨지지 않기 때문이다.
   ③ 우주에 CO 분자가 풍부한 것은 수소보다는 적지만 탄소와 산소도 상당히 풍부하기 때문이다.
   ④ 우주에 CO 분자가 풍부한 또 하나의 이유는 C−O 결합은 삼중 결합이어서 별빛의 에너지로는 쉽게 깨지지 않기 때문이다.
   ⑤ 우주에서 물이 풍부한 것은 수소와 산소가 모두 풍부하기 때문이다.

토의 포인트

1. 우리 주위에서 찾아볼 수 있는 1차 반응에는 어떤 것이 있을까?

4-7

활성화 에너지

대부분의 화학 반응은 높은 온도에서 잘 일어난다. 우리가 체온을 37°C 정도로 유지하는 것도 세포 활동에 관련된 반응들이 상온에서는 잘 일어나지 않기 때문이다. 밀러 실험에서도 물을 끓인 것은 수용액에서의 반응을 촉진시키는 효과가 있었을 것이다. 그런데 왜 일반적으로 화학 반응은 높은 온도에서 잘 일어날까?

그러고 보면 1장에서 살펴본 대로 별의 내부에서 핵융합 반응으로 무거운 원소들이 만들어질 때도 양전하 사이의 반발에 의한 에너지 장벽을 극복해야만 했다. 그때의 장벽을 넘기 위해서는 수천만 도, 수억 도에 해당하는 에너지가 필요했다. 그에 비하면 화학 반응의 에너지 장벽은 아무 것도 아니다. 그래서 다행히도 지구 상의 온화한 환경에서 생명이 태어나고 번영할 수 있는 것이다.

우리는 앞에서 깁스 자유 에너지와 관련해서 많은 경우에 온도를 높이면 반응이 많이 진행하는 것을 알아보았다. 즉, 높은 온도는 "반응의 정도(extent of reaction)"와 관련이 있는 것이다. 그런데 반응이 아무리 많이 일어나더라도 무한정 오래 기다려야 한다면 곤란할 것이다. 다행히 대부분의 반응은 높은 온도에서 빨리 일어난다. 그러므로 높은 온도가 필요한 두 번째 이유는 "반응의 속도(rate of reaction)"를 높이기 위해서인 것이다.

●● 활성화 에너지와 전이 상태

태양 에너지를 사용해서 물을 수소와 산소로 분해하는 반응은 대단히 유용하고 매력적인 반응이다. 이 반응은 수소가 산소와 폭발적으로 반응해서 물이 되는 반응의 반대 방향이다. 이때 (1)의 반응을 정반응이라고 한다면 (2)의 반응은 역반응이 된다. 물론 (2)가 정반응이라면 (1)이 역반응이 될 것이다.

$$H_2 + \frac{1}{2}O_2 \longrightarrow H_2O \qquad (\Delta H^\circ = -286\ \text{kJ/mol}) \qquad (1)$$

$$H_2O \longrightarrow H_2 + \frac{1}{2}O_2 \qquad (\Delta H^\circ = 286\ \text{kJ/mol}) \qquad (2)$$

그런데 (1)의 반응은 일단 시작되면 많은 에너지(물 1몰당 286 kJ)를 내면서 폭발적으로 진행되지만, 수소와 산소를 섞어 주고 그대로 두면 거의 변화를 감지할 수 없을 정도로 느리게 일어난다. 그 이유는 수소 분자와 산소 분자의 결합이 깨져야 재결합이 일어나서 물 분자가 만들어지기 때문에 결합을 깨는 데 필요한 에너지를 초기에 외부로부터 공급해 주어야 하기 때문이다. 밀러 실험에서도 전기 방전을 해 주지 않았다면 아미노산은 만들어지지 않았을 것이다.

물을 가두고 있는 댐

이러한 상황은 마치 댐에 물이 갇혀 있듯이 반응물과 생성물 사이에 넘어야 할 **에너지 장벽(energy barrier)**이 있는 것으로 볼 수 있다. 공기의 21%가 산소인 것을 생각하면 만일 이러한 에너지 장벽이 없다면 세상은 온통 불바다가 되었을지도 모른다. 반응물이 이 장벽을 넘을 수 있는 에너지를 가진 경우 반응이 활성화된다는 의미에서 에너지 장벽은 **활성화 에너지(activation energy, E_a)**라고도 한다.

수소의 연소처럼 엔탈피 변화가 큰, 즉 발열량이 큰 경우에는 반응의 결과로 나온 열이 주위의 수소에게 활성화 에너지를 제공하여 반응이 연쇄적으로 일어나기 때문에 반응이 폭발적이다. 우리 주위에서도 가끔 일어나는 가스 폭발 사고 뿐만 아니라 일상생활에서 도시가스로 취사를 하는 경우, 휘발유로 자동차를 움직이는 경우 등은 모두 반응열로 에너지 장벽을 넘는 연쇄 반응의 예들이다.

반응물들은 어떻게 에너지 장벽을 넘을 수 있을까? 산소 분자가 수소 분자에 접근하면 전기음성도가 높은 산소는 전기음성도가 낮은 수소로부터 전자를 끌어당긴다. H_2에서는 2개의 수소 원자가 전자를 공유하여 결합을 이루고 있었는데 일부 전자를 산소에게 빼앗기면 결합이 약해질 것이다.

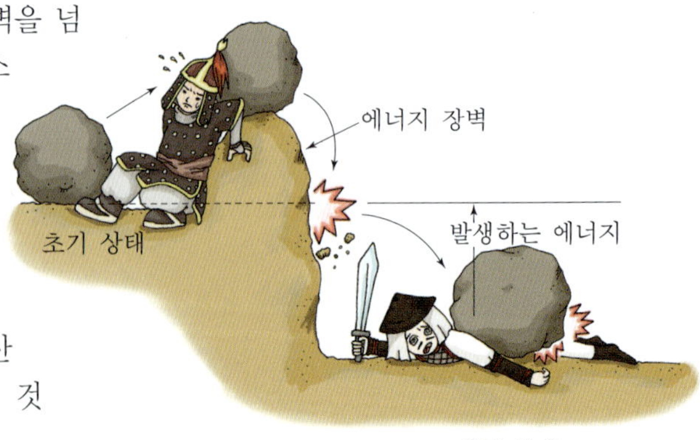

■ **그림 4-21** 자동차가 주행을 할 수 있는 것도 반응열을 사용해서 반응물이 에너지 장벽을 넘어 생성물이 되고, 이때 나오는 열이 다시 주위의 반응물이 에너지 장벽을 넘는 데 사용되는 식으로 계속 반응이 진행되기 때문이다.

한편 O_2에서는 2개의 산소 원자가 이중 결합을 이루었지만 둘 다 전기음성도가 높은 산소이므로 둘 다 전자가 아쉬운 상황이다. 이때 한 산소 원자가 수소로부터 전자를 끌어당겨 부분적인 결합을 이루면 산소-산소 결합은 약화되고, 경우에 따라서는 결합이 끊어질 것이다. 반대쪽에서 수소-수소 결합도 끊어지면 결과적으로 OH 라디칼(·OH)과 수소 원자, 산소 원자가 생긴다. 수소 원자(H·)와 산소 원자(O·)도 라디칼이다. OH 라디칼이 수소 원자와 만나면 물이 되고, 수소 분자와 만나면 물과 수소 원자를 만들 것이다.

$$\mathrm{O{=}O + H{-}H \longrightarrow O{\cdot\cdot}O{\cdot\cdot}H{\cdot\cdot}H \longrightarrow O\cdot\ +\ \cdot O{-}H + H\cdot \longrightarrow H{-}O{-}H + O\cdot}$$

이처럼 반응물에서 생성물로 바뀌는 과정에서 분자의 구조는, 처음에는 반응물을 닮은 구조에서 나중에는 생성물을 닮은 구조로 서서히 바뀌어 나갈 것으로 짐작할 수 있다. 따라서 이러한 반응이 진행되고 있는 중간 단계의 화합물은 반응물도 아니고 생성물도 아닌 매우 불안정한 상태가 되는데, 이를 **전이 상태(transition state)**라고 한다. 이러한 전이 상태는 에너지 면에서는 불안하면서 분자의 구조적인 측면에서 보면 반응물의 결합이 깨지고, 생성물의 결합이 만들어지는 중간 과정이기 때문에 양쪽의 구조적 특성을 일부씩이나마 가지고 있다.

밀러 실험에서 아미노산들이 만들어지고, 또 나중에 아미노산들로부터 단백질이 만들어지고, 나아가서 단백질이 생명에 핵심인 효소 작용을 하는 데에도 수많은 전이 상태가 존재할 것이다.

반응물 입장에서 보면 불안정한 전이 상태를 넘어 생성물로 가기 위해서는 적어도 전이 상태에 해당하는 만큼의 에너지를 외부에서 가해서 분자들을 활성화시켜 주어야 하는데, 이와 같이 전이 상태를 넘을 수 있도록 가해 주는 최소한의 외부 에너지가 활성화 에너지인 것이다.

만약 전이 상태가 없다면 활성화 에너지는 생성물을 만들기 위해 필요한 반응물의 모든 결합을 깨는 에너지가 되는데, 그 이유는 전이 상태가 없으므로 반응이 진행하

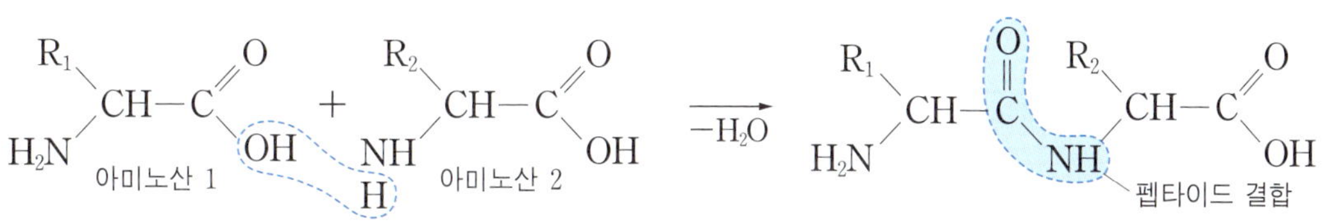

■ **그림 4-22** 아미노산이 결합하여 단백질을 만드는 예

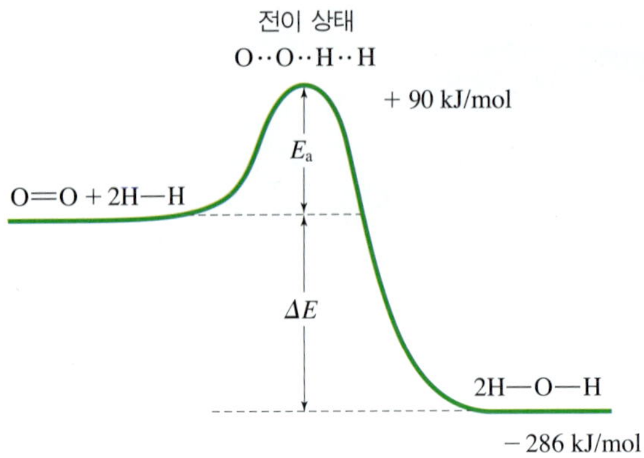

■ **그림 4-23** 수소와 산소가 반응해서 물이 되는 과정에서 거쳐 가는 불안정한 전이 상태

기 위해서는 설사 나중에는 재조합을 하더라도 일단은 생성물을 만들기 위해 필요한 반응물의 모든 결합을 깨야 하기 때문이다. 그러나 같은 반응이라도 만약 전이 상태를 거친다면 일반적으로 활성화 에너지는 결합을 깨는 데 필요한 에너지의 10~20%에 지나지 않는다. 그 이유는 깨야 할 결합에 에너지를 사용하는 동시에 또다른 결합을 만들어 나가기 때문에, 에너지를 쓰기만 하는 것이 아니라 만들기도 하면서 반응이 진행되기 때문이다. 따라서 중단 단계를 지나가기 위해 굳이 깨야 할 모든 결합을 모두 깨놓고 시작할 필요가 없다.

그러고 보면 (1)의 반응이 일어나기 위해서는 반드시 몰당 436 kJ의 에너지를 공급해서 수소의 결합을 깨거나, 몰당 496 kJ의 에너지를 공급해서 산소의 결합을 깨야 하는 것은 아니다. 여기서 핵심은 O−H의 부분 결합을 만들면서 H−H, O=O 결합을 느슨하게 만드는 과정이다. 팔라듐(palladium, Pd)과 같은 전이 금속 표면에서 일어나는 이 과정의 활성화 에너지는 몰당 90 kJ 정도로 알려졌다. (1)의 정반응의 활성화 에너지가 90 kJ/mol이라면 물이 분해되는 역반응의 활성화 에너지는 약 380 kJ/mol로 4배 이상이고, 그래서 물의 분해는 쉽지 않을 것이다.

●● 온도와 반응 속도

화학 반응이 분자 사이에 충돌이 있어야 일어나고, 뿐만 아니라 반응물과 생성물 사이에 넘어야 할 에너지 장벽이 있다면, 일반적으로 높은 온도에서 반응이 빨리 일어나리라는 것은 쉽게 짐작할 수 있다. 높은 온도에서는 높은 에너지를 가지는 분자들의 비율이 높기 때문에, 에너지 장벽을 넘어서 반응을 일으킬 수 있는 분자들이 많

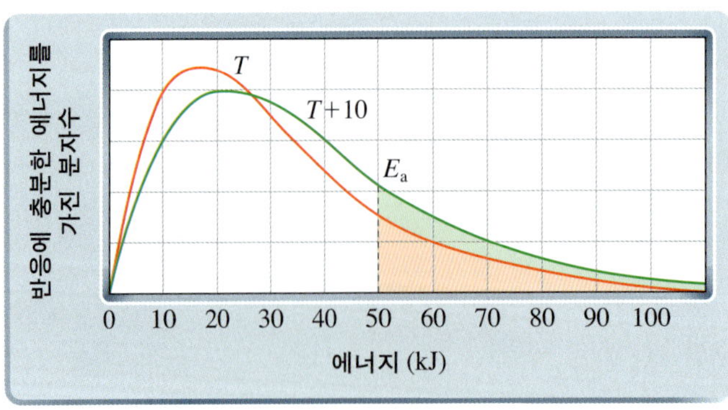

■ **그림 4-24** 온도에 따른 반응 속도의 변화

항온 동물

변온 동물

■ **그림 4-25** 항온 동물과 변온 동물의 예

아지기 때문이다. 실제로 우리 주위에서도 그런 경우를 쉽게 찾아볼 수 있다.

사람 같은 항온 동물은 일정한 체온을 유지해서 주위의 온도 변화에 상관없이 체내에서의 화학 반응 속도를 일정하게 유지한다. 반면 변온 동물은 날씨가 추워지면 체온도 내려가서 대사 등의 생명 활동에 필요한 반응의 속도가 떨어지기 때문에 동면을 하거나 활동을 크게 줄인다. 냉장고에서 식품이 오래 저장되는 것도 숙성, 부패 등에 관련된 반응 속도가 낮아지기 때문이다. 흔히 온도가 10°C 올라가면 반응 속도가 두 배 빨라진다고 한다. 방안의 온도가 24°C이라면 내부 온도가 4°C인 냉장고에서는 식품을 4배 정도 오래 저장할 수 있을 것이다.

냉장고

여러 가지 실험 결과에 근거하여 1889년에 아레니우스는 다음과 같은 반응 속도 상수와 온도의 관계를 제안했다.

$$k = Ae^{-E_a/RT}$$

여기서 E_a는 활성화 에너지, R은 기체 상수이고, A는 k와 단위가 같은 상수이다. 양변에 자연대수를 취하면

$$\ln k = \ln A - E_a/RT$$

가 얻어진다. 여러 온도에서 속도 상수를 측정하고 $\ln k$를 $1/T$에 대해서 그래프를 그리면 대부분의 경우에 대략적인 직선이 얻어진다. 직선의 기울기로부터 E_a를, 절편으로부터 A를 구할 수 있다.

A는 충돌 횟수와 충돌 방향에 관한 상수이다. 나무를 쪼갤 때도 나무의 결과 치는 방향이 맞아야 나무가 쪼개지듯이 화학 반응에서도 분자들이 적절한 방향에서 충돌해야 생성물이 얻어진다.

장작 쪼개기

아레니우스 식으로부터 반응 속도에 대한 온도의 영향을 생각해 보자. 온도가 높아지면 정반응과 역반응의 속도가 모두 빨라지지만, 활성화 에너지가 낮은 정반응에서 그 효과가 훨씬 더 크게 나타나기 때문에 전체 반응의 속도가 증가할 것이다. 다시 말해서 높은 온도에서는 정반응의 에너지 장벽을 넘을 수 있는 에너지를 가진 반

응물의 비율이 크게 증가하는데, 그에 비해 에너지 장벽이 훨씬 높은 역반응의 경우에는 그 효과가 크지 않다.

체크 포인트

1. 발열 반응에서는 정반응과 역반응 중에서 어느 쪽이 활성화 에너지가 클까?
2. 발열 반응에서 열을 가하면 평형이 어느 쪽으로 이동할까?
3. 흡열 반응에서는 정반응과 역반응 중에서 어느 쪽이 활성화 에너지가 클까?
4. 흡열 반응에서 열을 가하면 평형이 어느 쪽으로 이동할까?

토의 포인트

1. 상온에서 온도가 10°C 올라갈 때 반응 속도가 두 배 빨라진다면 활성화 에너지는 얼마인 셈인가?

4-8

촉매 반응

밀러가 관심을 가진 아미노산이 중요한 것은 아미노산들로부터 난백질이 만들어지기 때문이고, 단백질이 중요한 것은 단백질이 무엇보다도 생명에 핵심인 효소(enzyme) 작용을 하기 때문이다. 그런데 대부분의 효소는 단백질로 이루어진 촉매이다. 김치나 치즈 같은 발효 식품이나 우리가 생명을 유지하는 것도 모두 효소 작용의 결과이다.

최근에 인류의 최고 발명품 50가지가 발표되었는데, 그중 1위는 인터넷이 차지했다. 그런데 놀랍게도 인류의 최고 발명품에 빵이 포함되었다. 밀가루 반죽에 누룩을 넣고 적당한 온도에서 발효하면 효소 작용으로 이산화탄소가 발생하고 반죽이 부풀어 오른다. 이것을 구우면 맛있고 말랑한 빵이 되는 것이다. 로마 제국에서는 저소득층은 무상으로 밀 배급을 받았다고 한다. 최소한의 빵이 팍스 로마나, 즉 로마의 평화와 번영의 기반이 되었던 것이다.

■ **그림 4-26** 자동차 공장에서 로봇은 정촉매의 역할을 한다.

베르셀리우스(Jons Jacob Berzelius, 1779~1848)

오스트발트 (Friedrich Wilhelm Ostwald, 1853~1932). 1909년 노벨 화학상.

수많은 화학 반응에서 자신은 바뀌지 않으면서 반응을 빠르게 하거나 느리게 하는 물질을 **촉매**(**catalyst**)라고 한다. 촉매에는 반응 속도를 증가시키는 **정촉매**(**positive catalyst**)와 반대로 반응 속도를 감소시키는 **부촉매**(**negative catalyst**)가 있지만, 대부분의 경우에 우리는 반응 속도를 증가시키는 정촉매에 관심을 가진다. 정촉매는 자동차 공장에서 부품들을 조립하는 로봇을 생각하면 좋을 것이다. 로봇은 조립이 목적으로 조립 과정에서 자동차에 끼어 들어가면 안 된다. 마찬가지로 촉매도 반응물들을 붙잡아서 반응이 잘 일어나도록 해 주고는 생성물은 내보내고 다시 같은 동작을 반복한다. 우리 몸에서도 매 순간 수천 가지의 촉매가 생화학 반응이 일어나도록 해 주고 있다.

촉매의 중요성은 이미 19세기에 알려졌다. 촉매라는 말은 1836년에 스웨덴의 베르셀리우스가 처음 사용했다고 한다. 그 후 1880년대부터 오스트발트가 촉매 반응을 체계적으로 연구했고, 오늘날도 촉매 연구는 화학의 중요한 분야이다. 오스트발트는 촉매 연구로 1909년 노벨 화학상을 수상했다.

효소 반응

촉매에는 여러 종류가 있지만 세포 내에서 생명 활동에 필요한 반응들을 촉진시키는 **효소 촉매**(**enzyme catalyst**)는 특히 흥미롭다. 인류는 수천 년 전부터 알코올 발효(alcohol fermentation)를 일으켜 포도주, 맥주, 막걸리 등 술을 빚어 왔다. 포도주를 만들 때는 포도 껍질에 있는 곰팡이의 효소 작용을 이용한다. 이처럼 곡식이나 과일이 술로 바뀌는 과정에는 효모나 곰팡이 같은 생명체가 필요한 것처럼 보였다. 1878년에 퀸(Kuhne)은 이런 작용을 설명하기 위하여 "효모 안에 들어 있는"이라는

■ **그림 4-27** 효소를 이용한 음식들

의미에서 'enzyme'이라는 말을 처음 사용했다. 그런데 독일의 뷰흐너는 효모를 파괴하고 내용물을 추출하여 얻은 추출물이 플라스크 안에서 발효를 일으키는 것을 증명했다. 필요한 것은 생명체의 생명력이 아니라 효모에 들어 있는 어떤 물질이었던 것이다.

뷰흐너(Eduard Buchner, 1860~1917). 1907년 노벨 화학상.

뷰흐너는 뮤니히 대학의 바이에르(Baeyer, 인디고 등 염료 합성으로 1905년 노벨 화학상 수상) 밑에서 수학했는데, 효모에 의한 발효 연구는 그때 시작된 것이었다. 그는 효모를 유리와 함께 갈아서 세포를 분쇄하고 추출물을 눌러 짜서 얻은 즙(press juice)도 공기가 있든 없든 상관없이 알코올 발효를 일으키는 것을 보여 주었다. 현미경으로 이 즙을 조사해도 효모는 보이지 않았다. 뷰흐너의 발견을 통해 생명체에서 일어나는 반응이나 무생물에서 일어나는 반응이나 근본적으로 같은 화학 반응이라는 점이 확실해졌다.

효소는 DNA의 복제, DNA로부터 RNA의 합성, RNA로부터 단백질의 합성, 세포 기능의 조절 등 여러 반응에 관여하지만, 유전 정보로부터 만들어지는 단백질 중 많은 부분은 대사에 관련된 효소들이다. 세포 활동을 위해서는 수천 가지의 생화학 반응들이 일어나야 하는데, 이들은 모두 효소의 촉매 작용을 필요로 하기 때문이다. 예를 들어, 음식을 먹으면 다이아스테이스(diastase)가 녹말을 분해하고, 라이페이스(lipase)는 지방을 분해한다. 단백질 분해 효소에는 펩신(pepsin), 트립신(trypsin), 카이모트립신(chymotrypsin) 등이 있다.

우리 몸에서 중요한 역할을 하는 단백질 중에는 캐털레이스(catalase)라는 효소가 있다. 현재 지구 환경은 상당히 산화성이다. 우리도 음식을 소화시키고 산화해서 에너지를 얻기 때문에 산화 작용의 부산물인 활성 산소(reactive oxygen species)에 노출되고 있다. 그리고 이런 활성 산소는 노화와 여러 가지 질병의 원인이 되기도 한다. 그래서 세포는 활성 산소를 제거하기 위하여 캐털레이스를 가지고 있다. 캐털레이스는 과산화수소를 물과 산소로 분해하는 중요한 효소로서, 반응 속도가 가장 빠른 효소 중의 하나로 알려졌다. 캐털레이스 한 분자는 1초당 약 4천만 분자의 과산화수소를 분해한다.

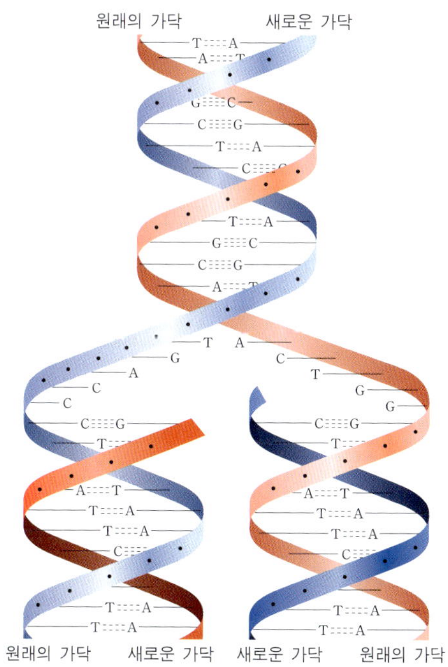

■ **그림 4-28** 복제 중인 DNA

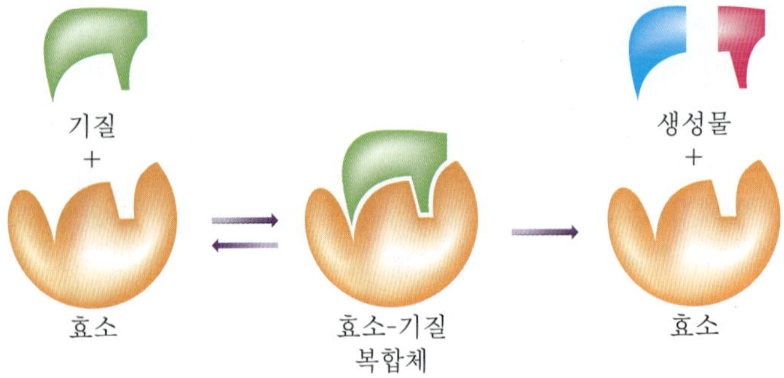

■ **그림 4-29** 효소 작용의 기본 도식

모든 효소의 작용을 그림 4-29와 같이 일반화해서 이해할 수 있다. 효소에는 기질이 결합할 수 있는 특정한 3차원적 구조를 가진 **결합 부위(binding site)**가 있다. 효소의 특징은 특정한 반응에 대해서만 촉매 작용을 하는 특이성(specificity)에 있다. 예를 들면, 녹말을 가수분해하는 아밀레이스(amylase)는 셀룰로스는 가수분해하지 못한다. 그래서 사람은 풀을 먹고 살 수 없는 것이다. 이런 특이성을 피셔(Emil Fisher, 1852~1919, 1902년 노벨 화학상)는 결합 부위에서 열쇠(key)와 자물쇠(lock)의 관계로 설명했다. 결국 효소는 효소 반응의 활성화 에너지를 낮추어서 반응이 적절한 온도에서 진행되도록 도와주는 촉매인 것이다.

●● 밀러 반응의 촉매

아미노산을 만드는 밀러의 반응은 비교적 온도와 압력이 높은 조건하에서 진행되었다. 그러나 밀러가 사용한 반응물인 메테인, 암모니아, 물 등은 온도와 압력이 아주 낮은 성간 공간에서 만들어졌을 것이다. 이러한 조건하에서, 예를 들어 메테인이 만들어지려면 탄소 원자에 수소 원자 4개가 하나씩 붙어나가는 과정을 거쳐야 한다. 그런데 성간 공간에서는 원자처럼 작은 입자가 충돌할 확률은 아주 낮다. 따라서 2개의 원자가 충돌하려고 해도 상당한 시간이 걸린다. 따라서 메테인과 같은 물질이 성간 공간에서 원자 사이의 직접 충돌을 통해 만들어졌을 가능성은 낮다고 믿어진다. 그보다는 작은 얼음 조각 표면에 원자들이 흡착되고, 흡착된 원자들이 얼음 조각 표면에서 이동하면서 서로 만나 결합을 이루었다고 생각된다. 이 경우에는 얼음 조각 표면이 촉매로 작용하는 셈이다.

밀러가 사용한 암모니아를 합성하는 하버-보쉬 공정에서도 철을 포함하는 촉매가 핵심 역할을 한다. 앞에서 살펴본 대로 온도와 압력 조건이 맞다고 하더라도 촉매 없이는 암모니아를 효율적으로 합성할 수 없다.

그렇다면 밀러의 반응에서 아미노산이 만들어지는 과정 자체에도 촉매가 필요하지 않았을까? 밀러는 의도적으로 어떤 촉매를 사용하지는 않았다. 그런데 밀러의 다음 문장은 밀러의 아미노산 합성에서 촉매가 작용하지 않았을까 생각해 보게 한다.

"일주일 후에는 용액이 짙은 붉은색을 띠면서 혼탁해졌다."

이어서 다음과 같이 말했다.

"혼탁한 주된 이유는 유리에서 나온 콜로이드 상태의 실리카 때문이었다."

구름

연기

우유

■ **그림 4-30** 일상생활에서 볼 수 있는 콜로이드의 예

암모니아나 아미노산이 녹은 물은 투명하다. 큰 아미노산이라고 해도 분자의 지름이 1 nm를 넘지 못한다. 가시광선의 파장은 400~700 nm 범위에 들어가기 때문에 이런 작은 분자는 빛의 진행을 방해하지 못하고, 그래서 대부분의 용액은 투명한 것이다. 그런데 우리 주위에는 우유나 안개, 구름, 연기 등처럼 작은 입자들이 액체나 기체에 섞여 균일하게 떠돌아다니는 경우가 있다. 이런 경우를 보통 용액과 구별해서 **콜로이드(colloid)** 라고 하는데, 콜로이드 입자는 크기가 5~200 nm 범위에 속한다. 이처럼 녹아 있는 입자의 크기가 가시광선의 파장에 가까워지면 빛이 입자에 의해 산란되어 용액은 불투명해진다.

밀러 실험에서는 1주일 정도 물을 끓이면서 순환시킨 결과로 유리의 실리카가 일부 녹아 나와서 100 nm 정도 크기의 콜로이드 입자가 되었다. 콜로이드 입자는 분자에 비하면 상당히 크지만 가라앉지 않고 떠 있는 것은 입자 표면이 전하를 띠기 때문이다. 실리카 표면은 $-Si-OH$ 식으로 하이드록실기($-OH$)로 덮여 있는데, 하이드록실기는 약한 산성이어서 일부가 산 해리를 하고 그 $-O-$ 부위에 Na^+와 같은 양이온이 결합하면 콜로이드 입자는 표면에 많은(+)전하를 가지게 된다. 이런 입자들은 전기적으로 반발해서 가라앉지 않고, 분산되어 콜로이드 용액을 혼탁하게 만든다.

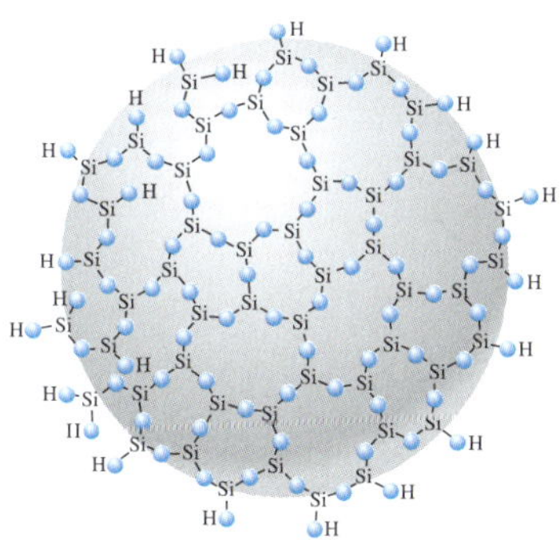

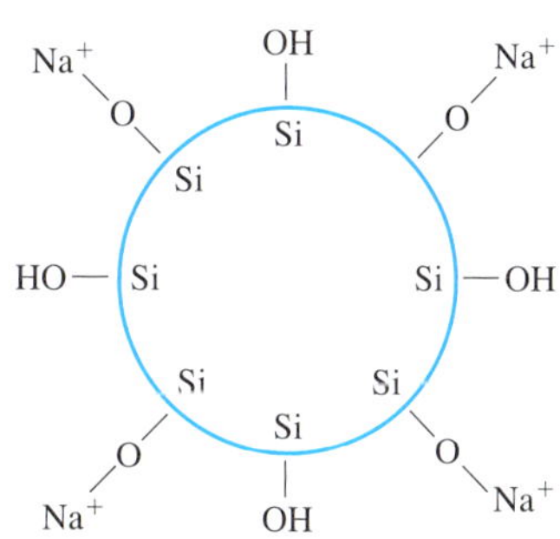

밀러 실험에서는 전기 방전을 일으킨 플라스크 내부에서 기본적인 라디칼 반응이 다양하게 일어나서 간단한 유기 화합물들이 만들어졌을 것이다. 그러나 이어서 간단한 유기 화합물로부터 다양한 아미노산들이 만들어지는 반응은 대부분 용액에서 일어났을 것이다. 1980년대에 리처드 도킨스 등은 용액 내의 실리카 입자 표면에서 간단한 유기 화합물에서 복잡한 유기 화합물이 만들어지는 반응이 일어났을지도 모른다는 제안을 하였다.

체크 포인트

1. 다음 중 촉매 반응이 아닌 것은?

① 암모니아 합성　② 음식물의 소화
③ 캐털레이스의 과산화수소 분해　④ 도시가스(메테인)의 연소
⑤ DNA의 복제

2. 다음 중 촉매에 관한 설명으로 옳은 것은?

① 모든 촉매는 단백질이다.
② 모든 촉매는 반응 속도를 빠르게 한다.
③ 대부분의 촉매는 에너지 장벽을 낮추는 역할을 한다.
④ 대부분의 촉매는 원하는 방향으로 평형을 이동하는 역할을 한다.
⑤ 대부분의 생체 반응은 촉매와 상관없다.

토의 포인트

1. 산업적으로 중요한 촉매에는 어떤 것들이 있을까?
2. 생체 내에서 작용하는 효소 중에서 단백질이 아닌 것이 있을까?

단원 요약

- 수소, 메테인, 암모니아, 물은 에너지를 받으면 공유 결합이 깨지면서 반응성이 높은 라디칼로 바뀌고, 이 라디칼들이 다양하게 결합하면서 여러 가지 아미노산들이 만들어진다.
- 자외선 파장의 빛 에너지나 전기 방전의 에너지로부터 라디칼이 만들어질 수 있다.
- 물이 끓는 것과 같은 물리적 변화와 수소, 메테인, 암모니아, 물로부터 아미노산이 만들어지는 것과 같은 화학적 변화에는 열역학 법칙이 공통적으로 적용된다.
- 안정화를 뜻하는 엔탈피의 감소는 많은 변화의 중요한 동기이다. 자유화를 뜻하는 엔트로피의 증가는 변화를 일으키는 또 하나의 중요한 동기이다.
- 엔탈피 변화와 엔트로피 변화의 조합으로 나타내는 깁스 자유 에너지의 변화로부터 반응의 자발성을 판단할 수 있다.
- 깁스 자유 에너지의 변화가 0이 되면 화학 평형에 도달한다. 온도, 압력, 물질의 양 등이 변하면 르 샤틀리에 원리에 따라 새로운 화학 평형이 이루어진다.
- 화학 반응에서는 화학 평형으로 정의되는 반응의 정도 뿐만 아니라 반응의 속도도 중요하다. 밀러의 실험에서는 1주일 만에 상당한 양의 아미노산이 만들어졌다.
- 반응 속도는 에너지 장벽의 크기에 많은 영향을 받는다. 촉매는 에너지 장벽을 낮추어서 반응이 빠르게 일어나게 해 준다.

종합 문제

01 다음 서술에서 잘못된 부분을 고치고, 이유를 설명하시오.

(1) 메테인에 강한 가시광선을 쪼이면 C−H 결합이 깨진다.

(2) 엔트로피가 감소하는 반응은 자발적으로 일어날 수 없다.

(3) $\Delta G < 0$인 반응은 반응물을 섞어주기만 하면 자발적으로 일어난다.

(4) CO_2와 SiO_2에서 O−C−O 각도와 O−Si−O 각도는 같다.

02 화학 결합을 깨는 데 필요한 에너지의 파장은 전자기파 중에서 어느 영역에 해당하는가?

① 가시광선 ② 적외선 ③ 자외선

④ 마이크로파 ⑤ 전파

03 라디칼에 관한 설명으로 틀린 것은?

① 홀전자를 가진 화학종이다.

② 불안정하다.

③ 수소 원자도 일종의 라디칼이다.

④ 양이온과 음이온이 뒤섞인 상태이다.

⑤ 밀러 실험에서 아미노산이 만들어지는데 중간 물질로 중요하다.

04 결합 에너지에 관하여 틀린 것은?

① 화학 에너지이다.

② 일종의 전기적 퍼텐셜 에너지이다.

③ 결합 에너지에 해당하는 빛을 쪼이면 결합이 깨어질 수 있다.

④ H−H 결합 에너지가 O−H 결합 에너지보다 크다.

⑤ 일반적으로 이중 결합 에너지는 단일 결합 에너지보다 크다.

05 상온에서 대부분의 분자가 안정한 이유를 결합 에너지와 관련지어 설명하시오.

06 전기음성도를 고려할 때 가장 강한 단일 결합으로 예상할 수 있는 것은?

① H−H ② C−H ③ O−H

④ C−C ⑤ F−H

07 H_2 단일 결합 에너지는 432 kJ/mol, O_2 이중 결합 에너지는 498 kJ/mol, OH 단일 결합 에너지는 467 kJ/mol이다. 다음 반응이 발열 반응인 중요한 이유가 아닌 것은?

$$2H_2 + O_2 \longrightarrow 2H_2O$$

① H_2 결합 에너지는 단일 결합 에너지 중에는 상당히 큰 편이다.

② O_2 이중 결합 에너지는 대부분 단일 결합 에너지의 2배에 못 미친다.

③ OH 결합 에너지는 단일 결합 에너지로는 아주 크다.

④ O와 H의 전기음성도 차이가 크다.

⑤ O_2에서 각각의 산소 원자는 2개의 비공유 전자쌍을 가지고 있어서 이들이 반발한다.

08 다음 반응에서 엔탈피 변화와 엔트로피 변화의 부호를 쓰시오.

(1) $2H_2O(l) \longrightarrow 2H_2(g) + O_2(g)$

(2) $N_2(g) + 3H_2(g) \longrightarrow 2NH_3(g)$

(3) $C(s) + O_2(g) \longrightarrow CO_2(g)$

(4) $CaCO_3(s) \longrightarrow CaO(s) + CO_2(g)$

(5) $2HgO(s) \longrightarrow 2Hg(l) + O_2(g)$

(6) $2Fe_2O_3(s) + 3C(s) \longrightarrow 4Fe + 3CO_2(g)$

(7) $H_2O(l) \longrightarrow H_2O(g)$

(8) $H_2O(l) \longrightarrow H_2O(s)$

(9) $CO_2(g) \longrightarrow CO_2(s)$

09 밀러가 사용한 메테인이 만들어지는 다음 반응에 대하여 맞는 것은?

$$C(s) + 2H_2(g) \longrightarrow CH_4(g)$$

① 엔탈피는 증가한다.

② 엔트로피는 감소한다.

③ 모든 온도에서 자발적이다.

④ 역반응은 낮은 온도에서 자발적이다.

⑤ CH_4의 엔탈피는 절대적인 값이고, 엔트로피는 상대적인 값이다.

10 밀러가 사용한 암모니아가 만들어지는 다음 반응에 대하여 틀린 것은?

$$H_2(g) + 3H_2(g) \longrightarrow 2NH_3(g)$$

① 엔탈피는 증가한다.

② 엔트로피는 감소한다.

③ 낮은 온도에서 자발적이다.

④ 낮은 온도에서 적절한 속도로 반응이 일어나기 위해서는 촉매가 필요하다.

⑤ NH_3의 엔탈피는 상대적인 값이고, 엔트로피는 절대적인 값이다.

11 밀러가 사용한 물이 만들어지는 다음 반응에 대하여 <u>틀린</u> 것은?

$$2H_2(g) + O_2(g) \longrightarrow 2H_2O(g)$$

① 엔탈피는 감소한다.

② 엔트로피는 감소한다.

③ 높은 온도에서 자발적이다.

④ 반응이 일어나기 위해서는 초기에 에너지를 공급해야 한다.

⑤ 역반응의 활성화 에너지가 정반응의 활성화 에너지보다 크다.

12 밀러가 사용한 유리 기구의 주성분인 실리카가 만들어지는 다음 반응에 대하여 <u>틀린</u> 것은?

$$Si(s) + O_2(g) \longrightarrow SiO_2(s)$$

① 엔탈피는 감소한다.

② 엔트로피는 감소한다.

③ 모든 온도에서 자발적이다.

④ 역반응은 높은 온도에서 자발적이다.

⑤ SiO_2의 엔탈피는 상대적인 값이고, 엔트로피는 절대적인 값이다.

13 어떤 온도에서도 자발적으로 일어나지 않는 반응에는 광합성이 있다. 광합성은 어느 경우에 해당하는가?

① $\Delta H > 0$, $\Delta S > 0$　　② $\Delta H > 0$, $\Delta S < 0$

③ $\Delta H < 0$, $\Delta S > 0$　　④ $\Delta H < 0$, $\Delta S < 0$

⑤ $\Delta H = 0$, $\Delta S = 0$

14 밀러가 사용한 수소는 우주 전체적으로는 가장 풍부한 분자지만, 현재 지구 상에는 별로 남아 있지 않다. 1766년에 영국의 캐번디시는 아래 반응을 통해 수소를 발견했다.

$$Zn(s) + 2H^{+}(aq) \longrightarrow Zn^{2+}(aq) + H_2(g)$$

위의 네 가지 화학종에 대한 표준 생성 엔탈피($\Delta H_f°$; 1기압, 25°C에서 원소로부터 만들어지는 반응에 대한 엔탈피 변화)와 표준 엔트로피($S°$; 1기압, 25°C에서의 엔트로피)는 다음과 같다.

	Zn (s)	Zn^{2+}(aq)	H^{+}(aq)	H_2(g)
$\Delta H_f°$(kJ/mol)	0	−153.9	0	0
$S°$(J/K·mol)	41.6	−112.1	0	130.6

(1) 25°C에서 이 반응의 표준 엔탈피 변화($\Delta H°$)를 구하고, 왜 발열 반응인지 또는 흡열 반응인지 이유를 설명하시오.

(2) 25°C에서 이 반응의 표준 엔트로피 변화($\Delta S°$)를 구하고, 왜 엔트로피가 증가하는지 또는 감소하는지 이유를 설명하시오.

(3) 25°C에서 이 반응의 표준 깁스 자유 에너지 변화($\Delta G°$)를 구하고, 상온에서 이 반응이 자발적인지 아닌지를 설명하시오.

15 다음 물의 자동 이온화 반응의 평형 상수는 온도에 따라 차이가 난다. 물의 자동 이온화는 발열 반응인가, 흡열 반응인가?

$$H_2O(l) \longrightarrow H^+(aq) + OH^-(aq)$$

$$K_w = [H^+][OH^-]$$

온도	10°C	20°C	30°C
K_w	0.292×10^{-14}	0.681×10^{-14}	1.008×10^{-14}

16 다음 반응 중 반감기가 반응물의 농도와 무관한 반응은?

0차 반응 1차 반응 2차 반응 3차 반응

17 암모니아 합성 반응에서 반응의 진행 정도에 따른 에너지 변화와 ΔH의 의미를 잘 나타낸 것은?

①
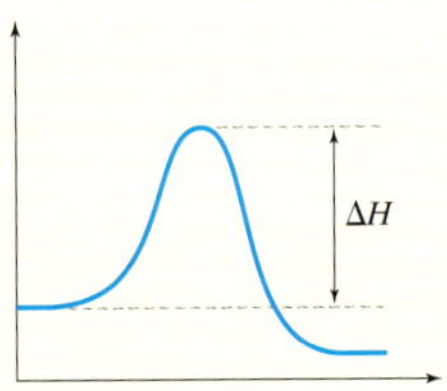

②
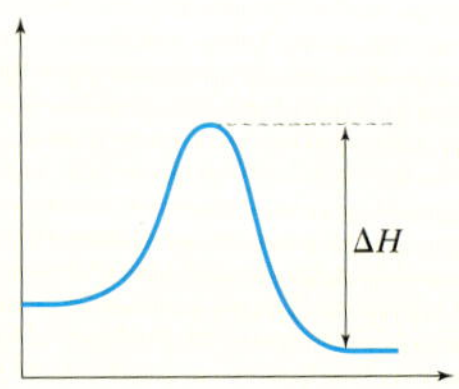

③
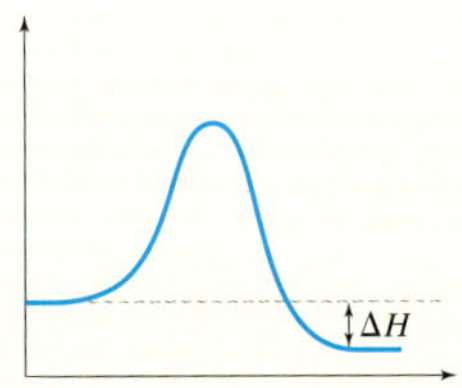

④
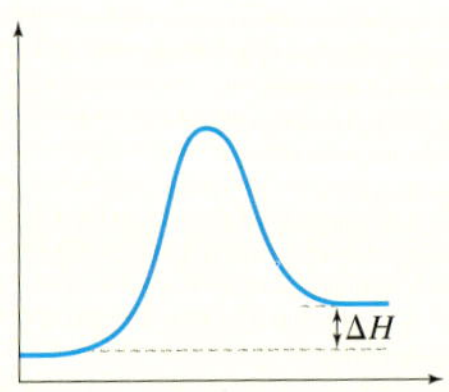

⑤
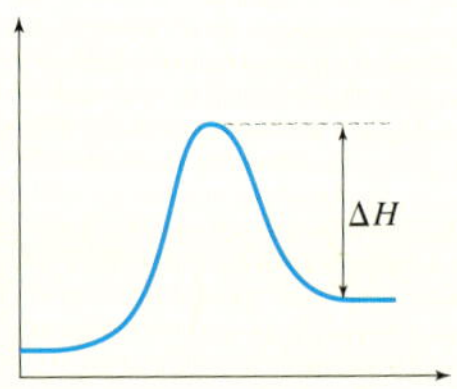

18 포도당이 산화되는 반응을 고려해 보자.

$$C_6H_{12}O_6(s) + 6O_2(g) \longrightarrow 6CO_2(g) + 6H_2O(l)$$

(1) 이 반응에서 엔탈피는 증가할까, 감소할까?

(2) 이 반응에서 엔트로피는 증가할까, 감소할까?

(3) 이 반응은 어떤 온도에서 자발적일까?

(4) 우리 몸에서 포도당을 산화시켜 에너지를 얻는 데 효소가 필요한 이유는 무엇인가?

19 촉매에 관하여 틀린 것은?

① 밀러가 합성한 아미노산은 생체 촉매를 만드는 데 필요하다.

② 촉매는 반응의 ΔH 값을 변화시키지는 않는다.

③ 하버법에 의한 암모니아 합성에서 촉매는 필수적이다.

④ 촉매는 반응 속도를 변화시킨다.

⑤ 촉매는 생성물의 일부로 끼어들어 간다.

20 다음 중 촉매가 필요 없는 반응은?

① 휘발유의 연소

② 세포 내에서 DNA의 복제

③ 위에서 음식의 소화

④ 광합성에서 물의 분해

⑤ 식물의 꽃잎 색소 합성

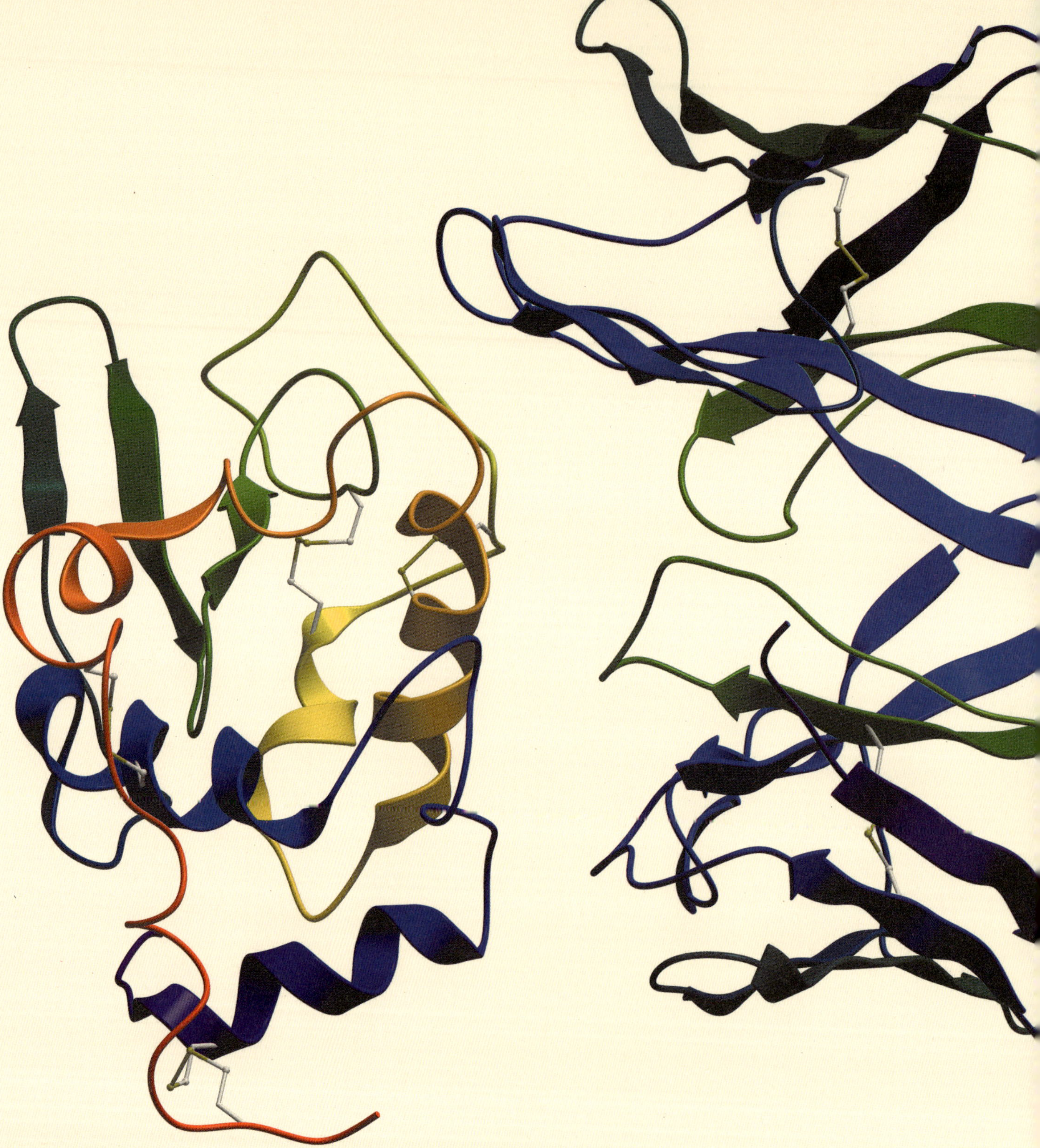

Chapter

5 밀러의 생성물

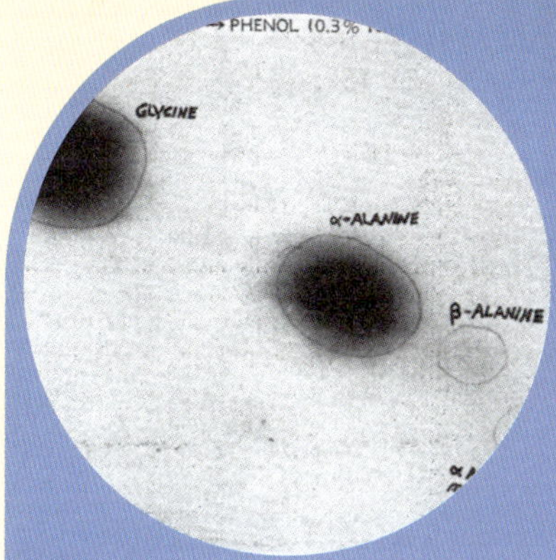

다양한 구조와 기능을 나타내는 모든 단백질은 20가지 아미노산으로 만들어진다. 밀러는 자신의 실험에서 아미노산이 만들어졌는지 여부를 분석하기 위해 종이 크로마토그래피라는 방법을 사용했다. 믿을만한 분석 결과가 없었다면 밀러는 좋은 논문을 쓸 수 없었을 것이다. 그러고 보면 유독 화학에만 분석화학이라는 분야가 있다. 그 이유는 화학은 물질의 변화에 관한 과학이기 때문이다. 반응 물질이 어떻게 변했는지를 알려면 생성물을 분석해야 한다. 따라서 화학의 발전은 분석의 기술과 함께 발전했다. 19세기 전반에는 리비히의 탄소와 수소 분석 방법의 발전이 중요했다. 19세기 후반에는 분젠과 키르히호프의 스펙트럼 분석이 금속 원소의 분석에 크게 기여했다.

20세기에 들어와서는 화합물을 직접 분석하는 방법이 발전하게 되었는데, 그 중 가장 중요하고 널리 쓰이는 방법에 크로마토그래피가 있다. 특히 종이 크로마토그래피는 밀러의 아미노산 분석 이외에도 샤가프(Chargaff)의 DNA 염기 분석 그리고 캘빈(Calvin)의 광합성 관련 탄수화물 분석에도 중요하게 사용되었다.

5-1

아미노산의 종류

다양한 음식물은 아미노산의 조성이 약간씩 다르다. 음식물을 골고루 먹어야 하는 이유 중 하나는 모든 아미노산을 골고루 섭취해야 하기 때문이기도 하다. 밀러가 만들어 낸 글라이신, 알라닌, 아스파트산은 생체에서 단백질을 구성하는 20가지 아미노산에 속한다. 이들 20가지 아미노산은 발견되는 과정에서 다양한 이름을 가지게 되었다. 20가지 아미노산이 일정한 순서에 따라 연결된 단백질 중에서 가장 간단한 것의 하나인 라이소자임을 살펴보면서 20가지 아미노산의 공통점과 차이점, 그리고 전반적인 특성을 알아보자. 왜냐하면 밀러가 만들고자 한 화합물, 즉 밀러 반응의 생성물이 이런 아미노산이기 때문이다.

20가지 아미노산은 각각 어떤 특징이 있기에 다른 수많은 가능한 아미노산을 제치고 생명의 핵심 물질로 채택되었을까?

그림 5-1에서 1번으로 표시된 아미노산의 끝 부분에는 아미노기(H_2N-)가 자리 잡고 있다. 그래서 단백질에서 아미노기쪽 끝을 **N-말단(N-terminus)**이라고 한다.

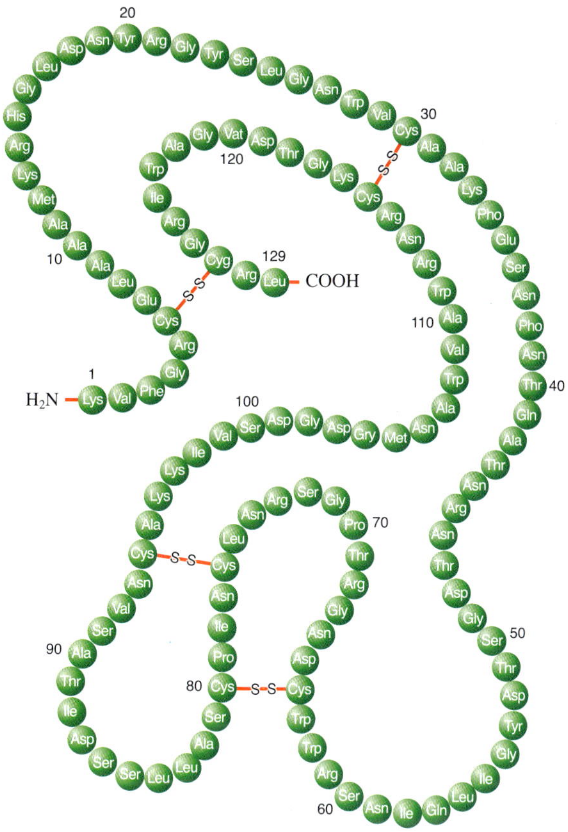

■ **그림 5-1** 라이소자임의 1차 구조

N-말단에 자리 잡은 1번째 아미노산은 Lys로 표시된 **라이신(lysine)**이다. 라이신이 1번째로 등장했으므로 아미노산 I이라고 하자. 아미노산 XX이 나오면 20가지가 모두 나오는 셈이다. 아미노산 이름 다음에 이러한 이름이 붙여진 이유와 구조를 나타내기로 한다.

이름	약자	이름의 유래	구조
라이신 (lysine)	Lys	카제인이라는 단백질의 기수분해(lysis)산물에서 발견되었다. 곁가지는 뷰틸기($-C_4H_9$)이고, 뷰틸기 끝에 추가적으로 아미노기가 결합한 것을 볼 수 있다.	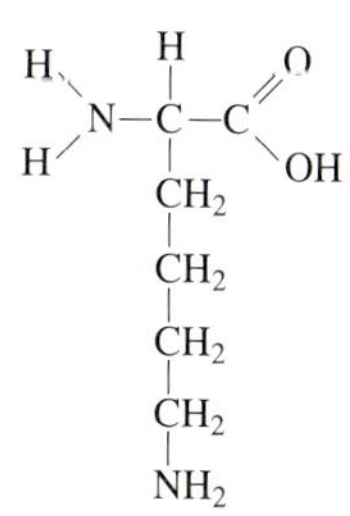

갈치에는 라이신이 풍부하다.

N-말단에서 2번째 아미노산은 Val로 표시되어 있다. Val은 **발린(valine)**의 약자이다. 발린을 아미노산 II라고 하자.

이름	약자	이름의 유래	구조
발린 (valine)	Val	아이소발레산(isovaleric acid)과 같은 탄소 골격을 가지고 있다. 아이소발레산은 발린에서 아미노기 대신 수소가 결합한 화합물이다. 발린의 곁가지는 아이소프로필기(isopropyl group)이다.	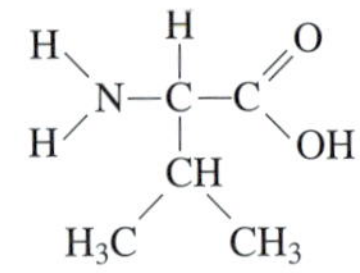

라이신과 발린을 비교해 보면 공통점이 보인다. 즉, 둘 다 중심 탄소에 아미노기, 카복실기, 수소가 결합하고 있는 것이다. 탄소의 4번째로 결합한 작용기에 따라 라이신이 되기도 하고 발린이 되기도 한다. 나머지 아미노산들에도 이 공통점이 적용되는지 주위를 살펴보자.

N-말단에서 3번째 아미노산은 Phe이다. Phe는 **페닐알라닌(phenylalanine)**의 약자이다. 페닐알라닌을 아미노산 Ⅲ이라고 하자.

막걸리에는 페닐알라닌이 함유되어 있다.

이름	약자	이름의 유래	구조
페닐알라닌 (phenylalanine)	Phe	페닐알라닌은 알라닌의 곁가지인 메틸기에 페닐기(벤젠 고리)가 결합한 아미노산이다.	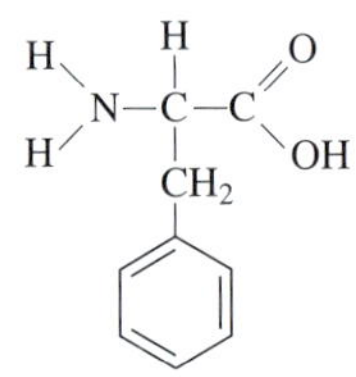

N-말단에서 4번째 아미노산은 Gly이다. Gly는 **글라이신(glycine)**의 약자이다. 글라이신을 아미노산 Ⅳ라고 하자. 글라이신은 밀러 실험에서 검출된 아미노산의 하나이다. 곁가지가 수소라서 가장 간단한 아미노산이다.

글라이신은 베타인과 함께 새우 고유의 풍미를 낸다.

이름	약자	이름의 유래	구조
글라이신 (glycine)	Gly	글루코스와 마찬가지로 단맛(glykys)을 낸다는 말에서 유래되었다.	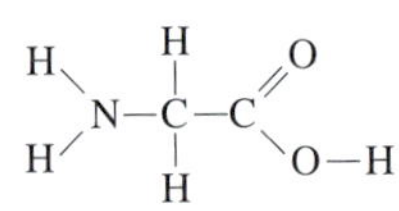

N-말단에서 5번째 아미노산은 Arg이다. Arg는 **아르지닌(arginine)**의 약자이다. 아르지닌을 아미노산 Ⅴ라고 하자.

이름	약자	이름의 유래	구조
아르지닌 (arginine)	Arg	은(argentum)의 염을 만든다. 아르헨티나에서는 은이 많이 산출된다. 아르지닌은 라이신과 유사하게 곁가지는 프로필기($-C_3H_7$)이고, 프로필기 끝에 질소가 3개나 결합한 것을 볼 수 있다.	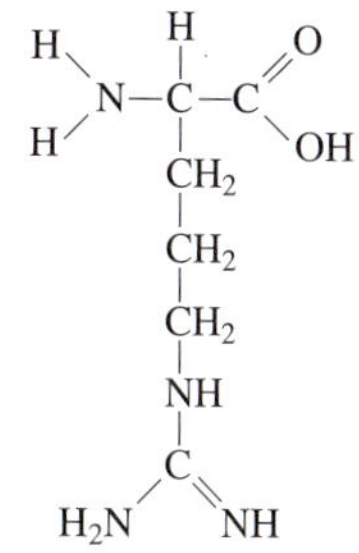

전복에는 아르지닌이 많이 함유되어 있어 자양 강장에 효과적이다.

N-말단에서 6번째 아미노산은 Cys이다. Cys는 **시스테인(cysteine)**의 약자이다. 시스테인을 아미노산 VI이라고 하자. 시스테인은 황을 포함하는 아미노산이다.

이름	약자	이름의 유래	구조
시스테인 (cysteine)	Cys	시스테인 2개가 결합한 시스틴(cystine)은 방광(kystis) 결석에서 처음 분리되었다. 시스테인은 시스틴을 환원시켜 얻는다.	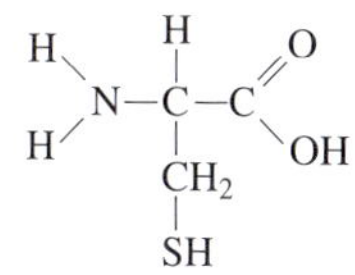 시스테인 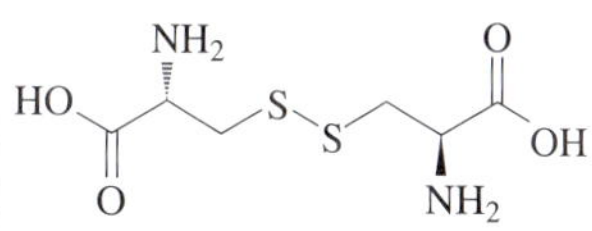 시스틴

N-말단에서 7번째 아미노산은 Glu이다. Glu는 **글루탐산(glutamic acid)**의 약자이다. 글루탐산을 아미노산 VII이라고 하자.

이름	약자	이름의 유래	구조
글루탐산 (glutamic acid)	Glu	아교처럼 끈끈한 물질을 글루텐(gluten)이라고 한다. 밀가루의 단백질 성분도 글루텐이다. 그러므로 글루탐산은 다양한 단백질에 골고루 들어 있는 아미노산인 것이다. 글루탐산은 곁가지가 에틸기($-C_2H_5$)인데, 에틸기 끝에 카복실기가 결합하고 있다. 글루탐산의 소듐염은 화학조미료의 주성분이다.	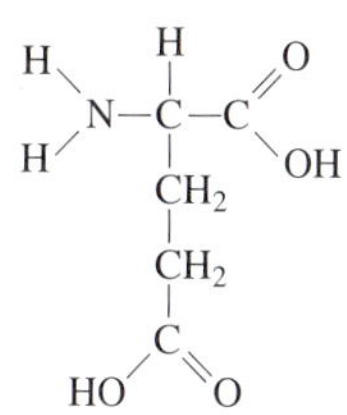

두뇌의 연료라고 하는 글루탐산은 고사리에 많이 함유되어 있다.

N-말단에서 8번째 아미노산은 Leu이다. Leu는 **루신(leucine)** 의 약자이다. 루신을 아미노산 Ⅷ이라고 하자.

이름	약자	이름의 유래	구조
루신 (leucine)	Gly	흰색(leukos) 판 모양 결정으로 얻어진다. 루신은 곁가지가 아이소뷰틸기이다.	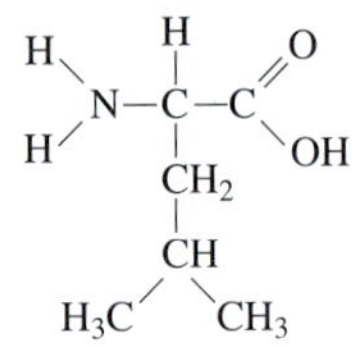

N-말단에서 9번째 아미노산은 Ala이다. Ala는 **알라닌(alanine)** 의 약자이다. 알라닌을 아미노산 IX라고 하자. 알라닌은 이어서 2개가 더 나타난다. 알라닌은 글라이신과 함께 밀러 실험에서 검출된 아미노산의 하나이다.

알라닌은 김의 맛을 좌우하는 성분 중 하나이다.

이름	약자	이름의 유래	구조
알라닌 (alanine)	Ala	알라닌은 알코올와 마찬가지로 알데하이드가 어원이다. 알라닌의 곁가지는 메틸기($-CH_3$)로 수소 다음으로 간단하다.	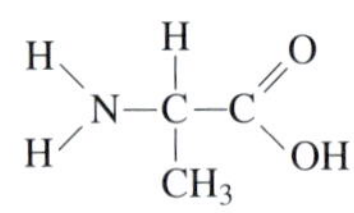

N-말단에서 12번째 아미노산은 Met이다. Met는 **메싸이오닌(methionine)** 의 약자이다. 메싸이오닌을 아미노산 X이라고 하자. 메싸이오닌은 황을 포함하는 또 하나의 아미노산이다.

이름	약자	이름의 유래	구조
메싸이오닌 (methionine)	Met	메틸기와 황(theion)을 포함하는 데서 유래한다.	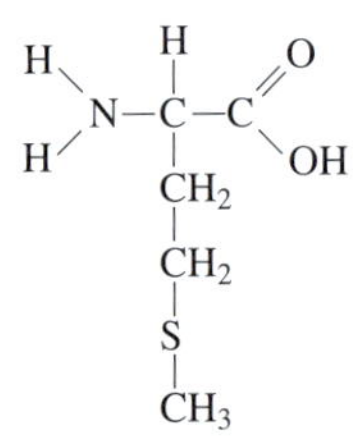

그 다음에는 앞에 나왔던 Lys과 Arg이 나타나고, 15번째 아미노산은 His이다. His는 **히스티딘(histidine)** 의 약자이다. 히스티딘을 아미노산 XI이라고 하자.

꼬막은 히스티딘이 많이 함유되어 있어 겨울철 보양식으로 좋다.

이름	약자	이름의 유래	구조
히스티딘 (histidine)	His	히스티딘은 생물 조직(histion)에서 발견되었다는 뜻이다. 히스티딘은 곁가지에 질소가 들어 있어서 라이신, 아르지닌과 함께 염기성 아미노산이다.	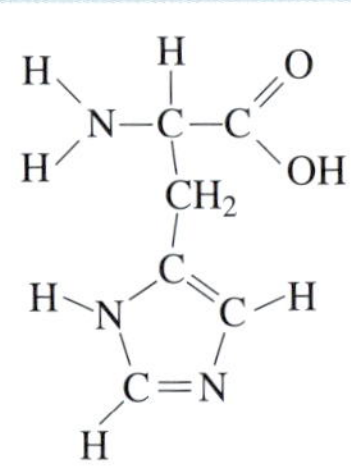

그 다음으로 나타나는 아미노산은 18번째의 Asp이다. Asp는 **아스파트산(aspartic acid)**의 약자이다. 아스파트산을 아미노산 XII라고 하자.

이름	약자	이름의 유래	구조
아스파트산 (aspartic acid)	Asp	아스파라진과 관련된 산이다. 글루탐산과 마찬가지로 곁가지에 카복실기를 가진 아미노산이다.	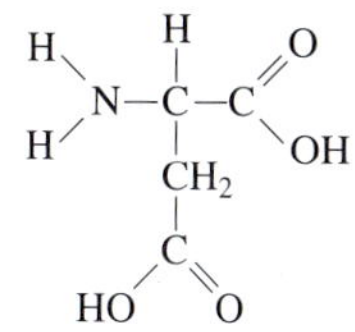

그 다음으로 나타나는 아미노산은 Asn이다. Asn는 **아스파라진(asparagine)**의 약자이다. 아스파라진을 아미노산 XIII이라고 하자.

이름	약자	이름의 유래	구조
아스파라진 (asparagine)	Asn	아스파라거스(asparagus)에서 발견되었다. 아스파라진은 아스파트산의 곁가지 카복실기와 암모니아가 반응해서 물이 빠지면서 아마이드 결합(OC−NH)을 이룬 화합물이다.	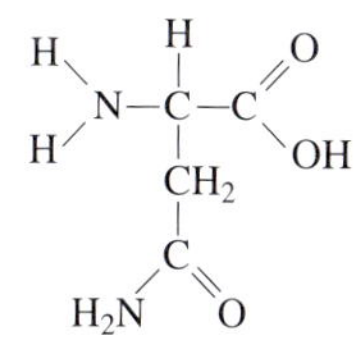

아스파라진은 아스파라거스에서 처음 발견되어 붙여진 이름이다.

그 다음으로 나타나는 아미노산은 Tyr이다. Tyr는 **타이로신(tyrosine)**의 약자이다. 타이로신을 아미노산 XIV라고 하자.

이름	약자	이름의 유래	구조
타이로신 (tyrosine)	Tyr	치즈(tyros)에서 발견되었다. 타이로신은 페닐알라닌의 벤젠 고리에 하이드록실기(−OH)가 결합한 화합물이다.	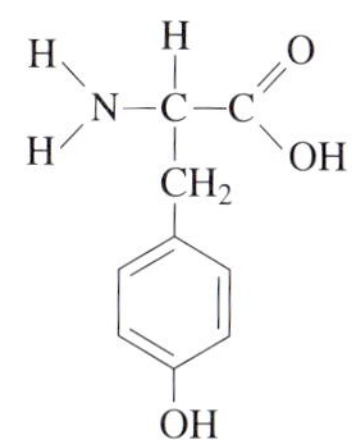

그 다음으로 나타나는 아미노산은 Ser이다. Ser은 **세린(serine)**의 약자이다. 세린을 아미노산 XV라고 하자.

이름	약자	이름의 유래	구조
세린 (serine)	Ser	실크(silk, sericum)에서 처음 분리되었다. 세린은 알라닌의 곁가지 메틸기에 −OH가 결합한 화합물이다.	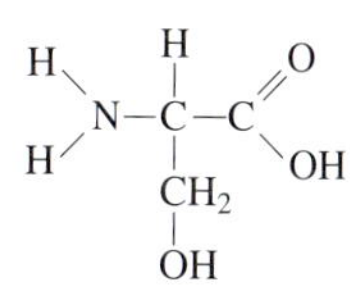

수면에 도움이 되는 트립토판은 참깨에 많이 함유되어 있다.

그 다음으로 나타나는 아미노산은 Trp이다. Trp은 **트립토판(tryptophan)**의 약자이다. 트립토판을 아미노산 XVI이라고 하자.

이름	약자	이름의 유래	구조
트립토판 (tryptophane)	Trp	트립토판은 단백질을 췌장(tryptic) 가수분해해서 얻었다는 뜻이다(phanein, 나타나다).	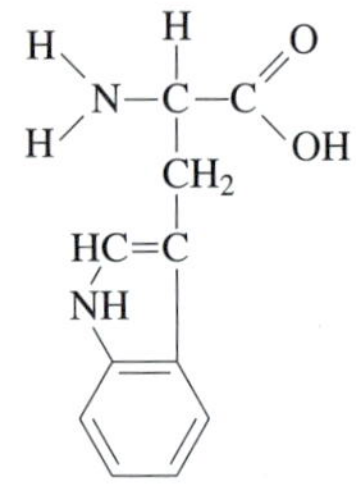

그 다음으로 나타나는 아미노산은 Thr이다. Thr은 **트레오닌(threonine)**의 약자이다. 트레오닌을 아미노산 XVII이라고 하자.

이름	약자	이름의 유래	구조
트레오닌 (threonine)	Thr	트레오닌은 D-트레오스(D-threose)라는 당의 구조와 관련되어 있다.	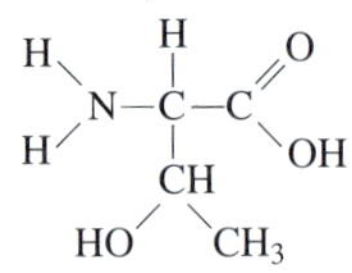

그 다음으로 나타나는 아미노산은 Gln이다. Gln은 **글루타민(glutamine)**의 약자이다. 글루타민을 아미노산 XVIII이라고 하자.

이름	약자	이름의 유래	구조
글루타민 (glutamine)	Gln	글루타민은 글루탐산의 곁가지 카복실기와 암모니아가 반응해서 물이 빠지면서 아마이드 결합(OC−NH)을 이룬 화합물이다.	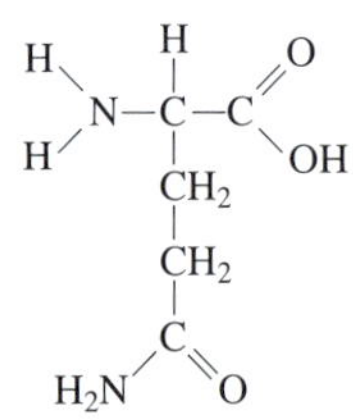

그 다음으로 나타나는 아미노산은 Ile이다. Ile은 **아이소루신(isoleucine)**의 약자이다. 아이소루신을 아미노산 XIX라고 하자.

시금치에는 쌀에 부족한 아이소루신이 함유되어 있어 식사 시에 영양분을 보완해 준다.

이름	약자	이름의 유래	구조
아이소루신 (isoleucine)	Ile	아이소루신은 루신의 이성질체(isomer)이다. 루신과 곁가지에 결합한 메틸기의 위치가 다르다.	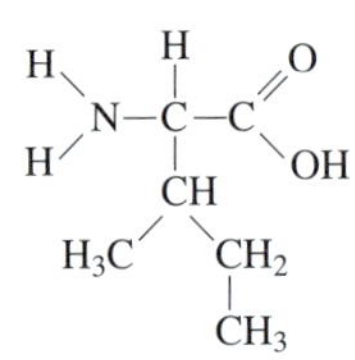

그 다음으로 나타나는 아미노산은 Pro이다. Pro는 **프롤린(proline)**의 약자이다. 프롤린을 아미노산 XX이라고 하자.

이름	약자	이름의 유래	구조
프롤린 (proline)	Pro	프롤린은 다른 아미노산들과 달리 아미노기의 질소가 곁가지의 탄소와 결합을 이루고 있다. 그렇게 해서 만들어진 고리를 피롤리딘(pyrrolidine) 고리라고 한다. 프롤린이라는 이름은 피롤리딘에서 따왔다.	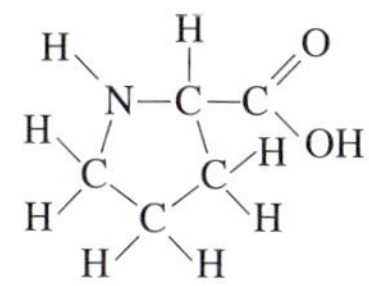

프롤린은 당과 함께 아미노카보닐 반응을 일으켜 빵을 만드는 데 사용된다.

그러고 보니 드디어 20가지 아미노산이 모두 나타났다. 라이소자임에는 20가지 아미노산이 모두 들어 있는 것이다.

체크 포인트

1. 가장 간단한 아미노산은 무엇인가?
2. 두 번째로 간단한 아미노산은 무엇인가?
3. 곁가지에 추가로 카복실기를 가진 아미노산은 무엇인가?
4. 곁가지에 추가로 아미노기를 가진 아미노산은 무엇인가?

토의 포인트

1. 자연은 왜 이들 20가지 아미노산을 선택했을까?
2. 이들 20가지 이외에 다른 아미노산도 존재할 수 있을까?

5-2

산-염기

20가지 아미노산을 모두 알아보았으므로 이제는 아미노산의 공통적인 특성을 알아볼 차례이다. 모든 아미노산은 공통적으로 아미노기, 카복실기, 수소를 가지고 있는데, 일단 아미노(amino)는 아미노기를 가지고 있다는 뜻으로 해석할 수 있다. 그렇다면 아미노산이 산(acid)인 이유는 카복실기에 있을까, 수소에 있을까?

우리는 1장에서 화학의 이야기를 시작하면서 산화와 환원을 도입했다. 그런데 산화는 산으로 변화한다는 뜻이다. 그렇다면 산화 반응의 중요한 목적 중 하나는 산을 만드는 데 있다고 볼 수 있겠다. 그리고 보니 아미노산에서 산성을 나타내는 카복실기는 산소를 가지고 있다.

산화의 결과가 산이라면 암모니아나 아미노산의 아미노기에서 볼 수 있는 염기는 어떨까? 이 절에서는 산과 염기를 산화 반응의 결과로 이해하도록 한다.

●● 산과 염기의 정의

산에 대한 이해가 처음 이루어진 19세기 말에 스웨덴의 아레니우스는 수소 이온(H^+)을 내는 물질을 **산(acid)**이라고 정의했다. 이때는 아직 전자나 양성자가 알려지기 전이다. 우리는 3장에서 염화 수소(HCl)가 쌍극자 모멘트가 큰 분자인 것을 알아보았다. 전기음성도가 높은 염소가 전기음성도가 낮은 수소로부터 전자를 끌어당기기 때문이다. 극단적으로 생각해서 수소가 염소에게 전자 1개를 내준다면 수소 원자는 수소 이온이 될 것이고, 염소 원자는 염화 이온(Cl^-)이 될 것이다. 그런데 기체 상태에서 염화 수소 분자가 독립적으로 있을 때는 수소 이온과 염화 이온으로 갈라지려고 하다가도 서로 끄는 힘 때문에 다시 뭉쳐서 분자 상태를 유지한다. 그러나 염화 수소가 물에 녹아 있으면 수소 이온과 염화 이온이 각각 물에 둘러 싸여서 안정화되기 때문에 염화 수소는 거의 100%가 이온화한다. 그러므로 아레니우스의 정의에 따르면 염화 수소가 물에 녹은 **염산(hydrochloric acid)**은 강산인 것이다.

아레니우스(Svante August Arrhenius, 1859~1927). 1903년 노벨 화학상 수상.

(a)

(b)

■ **그림 5-2** (a) 강한 산성을 가진 산성비가 내린 후의 모습. (b) 소금을 얻게 해 주는 염기

산에 대립되는 물질은 **염기(base)**라고 한다. 염기란 염(salt)을 만드는 데 기반이 되는 물질이라는 뜻이다. 대표적인 염기에는 수산화 소듐(NaOH)이 있다. 염산과 수산화 소듐의 반응은 다음과 같이 적을 수 있다.

$$HCl + NaOH \longrightarrow NaCl + H_2O$$

이때 염 중에서 가장 흔하고 중요한, 우리가 소금이라고 부르는 염화 소듐이 얻어진다. 여기서 NaOH 대신 KOH(수산화 포타슘)를 사용한다면 NaCl 대신 KCl이, $Ca(OH)_2$를 사용한다면 $CaCl_2$가 얻어질 것이다. 그러고 보면 염기에서 핵심 부분은 OH인 것을 알 수 있다. 마찬가지로 산에서 핵심 부분은 H이다. 그래서 위 반응의 핵심을 다음과 같이 적을 수도 있다. HCl이 물에 녹으면 수소 원자가 아니라 H^+가 나오듯이 NaOH가 물에 녹으면 중성의 OH가 아니라 OH^-(수산화 이온, hydroxide ion)가 나온다.

$$H^+ + OH^- \longrightarrow H_2O$$

아레니우스는 OH^-를 내놓는 물질을 염기라고 정의했다. 그러고 보면 산과 염기가 만나면 물이 되면서 산성과 염기성이 사라지는 것을 알 수 있다. 그래서 산과 염기 사이의 반응을 **중화 반응(neutralization reaction)**이라고 한다.

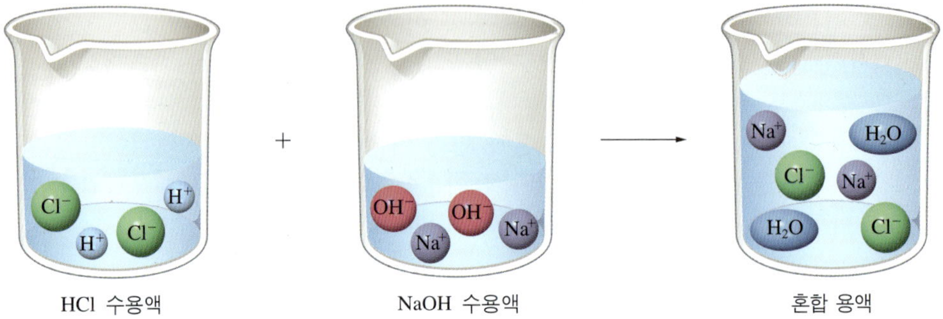

■ **그림 5-3** 중화 반응의 이온 모형

H^+를 내놓는 물질이 산이라면 아미노산에서 H^+는 중심 탄소와 결합한 수소에서 나오는지, 카복실기의 수소에서 나오는지가 의문이다. 그런데 탄소와 수소는 전기음성도 차이가 크지 않아서 수소의 부분 전하(δ^+)가 크지 않고, 따라서 대부분의 화합물에서 H^+는 해리해서 산성을 나타내지 않는다. 그래서 메테인도 산이 아니다.

카복실기의 수소는 어떨까? 탄소와 수소 사이에 위치한 산소는 전기음성도가 높아서 양쪽의 탄소와 수소로부터 전자를 끌어당기려고 한다. 그런데 탄소는 이미 이중결합을 이룬 다른 산소에게 전자를 내주고 있어서 산소에게 내줄 전자가 부족한 상태이다. 그래서 $-C-O-H$의 산소는 수소로부터 전자를 끌어당길 수밖에 없고, 결과적으로 수소는 산소에게 전자를 내주고 H^+로 떨어져 나오기가 쉽다. 그래서 카복실기의 일부는 이처럼 산해리되어 산성을 나타내고, $-COO^-$ 식으로 음전하를 띠게 된다. 유기 화합물에서 산성을 나타내는 것은 거의 모두 $-COOH$기이다.

아미노기($-NH_2$)의 수소는 산해리를 하지 않을까? 질소도 전기음성도가 3.0으로 염소와 같다. 그래서 언뜻 생각하면 $-NH_2$의 수소도 전자를 질소에 내주고 산으로 작용할 것 같다. 그러나 아미노기는 반대로 염기로 작용한다. 왜 그럴까? 아미노기의 질소 원자는 질소보다는 전기음성도가 낮은 탄소 원자 1개 그리고 탄소보다도 전기음성도가 더 낮은 수소 원자 2개와 결합하고 있다. 그래서 질소가 전자를 끌어당기는 경향은 셋으로 분산되기 때문에 수소는 해리하지 않는다.

반면에 질소 원자는 비공유 전자쌍을 가지고 있어서 수소 이온을 만나면 이 비공유 전자쌍을 사용해서 쉽게 수소 이온과 공유 결합을 이룬다. 그러므로 아미노기는 아레니우스의 정의에서처럼 OH^-를 내놓는 것은 아니지만 H^+를 받아들여서 산을 중화하는 염기 역할을 하는 셈이다. 그래서 브뢴스테드와 로우리는 아레니우스의 정의를 확대하여 H^+를 내놓는 물질을 산, H^+를 받아들이는 물질을 염기라고 정의했다. 그러므로 아미노산에서 아미노기는 산이 아니라 반대로 염기로 작용하는 것이다. 그 후 루이스는 브뢴스테드와 로우리의 정의를 보다 확대하여 전자쌍을 내주는 물질을 산, 전자쌍을 받아들이는 물질을 염기라고 정의했다.

표 5-1 브뢴스테드-로우리 산-염기의 예

브뢴스테드-로우리 산(H−A)	브뢴스테드-로우리 염기(:B)
양성자를 반드시 가지고 있다.	비공유 전자쌍 또는 π 전자를 반드시 가지고 있다.
$H-X$ ($X=F, Cl, Br, I$)	H_2O
H_2SO_4	NH_3
HNO_3	HO^-
H_3O^+	RO^-
CH_3CO_2H	$CH_2=CH$ 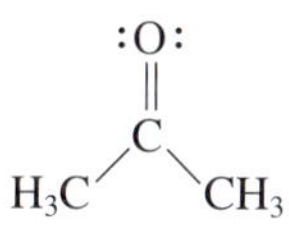

브뢴스테드(Johannes Nicolaus Brønsted, 1879~1947)

로우리(Thomas Martin Lowry, 1874~1936)

카복실기가 H^+를 내놓으면 − 전하를 가지게 되는데, 아미노기가 H^+를 받아들이면 +전하를 가지게 된다. 이처럼 한 분자 내에 + 이온과 − 이온이 같이 들어 있는 경우를 **쯔비터 이온(zwitter ion)**이라고 한다.

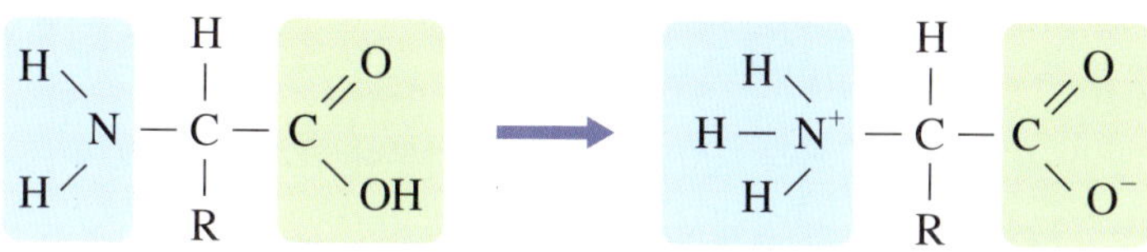

■ **그림 5-4** 아미노산의 구조

모든 아미노산은 카복실기와 아미노기를 가지고 있어서 수용액에서는 쯔비터 이온으로 존재하는데, 쯔비터 이온의 + 이온 부분은 물에서 −의 부분 전하를 가지는 산소와, − 이온 부분은 +의 부분 전하를 가지는 수소와 끌리기 때문에 아미노산은 물에 잘 녹고 휘발성이 낮다. 그래서 밀러 실험 또는 태초의 지구에서 아미노산이 만들어진다면 아미노산은 물층에 모이게 된다. 아미노산이 휘발성은 낮고 물에 잘 녹는 것은 분자간의 힘이 약하면 끓는점이 낮은 기체가 되고, 분자간의 힘이 강하면 끓는점이 높은 액체가 되는 것과 마찬가지로, 아미노산과 물 사이의 분자간 상호작용의 결과이다.

쯔비터 이온에서는 원자들이 공유 결합을 이룬 한 분자 내에 + 이온과 − 이온이 같이 들어 있는 셈이지만, 사연에서 대부분의 이온은 양이온과 음이온이 따로 존재한다. 예를 들어, 고체 소금에서는 Na^+과 Cl^-이 규칙적으로 배열되어 결정을 만든다. 소금이 물에 녹으면 Na^+과 Cl^-은 각각 물의 음전하, 양전하 부분과 끌리면서 녹아 들어 간다. 양이온은 전자를 내주고 옥텟 규칙을 만족시키는 경우이고, 음이온은 전자를 얻고 옥텟 규칙을 만족시키는 경우이다. 흔한 양이온과 음이온의 예는 다음과 같다.

■ **그림 5-5** 소금 결정은 Na^+과 Cl^-이 규칙적으로 배열되어 만들어진다.

1가 양이온 : H^+, Li^+, Na^+, K^+, NH_4^+
2가 양이온 : Mg^{2+}, Ca^{2+}, Ba^{2+}
3가 양이온 : Al^{3+}

> 1가 음이온 : F^-, Cl^-, Br^-, NO_3^-, HSO_4^-, HCO_3^-, $H_2PO_4^-$, CH_3COO^-
> 2가 음이온 : SO_4^{2-}, CO_3^{2-}, HPO_4^{2-}
> 3가 음이온 : PO_4^{3-}

용액의 pH

아무래도 염기는 산과 상보적인 물질이기 때문에 산을 잘 이해하는 것이 우선이다. 그런데 아레니우스의 정의에서나 브뢴스테드-로우리 정의에서나 산은 수소 이온 (H^+)을 내는 물질이다. 그렇다면 산-염기를 다룰 때 가장 중요한 물질은 H^+라고 볼 수 있다. 따라서 용액에 H^+가 얼마나 들어 있는지, 즉 H^+ 농도를 아는 것이 중요하다.

소렌슨 (S. Sorensen, 1868~1939)

용액의 농도는 흔히 **몰농도 (molar concentration**, 단위 **M)** 로 나타내는데, 몰농도란 용액 1리터에 들어 있는 용질, 즉 녹아 있는 물질의 몰수를 뜻한다. 상온에서 순수한 물 1리터의 질량은 1000 g인데, 물의 분자량이 18이므로 1000 g은 약 56 (1000/18 = 55.6) 몰에 해당한다. 물의 몰농도는 56 M인 것이다.

H^+의 몰농도를 $[H^+]$로 표시하고 정량적으로 나타내보자. 순수한 물에서의 $[H^+]$를 측정하면 0.0000001, 즉 1.0×10^{-7} M인 것을 알 수 있다. 물의 몰농도에 비해 10^{-9} 정도이므로 세제곱근을 취하면 10^{-3}이고, 그것은 1차원적으로는 물 분자 1000개당 수소 이온이 1개 정도 있다는 뜻이다. 순수한 물은 중성이고, $[OH^-]$도 $[H^+]$와 같이 1.0×10^{-7} M이다.

농도를 매번 지수로 표시하는 것은 번거롭기 때문에 흔히 덴마크의 소렌슨이 제안한 대로 pH를 다음과 같이 정의해서 사용한다.

$$pH = -\log[H^+]$$
$$\text{중성 : } pH = -\log 10^{-7} = 7$$

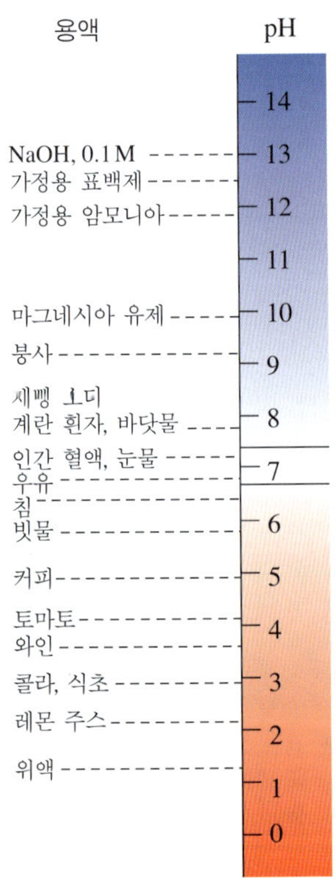

■ **그림 5-6** 몇 가지 물질의 산도

pH가 7에서 6으로, 6에서 5로 내려가면 수소 이온 농도는 10^{-6} M, 10^{-5} M 식으로 10배씩 올라간다. 위산의 pH는 2 정도이므로 수소 이온 농도는 순수한 물에 비해 10^5, 즉 10만 배인 셈이다. $[H^+]$가 10^5배가 되면 $[OH^-]$는 10^5분의 1로 줄어들어서 10^{-12}이 된다. 이 경우에는 pOH = 12라고 한다. $[H^+]$와 $[OH^-]$, pH와 pOH 사이에는 다음 관계가 성립한다.

$$[H^+][OH^-] = 10^{-14}$$
$$pH + pOH = 14$$

산-염기 평형

염산과 같은 강산의 경우에는 역반응이 거의 일어나지 않기 때문에 평형을 고려할 필요가 없다. 그러나 약산인 폼산 (formic acid, HCOOH)의 카복실기 같은 경우에는 어느 정도 산해리가 일어나면 역반응이 일어나서 일부는 $-COOH$로, 나머지는 $-COO^-$로 존재하게 된다. 물론 이때도 다른 모든 평형에서와 같이 동적 평형이 이루어진다.

폼산을 줄여서 HA로 나타내면 HA의 해리 반응은 다음과 같이 적을 수 있다.

$$HA \rightleftharpoons H^+ + A^-$$

이때 A^-를 HA의 **짝염기(conjugate base)** 라고 한다. 일정한 온도에서 평형이 이루어지면 HA의 농도값과 H^+의 농도와 A^-의 농도를 곱한 값의 비는 일정한 값을 가진다. 이 비를 **평형 상수(equilibrium constant)** 라 하고, K_a로 적는다.

$$\frac{[H^+][A^-]}{[HA]} = K_a$$

K_a값은 산의 종류에 따라 다른데, 물론 산의 세기가 커질수록 해리가 많이 일어나서 K_a값도 커진다. 폼산의 경우에는 K_a값이 1.80×10^{-4}이다. pH의 경우에서와 마찬가지로 pK_a를 다음과 같이 정의한다.

$$pK_a = -\log K_a$$

표 5-2 pK_a와 pH와의 관계

$HA \rightleftharpoons H^+ + A^-$에서

$$K_a = \frac{[H^+][A^-]}{[HA]}$$

$$\log K_a = \log[H^+] + \log\frac{[A^-]}{[HA]}$$

$$pK_a = -\log K_a$$

$pH = -\log[H^+]$이므로

$pH = pK_a + \log\frac{[A^-]}{[HA]}$의 관계이다.

즉, 짝산의 농도 [HA] = 짝염기의 농도 $[A^-]$이면 $pH = pK_a$이다.

폼산에서 카복실기의 pK_a는 3.74이다.

$$pK_a = -\log(1.80 \times 10^{-4}) = 3.74$$

K_a를 알면 위의 평형식으로부터 산이 해리한 정도를 계산할 수 있다. 농도가 1 M가 되도록 폼산을 녹인 수용액에서 x M에 해당하는 만큼의 폼산이 해리해서 H^+와 A^-이 되었다고 하면 평형식을 다음과 같이 쓸 수 있다.

$$[H^+] = [A^-] = x, [HA] = 1 - x$$

$$\frac{[H^+][A^-]}{[HA]} = \frac{x^2}{(1-x)} = 1.80 \times 10^{-4}$$

일단 분모에서 x가 1보다 작을 것으로 예상되기 때문에 분모를 1이라 가정한다. 그러면 다음과 같이 계산이 간단해진다.

$$x^2 = 1.80 \times 10^{-4}$$

$$x^2 = \sqrt{1.80 \times 10^{-4}} = 0.0134$$

예상했던 대로 녹인 1 M의 글라이신 중에서 1.34%만이 해리한 것을 알 수 있다. 이 용액의 pH는 수소 이온 농도로부터 다음과 같이 구할 수 있다.

$$pH = -\log[H^+] = -\log(1.34 \times 10^{-2}) = 1.87$$

위산의 pH가 1.5~2이므로 1 M 폼산의 pH는 위산의 pH와 비슷한 것을 알 수 있다.

표 5-3 몇 종류의 산에 대한 pK_a값

산	pK_a	짝염기
H—Cl	−7	Cl^-
$CH_3C(=O)O$—H	4.8	$CH_3C(=O)O^-$
HO—H	15.7	HO^-
CH_3CH_2O—H	16	$CH_3CH_2O^-$
HC≡CH	25	$HC≡C^-$
H—H	35	H^-
H_2N—H	38	H_2N^-
$CH_2=CH_2$	44	$CH_2=CH^-$
CH_3—H	50	CH_3^-

산의 산도 증가 (↑)

짝염기의 염기도 증가 (↓)

산을 제거하려면 염기를 가하여 중화하면 된다. 1 M 폼산 용액 10 mL에 1 M NaOH 용액 5 mL를 가했다면 pH는 어떻게 변할까? 1 M NaOH 용액 10 mL를 가했다면 폼산의 몰수와 NaOH의 몰수가 같으므로 완전히 중화가 일어나게 된다. 그런데 농도는 같지만 넣어준 NaOH 용액의 부피가 폼산 용액의 부피의 반이므로 폼산의 반만 중화되고 반은 그대로 남아 있을 것이다. 이런 경우에 pH를 구하기 위해서는 산해리 평형식에서 양변에 로그를 취한다.

헨더슨(Lawrence Joseph Henderson, 1878~1942)

하셀바흐(Karl Albert Hasselbalch; 1874~1962)

$$\log\frac{[H^+][A^-]}{[HA]} = \log K_a$$

$$\log[H^+] + \log\frac{[A^-]}{[HA]} = \log K_a$$

$$-pH + \log\frac{[A^-]}{[HA]} = -pK_a$$

따라서 $-pH + \log\frac{[A^-]}{[HA]} = -pK_a$

이 식을 정리하면 **헨더슨-하셀바흐 식(Henderson-Hasselbalch equation)**이 얻어진다.

$$pH = pK_a + \log\frac{[A^-]}{[HA]}$$

이 식은 산과 짝염기가 비슷한 비율로 섞여 있을 때 용액의 pH를 구하는 데 유용하다. 반대로 용액의 pH가 주어졌을 때 산과 짝염기의 비율을 계산할 수도 있다.

앞에서 본 대로 폼산의 반이 중화되어 $[A^-] = [HA]$인 경우의 pH를 구해 보자.

$$pH = pK_a + \log 1 = pK_a$$

산과 짝염기의 농도가 같으면 pH가 pK_a와 같은 것을 알 수 있다. 폼산의 pK_a는 3.74이므로 위의 폼산과 NaOH의 혼합 용액의 pH는 3.74이다.

폼산의 반이 중화된 상태에서 약간의 산이나 염기를 가해도 $[A^-]/[HA]$ 비는 크게 달라지지 않고, $[A^-]/[HA]$ 비에 로그를 취한 값도 크게 달라지지 않는다. 결과적으로 용액의 pH는 pK_a값을 크게 벗어나지 않는다. 이런 용액을 **완충 용액(buffer solution)**이라고 한다.

그림 5-7 완충 용액은 용액의 pH를 일정하게 유지시켜 준다.

아미노산의 1차 분리

1주일 동안 반응이 진행된 후 색깔 변화로부터 밀러는 어떤 반응이 일어난 것을 알 수 있었다. 그러나 과연 원하는 아미노산이 만들어졌는지 알기 위해서는 아미노산을 분석해야 했다. 밀러 논문을 계속 읽어 보자.

> "반응을 마치고는 플라스크의 용액을 꺼내고 미생물이 자라는 것을 막기 위해서 1 mL의 $HgCl_2$ 포화 용액을 가했다. 양쪽성물질들은 $Ba(OH)_2$를 가하고 나서 진공하에서 증발시켜 아민을 제거하고, H_2SO_4를 가하고 증발시켜 산을 제거하며, $Ba(OH)_2$로 중화하고 거른 후에 진공하에서 농축시켜 나머지 물질로부터 분리했다. 아미노산은 생명체로부터 온 것이 아님을 알 수 있는데, 반응 도중 끓이고, 분석 도중 $HgCl_2$, $Ba(OH)_2$, H_2SO_4를 가했기 때문에 생명체가 자랄 수 없기 때문이다."

우선 아미노산을 분석하기 전에 반응 용기 내에서 미생물이 자라는 것을 방지해야 한다. 미생물이 자라면서 만든 아미노산이 시료에 끼어들면 아미노산이 검출되더라도 밀러가 고안한 실험을 통해 수소, 메테인, 암모니아, 물로부터 아미노산이 만들어졌는지 여부를 알 수 없기 때문이다. 그래서 밀러는 염화 수은을 사용해서 미생물이 자라는 것을 방지했다. 수은은 납, 카드뮴 등과 함께 독성이 강한 **중금속(heavy metal)**으로 알려졌다. 사람도 소량의 수은에 중독이 된다. 상당한 농도의 염화 수은 하에서라면 어떤 미생물도 자랄 수 없을 것이다.

상온에서 무거운 액체 금속인 수은은 독성이 강하다.

밀러 실험에서는 여러 종류의 산성 또는 염기성 물질이 만들어졌을 것으로 예상된다. 앞에서 살펴본 대로 메테인과 암모니아가 반응하면 **메틸아민(methyl amine**, CH_3-NH_2)이 만들어지는데, 메틸아민은 아미노기를 가지고 있기 때문에 염기성이다. 한편 메테인이 카복실기를 가지게 되면 산성인 **아세트산(acetic acid**, CH_3-COOH)이 된다. 밀러는 아미노산이 만들어졌는지에 관심이 있었기 때문에 아미노산을 분석하기 위해서는 이와 같은 아미노산 이외의 물질을 분리해서 미리 제거하는 것이 바람직했다.

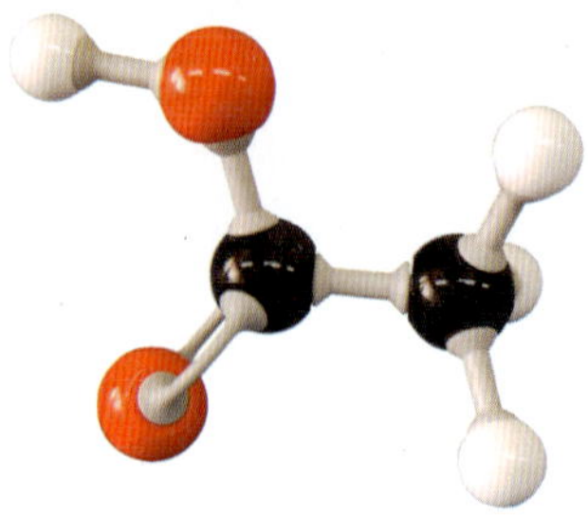

아세트산(CH_3COOH)

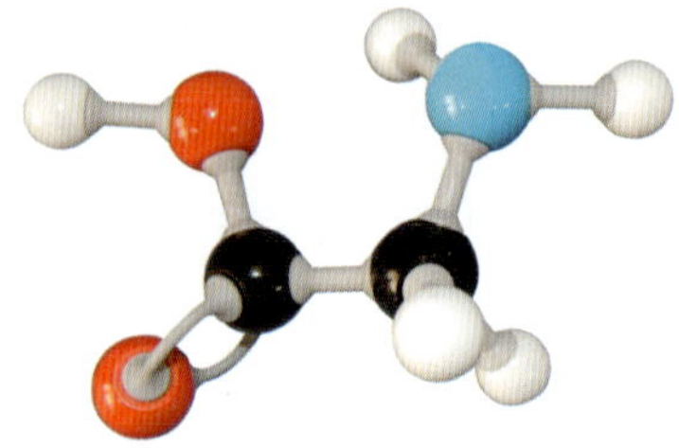

아미노산(글라이신)(NH_2CH_2COOH)

■ **그림 5-8** 아세트산과 아미노산의 분자 모형

그런데 밀러 논문에 다음과 같은 말이 나오듯이 산과 아미노산은 모두 물에 잘 녹는다. 염기도 마찬가지이다.

"방전으로 만들어진 산과 아미노산은 휘발성이 없기 때문에 물층에 모인다."

글라이신(H_2N-CH_2-COOH)은 염기성인 메틸아민에 산성인 카복실기가 결합했다고 볼 수도 있고, 산성인 아세트산에 염기성인 아미노기가 결합했다고 볼 수도 있다. 이처럼 산성인 작용기와 염기성인 작용기를 모두 가진 물질을 **양쪽성물질**(**ampholyte**)이라고 한다. 그러고 보면 20가지 아미노산은 모두 양쪽성물질이다. 밀러가 양쪽성물질인 아미노산을 어떻게 해서 산성 물질과 염기성 물질들로부터 분리했는지 살펴보자.

밀러는 아민을 제거하기 위해 일단 염기인 수산화 바륨($Ba(OH)_2$)을 가했다. 예를 들어, 메틸아민은 아미노기에 비공유 전자쌍이 있기 때문에 브뢴스테드-로우리 염기로 작용해서 수소 이온과 쉽게 결합하고, 전체적으로 양전하를 띠게 된다. 이런 양이온을 **암모늄 이온**(**ammonium ion**)이라고 하는데, 암모늄 이온은 양전하가 물의 산소 부분의 음전하와 상호작용을 해서 물에 잘 녹는다. 그런데 아미노산도 아미노기를 가지고 있기 때문에 마찬가지로 물에 잘 녹는다.

메틸아민과 글라이신이 함께 녹아 있는 용액에 수산화 바륨을 가하면 어떻게 될까? 메틸 암모늄 이온은 수소 이온을 다시 내놓을 수 있는 브뢴스테드-로우리 산이기 때문에 수산화 이온에 의해 다음과 같이 중화되어 메틸아민으로 돌아갈 것이다.

$$CH_3-NH_3^+ + OH^- \longrightarrow CH_3-NH_2 + H_2O$$

생선의 비린내는 메틸아민 등 휘발성 성분 때문이다.

양전하를 잃고 다시 중성 분자로 돌아간 메틸아민은 물에 대한 용해도가 떨어지고 쉽게 공기 중으로 탈출한다. 생선의 비린내는 메틸아민과 같은 휘발성 물질 때문이다. 밀러는 진공하에서 증발시켜서 메틸아민과 같은 염기성 물질을 제거했다.

그런데 이때 글라이신이 메틸아민과 함께 증발되면 안 된다. 글라이신이 메틸아민과 달리 아미노기와 함께 카복실기를 가지고 있기 때문에 수산화 이온은 암모늄 이온과도 반응하고 카복실기와도 반응해서 전체적으로 음전하를 띠게 된다.

$$H_3N^+-CH_2-COOH + 2OH^- \longrightarrow H_2N-CH_2-COO^- + 2H_2O$$

이처럼 글라이신은 수산화 바륨을 가해도 전하를 띠기 때문에 물에 녹아 있고, 그래서 진공하에서 증발하는 메틸아민으로부터 분리되는 것이다.

밀러는 염기성 물질을 제거한 다음에는 H_2SO_4를 가하고 증발시켜 산성 물질을 제거했다. 예를 들어, 아세트산은 염기성 용액에서 카복실기의 수소를 잃고 음이온으로 존재한다. 산을 가하면 중성인 CH_3-COOH로 바뀌어 메틸아민의 경우와 마찬가지로 휘발성이 증가하고, 따라서 쉽게 용액으로부터 제거할 수 있다. 그러나 글라이신은 아미노기가 산에 의해 암모늄 이온으로 바뀌어 물에 그대로 녹아 있게 된다.

$$CH_3-COO^- + H^+ \longrightarrow CH_3-COOH$$
$$H_2N-CH_2-COO^- + 2H^+ \longrightarrow H_3N^+-CH_2-COOH$$

이렇게 해서 혹시 만들어졌을지도 모르는 아미노산을 다른 산과 염기로부터 분리한 다음에 할 일은 아미노산을 확인하고, 어떤 종류의 아미노산이 대략 얼마나 만들어졌는지 조사하는 것이다.

체크 포인트

1. 암모니아는 아레니우스 염기인가?
2. 암모니아는 브뢴스테드-로우리 염기인가?
3. 암모니아는 루이스 염기인가?

토의 포인트

1. NaOH에서 수소가 산해리를 하지 않는 이유는 무엇일까?
2. 암모니아에서는 질소가 3개의 수소와 결합하기 때문에 질소가 수소에서 전자를 끌어당기는 경향이 3분의 1로 줄었다고 하면, 그래도 아미노기는 약산으로 작용하지 않을까?
3. 에틸 알코올(CH_3CH_2-OH)에서 산소와 결합한 수소는 산해리를 할까, 하지 않을까?

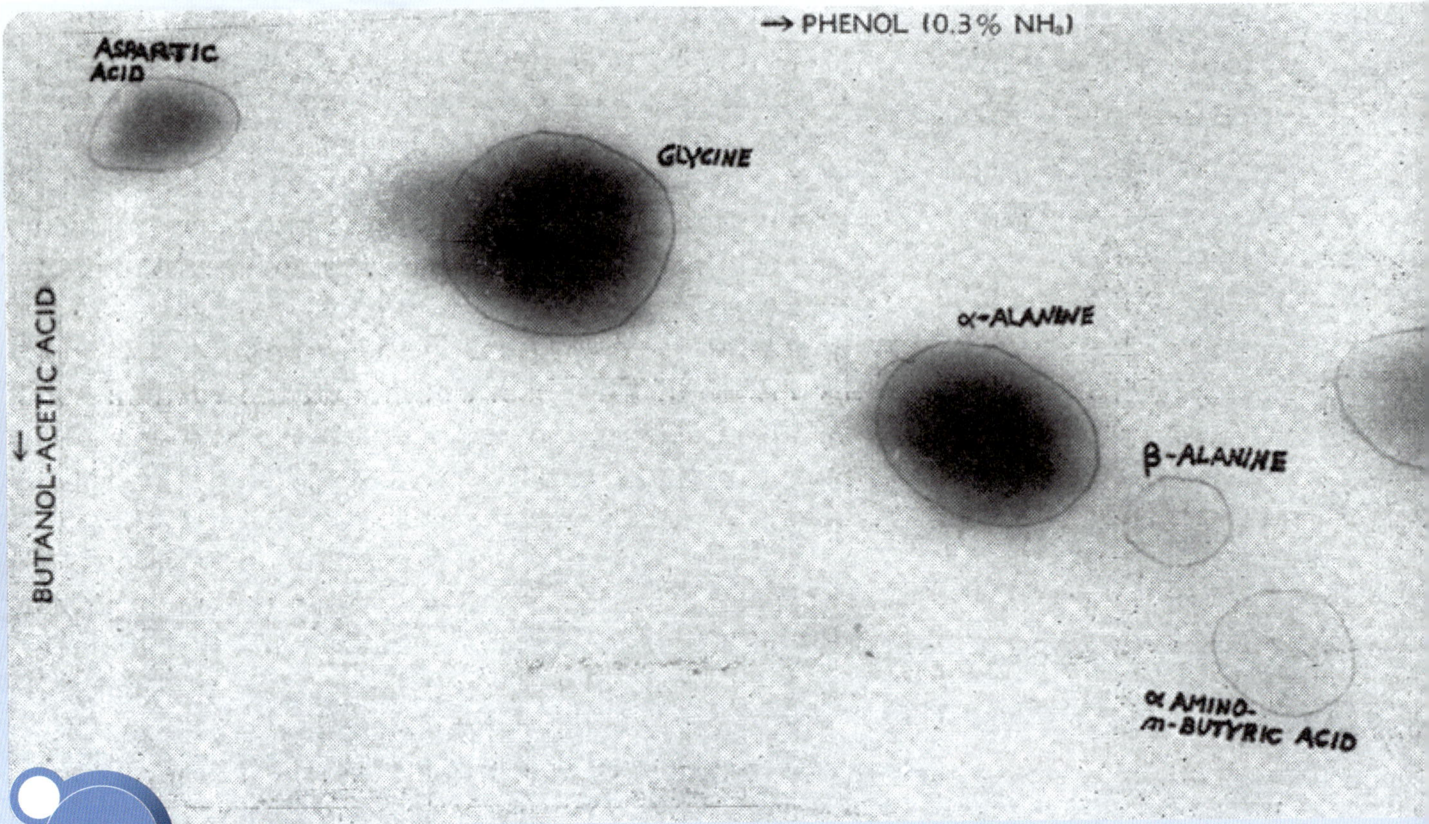

5-3

종이 크로마토그래피

이제는 밀러가 만들어진 아미노산들을 어떻게 분석했는지 알아보자. 밀러 논문에는 아미노산 분석에 관한 다음 문장들이 나온다.

"얻어진 결과물에 아미노산이 들어 있는지 종이 크로마토그래피를 사용해서 테스트했나."

"그림 2(위의 그림)는 *n*-뷰탄올-아세트산-물 혼합 용액, 그 다음에는 물로 포화된 페놀로 전개하고 닌하이드린으로 스프레이해서 얻은 종이 크로마토그램을 보여 준다. R_f값(아미노산이 이동한 거리와 용액 전진선이 이동한 거리의 비율), 모양, 스팟의 색이 이미 알고 있는 아미노산, 미지의 물질 그리고 이 두 가지 물질의 혼합물인 경우에 같고, 또한 페놀과 77% 에탄올을 사용해서 일치되는 결과가 얻어지는 것으로부터 아미노산을 동정했다."

크로마토그래피의 발전

코닥사의 필름인 코닥크롬. 지금은 생산이 중단되었다.

크로마토그래피 (chromatography) 는 색을 뜻하는 chroma와 쓴다는 뜻의 'graphein'의 합성어이다. 원자 번호가 24인 원소는 산화 상태에 따라 다양한 색을 나타내기 때문에 크로뮴(chromium, Cr)이라는 이름이 붙여졌다. 지금은 디지털 카메라에 밀려 생산을 중단했지만, 오랫동안 컬러 사진 필름 시장을 독점했던 코닥사의 제품은 코닥크롬(Kodachrom)이었다. 한편 서예를 caligraphy, 사진술을 photography, 석판 인쇄를 lithography, X-선 등을 사용해서 신체 일부를 단층 촬영하는 것을 tomography라고 하는 것을 보면 그래피의 의미가 분명해진다.

20세기 초에 식민지 폴란드에서 근무하던 러시아의 츠베트(Tswett)는 탄산 칼슘(calcium carbonate, $CaCO_3$) 가루를 채운 관을 사용해서 식물의 추출물을 분리했더니 엽록소(chlorophyll), 카로텐(carotene) 등으로 나누어지면서 초록색, 주황색 등 띠를 나타내는 것을 관찰했다. 그로부터 크로마토그래피라는 중요한 분리 방법이 발전되었다.

크로마토그래피로 분리하고자 하는 물질을 **분석 물질(analyte)**이라고 한다. 밀러 실험에서는 여러 가지 아미노산이 분석 물질이다. 크로마토그래피에서 분석 물질을 분리하는 데는 **정지상(stationary phase)**과 **이동상(mobile phase)**이라는 두 가지 상이 필요하다. 냅킨이 물컵에 빠졌는데 물이 모세관 현상에 의해 종이를 따라 올라가면서 냅킨에 글씨를 쓴 잉크의 색소가 분리되었다고 하자. 이때 종이는 움직이지 않기 때문에 정지상이고, 움직이는 물은 이동상이다.

츠베트의 실험에서는 탄산 칼슘이 정지상이다. 그는 석유 에터(petroleum ether)라는 극성이 낮은 용매를 이동상으로 사용했다. 분석 물질 중에서 극성이 낮은 물질이 이동상을 따라 이동하면서 먼저 흘러나왔을 것이다.

초기의 크로마토그래피에서는 탄산 칼슘, 실리카, 알루미나(alumina) 등 극성이 높은 물질이 정지상으로, 석유 에터처럼 극성이 낮은 용매가 이동상으로 사용되었다. 요즘은 극성이 낮은 물질이 정지상으로, 물이 많이 포함된 극성이 높은 용매가 이동상으로 사용된다. 이처럼 정지상과 이동상의 극성이 역전된 요즘의 크로마토그래피를 **역상 크로마토그래피(reversed-phase chromatography)**라고 한다. 그리고 종전의 크로마토그래피를 **정상 크로마토그래피(normal phase chromatography)**라고 한다.

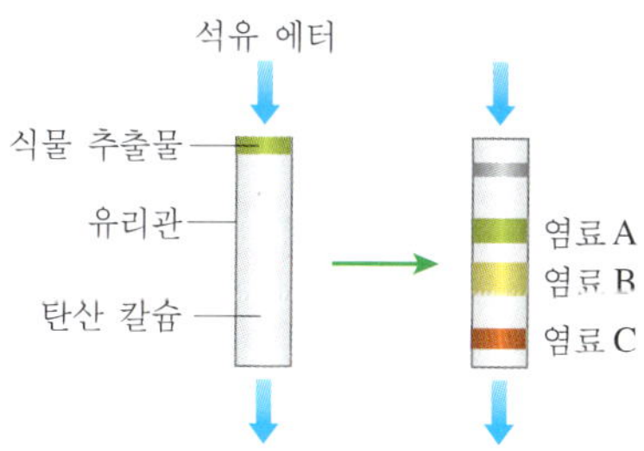

■ **그림 5-9** 츠베트의 실험 그림

밀러의 종이 크로마토그래피

밀러는 종이를 정지상으로, *n*-뷰탄올-아세트산-물 혼합 용액과 물로 포화된 페놀을 두 가지 다른 이동상으로 사용했다. 밀러가 사용한 크로마토그래피는 정상 크로마토그래피일까, 역상 크로마토그래피일까?

밀러가 **전개**(**development**)라고 부른 실험 과정을 살펴보자. 5-3절 도입부 그림에서 왼쪽 위 구석에 연필로 가볍게 원점(origin)을 표시한다. 그리고 아미노산이 들어 있다고 생각되는 시료 용액을 일부 취해서 원점에 찍고 말린다. 그 다음에는 이 종이의 위쪽 꼭대기 부분을 *n*-뷰탄올-아세트산-물 혼합 용액에 집어넣어 용액이 종이를 따라 아래로 내려오게 한다. 종이가 작을 때는 용액이 모세관 현상에 의해 위로 올라가게 해도 된다. 그러나 분리가 충분히 되도록 큰 종이를 사용할 때는 올라가는 방향으로 전개하면 어느 정도 올라가다가 중력 때문에 더 이상 올라가지 못하기 때문에 위에서 아래로 내리는 것이 유리하다. 용액이 종이의 끝에 가까워져서 전개가 거의 끝나면 전개를 중단하고 종이를 용액에서 꺼내 말린다.

이때 시료에 들어 있는 분석 물질은 종이에 더 끌리는지, 용액에 더 끌리는지에 따라 원점으로부터 얼마나 이동하는지가 결정된다. 일단 종이의 특성을 살펴보자. 종이의 주성분인 **셀룰로스**(**cellulose**)는 광합성의 결과로 만들어진 포도당(glucose)이 여러 개 결합한 **고분자**(**polymer**)이다. 그런데 포도당에는 $-OH$기가 여러 개 들어 있어서 셀룰로스는 극성 분자이고, 물과 잘 섞인다. 산소에게 전자를 내주고 부분 양전하를 가지는 $-OH$기의 수소는 부분 음전하를 가지는 물의 산소에게 끌리기 때문이다. 따라서 종이는 물에 잘 젖고, 마른 종이라고 해도 4% 정도의 물이 표면에 흡착되어 있다. 그래서 극성이 높은 카복실기와 아민기를 가진 아미노산은 물에 잘 녹고 셀룰로스와 친하기 때문에 종이 크로마토그래피에서는 원점에 남아 있으려는 경향이 강하다.

흔히들 부탄 가스라고 하는 뷰테인을 사용하는 휴대용 가스 버너. 천연 가스와 석유 분해 가스에 함유되어 있다.

이제는 첫 번째 전개에 사용된 *n*-뷰탄올-아세트산-물 혼합 용액을 살펴보자. **뷰테인**(**butane**)은 탄소 원자가 4개인 포화 탄화수소이다. 이중 결합이나 삼중 결합이 없는 탄화수소를 모든 탄소에 수소가 최대한 결합했다는 의미에서 **포화 탄화수소**(**saturated hydrocarbon**)라고 한다. 이중 결합이나 삼중 결합을 가진 **불포화 탄화수소**(**unsaturated hydrocarbon**)에는 수소가 추가로 결합할 수 있을 것이다.

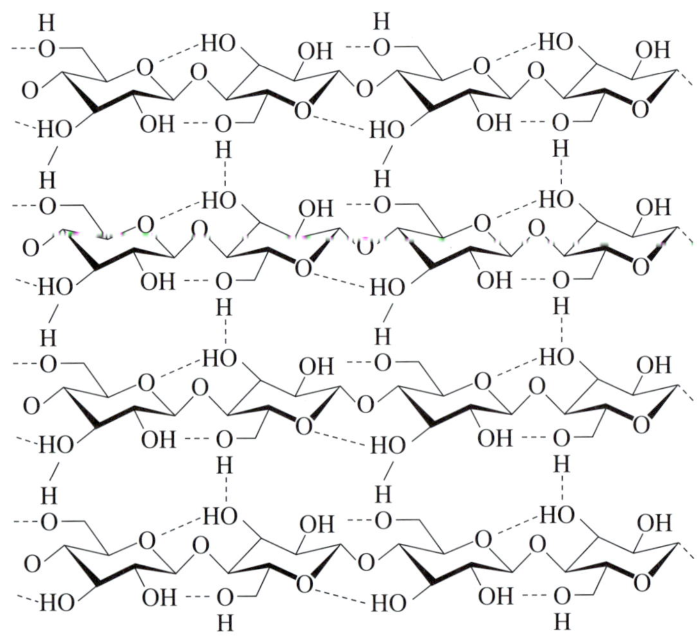

■ **그림 5-10** 셀룰로스의 구조

4개의 탄소 원자가 일직선으로 결합한 뷰테인을 **노말 뷰테인(normal butane, *n*-butane)**이라고 한다. 그런데 3개의 탄소 원자가 결합한 **프로페인(propane)**의 중심 탄소에 4번째 탄소가 결합한다면 일직선인 *n*-뷰테인과 달리 가지를 가진 다른 구조의 뷰테인이 얻어진다. 이를 **아이소뷰테인(iso-butane, *i*-butane)**이라고 한다. *n*-뷰테인과 *i*-뷰테인은 서로 **구조 이성질체(structural isomer)**의 관계에 있다고 말한다.

n-뷰테인의 한쪽 끝에 H 대신 OH가 결합하면 *n*-뷰탄올(*n*-butanol)이 되고, *i*-뷰테인으로부터는 *i*-뷰탄올(*i*-butanol)이 얻어진다. 밀러는 물에 *n*-뷰탄올을 섞은 용액을 첫 번째 전개에 사용한 것이다. *n*-뷰탄올에는 −OH기가 들어 있어서 물과 잘 섞인다. 한편 *n*-뷰탄올에는 극성이 낮은 뷰틸기(butyl group, $-C_4H_9$)가 들어 있어서 이동상의 극성을 물보다는 낮게 해 준다.

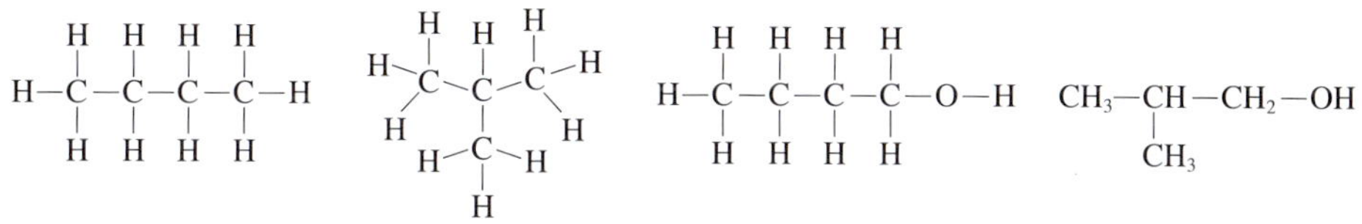

n-뷰테인 *i*-뷰테인 *n*-뷰탄올 *i*-뷰탄올

■ **그림 5-11** 뷰테인과 뷰탄올의 구조식

이제 정지상과 이동상의 극성 차이를 알아보았으니 분석 물질의 극성을 생각해 보자. 밀러 논문의 그림 2(5-3절 도입부 그림)에서 가장 강하게 나타난 두 가지 아미노산은 가장 간단한 아미노산인 글라이신과 두 번째로 간단한 알라닌이다. 글라이신과 알라닌의 차이는 중심 탄소에 수소가 결합했는지 메틸기(methyl group, $-CH_3$)가 결합했는지 여부이다. 그런데 전기음성도 차이가 작은 탄소와 수소가 결합한 메틸기는 극성이 낮다.

원점에 찍은 시료에 글라이신과 알라닌 두 가지 아미노산만이 들어 있었다고 하자. 물과 *n*-뷰탄올의 혼합 용액이 종이를 따라 이동할 때 글라이신과 알라닌이 어떻게 분리될까? 알라닌의 무극성 메틸기는 이동상의 뷰탄올에 들어 있는 무극성 뷰틸기와 '유유상종(類類相從, like dissolves like)'의 원리에 따라 상호작용하면서 이동상을 따라 올라간다. 글라이신은 알라닌에 비해 뒤로 처진다.

콩나물에는 간의 세포 분해를 막아주는 아스파트산이 포함되어 있어 숙취 해소에 도움을 준다.

원점에서 가까운 아스파트산(aspartic acid)은 왜 글라이신보다 별로 이동하지 않았을까? 아스파트산은 알라닌의 메틸기에서 수소 1개가 카복실기로 치환된 아미노산이다. 산해리를 하는 카복실기 때문에 메틸기는 극성이 높아지고, 결과적으로 아스파트산은 글라이신보다도 극성이 높다. 따라서 아스파트산은 종이보다 극성이 낮은 이동상을 따라 이동하지 않고 원점 가까이에 남아 있는 것이다.

첫 번째 전개로 여러 가지 분석 물질이 완전히 분리된다면 더 이상 전개가 필요 없을 것이다. 그러나 수십 종류의 분석 물질이 있다면 한 번에 완전히 분리되기는 어렵다. 그래서 밀러는 첫 번째 전개 후에 종이를 90도 회전해서 한 번 더 전개했다. 그런데 같은 이동상을 사용한다면 첫 번째에 분리되지 않은 분석 물질은 두 번째에도 분리되지 않을 것이다. 따라서 밀러는 물로 포화된 페놀(phenol)을 두 번째 이동상으로 사용했다. 페놀은 물과 잘 섞이지 않는 벤젠(benzene)에 −OH기가 결합되어 물과는 어느 정도 섞이지만, 극성이 낮은 벤젠기를 가지고 있어서 물로 포화된 페놀은 물보다는 극성이 낮고, *n*-뷰탄올-물 혼합 용액과는 또 다른 이동상인 것이다. 그래서 첫 번째 전개에서 완전히 분리가 이루어지지 않은 분석 물질이 두 번째 전개에서는 분리될 수도 있게 된다. 물론 이동의 순서는 달라지지 않을 것이다. 따라서 그림 2(5-3

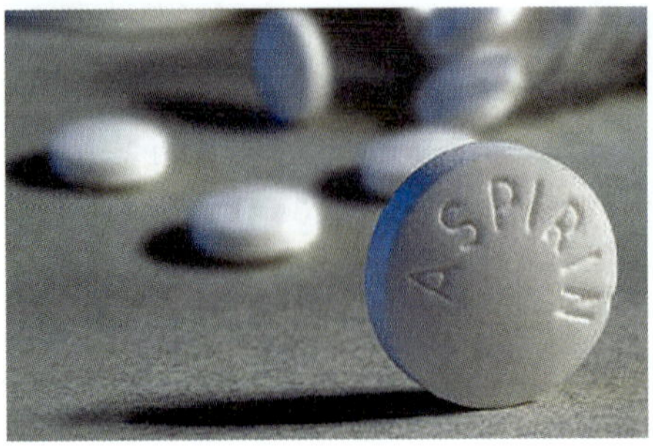

(a)

(b)

■ **그림 5-12** (a) 페놀은 아스피린과 같은 약품의 제조에 사용되며, (b) 벤젠은 석유로부터 얻을 수 있다.

절 도입부 그림)에서 볼 수 있듯이 두 번째 전개 후 분석 물질은 대략 원점으로부터 대각선 위치에 자리 잡게 된다.

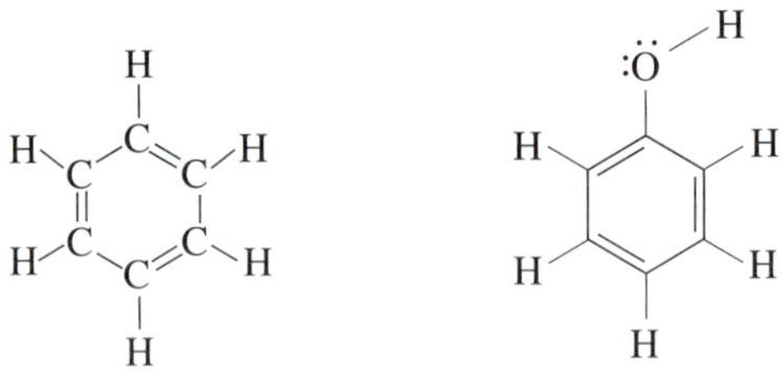

벤젠　　　　페놀

마틴(Archer Martin, 1910~2002). 1952년 노벨 화학상.

이처럼 분석하고자 하는 물질이 정지상과 이동상에 분배되면서 분리되는 방법을 **분배 크로마토그래피(partition chromatography)** 라고 한다. 분배 크로마토그래피는 오늘날도 전 세계적으로 화학 분석에 널리 사용된다. 분배 크로마토그래피를 처음 발전시킨 마틴(Martin)과 신지(Synge)는 1952년 노벨 화학상을 수상했다.

이동상의 pH

이동상에 대해 한 가지 더 짚고 넘어가자. 그림 2(5-3절 도입부 그림)를 잘 살펴보면 1차 분리에서는 이동상에 아세트산을 가했고, 2차 분리에서는 암모니아를 가한 것을 알 수 있다. 아세트산을 가하면 용액의 H^+ 농도는 높아지고, OH^- 농도는 낮아진다. 반대로 염기성인 암모니아를 가하면 H^+ 농도는 낮아지고, OH^- 농도는 높아진다.

아미노산은 한쪽에는 산성인 카복실기를, 다른 쪽에는 염기성인 아미노기를 가지고 있다. 카복실기는 산해리를 해서 일부는 $-COO^-$로, 해리하지 않은 카복실기는 $-COOH$로 존재한다. 용액의 산성이 강해지면, 즉 용액의 pH가 낮아지면 해리한 $-COO^-$는 H^+와 결합해서 $-COOH$로 되돌아간다. 반대로 용액의 산성이 약해지거나 알칼리성이 강해지면, 즉 용액의 pH가 높아지면 OH^-가 $-COOH$에서 해리되어 나온 H^+와 결합해서 물이 된다. 그러면 $-COOH$의 해리가 계속되어 결과적으로 보다 많이 $-COO^-$로 존재하게 될 것이다.

아미노기는 용액의 pH가 낮아지면 $-NH_2$ 질소의 비공유 전자쌍이 H^+를 받아들여서 $-NH_3^+$가 되고, pH가 높아지면 $-NH_3^+$에서 H^+가 떨어져 나와서 OH^-와 결합하여 물이 되면서 $-NH_2$로 돌아간다.

카복실기가 중성인 $-COOH$로 존재하는지, 음전하를 가진 $-COO^-$로 존재하는지 그리고 아미노기가 $-NH_2$로 존재하는지, 양전하를 가진 $-NH_3^+$로 존재하는지에 따라 아미노산의 극성이 달라질 것이다. 그런데 20가지 아미노산 중에는 아스파트산처럼 곁가지에 추가로 $-COOH$가 있는 것도 있고, 라이신처럼 곁가지에 추가로 $-NH_2$가 있는 것도 있다. 따라서 극성에 약간의 차이가 있는 아미노산을 분리하려면 이동상의 pH를 바꾸어서 아미노산의 상태를 바꾸어 주는 것이 좋을 것이다. 그래서 밀러는 1차 전개에서는 산성, 2차 전개에서는 알칼리성 용액을 사용한 것이다.

체크 포인트

1. 밀러가 사용한 종이 크로마토그래피에서 종이는 이동상에 비해 극성이 높은가, 낮은가?
2. 종이 크로마토그래피는 정상 크로마토그래피인가, 역상 크로마토그래피인가?

토의 포인트

1. 요즘은 정상 크로마토그래피와 역상 크로마토그래피 중에서 어느 쪽이 많이 쓰일까? 그 이유는 무엇일까?

5-4

아미노산의 수율

밀러는 이어서 다음과 같이 말하고 있다.

"이렇게 해서 글라이신과 α-알라닌, β-알라닌을 동정한다. 스팟이 심하게 약하기 때문에 아스파트산과 α-아미노-*n*-뷰티르산의 동정은 다소 불확실하다. A와 B로 표시한 스팟은 아직 동정하지 못했으나 베타, 감마 아미노산일지도 모른다. 이들이 주로 들어 있는 아미노산일 것이지만, 다른 것들도 소량이나마 확실히 들어 있을 것이다. 전체 아미노산의 수율은 밀리그램 단위인 것으로 추산된다."

농사를 지을 때도 들어간 종자와 비료 값, 그리고 동력과 노동의 비용에 비해 추수한 곡식의 양이 중요하다. 이 경우에는 다행히 중요한 반응물인 이산화탄소와 물은 거의 공짜라서 밀러의 경우처럼 수율을 계산하려면 아마도 비료로 공급한 질소 중에서 몇 퍼센트가 곡식으로 바뀌었나를 따져 보아야 할 것이다.

밀러 실험에서 수율은 몇 퍼센트나 될까?

종이 크로마토그래피로 2차원 분리를 하면 수십 가지의 분석 물질은 거의 다 분리가 이루어진다. 그런데 아미노산 자체는 색깔을 띠지 않기 때문에 어느 위치에 어떤 분석 물질이 얼마나 있는지 알 수 없다. 다행히 아미노산은 **닌하이드린(ninhydrin)**이라는 화합물과 반응해서 색을 나타내는 것으로 알려졌다. 그래서 밀러는 2차원 분리 후에 종이를 말리고 닌하이드린 용액을 스프레이했다. 그러자 흰색 종이에서 여기저기에 색깔을 띠는 커다란 점이 나타났다.

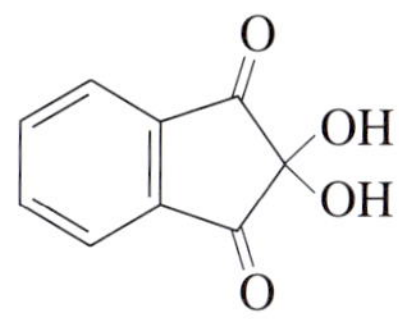

■ **그림 5-13** 닌하이드린의 구조

그런데 밀러는 어떻게 원점에 가까운 점이 아스파트산에 해당하고, 원점에서 적당히 떨어진 위치에 글라이신이 그리고 더 멀리 떨어진 위치에 알라닌이 나타나는 것을 알았을까? 밀러는 별도로 순수한 아스파트산, 글라이신, 알라닌 등 여러 가지 아미노산을 각각 똑같은 방법으로 분리하고 각 아미노산이 어느 위치에 나타나는지 별도로 조사했을 것이다. 이런 방법이 가능한 것은 분리의 재현성(reproducibility)이 뛰어나기 때문이다. 더구나 페놀과 77% 에탄올 같은 제3의 이동상을 사용해서 같은 결과가 얻어지면 결과는 확실해진다.

아미노산과 반응하면 색을 나타내는 닌하이드린. 지문 채취에 이용된다.

밀러는 닌하이드린 용액을 스프레이해서 얻어진 점의 세기로부터 분리된 아미노산의 양을 추정했다. 그리고 논문에 '전체 아미노산의 수율은 밀리그램 단위인 것으로 추산된다.' 고 언급했다. 넣어준 물질 중에서 몇 % 정도가 아미노산으로 바뀐 것인지 알아보려면 넣어준 물질도 밀리그램 또는 그램 단위로 알아야 한다. 그러기 위해서 밀러 논문의 다음 두 문장을 살펴보자.

"실험 과정에서 플라스크에 물 200 mL를 넣고 공기를 뺀 후에 10 cm 압력의 H_2, 20 cm의 CH_4, 20 cm의 NH_3를 넣고 밀봉한다. 그림 1(그림 3-1)은 실험 장치를 보여 준다. 끓인 물은 5 L 플라스크에서 기체들과 혼합되어 전극 사이를 통과한 후 응축되어 플라스크로 돌아간다."

분압

밀러는 H_2, CH_4, NH_3 기체의 압력을 10 cm, 20 cm 식으로 나타냈다. 1644년에 이탈리아의 토리첼리는 공기가 지표면에서 가하는 압력이 수은주 높이로 76 cm에 해당하는 것을 측정했다. 이 **대기압(atmospheric pressure)**을 1기압이라고 하는데, 1기압은 76 cm 높이의 수은주가 가하는 압력인 것이다.

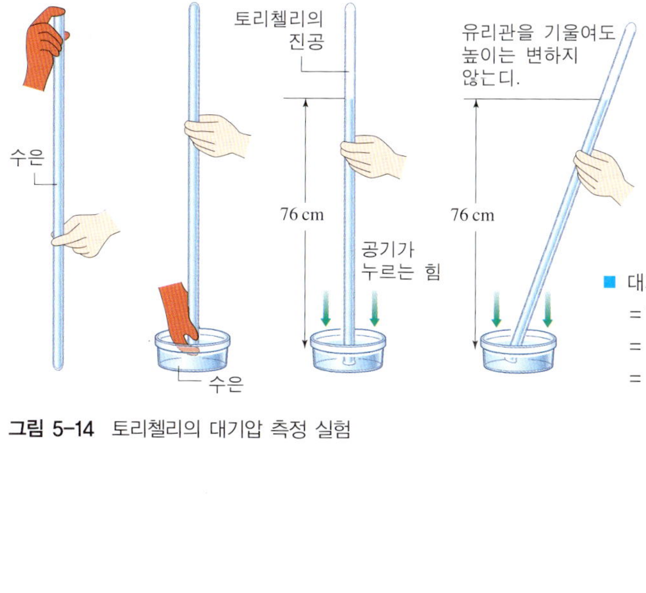

■ 대기압(**atm**ospheric pressure)
= 76 cm의 수은주가 가하는 압력
= 1 기압
= 1 **atm**

■ **그림 5-14** 토리첼리의 대기압 측정 실험

토리첼리(Evangelista Torricelli, 1608~1647)

밀러가 반응 용기에 넣어준 각 기체의 압력은 1기압의 몇 분의 1 정도인 것을 알 수 있다.

$$H_2 \text{ 기체의 압력} = (1\text{기압})\left(\frac{10\text{ cm}}{76\text{ cm}}\right) = 0.13\text{기압}$$

$$CH_4 \text{ 기체의 압력} = (1\text{기압})\left(\frac{20\text{ cm}}{76\text{ cm}}\right) = 0.26\text{기압}$$

$$NH_3 \text{ 기체의 압력} = 0.26\text{기압}$$

이처럼 몇 가지 기체가 섞여 있을 때 각 기체가 나타내는 압력을 그 기체의 **분압**(**partial pressure**)이라고 한다. 밀러 실험에서 수소의 분압은 0.13기압이고, 메테인과 암모니아의 분압은 각각 0.26기압인 것이다. 그런데 이 세 기체의 분압을 더한 압력은 0.65기압으로, 1기압에 못 미친다.

●● 이상 기체 방정식

밀러가 반응 용기에 넣어준 수소, 메테인, 암모니아 기체의 압력으로부터 각각의 몰수를 알아보자. 기체의 상태는 온도, 압력, 부피, 몰수에 의해 결정되는데, 온도가 높고 압력이 낮은 기체는 **이상 기체 법칙**(**ideal gas law**)을 따른다. 따라서 이상 기체 법칙으로부터 밀러 실험에서 각 기체의 몰수(n)를 구할 수 있다. 밀러는 5 L 플라스크를 사용해서 전기 방전을 했고, 또 다른 플라스크에 물 200 mL를 넣고 끓였다. 기타 부피를 포함해서 기체가 차지하는 전체의 부피는 6 L로 보면 좋을 것이다. 기체를 용기에 주입할 당시 온도는 상온(25°C, 298 K)으로 보면 좋을 것이다.

이상 기체 방정식: $PV = nRT$

수소의 몰수(n)

$$n = \frac{PV}{RT} \text{ (}R\text{은 기체 상수: 0.082 atm L/K·mol)}$$

$$= \frac{(0.13)(6)}{(0.082)(298)}$$

$$= 0.032$$

메테인, 암모니아는 압력이 수소의 2배이므로 몰수도 2배인 0.064몰이다.

반응이 진행되는 동안에 반응 용기에는 수소, 메테인, 암모니아뿐만 아니라 물을 끓여서 얻은 수증기도 들어 있다. 수증기의 분압을 알려면 전체 압력을 알아야 하는데, 밀러는 반응 용기 내부의 압력을 언급하지 않았다. 내부 압력을 추정하기 위해 비교적 압력이 높은 경우와 비교해 보면 좋을 것이다. 팽팽한 자동차 타이어의 압력은 2기압이 좀 넘는다. 또 압력 밥솥의 내부 압력도 2기압 정도이다. 밀러 실험에서 반응 용기와 압력밥솥 중 어느 쪽의 내부 압력이 높을까? 압력 밥솥의 내부 온도는 122°C 정도여서 물이 높은 압력하에서 끓고 있는 상황이다. 그러나 밀러 실험에서는 물을 한쪽에서는 끓이고 다른 쪽에서는 냉각수로 응축시키면서 순환시키기 때문에 반응 용기 내부의 평균 온도는 122°C보다 훨씬 낮다. 용기 내부의 평균 온도를 상온과 100°C의 중간인 60°C, 333 K로 가정한다.

팽팽한 타이어와 압력밥솥의 압력은 2기압 근처이다.

한쪽에서 계속 물이 끓으면서 수증기로 바뀌므로 밀폐된 용기 내부의 전체 압력은 외부 압력인 1기압은 넘을 것이다. 일단 전체 압력을 1.3기압으로 추정하자. 수증기의 분압을 구하려면 나머지 기체의 분압을 알아야 한다. 일정한 부피의 용기 내에서 온도가 올라가면 각 기체의 압력은 절대 온도에 비례해서 올라간다.

$$H_2\text{의 압력} = (0.13\text{기압})\left(\frac{333}{298}\right) = 0.15\text{기압}$$

$$CH_4\text{의 압력} = (0.26\text{기압})\left(\frac{333}{298}\right) = 0.29\text{기압}$$

$$NH_3\text{의 압력} = (0.26\text{기압})\left(\frac{333}{298}\right) = 0.29\text{기압}$$

$$H_2O\text{의 압력} = 1.3\text{기압} - (0.15\text{기압} + 0.29\text{기압} + 0.29\text{기압})$$

$$= 0.57\text{기압}$$

$$\text{수증기에 들어 있는 물 분자의 몰수} = \frac{PV}{RT}$$

$$= \frac{(0.57)(6)}{(0.082)(333)}$$

$$= 0.13\text{몰}$$

분자량에 몰수를 곱하면 각 기체의 그램수를 구할 수 있다.

$$\text{수소의 그램수} = 2 \times 0.032 = 0.064$$

$$\text{메테인의 그램수} = 16 \times 0.064 = 1.02$$

$$\text{암모니아의 그램수} = 17 \times 0.064 = 1.09$$

$$\text{물의 그램수} = 18 \times 0.13 = 2.34$$

우리가 사용한 이상 기체 방정식에는 보일 법칙, 샤를 법칙, 아보가드로 원리의 세 가지 요소가 들어 있다. 각각의 내용을 살펴보자.

보일 법칙

1662년 뉴턴(Newton)과 같은 시대에 살았던 영국 과학자인 보일은 한쪽 끝이 막힌 굽은 유리관과 수은을 사용하여 일정한 온도에서 기체의 압력을 변화시키면서 부피의 변화를 관찰하였다.

관이 막힌 쪽에 일정한 양의 공기를 가두고 수은을 가해서 수은주의 높이에 차이가 생기도록 하면 그림 5-15에서 왼쪽 막힌 공간의 공기가 가하는 압력은 오른쪽에서 수은주 높이의 차이에 해당하는 압력과 수은주 꼭대기에 대기가 가하는 압력의 합이 될 것이다.

수은을 더 가해서 압력을 증가시키면 왼쪽의 수은주가 올라가면서 공기의 부피가 줄어든다. 보일은 이렇게 압력을 변화시키면서 공기의 부피를 측정하여 일정한 온도에서 기체의 부피와 압력 사이에는 반비례 관계가 성립하는 것을 발견하였다.

보일(Robert Boyle, 1627~1691)

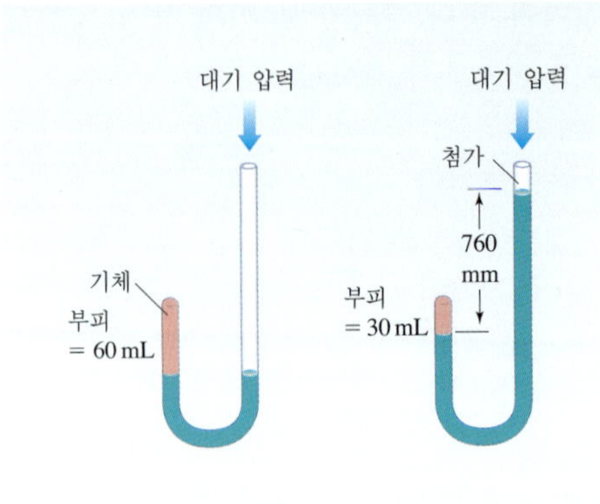

■ **그림 5-15** 수은주 높이에 따른 공기의 부피 변화

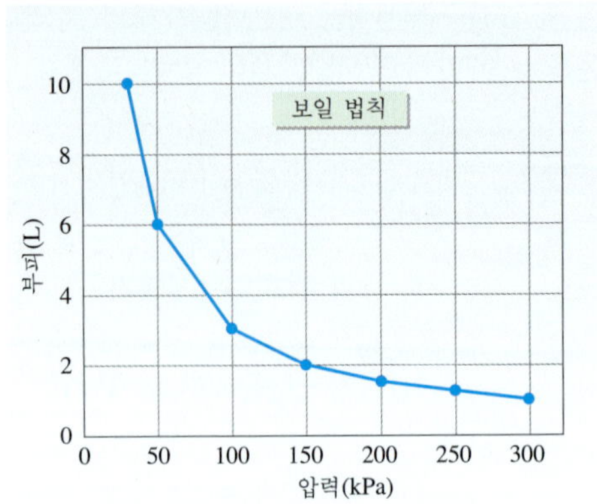

■ **그림 5-16** 기체의 압력과 부피 관계

기체의 압력(P)과 부피(V) 사이의 반비례 관계는 다음과 같이 식으로 나타낼 수 있다. 이때 온도와 기체 분자의 몰수는 일정하다.

$$PV = k\ (k\text{는 상수})$$

이와 같이 '일정한 온도에서 일정량의 기체의 부피는 압력에 반비례한다.'는 관계를 **보일 법칙(Boyle's law)**이라고 한다.

●● 샤를 법칙

온도와 부피의 관계는 어떨까? 공기로 채운 풍선을 액체 질소에 갖다 대면 쪼그라드는 것을 볼 수 있다. 온도가 낮아지면 기체의 부피가 줄어들기 때문이다.

샤를(Jacques Charles, 1746~1823)

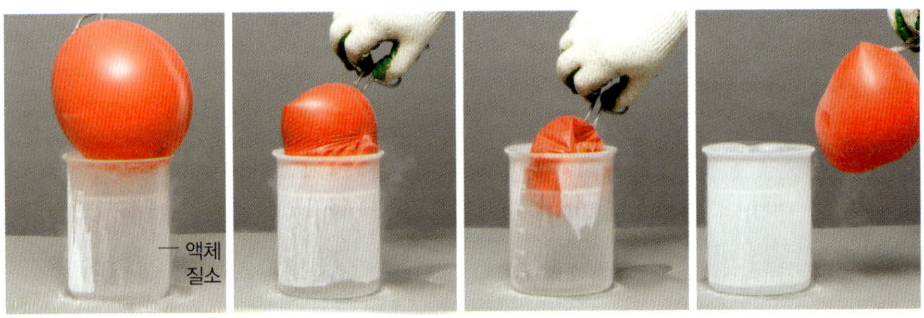

1787년에 프랑스의 샤를은 일정한 압력에서 기체의 온도가 1°C씩 증가할 때마다 기체의 종류에 관계없이 0°C일 때 부피에 비해 일정 비율로 증가한다는 것을 알아냈다. 이 결과는 온도가 아주 낮아지면 기체의 부피가 0으로 수렴하는 온도가 존재한다는 것을 보여 준다. 나중에 이 비율은 $\frac{1}{273}$로 정확히 측정되었다. 그렇다면 −273°C에서는 기체의 부피가 0이 될 것이다. 이 온도가 절대 0도(0 K)이다. 온도는 분자 운동의 정도를 나타내기 때문에 절대 0도에서는 분자가 운동을 멈춘다고 볼 수 있다. 위의 관계로부터 기체의 몰수와 압력이 일정할 때 기체의 부피(V)와 절대 온도(T)의 관계는 다음과 같이 나타낼 수 있다.

$$V = kT\ (k\text{는 상수})$$

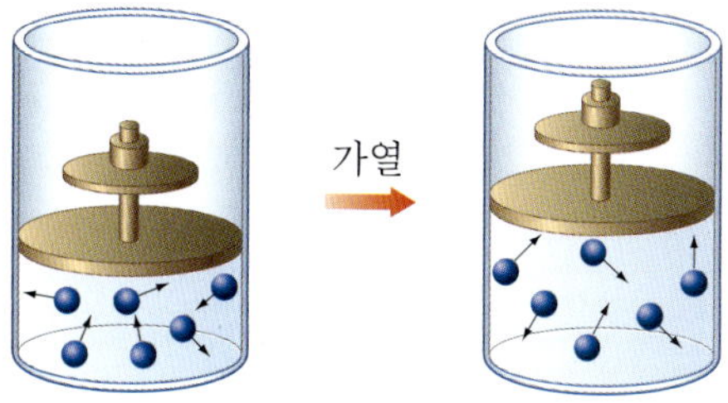

■ **그림 5-17** 샤를 법칙의 원리

'일정한 압력에서 일정량의 기체 부피는 절대 온도에 비례한다.' 는 것을 **샤를 법칙 (Charles' law)** 이라고 한다. 즉, 절대 온도가 2배가 되면 부피도 2배가 되고, 절대 온도가 $\frac{1}{2}$로 줄면 부피도 $\frac{1}{2}$이 된다.

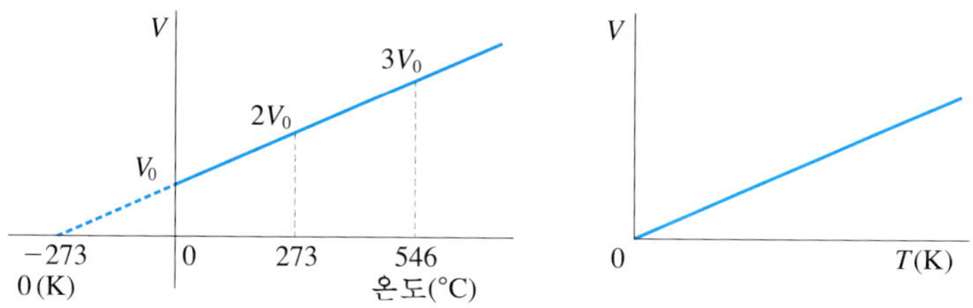

■ **그림 5-18** 기체의 부피와 온도 관계

아보가드로 원리

마지막으로 2장에서 살펴본 대로 기체 분자의 몰수와 부피의 관계에 대해서 이상 기체 방정식을 살펴보면 일정한 온도와 압력하에서 같은 부피에는 종류에 관계없이 같은 개수의 기체 분자가 들어 있는 것을 알 수 있다. 이를 **아보가드로 원리 (Avogadro's principle)** 라고 한다. 아보가드로 원리는 기체의 분자량을 측정하는 데 유용하다. 같은 온도와 압력하에서 기체의 밀도는 분자량에 비례하기 때문이다.

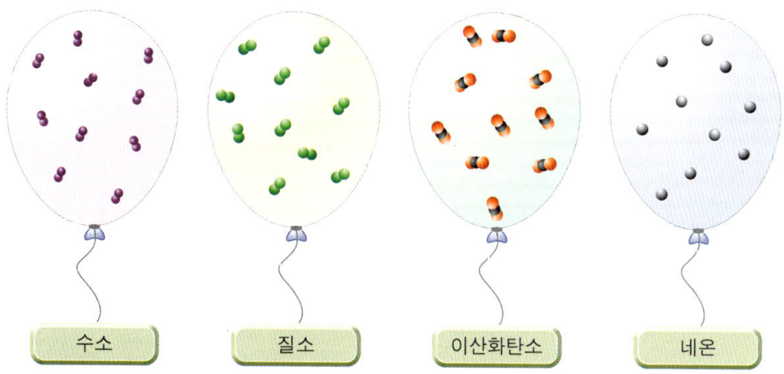

수율

우리는 앞에서 반응 용기에는 수소, 메테인, 암모니아, 물이 각각 0.032몰, 0.064몰, 0.064몰, 0.13몰씩 들어 있는 것으로 추산했다. 이 중에서 탄소를 제공하는 메테인을 기준으로 생각해 보자. 밀러 실험에서 가장 많이 얻어진 글라이신, 알라닌, 아스파트산의 분자량은 각각 75, 89, 133이다. 밀러는 "전체 아미노산의 수율은 밀리그램 단위인 것으로 추산된다."고 말했는데, 그에 근거해서 알라닌 1밀리그램(10^{-3} g)이 얻어졌다고 하자. 1밀리그램을 알라닌의 분자량으로 나누면 몰수가 얻어진다.

$$\text{알라닌의 몰수} = \frac{(10^{-3}\,\text{g})}{(89\,\text{g/mol})} = 1.1 \times 10^{-5}$$
$$= 11 \text{ 마이크로몰}$$

알라닌과 메테인의 몰비는 다음과 같다.

$$\frac{1.1 \times 10^{-5}}{0.064} = 1.7 \times 10^{-4}$$

알라닌 한 분자에 탄소 원자가 3개 들어 있는 것을 고려하면 넣어준 메테인의 5×10^{-4}, 즉 0.05% 정도가 알라닌으로 바뀐 셈이다. 만일 조건을 잘 맞추어서 20가지 아미노산이 모두 0.05% 수율로 얻어진다면 전체 수율은 1%에 달하게 된다. 다양한 다른 생성물도 얻어질 가능성이 있는 것을 생각한다면 밀러가 얻은 수율은 예상 밖으로 높은 것인지도 모른다.

반응을 1주일 이상 오래 진행했다면 수율은 어떻게 달라졌을까? 1주일 반응 후 간단한 글라이신과 알라닌이 주로 얻어진 것을 보면 반응을 훨씬 오래 진행했다면 글라이신과 알라닌이 보다 복잡한 다른 아미노산들로 바뀔 것이라고 예상할 수 있다. 물론 한편으로는 글라이신과 알라닌이 수소, 메테인, 암모니아, 물로부터 계속 만들어질 것이다. 만일 20가지 아미노산이 모두 상당한 수율로 얻어졌다면 종이 크로마토그래피로 모두 분리하는 것은 어려웠을지도 모른다.

몰농도

앞에서 살펴본 대로 화학에서 가장 많이 사용되는 농도는 몰농도이다. **몰농도(molarity)**는 용액 1 L에 들어 있는 용질의 몰수를 뜻한다. 이 경우에는 200 mL에 약 10^{-5}몰의 아미노산이 녹아 있는 셈이므로, 아미노산의 몰농도는 대략 5×10^{-5} M에 해당한다.

밀러는 논문 말미에서 아미노산의 상업적 생산에 대해 언급하고 있다.

> "이 장치를 사용해서 지구의 원시 대기를 재현하려고 하였지, 아미노산 생성의 최적 조건을 구하려고 한 것은 아니다. 이 경우에 사용한 에너지에 비해 전체 수율은 낮았지만(흐르는 시스템에서 라디칼을 섞어 주거나, 천연 가스나 석유에 들어 있는 탄소수가 큰 탄화수소나 이산화탄소 등을 사용하거나, 기체들의 비율을 최적화하는 등), 보다 효율적인 장치를 사용하면 이런 식의 과정을 통해 아미노산을 상업적으로 생산할 수도 있을 것이다.
>
> 아미노산과 기타 방전의 생성물을 보다 철저하게 분석하는 작업이 진행 중인데, 자세한 결과는 곧 보고할 예정이다."

밀러의 실험 결과는 아미노산을 상업적으로 생산하는 데까지 발전하지는 않았다. 그러나 밀러의 실험은 무생물로부터 생명체에 필요한 유기 물질이 화학적 방법으로 만들어질 수 있다는 사실을 처음으로 보여 준 중요한 실험으로 과학의 역사에 남게 되었다. 밀러가 사망한 후 그가 반응의 생성물을 담았던 시약병을 정밀하게 분석한 결과 밀러가 관찰했던 것보다 훨씬 다양한 화합물들이 발견되었다.

체크 포인트

1. 밀러의 종이 크로마토그래피 결과가 보여 주는 몇 가지 아미노산 이외의 다른 아미노산은 전혀 만들어지지 않았을까?

토의 포인트

1. 요즘은 어떻게 상업적으로 아미노산을 생산할까?

Chapter 5 밀러의 생성물

단원 요약

- 밀러가 만든 글라이신, 알라닌, 아스파트산은 생명체가 사용하는 20가지 아미노산에 속한다.
- 모든 아미노산은 중심 탄소에 결합한 아미노기와 카복실기를 가지고 있어서 양쪽성 화합물이다.
- 카복실기의 수소는 산소에게 전자를 빼앗겨서 수소 이온으로 해리하기 때문에 산으로 작용한다.
- 아미노기에 들어 있는 질소의 비공유 전자쌍이 수소 이온을 받아들이기 때문에 아미노기는 염기로 작용한다.
- 20가지 아미노산은 중심 탄소에 결합한 곁가지의 극성이 다르기 때문에 분자 전체로 극성에 차이가 생긴다.
- 밀러가 아미노산을 확인하기 위해 사용한 종이 크로마토그래피에서는 극성의 차이를 이용해서 아미노산을 분리한다.
- 밀러 실험에서 넣어준 수소, 메테인, 암모니아의 몰수는 각 기체의 분압과 반응 용기의 부피로부터 이상 기체 방정식을 사용하여 구할 수 있다.
- 밀러 실험에서 1주일 후에 어떤 아미노산이 밀리그램 단위로 얻어졌다면 그것은 약 0.05%의 수율로 얻어진 셈이다.

종합 문제

01 다음 설명에 맞는 아미노산을 보기에서 고르시오.

보기
히스티딘　루신　글라이신　세린　시스테인　프롤린

(1) 단맛을 낸다는 말에서 유래되었고, 젤라틴에서 처음 발견되었다.
(2) 방광 결석에서 처음 분리되었고, S—S 결합을 통해 단백질의 3차원 구조를 안정화하는 역할을 한다.
(3) 실크에서 발견되었으며, 곁가지에 —OH기를 가진다.
(4) 아미노기의 질소가 곁가지의 탄소와 결합을 이룬다.
(5) 흰색 판 모양의 결정을 만든다.
(6) 생물 조직에서 발견되었다는 뜻으로 명명되었고, 곁가지는 염기성을 나타낸다.

02 다음 중 황(S)을 포함하는 아미노산은?

① 알라닌　② 메싸이오닌　③ 인슐린
④ 트립토판　⑤ 프롤린

03 다음 중 분자량이 가장 큰 아미노산은?

① 알라닌　② 메싸이오닌　③ 인슐린
④ 트립토판　⑤ 프롤린

04 다음 문장에서 틀린 부분을 수정하시오.

(1) 어느 온도에서 기체의 온도가 1°C 증가하면 부피는 그때 부피의 1/273씩 증가한다.
(2) 정상 크로마토그래피에서는 역상 크로마토그래피에 비해 이동상을 폐기하기가 쉽다.
(3) NaOH에서 수소가 산해리를 하지 않는 이유는 수소가 소듐보다 전기음성도가 낮기 때문이다.
(4) 아미노산의 아미노기에서 수소가 산해리를 하지 않는 이유는 수소가 질소보다 전기음성도가 높기 때문이다.
(5) 에틸 알코올(CH_3CH_2—OH)에서 산소와 결합한 수소는 물에서 약한 산성을 나타낸다.
(6) 밀러 실험에서 부산물로 얻어진 아세트산은 염기를 가해서 중화시키고 휘발성을 높여서 분리할 수 있다.

05 CH_4, NH_3, H_2O, HF를 산의 세기 순서대로 적으시오.

06 암모니아는 물과 다음과 같이 반응한다. 이 반응에서 암모니아와 물의 산-염기 역할에 관하여 틀린 것은?

$$NH_3 + H_2O \longrightarrow NH_4^+ + OH^-$$

① 암모니아는 아레니우스 염기이다
② 암모니아는 브뢴스테드-로우리 염기이다.
③ 암모니아는 루이스 염기이다.
④ 물은 아레니우스 산이다.
⑤ 물은 브뢴스테드-로우리 산이다.

07 HCl은 물에서 산으로 작용하지만 NH_3는 H_2O에서 염기로 작용하는 이유에 관하여 맞는 것은?
① N은 Cl에 비해 전기음성도가 낮아서 N−H에서 H는 산해리를 하지 않는다.
② N−H는 Cl−H에 비해 결합 에너지가 높아서 N−H에서 H는 산해리를 하지 않는다.
③ NH_3에서 N은 3개의 H로부터 전자를 끌어당긴다.
④ O가 N보다 전기음성도가 높기 때문에 H_2O는 NH_3에 비해 강염기이다.
⑤ H_2O에서 O는 2개의 H로부터 전자를 끌어당기기 때문에 H_2O는 NH_3에 비해 약산이다.

08 루이스 염기에 관하여 틀린 것은?
① NH_3에서 N의 비공유 전자쌍은 H^+을 받아들이기 때문에 염기로 작용한다.
② N_2의 N도 비공유 전자쌍을 가지고 있으므로 염기로 작용한다.
③ H_2O의 O도 비공유 전자쌍을 가지고 있으므로 물도 염기로 작용할 수 있다.
④ 비공유 전자쌍이 H^+을 받아들이기 위해서는 비공유 전자쌍을 가진 원자가 전기음성도 차이에 의하여 약간의 음전하를 가질 필요가 있다.
⑤ CH_4에서는 탄소에 비공유 전자쌍이 없기 때문에 메테인은 염기로 작용하지 않는다.

09 아미노산에서 카복실기(−COOH)가 산성을 나타내는 이유와 관계없는 것은?
① H가 전기음성도가 높은 O와 결합하여 전자를 빼앗기고 있다.
② C는 이중 결합을 이루고 있는 O에게 전자를 빼앗기고 있다.
③ OH의 O는 비공유 전자쌍을 가지고 있다.
④ CH_3OH의 O는 양쪽에서 전자를 끌어당길 수 있기 때문에 OH의 H는 산해리를 하지 않는다.
⑤ CH_4의 H는 C와의 전기음성도 차이가 크지 않아서 산해리를 하지 않는다.

10 음식점에서 생선회를 주문하면 레몬 한 조각이 따라 나오는 경우가 있다. 그 이유를 어떻게 설명할 수 있을까?

11 암모니아수는 냄새가 나지만 염화 암모늄(NH_4Cl) 수용액은 냄새가 나지 않는 이유는 무엇일까?

12 정상 크로마토그래피와 역상 크로마토그래피에 관하여 적절한 답을 보기에서 골라 적으시오.

보기
상대적으로 높음, 상대적으로 낮음

	정상	역상
정지상의 극성		
이동상의 극성		

13 밀러 실험에서 다음 분석 물질이 원점에서 가까운 것부터 멀리 이동한 것의 순서로 나열된 것은?

① 알라닌 – 글라이신 – 아스파트산
② 알라닌 – 아스파트산 – 글라이신
③ 아스파트산 – 알라닌 – 글라이신
④ 아스파트산 – 글라이신 – 알라닌
⑤ 글라이신 – 아스파트산 – 알라닌

14 아미노산과 반응해서 색을 나타내는 것은?

① 페놀
② 뷰탄올
③ 암모니아
④ 아세트산
⑤ 닌하이드린

15 아데닌과 카페인의 구조는 다음과 같다.

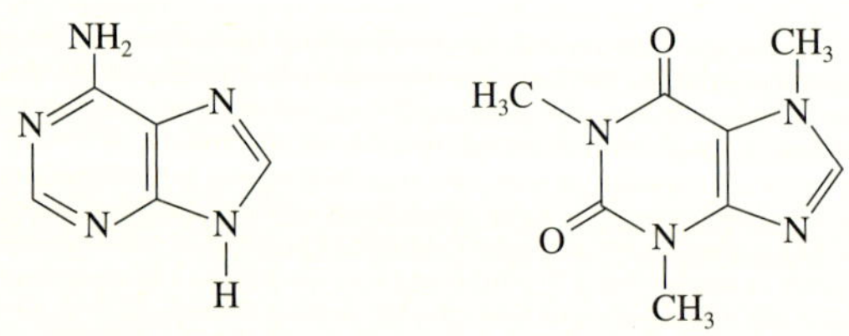

아데닌(adenine)　　카페인(caffeine)

역상 크로마토그래피 칼럼을 사용해서 고성능 액체 크로마토그래피(HPLC) 방법으로 아데닌과 카페인을 각각 분석하였을 때 다음 그림과 같이 하나는 2분에, 다른 하나는 3.7분에 흘러나왔다. 아데닌과 카페인 중 어느 것이 나중에 나왔을지, 그 이유를 설명하시오.

채널 1의 아데닌(260)

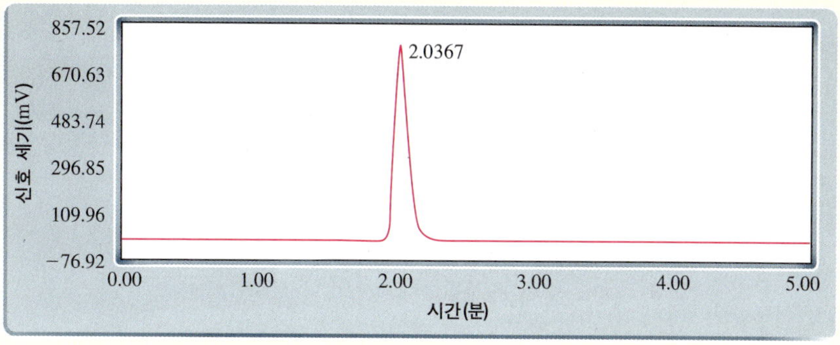

채널 1의 카페인(260)

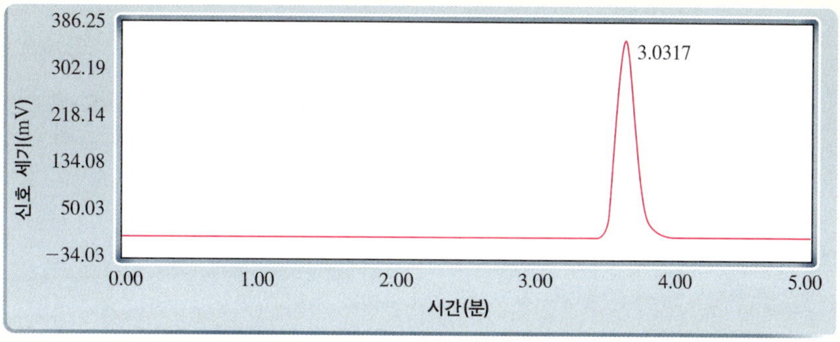

16 맞는 것을 보기에서 고르시오.

보기

$V = kT \qquad PV = nRT \qquad PV = k \qquad V = kn$

(1) 보일 법칙　　(2) 샤를 법칙

(3) 아보가드로 법칙　　(4) 이상 기체 방정식

17 헤모글로빈은 아미노산으로 이루어진 단백질 중에서 혈액을 통해 우리 몸의 구석구석까지 산소를 운반하는 중요한 단백질이다. 물음에 답하시오.

(1) 분자량이 67000 정도인 헤모글로빈은 적혈구 100 mL당 15 g 들어 있다. 적혈구의 헤모글로빈 몰농도를 구하시오.

(2) 헤모글로빈 한 분자에는 최내 4분자의 산소가 결합한다. 최대한 산소가 결합한 경우 적혈구에서 산소의 몰농도를 구하시오.

(3) 표준 상태에서 공기 1 L에는 몇 몰의 산소가 들어 있는지 구하고, 적혈구 1 L에 들어 있는 산소의 몰수와 비교하시오.

18 눈물에는 분자량이 14000 정도인 라이소자임이 mL당 1.6 mg 정도 들어 있다. 눈물에서 라이소자임의 몰농도를 구하시오. 이 농도를 적혈구의 헤모글로빈 몰농도와 비교하고, 차이가 있는 이유를 설명하시오.

한 송이의 국화꽃을 피우기 위해
봄부터 소쩍새는
그렇게 울었나보다.

한 송이의 국화꽃을 피우기 위해
천둥은 먹구름 속에서
또 그렇게 울었나보다.

그립고 아쉬움에 가슴 조이던
머언 먼 젊음의 뒤안길에서
인제는 돌아와 거울 앞에 선
내 누님같이 생긴 꽃이여.

노오란 네 꽃잎이 피려고
간밤엔 무서리가 저리 내리고
내게는 잠도 오지 않았나 보다.

· 서정주

한 송이의 국화꽃을 피우기 위해
빅뱅 우주는
그렇게 수소를 만들었나보다.

한 송이의 국화꽃을 피우기 위해
우주는 별 속에서
또 그렇게 무거운 원소들을 만들었나보다.

그립고 아쉬움에 가슴 조이던
머언 먼 과거의 우주 공간에서
인제는 돌아와 대지 위에 선
내 누님같이 생긴 꽃이여.

노오란 네 꽃잎이 피려고
수소는 탄소, 질소, 산소와 결합을 이루고
나는 밤새 화학을 공부하나 보다.

· 작자 미상

Chapter

6 생명의 화학

밀러가 보여 준 대로 태초의 지구 환경에서 아미노산들이 만들어졌다고 하자. 아미노산이 만들어졌다고 해서 곧바로 생명체가 태어나는 것은 아니다. 생명의 핵심은 무엇일까?

생명의 핵심은 변화에 있다. 식물이 태양 에너지를 이용해서 이산화탄소와 물로부터 탄수화물을 만드는 것도 변화이고, 우리가 섭취한 탄수화물을 산화시켜서 이산화탄소로 바꾸면서 에너지를 얻는 것도 변화이다. DNA를 복제하고 세포 분열을 해서 세포의 수가 늘어나는 것도 변화이고, DNA의 유전 정보로부터 단백질을 만들어내는 것도 변화이다. 이러한 변화들은 모두 물질의 화학적 변화이기 때문에 생명 현상의 기본은 화학적 변화인 것이다. 이제부터 몇 가지 중요한 생명 현상에 관한 화합물과 그에 관련된 화학적 변화를 살펴보자.

6-1

단백질–생명의 촉매

생명의 요건을 크게 두 가지로 말한다면 대사와 유전을 들 수 있다. 모든 생명체는 일단 외부로부터 물질과 에너지를 받아들여서 한 세대를 살아가야 한다. 그러기 위해서는 세포 내에서 다양한 화학 반응이 일어나야 한다.

생체 내에서의 대부분 화학 반응은 단백질 촉매의 도움으로 비교적 낮은 온도에서 적절한 속도로 일어난다. 이러한 단백질은 아미노산들로 만들어지기 때문에 우리는 고기, 생선, 콩 등을 통해 단백질을 섭취해야 한다. 섭취한 단백질을 아미노산으로 분해하고, 이렇게 얻어진 아미노산들을 다시 우리 몸에 필요한 단백질로 바꾸어 근육을 유지하고 세포 활동을 하는 것이다.

단백질은 물질의 대사에 참여할 뿐만 아니라 태양 에너지를 글루코스와 같은 화합물의 화학 에너지로 바꾸는 광합성에서도 핵심 역할을 한다. 그러고 보면 밀러가 태초의 지구에서 아미노산이 만들어질 수 있는지를 실험한 것은 태초의 지구에서 단백질이 만들어질 수 있는지를 실험한 것과 마찬가지인 셈이다.

●● 단백질의 구조

외부로부터 받아들인 물질을 다른 물질로 바꾸고, 불필요한 부산물은 밖으로 내보내면서 생명을 유지하고 성장하며 대물림할 준비를 갖추는 모든 과정을 **대사(metabolism)**라고 한다. 그런데 지구 상의 모든 생명체가 한 세대는 성공적으로 살았다 하더라도 대물림을 하지 못한다면 지금처럼 생명체로 넘치는 지구가 될 수 없었을 것이다. 그래서 대사에 못지않게 중요한 생명의 요건은 유전이다. 유전을 통해서 자신이 가지고 있는 유전 정보를 다음 세대에게 전달하고 번식하기 때문이다. 그런데 번식을 하지 않고 자기 세대에서 끝나는 생명체도 있기 때문에 생명의 1차적인 요건은 대사라고 할 수도 있다.

생체 내에서 대사 반응의 촉매 역할을 하는 물질은 단백질이다. 5장에서 보았듯이 체온 정도의 비교적 낮은 온도에서 잘 일어나지 않는 반응을 쉽게 일어나도록 도와주는 촉매 작용을 하는 단백질을 **효소(enzyme)**라고 한다. 일단 먹이를 소화시키는 것은 효소이다. 분해된 물질은 세포 내부로 들어가서 다양한 화학 반응을 통해 다른 물질로 바뀐다. 이렇게 만들어진 물질 중에는 새로운 단백질도 있고 유전 물질인 DNA도 있는데, 단백질이나 DNA를 만드는 데도 효소가 필요하다.

단백질이 다양한 반응에 대하여 효소 기능을 나타낼 수 있는 것은 단백질의 구조가 다양하기 때문이다. 단백질 중에는 비교적 작지만 중요한 역할을 하는 효소인 **라이소자임(lysozyme)**이 있다. 라이소자임은 눈물, 계란의 흰자 등에 들어 있는 분해효소이다. 전기분해는 electrolysis, 가수분해는 hydrolysis라고 하는 것을 보면 lyso-는 분해를 뜻하는 것을 알 수 있다. '-zyme'은 효소라는 뜻이다.

눈물에 들어 있는 라이소자임은 눈으로 들어오는 박테리아(bacteria)나 바이러스(virus)를 분해해서 우리가 건강한 눈을 지니도록 해 준다. 계란 흰자의 라이소자임은 껍질을 통해 침입한 박테리아가 노른자에 도달하지 못하게 막아준다.

■ **그림 6-1** 라이소자임이 들어 있는 눈물과 달걀

라이소자임이 이처럼 중요한 분해 작용을 할 수 있는 것은 그림 6-2(a)처럼 특별한 3차원적 구조를 가지고 있어서 분해할 물질과 열쇠와 자물쇠처럼 잘 들어맞기 때문이다.

페니실린의 발견으로 유명한 플레밍(Fleming)이 라이소자임을 연구하고 1922년에 라이소자임이라는 이름을 붙였지만, **X-선 결정학(X-ray crystallography)** 방법으로 라이소자임의 3차원적 구조가 밝혀진 것은 1965년이었다. X-선 결정학이란 조사하고자 하는 물질의 결정에 X-선을 쪼이고 결정에 의해 회절(diffract)된 X-선이 만

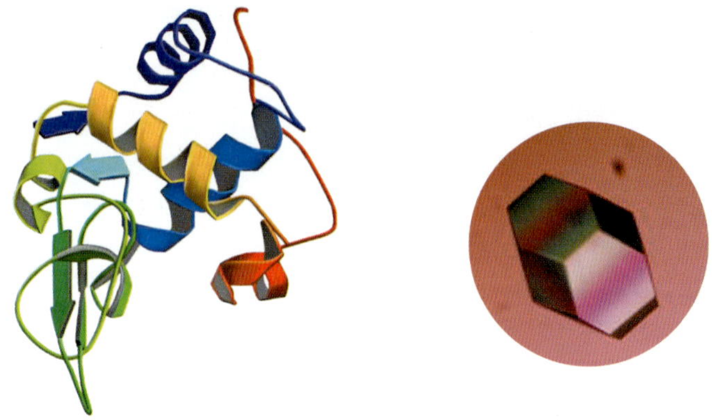

(a) (b)

■ **그림 6-2** 라이소자임의 구조(a)와 결정(b)

퍼루츠(Max Ferdinand Perutz, 1914~2002).
1962년 노벨 화학상.

켄드류(John Cowdery Kendrew, 1917~1997).
1962년 노벨 화학상.

들어내는 회절 패턴을 분석해서 원자 하나하나의 위치를 알아내는 방법이다. 따라서 이 방법을 적용하려면 일단 결정을 만들어야 한다. 그런데 소금처럼 간단한 물질은 쉽게 결정이 만들어지지만 단백질처럼 큰 분자는 결정을 만들기가 어렵다. 그림 6-2(b)의 라이소자임 결정 사진은 라이소자임도 규칙적으로 배열해서 결정을 만들 수 있다는 것을 보여 준다.

X-선을 사용해서 처음 3차원적 구조가 밝혀진 단백질은 철 이온과 결합하는 헤모글로빈(hemoglobin)과 마이오글로빈(myoglobin)이었다. 영국 케임브리지 대학교 캐번디시 연구소(Cavendish Laboratory)의 퍼루츠와 켄드류는 1950년대 말에 각각 헤모글로빈과 마이오글로빈의 구조를 밝히고 1962년 노벨 화학상을 공동 수상했다. 라이소자임은 헤모글로빈과 마이오글로빈에 이어 3차원적 구조가 밝혀진 세 번째 단백질이다.

헤모글로빈은 산소와 결합해서 산소를 몸의 각 부분에 전달해 주는 단백질이고, 마이오글로빈은 근육에 산소를 저장하는 단백질이다. 침에 들어 있는 아밀레이스는 녹말을 분해하고, 위액의 펩신은 단백질을 소화시킨다. DNA를 복제해서 자식 세포에 물려 주기 위해서는 DNA 복제효소(DNA polymerase)가 필요하고, DNA로부터 단백질을 만들 때도 여러 종류의 단백질 효소가 필요하다. 포도에 들어 있는 당을 발

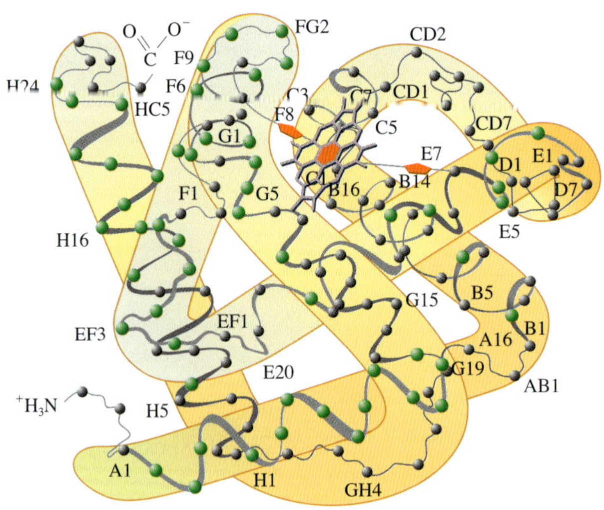

■ **그림 6-3** 마이오글로빈의 3차 구조

■ **그림 6-4** 효소와 관련된 음식의 예. 왼쪽부터 포도주, 김치, 요구르트

효해서 포도주를 만드는 것은 포도 껍질에 있는 미생물의 발효 효소의 작용이다. 유산균의 효소가 없이는 김치나 요구르트가 만들어지지 않는다.

식물의 엽록체에서 태양 에너지를 사용해서 물을 분해하고 산소를 발생하는 데는 **산소 배출 복합체(oxygen evolving complex)**라는 단백질 복합체의 촉매 작용이 필수적이다. 세포 활동에 필요한 에너지를 공급하는 ATP 합성에는 ATP 합성효소가 관여한다. 단백질이 이처럼 생명에서 중요한 역할을 하기 때문에 밀러가 태초의 지구에서 단백질의 구성 단위인 아미노산이 만들어질 수 있었는지를 테스트한 것이다.

이처럼 다양한 기능을 나타내기 위한 단백질의 특이한 3차원 구조는 모든 생명체에서 공통적으로 발견되는 20가지 아미노산들이 어떤 순서로 연결되어 있는지에 달려 있다.

아미노산은 앞에서 살펴본 대로 중심 탄소 원자에 아미노기($-NH_2$), 카복실기($-COOH$), 수소($-H$)가 하나씩 결합하고 네 번째 결합 부위에 20가지 다른 R기가 결합한 화합물이다. R기가 수소이면 글라이신, 메틸기($-CH_3$)이면 알라닌이 되는 식이다. 아미노기에서 H는 자신보다 전기음성도가 높은 N에 의해 산화되었고, 반면에 N은 H에 의해 환원되었다. 카복실기에서 H는 O에 의해 산화되었고, O는 H에 의해 환원되었다. 그러고 보면 생명 활동에 필수적인 단백질의 구성 요소인 아미노산은 산화-환원 반응의 결과라고 볼 수 있다.

아미노산이 연결되어 단백질을 만드는 결합은 한 아미노산의 카복실기에서 $-OH$가, 다른 아미노산의 아미노기에서 $-H$가 물로 빠지면서 이루어진다. 이렇게 생긴 결합을 **펩타이드 결합(peptide bond)**이라고 한다. 그러므로 단백질은 수백 개의 아미노산들이 수백 개의 펩타이드 결합으로 연결된 생체 고분자인 것이다.

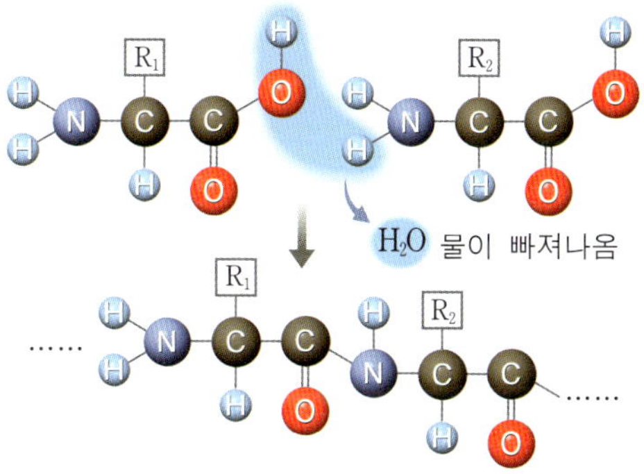

■ **그림 6-5** 펩타이드 결합

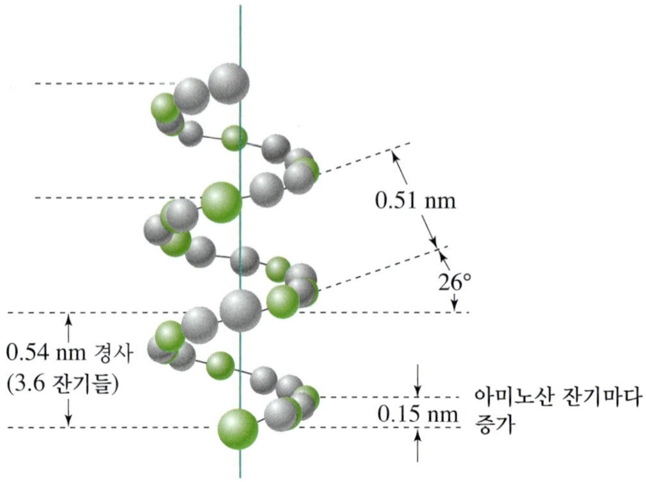

■ **그림 6-6** 알파 나선 구조 및 크기

아미노산들이 펩타이드 결합으로 연결되면 한쪽 끝은 아미노기로, 다른 쪽 끝은 카복실기로 끝나게 된다. 아미노기로 끝나는 부분을 단백질의 **N-말단(N-terminus)**, 카복실기로 끝나는 부분을 **C-말단(C-terminus)**이라고 한다.

단백질에서 이처럼 N-말단부터 C-말단까지 20가지 아미노산이 1차원적으로 연결된 순서를 단백질의 **1차 구조(primary structure)**라고 한다. 라이소자임에서는 129개의 아미노산이 특정한 1차 구조를 이룬다. 라이소자임처럼 129개의 아미노산으로 이루어진 단백질이라고 해도 아미노산의 순서가 다르면 다른 단백질이 된다.

라이소자임의 구조를 보면 여러 군데에서 나선 형태를 볼 수 있다. 이것은 그 부위에서는 아미노산들이 펩타이드 결합을 이루면서 나선 모양의 구조를 만들기 때문이다. 이런 구조를 **알파 나선(alpha helix)** 구조라고 한다. 그리스 글자인 알파(α)를 이어서 쓰면 그림 6-6과 같은 구조가 얻어지기 때문이다. 한편 다른 부위에서는 판처럼 편평한 구조를 찾아볼 수 있다. 이런 구조는 **베타 시트(beta sheet)** 구조라고 한다. 실크처럼 질긴 물질을 구성하는 단백질에는 베타 시트 구조가 많이 들어 있다. 아미노산이 일직선으로 배열된 순서를 1차 구조라고 하는 데 비해, 이런 직선 구조가 휘

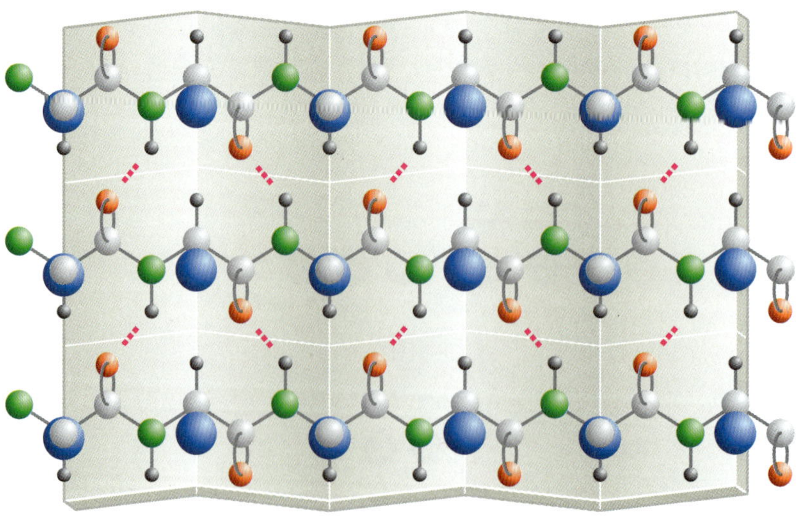

■ **그림 6-7** 베타 시트 구조

어져서 만드는 알파 나선이나 베타 시트를 단백질의 **2차 구조**(**secondary structure**)라고 한다.

단백질의 **3차 구조**(**tertiary structure**)는 알파 나선과 베타 시트 그리고 이들을 연결해 주는 부분 등이 모여서 만들어내는 단백질의 3차원적 구조를 뜻한다. 단백질의 3차 구조에서는 모든 원자들이 적어도 하나의 다른 원자와 공유 결합을 이루고 있다. 그런 의미에서 단백질은 분자량이 큰 고분자인 것이다. 라이소자임은 분자량이 14400 정도이고, 마이오글로빈은 분자량이 16700 정도로 라이소자임보다 아미노산이 20여 개 더 많이 들어 있다. 그리고 라이소자임과 마이오글로빈은 모두 첫 번째 아미노산부터 마지막 아미노산까지 한 줄로 연결된 단일 고리 단백질이다.

헤모글로빈에는 분자량이 16000 정도인 알파 단위(alpha subunit)와 베타 단위(beta subunit)가 각각 2개씩 들어 있어서 전체 분자량은 64000 정도가 된다. 그런데 이 4개의 단위는 공유 결합으로 연결되어 있지는 않기 때문에 4개의 분자가 모인 복합체라고 볼 수 있다. 이런 구조를 단백질의 **4차 구조**(**quaternary structure**)라고 한다. 그러므로 단백질은 이런 복잡한 구조를 통해서 중요한 기능들을 발휘하는데, 그러한 구조는 궁극적으로 단백질을 구성하는 각 아미노산의 구조와 그것들이 연결된 순서에 달려 있는 셈이다. 그리고 단백질의 가장 중요한 기능은 세포 내에서 화학적 변화를 촉진시키는 촉매에 있다.

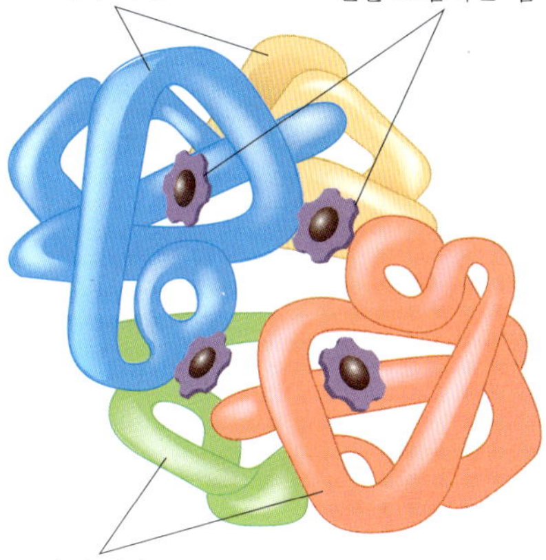

■ **그림 6-8** 헤모글로빈의 4차 구조

체크 포인트

1. 펩타이드 결합은 어떤 종류의 결합인가?

① 수소 결합　② 공유 결합　③ 이온 결합
④ 분산력　⑤ 탄소와 수소

토의 포인트

1. 단백질에서 1차 구조는 3차 구조를 만들기 위한 것이라고 보는 것이 타당한가, 3차 구조는 1차 구조를 만들기 위한 것이라고 보는 것이 타당한가?

6-2

DNA - 생명의 유전 물질

아미노산이 특정한 순서로 결합되어 만들어진 단백질이 생명 활동에서 핵심적인 촉매 역할을 한다면 아미노산의 순서에 관한 정보는 생명의 핵심 정보라고 볼 수 있다. 그렇다면 세포가 분열해서 성장하거나 대물림할 때 이 정보를 어떻게 자식 세포에게 물려 주어야 좋을까?

세포가 분열해서 만들어낸 딸세포가 살아가는 데 필요한 것은 대사를 노와주는 단백질이다. 그렇다고 해서 수천, 수만 종류의 단백질을 복제해도 물려주는 것은 불가능하다. 자식에게 물고기를 주는 것보다 물고기를 잡는 방법을 가르치라는 말이 있듯이, 단백질을 만드는 데 필요한 유전 정보를 대물림하는 것이 훨씬 좋은 방안이다. 그런데 단백질의 핵심은 1차원적인 아미노산 서열이기 때문에 약 40억 년 전에 생명이 출발할 때 단백질의 아미노산 서열을 구현하기 위하여 아미노산 서열에 해당하는 정보를 가진 어떤 유전 물질을 만들어낼 필요가 있었다. 이 유전 물질은 선형(linear)인 아미노산 서열에 대응하여 선형(colinear)인 어떤 서열을 가져야 할 것이다. 그래서 태어난 것이 DNA이다. 이 절에서는 이렇게 유전 정보를 저장하기 위해 DNA는 어떤 구조를 가지고 있는지 그리고 DNA의 유전 정보로부터 어떻게 단백질이 만들어지는지를 알아보자.

●● 유전 물질 DNA

세포 활동에 단백질이 가장 중요하다고 해서 모든 단백질을 복제해서 정확히 반을 물려 준다고 해 보자. 그렇게 하려면 앞에서 보았던 라이소자임이나 헤모글로빈 같이 3차원 구조를 가진 단백질을 복제해야 하는데, 그것은 좋은 방법이 아니다. 단백질의 3차원 구조에서 어떤 부분은 외부에 노출되어서 아미노산의 종류나 순서 등의 정보를 밖에서 읽어내기가 쉬운 반면에, 어떤 부분은 안에 숨어 있어서 정보를 읽어내기가 어려울 뿐 아니라, 20가지 다른 아미노산을 순서대로 복사하는 것은 불가능하기 때문이다.

미셰르(Johann Friedrich Miescher, 1844~1895)

세포가 분열할 때 단백질을 물려 주는 대신 단백질을 만드는 방법, 즉 단백질을 만드는 데 필요한 정보를 물려 주는 것이 바람직할 것이다. 이처럼 대물림을 위해 한 세포에서 자식 세포로 전달되는 정보를 **유전 정보(genetic information)**라고 한다. 그렇다면 어떤 화합물을 **유전 물질(genetic material)**로 사용해서 유전 정보를 기록하고 전달하는지가 생명이 태어나고 진화하는 데 있어서 가장 깊은 비밀의 하나일 것이다.

이 생명의 비밀을 풀어나가는 데 있어서 첫 번째 중요한 발견은 1869년에 스위스의 미셰르에 의해 이루어졌다. 미셰르는 환자의 고름에 들어 있는 백혈구로부터 끈적끈적한 고분자 물질을 추출해냈는데, 이 물질이 산성을 나타내었다. 그는 이 물질을 **뉴클레인(nuclein)**이라고 하였으며, 나중에는 세포핵에 들어 있는 이런 산성 물질을 **핵산(nucleic acid)**이라고 하게 되었다. 미셰르는 이 물질이 유전 물질인 줄은 몰랐다.

그리피스(Fred Griffith, 1877~1941)

20세기에 들어와서 1928년에 영국의 그리피스는 정상적으로 폐렴을 일으키는 폐렴균과 폐렴을 일으키지 못하는 돌연변이 폐렴균을 연구했다. 그는 정상 폐렴균에서 어떤 물질이 돌연변이 폐렴균으로 옮아가면 형질의 변환이 일어나 폐렴을 일으키게 되는 것을 발견하고 이 물질을 **형질 변형 인자(transforming factor)**라고 하였다. 그런데 당시에는 이런 유전 물질은 단백질인 것으로 생각되었다.

1944년에 미국의 에이버리는 동료인 맥레오드(MacLeod), 맥카티(McCarty)와 함께 이 폐렴균의 변형 인자를 분리해 내고 이 물질이 미셰르가 발견한 DNA라는 것을 알아냈다. 에이버리는 변형 인자를 분리하고 원소 분석한 결과 C, H, N, O, P의 비율이 이미 알려진 DNA에서의 C, H, N, O, P 비율과 같은 것을 알아냈다. 또한 그는 이 물질이 단백질 분해효소(protease)에 의해서는 영향을 받지 않고, 핵산 분해효소(DNase)에 의해서 파괴되는 것을 보여 주었다. 그러나 에이버리의 발견은 당시에 쉽게 받아들여지지 않았고, 에이버리는 여러 차례 노벨상 후보로 지명되었지만 끝내 노벨상을 수상하지는 못했다.

에이버리(Oswald Avery, 1877~1955)

1952년에 미국의 허시와 체이스는 DNA가 유전 물질이라는 것을 다음과 같이 확인했다. 바이러스는 DNA를 단백질이 둘러싸고 있는 구조로, 자체적으로는 대사의 능력이 없고 숙주에 침투해서 번식하는, 그래서 생물과 무생물의 경계에 위치한다고 볼 수 있는 물질이다. 박테리아를 숙주로 하는 바이러스를 **박테리오파지(bacteriophage)**라고 한다. 허시는 박테리오파지를 방사능을 나타내는 S-35 동위원소를 포함하는 배지에서 키우고, 이 박테리오파지를 박테리아에 감염시킨 후에 방사능이 박테리아로 들어가는지 조사했는데, 결과는 방사능이 박테리아로 들어가지 않는 것으로 나타났다. 단백질은 황을 포함하고 DNA는 황을 포함하지 않기 때문에 이 결과는 박테리오파지에서 박테리아로 들어가는 유전 물질이 단백질이 아닌 것을 의

체이스(Martha Chase, 1927~2003)와 허시(Alfred Day Hershey, 1908~1997). 허시 : 1969년 노벨 생리의학상.

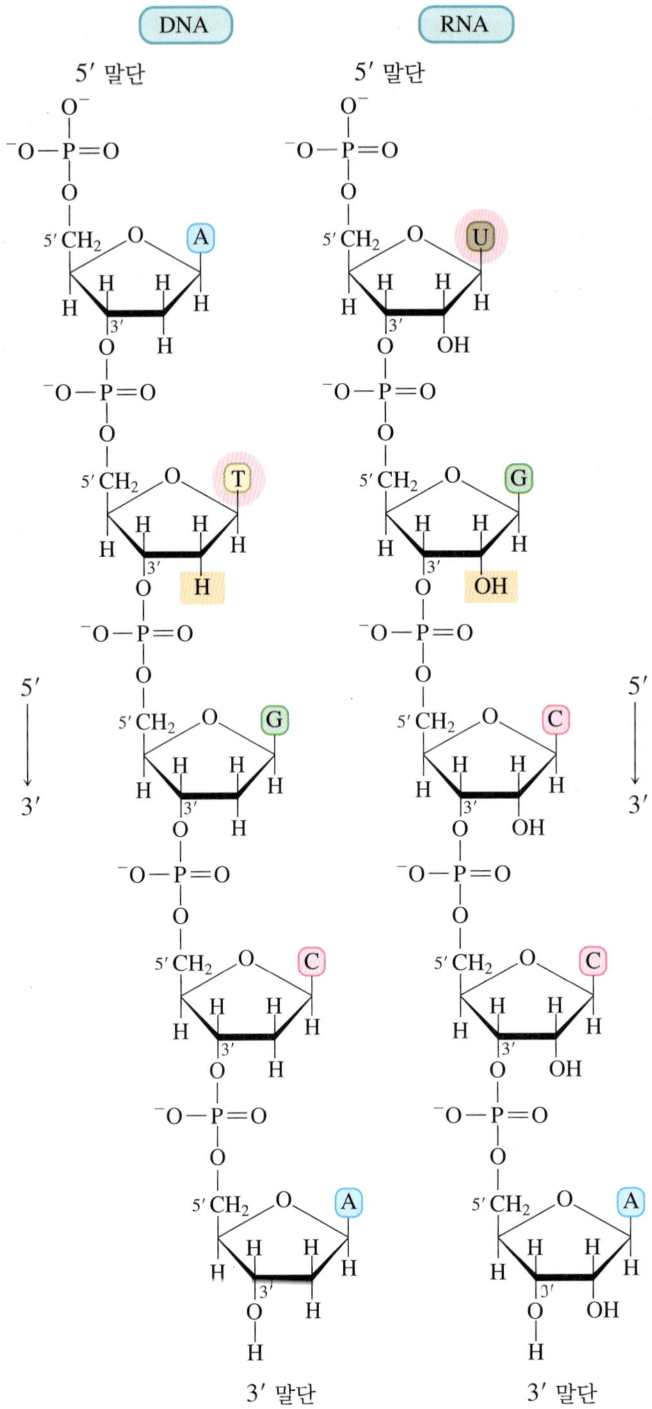

■ **그림 6-9** DNA 나선과 RNA 나선의 비교

미한다. 반면에 방사능을 나타내는 P-32 동위원소를 포함하는 배지에서 키운 박테리오파지를 박테리아에 감염시키자 방사능이 박테리아로 들어가는 것을 알 수 있었다. DNA는 인을 포함하고 단백질은 인을 포함하지 않기 때문에 이 결과는 DNA가 박테리오파지에서 박테리아로 들어가는 것을 보여 준다. 박테리오파지의 유전 물질인 DNA가 박테리아로 들어가서 박테리아의 기작을 빌려 번식하고 박테리아를 빠져나오며, 또 다른 박테리아를 침투하고, 이로 인해 병을 일으키는 것이다.

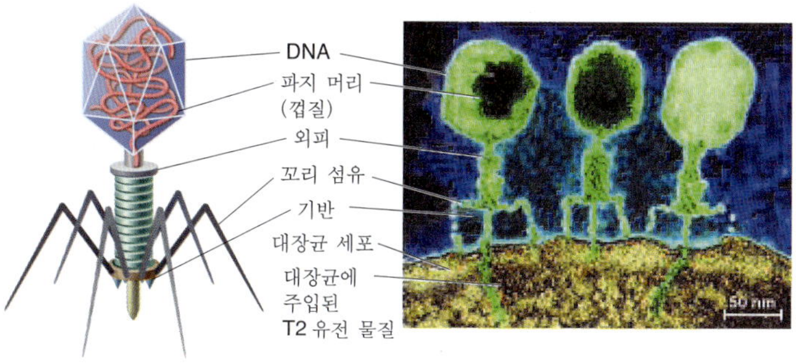

■ **그림 6-10** (a) T2 박테리오파지의 개략도. (b) 대장균에 감염된 T2 박테리오파지의 전자 현미경 사진

1969년에 허시는 박테리오파지를 연구한 델브뤽, 루리아와 함께 노벨 생리의학상을 공동 수상했다. 이렇게 해서 드디어 유전 물질은 DNA라는 것이 밝혀졌다. 약 37억 년 전에 출발한 생명체는 그 이후 한 번도 단절 없이 생명 현상을 이어왔다. 그것은 생명 활동에 필요한 정보가 핵산의 일종인 DNA를 통해 한 세대에서 다음 세대로, 또 한 종에서 다른 종으로 변화를 겪으면서 전달되었기 때문이다. 이제 남은 일은 DNA가 어떻게 유전 정보의 기록과 전달이라는 핵심 역할을 할 수 있는지를 이해하는 것이다.

DNA의 구조

단백질의 복잡한 3차원 구조 대신 복제하기 쉬운 단순한 구조를 가지면서도 많은 양의 유전 정보를 기록할 수 있는 이상적인 구조는 어떤 것일까? 단백질에서의 하드웨어는 아미노산이고, 소프트웨어는 아미노산의 순서이다. 그리고 아미노산에는 중심 탄소, 아미노기, 카복실기로 이루어진 기본적인 하드웨어가 있고, 20가지의 다른 곁가지들이 소프트웨어를 이룬다. 유전 물질인 DNA에서도 이처럼 하드웨어와 소프트웨어가 필요할 것이다.

단백질에서 1차 구조를 결정하는 20가지 아미노산을 단백질의 자모(letters of alphabet)라고 하자. 한글에는 24개의 자모가, 영어에는 26개의 자모가 있는 것과 비슷하다. 이제 중요한 문제는 DNA에서는 몇 개의 자모가 사용되는가 그리고 어떤 화합물이 자모로 사용되는가이다.

생명 활동을 위해서는 수천 가지의 단백질이 필요하다. 다양한 구조와 기능을 가진 여러 종류의 단백질을 만들기 위해서 자연은 20가지 아미노산을 사용한다. 그러

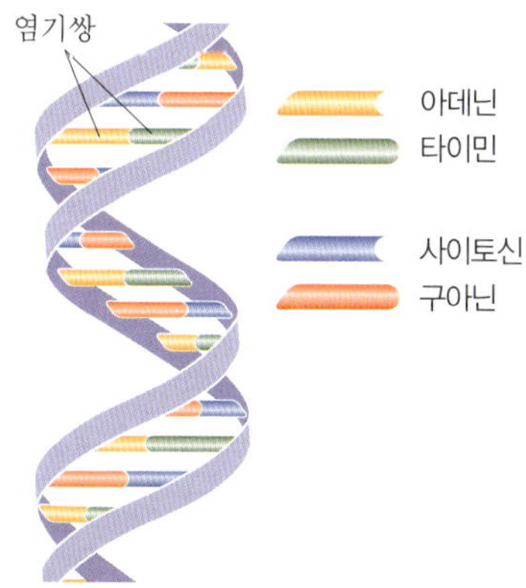

■ **그림 6-11** DNA의 구조

나 직접 효소 작용을 수행하는 단백질과 달리 DNA는 복잡한 구조보다는 단순하고 복제하기 쉬운 구조가 바람직하다. 그렇다면 복잡한 구조를 만들기 위해 20가지 아미노산을 필요로 했던 단백질과는 달리 DNA는 최소한의 자모를 사용하는 것이 바람직할 것이다.

생명이 처음 태어날 때부터 자연은 네 가지 자모를 사용해서 DNA에 유전 정보를 기록하는 방식을 채택했다. 이 네 가지 자모는 약 20개의 원자로 이루어진 화합물인데, 100여 년 전에 처음 알려지면서 아데닌, 타이민, 구아닌, 사이토신이라는 이름이 붙었다.

고추 속에는 감칠맛을 주는 아데닌 성분이 포함되어 있다.

아데닌(adenine, A)은 1885년에 독일의 생리화학자인 코셀(Kossel)이 췌장(pancreas)에서 추출했다. 췌장처럼 호르몬이나 효소를 분비하는 기관을 일반적으로 **선(gland)**이라고 하는데, 그리스어로 gland에 해당하는 단어가 aden이다. Adenine은 aden과 -ine의 합성어이다. **타이민(thymine, T)**이라는 이름은 면역 시스템(immune system)의 일부인 흉선(thymus)에서 유래되었다. **구아닌(guanine, G)**의 어원인 구아노(guano)는 새똥이 말라붙은 물질인데, 과거에는 중요한 질소 비료로 사용되었다. 1894년부터 사용된 **사이토신(cytosine, C)**은 세포를 뜻하는 cyto-와 -ose, -ine의 합성어이다.

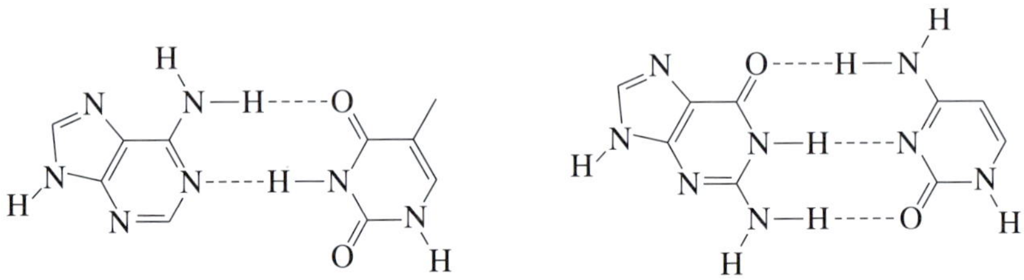

이 네 가지 DNA의 자모는 모두 질소를 포함한 염기성 화합물이다. 그래서 이들을 흔히 **DNA 염기(DNA base)**라고 한다. 자연이 A, T, G, C의 네 가지 염기를 채택한 이유는 A는 T와, G는 C와 수소 결합을 이루어서 안정한 DNA 구조를 만들고, 체온 정도의 온도에서 쉽게 수소 결합이 끊어지면서 유전 정보의 복사가 쉽게 일어날 수 있기 때문이다.

샤가프(Erwin Chargaff, 1905~2002)

DNA에서 A는 T와, G는 C와 쌍을 이룬다면 DNA에 들어 있는 A의 양과 T의 양, 그리고 G의 양과 C의 양은 같을 것이다. DNA의 구조가 밝혀지기 전에 1948년에서 1952년에 걸쳐 미국 컬럼비아 대학교의 샤가프는 DNA를 가수분해해서 얻어진 염기를 밀러가 사용한 것과 같은 종이 크로마토그래피 방법으로 분석해서 A의 양과 T의 양, G의 양과 C의 양이 같은 것을 보여 주었다. A/T의 비, G/C의 비를 **샤가프 비(Chargaff ratio)**라고 하는데, 모든 생물의 DNA에서 샤가프 비는 1로 밝혀졌다. 그러나 아쉽게도 샤가프는 자신의 발견이 가지는 의미를 깨닫지 못했다.

프랭클린(Rosalind Elsie Franklin, 1920~1958)

DNA 이중 나선 구조는 1953년에 캐번디시 연구소에서 연구하던 미국인 왓슨과 영국인 크릭에 의해 발견되었는데, 이때 이들은 이중 나선 골격에 대한 힌트는 여성 과학자 로잘린드 프랭클린이 얻은 X-선 회절 사진으로부터 얻었고, 염기쌍에 대한 힌트는 샤가프 비로부터 얻었다.

이제부터 DNA 이중 나선 구조를 자세히 살펴보자. 20가지 아미노산이 단백질을 구성하는 기본 단위라면, DNA의 네 가지 기본 단위는 **뉴클레오타이드(nucleotide)**라고 한다. 뉴클레오타이드는 탄소 원자가 5개 들어 있는 **데옥시라이보스(deoxyribose)**

라는 간단한 당에 한쪽으로는 인산이, 다른 쪽으로는 A, T, G, C 중 하나의 염기가 결합한 화합물이다. 아미노산에는 중심에 탄소가 있고, 양쪽으로 산성인 카복실기와 염기성인 아미노기가 있는 것과 유사하다.

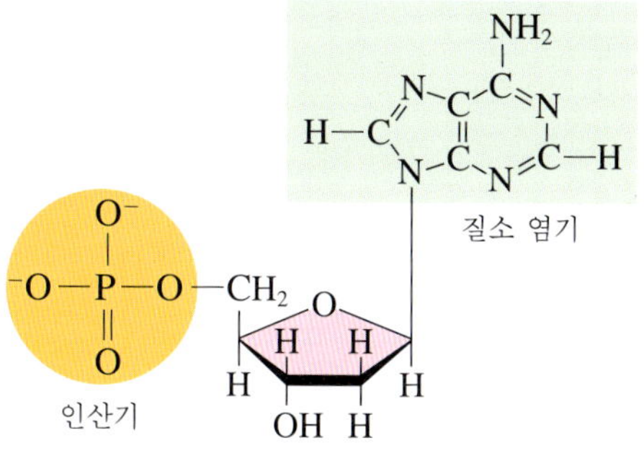

왓슨(James Deway Watson, 1928~)과 크릭(Francis Harry Compton Crick, 1916~2004). 1962년 노벨 생리의학상 공동 수상.

어떤 뉴클레오타이드의 당에 들어 있는 —OH와 다른 뉴클레오타이드의 인산에 들어 있는 —OH 사이에서 물이 빠지면 2개의 뉴클레오타이드가 결합되는데, 이 결합을 **포스포다이에스터 결합(phosphodiester bond)**이라고 한다. 단백질에서는 아미노산들이 펩타이드 결합을 통해 연결되는 것과 비슷하다. 이러한 포스포다이에스터 결합이 여러 개 만들어지면 당과 인산이 교대로 연결된 **당-인산 골격(sugar-phosphate backbone)**이 이루어지고, 여러 개의 염기 서열이 얻어지는 것이다. 이 염기 서열이 유전 정보에 해당한다.

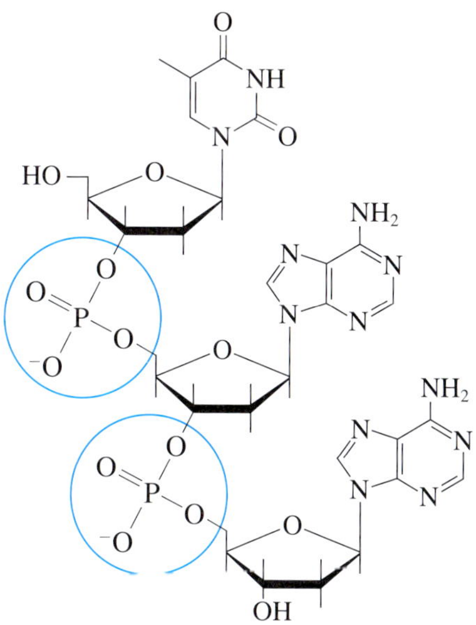

DNA 골격을 만드는 데는 반드시 인산(H_3PO_4)이 필요하다. 인산에는 3개의 —OH기가 있어서 그 중 2개는 양쪽으로 데옥시라이보스와 결합을 이루고 나머지 하나는 산으로 작용한다. 그러나 인과 같은 족인 질소를 포함한 산인 질산(HNO_3)은 —OH기가 하나 밖에 없기 때문에 양쪽으로 데옥시라이보스와 결합을 이룰 수 없다.

그런데 왜 질산과 달리 인산은 3개의 —OH기를 가지는 것일까? 질산에서 질소는 4개의 결합을 이루면서 옥텟 규칙을 따르고 있다. 그러나 인산에서 인은 5개의 결합을 이루기 때문에 최외각에 10개의 전자가 들어 있는 셈이다. 이런 경우를 확장된 **옥**

텟 규칙(octet rule)이라고 한다. 3주기의 인은 2주기의 질소보다 원자 반지름이 커서 2개의 전자를 추가적으로 받아들일 여유가 있고, 그래서 인산은 3개의 −OH기를 가지는 구조를 만들 수 있는 것이다. 인은 수소, 탄소, 질소, 산소 다음으로 생명에 필수적인 제5원소이고, 비료의 필수 성분이다.

확장된 옥텟 규칙에 따른 인산 구조에서 모든 원자의 형식 전하(3-3절 참조)는 0이다.

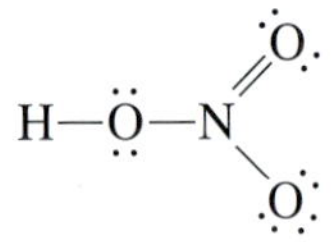

질산

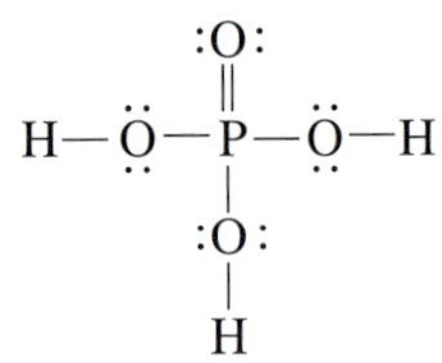

인산

뉴클레오타이드 여러 개가 당-인산 골격을 통해서 결합한 고분자를 **DNA 나선(DNA helix)**이라고 한다. 그런데 DNA에서는 나선이 1개로 있지 않고 앞에서 본 A-T, G-C 염기 사이의 수소 결합을 통해 이중 나선(double helix)을 이룬다. 그림 6-12는 1953년에 왓슨과 크릭이 발견한 DNA 이중 나선 구조의 한 부분을 보여 준다. 바깥쪽에서 볼 수 있는 리본 같은 구조가 당-인산 골격이다. 그런데 두 나선 사이에는 원자가 10개 정도 들어갈 수 있는 10옹스트롬 정도 폭의 공간이 있어서 이 공간에 생명의 정보가 기록되는데, 한글에서는 24개의 자모가 어떤 순서로 배열되는지에 따라 어떤 의미가 생기듯이 DNA에서는 아데닌, 타이민, 구아닌, 사이토신의 4종류의 화합물이 한글의 자모 같은 역할을 하며 정보를 저장하는 것이다.

그러므로 DNA 한 가닥에서 볼 때는 A, T, G, C 네 가지 염기의 순서에 의해 유전 정보가 기록되는 셈이고, DNA 이중 나선에서 볼 때는 A-T, T-A, G-C, C-G 염기쌍(base pair)의 순서에 의해 유전 정보가 기록되는 셈이다. 생물 종에 따라 이런 염기쌍이 수백만 개부터 수억 개까지 들어 있어서 다양한 생물 종을 만들어내고, 다양한 생명 활동을 하게 한다. 사람의 체세포(somatic cell)에 들어 있는 DNA의 유전 정보는 약 30억 개의 염기쌍에 해당한다.

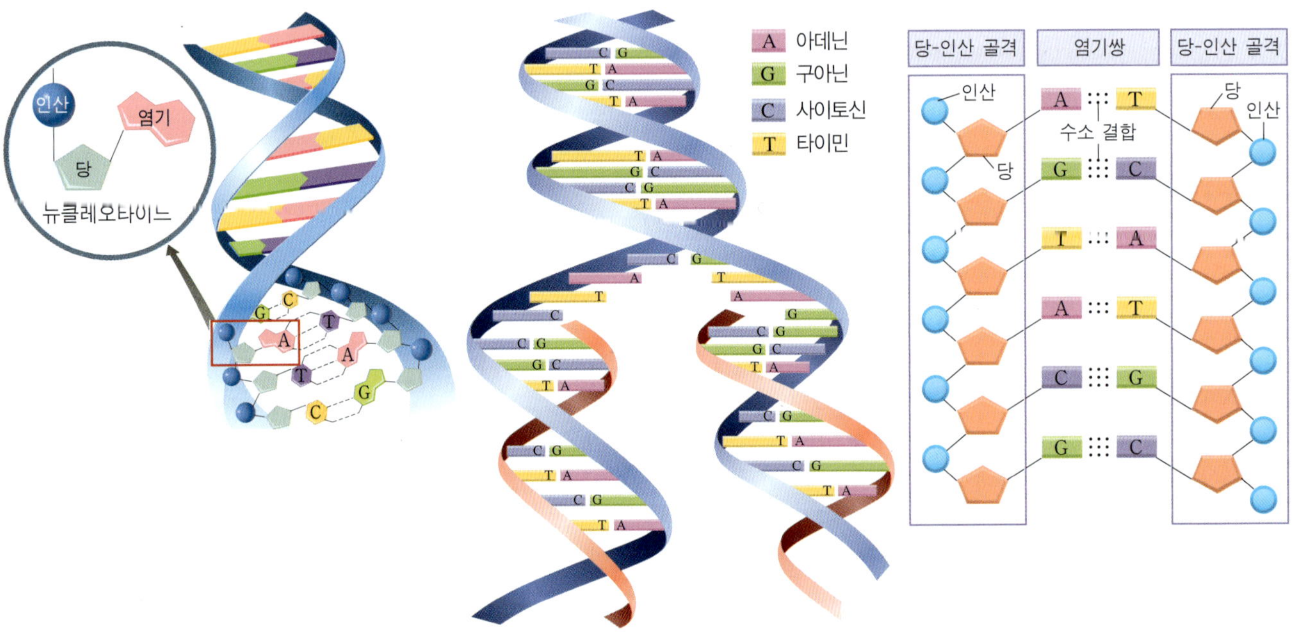

■ **그림 6-12** 왓슨과 크릭이 발견한 이중 나선 구조의 한 부분

A–T, G–C 쌍은 크기와 모양이 거의 똑같기 때문에 염기쌍의 순서에 상관없이 매끈한 DNA 이중 나선을 만들 수 있다. 다시 말해서 A–T, G–C 쌍의 구조가 유사하기 때문에 아주 단순하면서도 풍부한 유전 정보를 저장할 수 있는 DNA 이중 나선 구조가 가능한 것이다. 그러고 보면 수소, 탄소, 질소, 산소의 네 가지 원소로 이루어진 A, T, G, C 네 가지 염기가 만들어진 것도 화학적 진화에서 중요한 단계였을 것이 틀림없다.

DNA 이중 나선에서 2개의 가닥은 서로 **상보적(complementary)**이라고 말한다. A–T, G–C 수소 결합 때문에 한 가닥의 염기 서열이 정해지면 자동적으로 상대 가닥의 염기 서열이 정해지기 때문이다. 이런 상보적 구조는 DNA를 복제(replication)하기에 아주 좋은 구조이다. 이중 나선의 2개 가닥을 펼치고 나서 수소 결합으로 각각 가닥의 염기에 상보적인 염기들을 가진 뉴클레오타이드를 가져다 놓은 후에 당–인산 결합을 만들면 상보적 가닥이 생겨서 원래의 DNA 이중 나선과 똑같은 이중 나선이 2개가 되는 것이다. 이 2개의 이중 나선은 세포가 분열할 때 각 세포로 나누어져 들어간다.

또 이중 나선에서 2개 가닥의 정보가 서로 상호보완적이기 때문에 어느 하나의 염기에 손상이 일어나도 상대방 염기의 정보로부터 원래 염기를 복구할 수 있다. 이것도 이중 나선의 중요한 장점이다. 약 40억 년 전 지구에서 생명이 출발할 때 A, T, G, C 염기가 당–인산 골격이 생명의 정보를 기록하는 도구로 채택되기 전에 수많은 시도가 있었을 것이다. 그러나 한 번 DNA 이중 나선 구조가 선택된 이후에 이중 나선은 한 번도 단절된 적이 없이 계속 이어져 왔다.

●● 센트럴 도그마

세포 내에서 DNA 염기 서열에 기초해서 아미노산으로부터 단백질을 만들어내는 과정을 **단백질 합성(protein synthesis)**이라고 한다. 단백질에는 보통 수백 개의 아미노산이 일정한 순서에 따라 펩타이드 결합을 이루고 있다. 따라서 단백질 합성은 상당히 복잡한 과정이다. 밀러가 만든 아미노산은 단백질을 만들기 위한 기본 물질에 불과하다. 그래서 생명에 관한 화학을 이해하려면 세포 내에서 일어나는 단백질 합성을 어느 정도 자세히 다루는 것이 좋겠다.

우리 몸은 대략 100조(10^{14})개 정도의 세포로 구성되어 있다. 그런데 세포에는 피부 세포, 간 세포, 신경 세포 등 여러 종류가 있다. 그렇지만 종류가 다른 세포라고 해서 세포에 들어 있는 유전 정보가 다른 것은 아니다. 일부 생식 세포(reproductive cell)를 제외하고 모든 체세포의 핵에 들어 있는 DNA는 기본적으로 같다. 그러나 각 세포는 상황에 따라 다른 유전 정보를 발현해서 다른 단백질을 만들기 때문에 다른 조직이 되고 다른 기능을 발휘하는 것이다. 어떤 특정한 단백질, 보다 정확하게는 **폴리펩타이드(polypeptide)**를 만드는 데 필요한 유전 정보의 단위를 **유전자(gene)**라고 한다. 유전자는 긴 DNA 이중 나선에서 유전자의 시작과 끝을 지정하는 부위와 조절 부위를 포함한다.

우리 몸 세포의 유전자의 총합을 **유전체(genome)**라고 한다. 인간 유전체(human genome)는 앞에서 말한 대로 약 30억 개의 염기쌍으로 이루어졌는데, 이 30억 개의 염기쌍은 23개의 염색체로 구분되어 있다. 인간의 유전자는 25000개 정도인 것으로 알려졌다. 그러므로 평균적으로 한 염색체에는 1000개 정도의 유전자가 들어 있는 셈이다. 한편 하나의 유전자는 대략 1000개의 염기쌍으로 이루어졌다. 따라서 25000

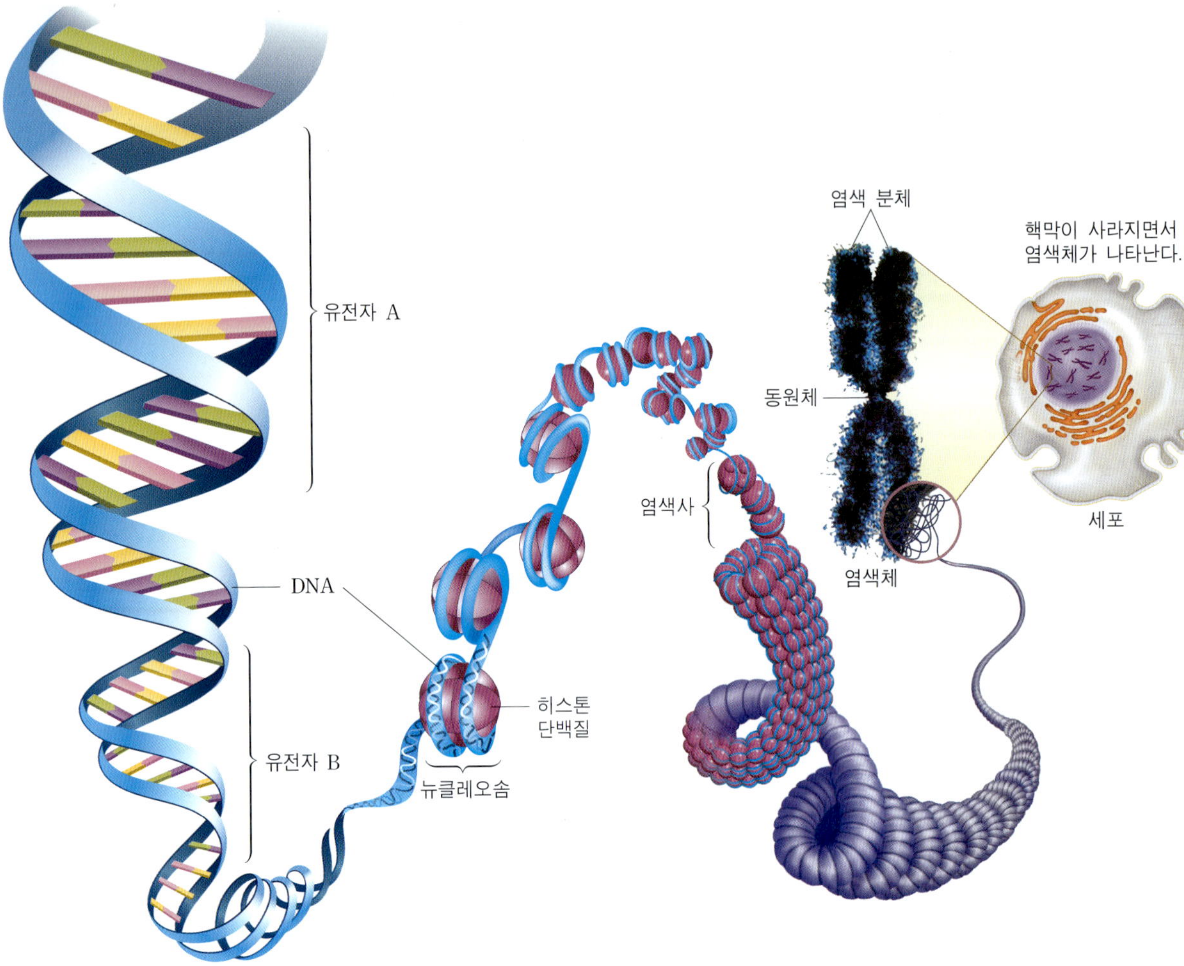

■ **그림 6-13** DNA, 염색사, 염색체의 관계

개의 유전자에 해당하는 염기쌍의 수는 3천만 정도이다. 3천만은 전체 염기쌍의 수인 30억의 1%에 불과하다. 그러므로 인간 유전체에서 유전자에 해당하는 부분은 약 1%뿐인 것이다.

인간의 유전자가 약 25000개라는 것은 인간의 유전 정보로부터 만들어낼 수 있는 폴리펩타이드 또는 단백질의 종류가 약 25000가지라는 뜻이다. 세포가 만들 수 있는 단백질의 종류도 많지만, 만들어진 단백질들은 서로 네트워크를 만들면서 세포 활동을 하기 때문에 엄청나게 복잡한 생명 현상이 일어난다. 아무튼 DNA의 존재 이유가 DNA 자체를 복제해서 대물림하는 것 못지않게 한 세대를 살아가는 데 필요한 단백질을 만드는 데 있다면, 유전자로부터 단백질이 만들어지는 과정을 이해하는 것도 중요하다.

DNA에서 단백질로 정보가 전환되는 과정에서 1950년대 말에 발견된 일종의 **라이보핵산**(**ribonucleic acid**, **RNA**)이 중간 역할을 하는 것으로 알려졌다. DNA에서는 탄소 고리에 결합한 OH로부터 산소가 떨어진 데옥시라이보스를 5탄당으로 사용하는데, RNA의 경우에는 원래대로 OH가 남아 있는 **라이보스**(**ribose**)를 사용한다. 또 RNA는 네 가지 염기 중 타이민(thymine, T) 대신 **유라실**(**uracil**, **U**)이라는 다른 염기를 사용한다.

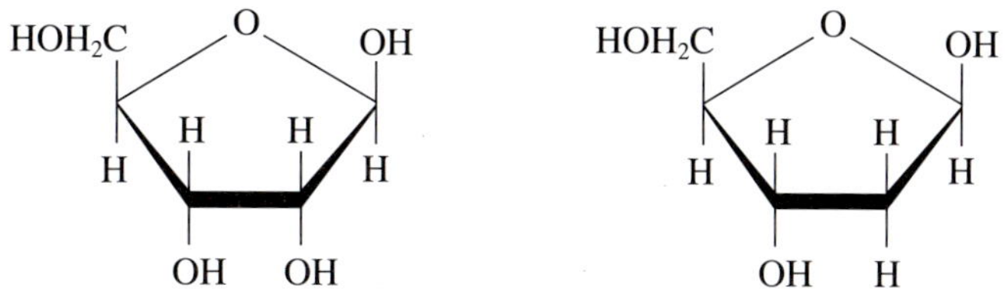

D-ribose 2-deoxy-D-ribose

그런데 왜 RNA에서는 라이보스를 사용하고, DNA에서는 데옥시라이보스를 사용할까? 그 답은 라이보스와 데옥시라이보스의 안정도의 차이에 있다. 그렇다면 DNA와 RNA 중에서 어느 쪽이 화학적으로 안정할까?

DNA와 RNA의 차이는 산소 원자 1개이다. 그런데 산소는 반응성이 높아서 라이보스에 들어 있는 산소는 RNA 분자 내의 다른 부분을 공격하여 분해할 수 있기 때문에 RNA는 DNA보다 상대적으로 불안정하다. DNA는 세포 내에 1개의 카피밖에 없는 유전 물질이기 때문에 안정해야 하지만, DNA로부터 만들어진 RNA는 단백질을 만드는 데 사용하고 나면 분해되어 다른 RNA를 만드는 데 사용되는 것이 좋다. 그래서 DNA는 데옥시라이보스를, RNA는 라이보스를 사용하는 것이 유리한 것이다.

지구 상 대부분의 생명체는 DNA에서 RNA로, RNA에서 단백질로 정보가 전달되는 방식에 따라 단백질을 만든다. DNA의 염기 서열이 RNA의 염기 서열로 바뀌는 것을 옮겨서 복사한다는 의미에서 **전사(transcription)**라 하고, RNA의 염기 서열이 단백질의 아미노산 서열로 바뀌는 것을 **번역(translation)**이라고 한다. 물론 전사보다 번역이 더 큰 정보의 변환이다.

이러한 DNA-RNA-단백질의 정보 전달 체계를 **센트럴 도그마(central dogma)**라고 한다. RNA에는 여러 종류가 있는데, **전령 RNA(messenger RNA, mRNA)**는 긴 DNA 사슬에서 특정 단백질을 만드는 데 필요한 일부 정보를 복사하여 단백질 합성 공장인 **라이보솜(ribosome)**에 가져 가서 전달하는 메신저 역할을 하는 단일 나선 분자이다. DNA가 컴퓨터의 하드디스크라면, mRNA는 필요한 파일을 복사해 저장한

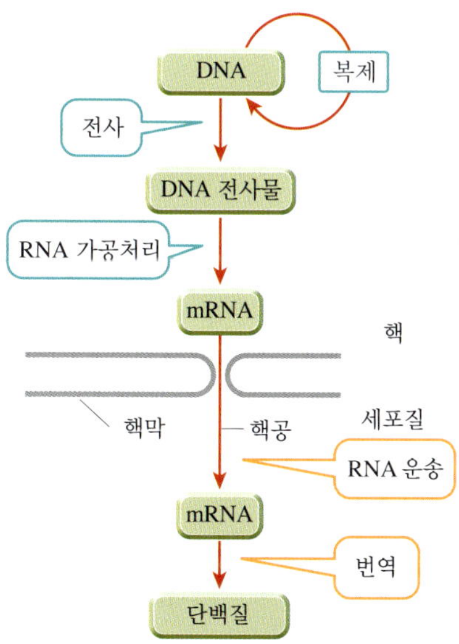

■ **그림 6-14** 센트럴 도그마

플로피디스크나 USB인 셈이다. 생명의 정보는 DNA에서 단백질로 바로 전환되는 것이 아니라 DNA에서 mRNA를 거쳐 간접적으로 단백질로 전환되는 것이다.

AIDS를 일으키는 HIV 바이러스처럼 RNA 정보가 DNA 정보로 바뀌는 **역전사(reverse transcription)**도 있지만, 40억 년 생명의 역사를 통해 대부분의 생명체에서 센트럴 도그마는 생명의 기본 원리로 자리 잡았다. 하기는 최초의 세상은 정보 저장과 효소 기능을 동시에 할 수 있는 RNA를 기반으로 하는 RNA 세상(RNA world)이었을 것이라는 생각이 정설이고 보면 역전사가 전사에 앞섰는지도 모른다.

●● 유전 암호

그런데 어떻게 불과 네 가지 염기를 사용해서 20가지 아미노산의 순서를 지정할 수 있을까? 그 비결은 몇 개 DNA 염기의 조합을 하나의 아미노산에 대응시키는 데에 있다. 만일 하나의 염기가 하나의 아미노산에 대응한다면 네 가지 염기는 네 가지 아미노산밖에 지정하지 못할 것이다. 아래와 같이 AA는 1번 아미노산, AT는 2번 아미노산 식으로 2개의 염기와 하나의 아미노산이 대응한다면 $4^2 = 16$가지 아미노산을 지정할 수 있는데, 이는 20가지에 못 미친다.

AA = 1	AT = 2	AG = 3	AC = 4
TA = 5	TT = 6	TG = 7	TC = 8
GA = 9	GT = 10	GG = 11	GC = 12
CA = 13	CT = 14	CG = 15	CC = 16

세 개의 자모라면 $4^3 = 64$개의 조합이 가능하기 때문에 20가지 아미노산을 지정하기에 충분할 것이다.

mRNA의 염기 서열 중에서 어떤 특정한 아미노산에 대응하는 3개의 염기 서열을 **코돈(codon)**이라 하고, mRNA에서 3개의 염기로 이루어진 특정 코돈과 어떤 하나의 아미노산의 대응 관계를 종합한 것을 **유전 암호(genetic code)**라고 한다. 예를 들어, AUG와 메싸이오닌, GCC와 알라닌 그리고 UGG와 트립토판의 관계는 박테리아로부터 인간에 이르기까지 공통적으로 적용되는 유전 암호의 일부이다.

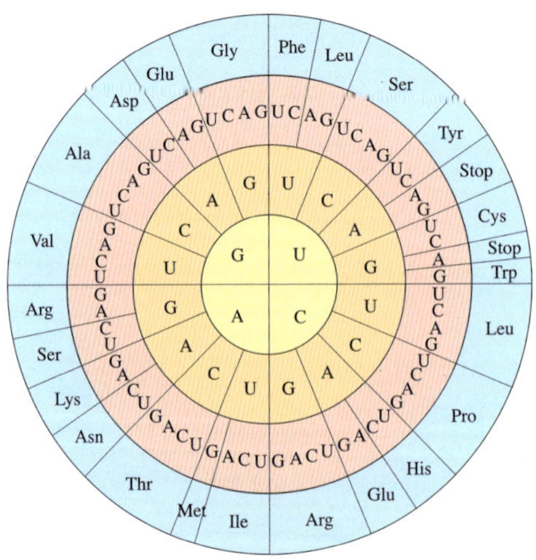

■ **그림 6-15** 유전 암호표. 예를 들어, 중앙의 A에서 출발하여 다음 U로 나가고, 다시 G로 나가면 Met, 즉 메싸이오닌을 만난다. AUG는 메싸이오닌에 대응하는 코돈인 것이다.

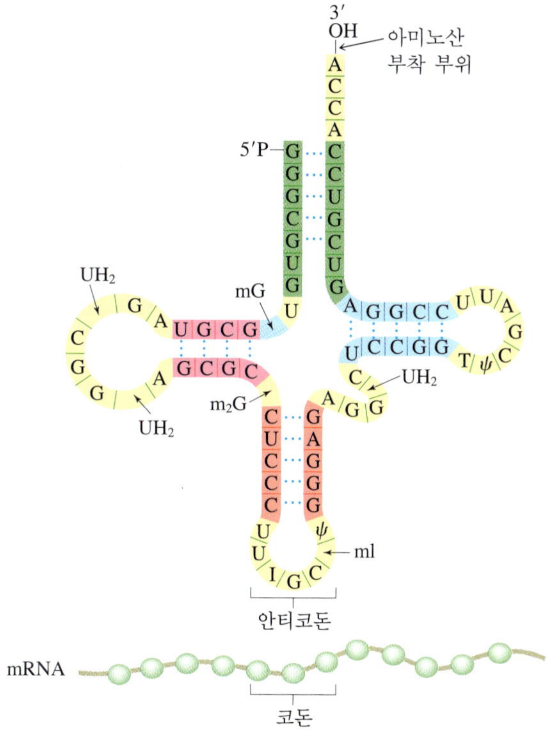

■ **그림 6-16** tRNA 분자의 일반적인 구조. tRNA의 안티코돈은 상보적인 mRNA의 코돈과 수소 결합을 이룬다.

3개의 염기 서열이 하나의 아미노산에 대응한다면 4가지 염기를 사용해서 20가지 아미노산을 모두 지정할 수 있게 된다. 그래서 이 유전 암호 체계는 **삼중항 코드(triplet code)**라고도 한다. 유전 암호를 해독하는 일은 단백질 합성 과정을 알아내는 데 있어서 중요한 부분이었다.

이제부터 유전 암호를 바탕으로 단백질 합성 과정을 자세히 살펴보자. 먼저 두 가닥으로 이루어진 DNA의 일부가 풀리면서 **RNA 중합효소(RNA polymerase)**의 작용에 의해 하나의 유전자에 해당하는 DNA 염기 서열과 상보적인 한 가닥의 mRNA가 합성된다. 이 mRNA는 특히 세포질과 세포핵이 핵막으로 구분된 진핵세포(eukaryotic cell)에서는 핵막에 있는 구멍(nuclear pore)을 통하여 핵 외부로 빠져나가 세포질의 라이보솜과 만나게 된다.

라이보솜에는 mRNA가 결합하는 부위가 있어서 세포핵으로부터 빠져나온 mRNA가 결합한다. 처음에는 mRNA의 AUG로 시작되는 부위가 결합하는데, 여기가 단백질 합성이 시작되는 부분이다. 이렇게 하면 일단 AUG 뒤쪽으로 만들고자 하는 단백질의 아미노산 서열에 해당하는 염기 서열이 드러난다. 이제 해야 할 일은 mRNA의 염기 서열에 대응하는 아미노산 서열을 만들어주는 것이다.

mRNA의 염기 서열에 대응하는 아미노산의 서열을 만들려면 둘 사이를 연결해 주는 역할을 누군가가 해 주어야 한다. 이 일은 RNA의 일종인 **운반 RNA(transfer RNA, tRNA)**가 맡는다. 예를 들어, AUG는 여기서부터 단백질 합성을 시작하라는 신호인 **개시 코돈(start codon)**이다. 그래서 mRNA의 AUG 개시 코돈이 라이보솜에 결합하면 AUG와 상보적인 UAC 서열을 가진 tRNA가 mRNA의 AUG 코돈과 수소 결합을 이루면서 라이보솜에 결합한다. 이때 AUG 코돈과 상보적인 tRNA의 UAC 서열을 **안티코돈(anticodon)**이라고 한다.

그런데 UAC 안티코돈을 가진 tRNA는 반대쪽에 아미노산의 일종인 메싸이오닌과

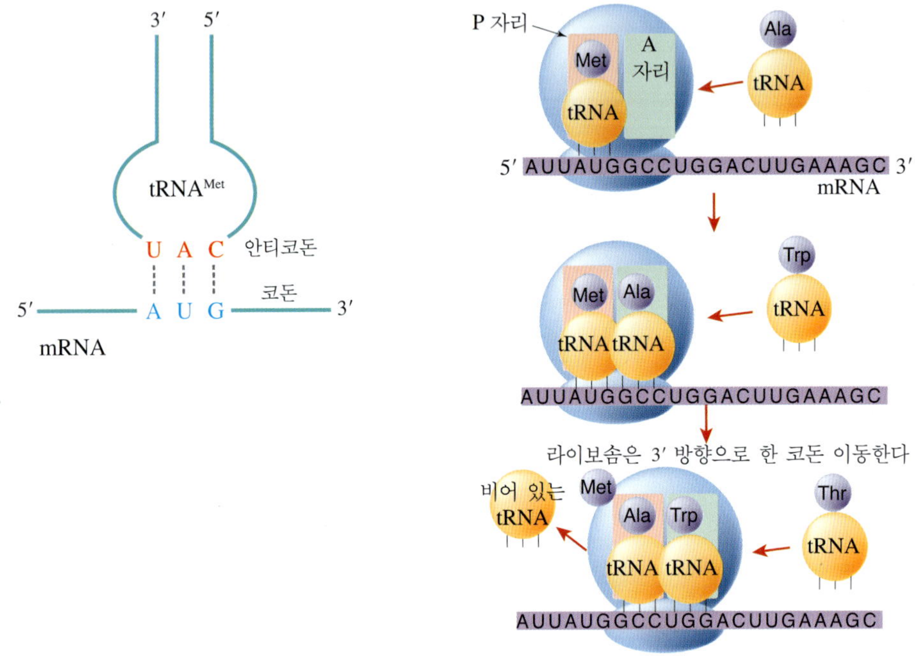

■ **그림 6-17** 라이보솜에서 일어나는 단백질 합성

결합하고 있다. 그러므로 이 tRNA는 메싸이오닌을 운반해 주는 tRNA인 것이다. 그래서 이 tRNA를 **메싸이오닐 tRNA (methionyl tRNA)** 라고 한다. 그림 6-17 오른쪽을 보면 AUG 코돈 다음에는 GCC 코돈이 자리 잡고 있는 것을 볼 수 있다. 따라서 라이보솜에서 메싸이오닐 tRNA 다음 위치에는 GCC 코돈과 상보적인 CGG 안티코돈을 가진 tRNA가 결합하게 된다. 그런데 이 tRNA의 아미노산 결합 부위에는 알라닌이 결합하고 있다. CGG 안티코돈을 가진 tRNA는 **알라닐 tRNA (alanyl tRNA)** 인 것이다.

일단 여기까지 일어난 일을 보면 mRNA의 AUG와 GCC 2개의 코돈 서열에 대응하는 메싸이오닌과 알라닌의 서열이 라이보솜의 반대쪽에 만들어진 것을 알 수 있다. 이때 **신장 인자 (elongation factor)** 라고 하는 특정한 효소가 작용해서 메싸이오닌과 알라닌 사이를 펩타이드 결합으로 연결해 준다. 그 다음에는 mRNA와 라이보솜이 상대적으로 이동하면서 메싸이오닐 tRNA는 라이보솜으로부터 떨어져 나가고, 알라닐 tRNA가 메싸이오닐 tRNA가 결합했던 부위로 옮겨 간다. 그리고 mRNA에서 GCC 다음 코돈에 해당하는 UGG의 상보적인 ACC 안티코돈을 가진 tRNA가 들어와서 알라닐 tRNA가 비운 자리를 채운다. 이런 식으로 하나의 유전자에 해당하는 mRNA 정보를 모두 읽어나가면 하나의 단백질이 만들어지는 것이다. 물론 아미노산이 하나씩 더해질 때마다 신장 인자가 펩타이드 결합을 만들어준다.

단백질 합성 과정에서 일어날 수 있는 오류를 살펴보자. DNA의 유전 정보가 상보적인 mRNA로 전사될 때 염기쌍이 잘못 만들어지면 잘못된 코돈에 따라 잘못된 단백질이 만들어질 수 있다. 전사가 제대로 이루어졌다고 해도 mRNA의 코돈과 tRNA의 안티코돈이 잘못 만나면 잘못된 아미노산이 들어가게 된다. mRNA의 코돈과 tRNA의 안티코돈이 제대로 만났다고 해도 tRNA에 잘못된 아미노산이 결합하고 있다면 역시 잘못된 아미노산이 끼어들어간 단백질이 만들어질 것이다. 그래서 각 tRNA에 맞는 아미노산을 결합해 주는 **아미노아실-tRNA 합성효소 (aminoacyl-tRNA synthetase)** 라는 단백질도 단백질 합성에서 중요한 역할을 한다.

이런 여러 오류의 가능성에도 불구하고 세포 내에서 단백질 합성은 엄청난 정확성을 가지고 엄청난 속도로 일어난다. 세포에 핵이 따로 없는 원핵생물(prokaryote)의 라이보솜에서는 1초에 20개 정도의 아미노산이 자라나는 폴리펩타이드에 더해진다. mRNA의 코돈과 tRNA의 안티코돈 사이에서는 매초 60개의 수소 결합이 일어나는 셈이다. 진핵생물(eukaryote)의 라이보솜에서는 대략 1초에 2개씩 아미노산이 더해진다.

이렇게 복잡하면서도 정교하게 조절되는 단백질 합성을 통하여 DNA 염기 서열에 의해 결정되는 **유전형(genotype)**은 개체의 특성이 겉으로 들어나는 **표현형(phenotype)**으로 나타난다. 생물의 종 사이의 차이도 유전 정보의 차이와 그로부터 나오는 단백질의 차이에서 오고, 같은 호모 사피엔스 내에서의 개인 차이도 마찬가지이다. 그러고 보면 단백질 합성은 모든 생명 현상의 중심에 자리 잡고 있다고 볼 수 있다.

읽을거리 생명의 언어

아서 콘버그(Arthur Kornberg, 1918~2007)와 아들 로저 콘버그(Roger Kornberg, 1947~).

언어는 정보를 기록하고 전달하는 기본적인 수단이다. 그런데 국화는 국화꽃을 피우고 장미는 장미꽃을 피우듯이, 생명 현상은 정보를 전달하고 활용하는 과정이다. 따라서 생명에도 언어가 필요하다. 한글에는 24개의 자모가 있고, 영어에는 26개의 알파벳 자모가 있듯이 인간의 언어는 대체로 20여 개의 자모를 사용한다. 반면에 생명은 아데닌, 타이민, 구아닌, 사이토신이라는 불과 4개의 화합물을 자모로 사용해서 유전 정보를 기록하고, 단백질을 만든다.

언어에는 자모뿐 아니라 철자법, 문법 등 여러 가지 규칙과 원리가 있다. 생명의 규칙과 원리가 화학이라는 언어로 표현된다는 점을 아서 콘버그는 다음과 같이 말했다.

"생명의 많은 부분은 화학이라는 언어로 표현될 때 합리적으로 이해할 수 있다. 화학은 사투리도 없고 어느 시대에나 적용되는 국제적인 언어로서, 우리가 어디에서 왔고, 우리는 어떤 존재이며, 어디로 나아갈지를 알려 준다. 화학의 언어는 아주 아름다우며 물리과학과 생명과학을 이어주는 역할을 한다."

"Much of life can be understood in rational terms if expressed in the language of chemistry. It is an international language, a language without dialects, a language for all of time, and a language that explains where we came from, what we are, and where the physical world will allow us to go. Chemical language has great esthetic beauty and links the physical sciences to the biological sciences."

아버지 콘버그는 DNA 정보를 DNA로 복제하는 효소 연구로 1959년 노벨 생리의학상을, 아들 콘버그는 DNA 정보를 RNA로 전사하는 효소 연구로 2006년 노벨 화학상을 수상했다.

체크 포인트

1. 사람의 DNA의 염기 중에서 아데닌이 약 30%를 차지한다. 사이토신은 몇 %가 들어 있을까?

① 20% ② 30%
③ 40% ④ 50%
⑤ 70%

토의 포인트

1. DNA에서 1차원적 염기 서열은 3차원적 이중 나선 구조를 만들기 위한 것이라고 보는 것이 타당한가, 3차원적 이중 나선 구조는 1차원적 염기 서열을 저장하기 위한 것이라고 보는 것이 타당한가?
2. 샤가프는 어떻게 A, T, G, C의 양을 분석했을까?
3. DNA와 RNA 중에서 어느 쪽이 화학적으로 안정할까?

6-3

세포막 – 생명의 구획

화학적 진화를 거쳐 태어난 태초의 생명체는 어떤 환경에서 살았을까? 종의 기원을 연구한 다윈(Darwin)은 태초의 생명체가 원시 지구의 어느 "따뜻한 작은 연못(warm little pond)" 같은 데서 태어났을지 모른다고 말했다. 대략 40억 년 지구 상 생명의 역사에서 생명체가 육지로 진출한 것은 약 4억 년 전이다. 생명 역사의 90%를 바다에서 보낸 셈이다. 육상에 살고 있는 생명체도 세포 내부는 대부분이 물로 이루어졌다. 생명 활동에 필요한 화학 반응은 대부분 수용액에서 일어나기 때문이다.

이처럼 세포 안쪽과 바깥쪽이 모두 물이 풍부한 환경에서 세포라는 개체를 유지하려면 일종의 막을 통해 안과 밖을 구분해 줄 필요가 있다. 따라서 최초의 생명체의 출현은 최초의 세포막이 등장하면서 이루어졌다고 해도 과언이 아니다. 초기의 생명체는 세포막을 통해 단백질, DNA 그리고 여러 가지 대사 물질들을 세포 내에 가두어 생명 활동을 할 수 있었을 것이다. 나중에 등장한 세포핵, 미토콘드리아, 엽록소 등 세포 소기관들도 세포막이 없었다면 서로 유기적인 관계를 이루며 생명 활동에 참여할 수 없었을 것이다. 이러한 일들이 원활하게 이루어지기 위해서도 세포 내부에 충분한 물이 필요하다.

항상성 유지

세포 내에 적정한 농도를 유지해야 하는 중요한 물질 중에는 물 이외에도 염분이 있다. 염분은 세포의 삼투압(osmotic pressure) 유지, 신호 전달 등에 중요하다. 육상에서는 일반적으로 세포 밖의 염분 농도가 너무 낮고, 바다에서는 세포 밖의 염분 농도가 너무 높다. 그래서 세포 내에 적절한 염분 농도를 유지할 수 있게 해 주는 장치가 필요하다.

세포 내의 산성도(pH) 유지도 중요하다. 인간 혈액의 pH는 7.4 정도에서 정교하게 유지된다. 온 몸의 세포로부터 폐까지 이산화탄소를 운반해서 몸 밖으로 배출되도록 하는 것은 혈액의 중요한 역할 중 하나이다. 그런데 이산화탄소가 얼마나 혈액에 잘 녹는지는 혈액의 pH에 달려 있다. 그렇다고 해서 산성 물질인 이산화탄소를 잘 녹이기 위해 혈액의 pH를 7.4보다 많이 높이면 다른 심각한 문제가 생긴다.

혈당(blood sugar) 농도도 상당히 일정하게 조절된다. 혈액 속에 포도당 농도가 높아지면 **인슐린(insulin)**이라는 호르몬이 분비되어 포도당을 **글리코젠(glycogen)**으로 바꿔 저장하고, 반대로 포도당 농도가 낮아지면 **글루카곤(glucagon)**이라는 호르몬이 분비되어 글리코젠을 포도당으로 바꾸어준다.

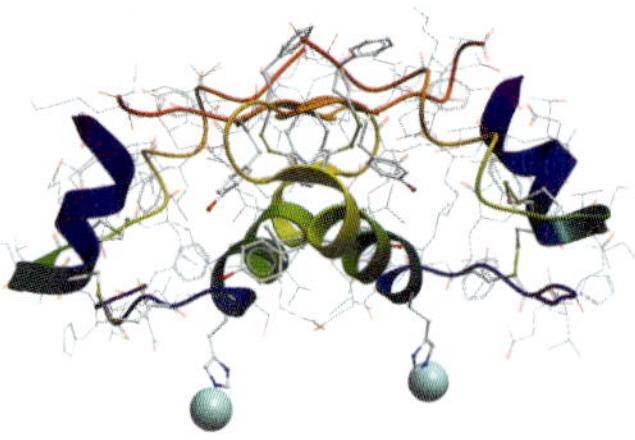

■ **그림 6-18** 인슐린의 구조

인간과 같은 항온 동물에게는 일정한 체온 유지도 중요하다. 몇 시간 동안 체온이 몇 도라도 높거나 낮으면 생명을 유지할 수 없다. 이처럼 외부 환경 변화에 대응해서 내부 환경을 조절하여 항상 같은 상태를 유지하는 것을 **항상성(homeostasis) 유지**라고 한다. 항상성 유지가 필요한 이유는 외부 환경이 바뀌더라도 대사 등 세포 활동을 원활하게 유지할 수 있기 때문이다. 따라서 대부분 생명체에 있어서 항상성 유지는 대사, 유전에 이어서 생명의 요건의 하나이다.

항상성 유지를 위해서는 일단 세포의 외부와 내부를 구분하는 장치가 필요하고, 그 다음에는 필요한 물질을 받아들이고, 너무 많아진 물질을 내보낼 수 있는 통로가 필요하다. 생명체는 어떻게 이런 문제를 해결했을까?

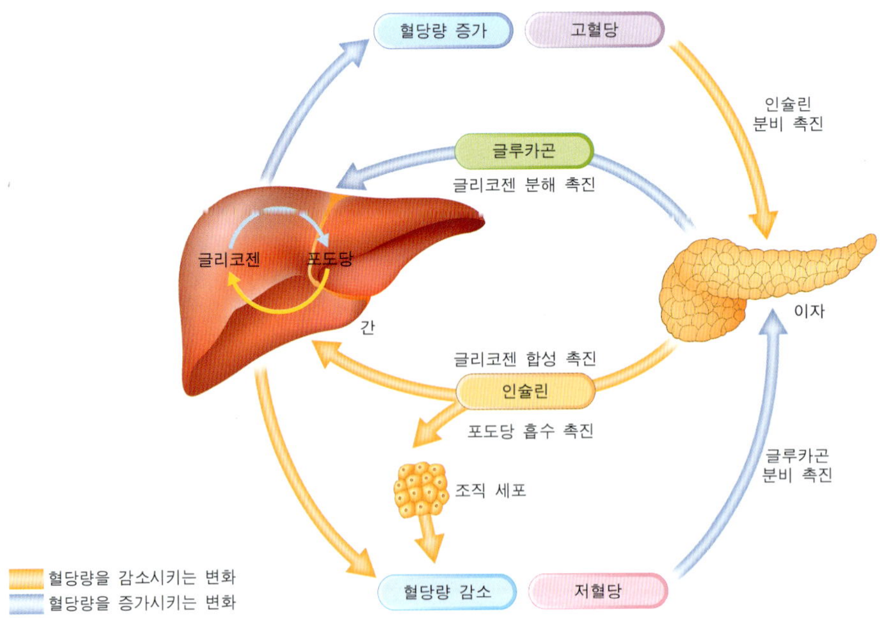

■ **그림 6-19** 혈당 농도 조절 그림

●● 이중막

생명체는 개체의 유지를 위해, 나아가서 항상성 유지를 위해 **세포막(cell membrane)** 을 개발했다. 특히 최초의 생명체인 단세포 박테리아(single cell bacteria)에게는 세포의 내부를 외부와 구분해 주는 세포막이 필수적이다. 그래야 일단 개체를 유지할 수 있기 때문이다.

세포막은 어떤 특성을 지녀야 할까? 세포막의 안쪽이나 바깥쪽이나 모두 물이 풍부한 환경이다. 따라서 세포막은 안쪽 부분과 바깥쪽 부분 모두 물과 잘 섞여야 한다. 만일 세포막의 바깥쪽이 기름처럼 물과 잘 섞이지 않는다면 세포들은 모두 뭉쳐서 커다란 기름 방울 같은 덩어리를 이룰 것이다. 또 만일 세포막 전체가 물과 잘 섞이는 물질로 이루어졌다면 안쪽, 바깥쪽, 세포막이 다 섞여서 세포라는 개체가 존재할 수 없을 것이다. 최초의 생명체가 태어나기 위해서는 단백질, 핵산 등과 아울러 이 문제를 해결할 수 있는 물질을 개발할 필요가 있었다.

한 분자 내에 **친수성(hydrophilic**, 물과 잘 섞이는 성질) 부위와 **소수성(hydrophobic**, 물과 잘 섞이지 않는 성질) 부위가 같이 들어 있다면 어떻게 될까? 기름끼리 섞이듯이 소수성 부위가 모이고 친수성 부위가 양쪽으로 세포 안과 밖을 향하면 유용한 세포막이 만들어질 것이다. 이렇게 만들어진 세포막은 상당히 유동적이다. 그래서 막에는 구멍의 크기를 변화시켜서 물이나 이온들을 통과시키는 **통로(channel)** 도 있고, 외부의 신호를 받아서 안으로 전달해 주는 단백질이 막에 끼어 있기도 한다.

이처럼 양쪽 성질을 가져서 세포막에 사용되는 분자의 대표적 예가 그림 6-21의 **인지질(phospholipid)** 이다. 인지질의 머리 부분은 양전하와 음전하를 가진 부분이 있어서 물과 잘 섞인다. 그리고 꼬리 부분은 지방산의 탄화수소로 이루어져서 소수성이다.

물, 인산, 아민 등이 친수성인 이유는 수소와 산소, 수소와 인과 산소, 수소와 질소 등의 경우처럼 전기음성도 차이가 큰 원소들이 결합했기 때문이다. 그리고 탄화수소의 꼬리가 소수성인 이유는 전기음성도 차이가 크지 않은 수소와 탄소가 결합한데다

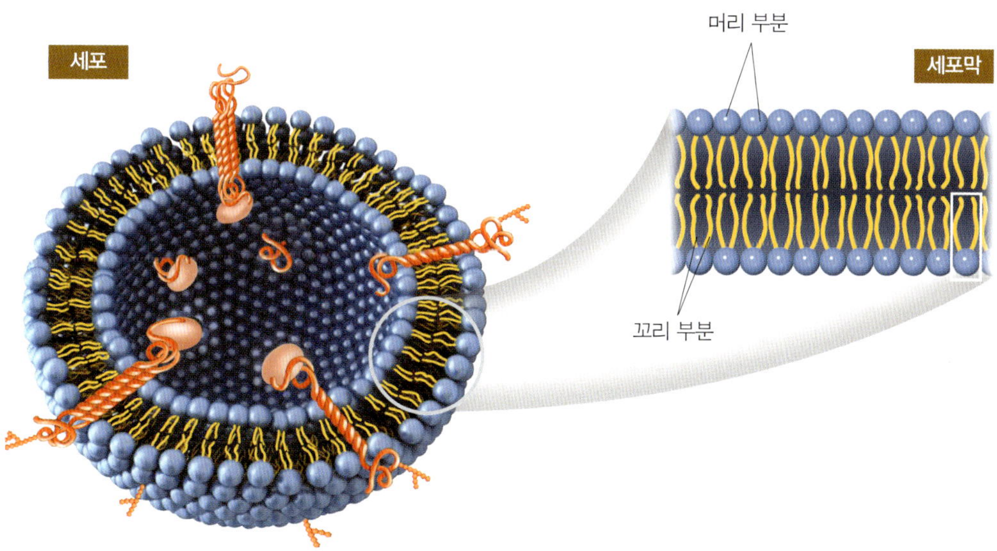

■ **그림 6-20** 세포와 세포막. 세포막을 이루는 하나하나의 분자는 전기를 띤 머리 부분과 전기를 띠지 않은 꼬리 부분으로 되어 있다.

가 여러 개의 극성이 낮은 −CH기들이 어느 정도 대칭적으로 분포되어서 극성이 상쇄되어 전체적으로 쌍극자 모멘트가 거의 0이 되기 때문이다. 원소들 사이의 전기음성도 차이는 단백질과 핵산에서도 중요하게 작용하지만, 개체를 유지하기 위한 세포막을 만드는 데도 핵심 역할을 하는 것이다.

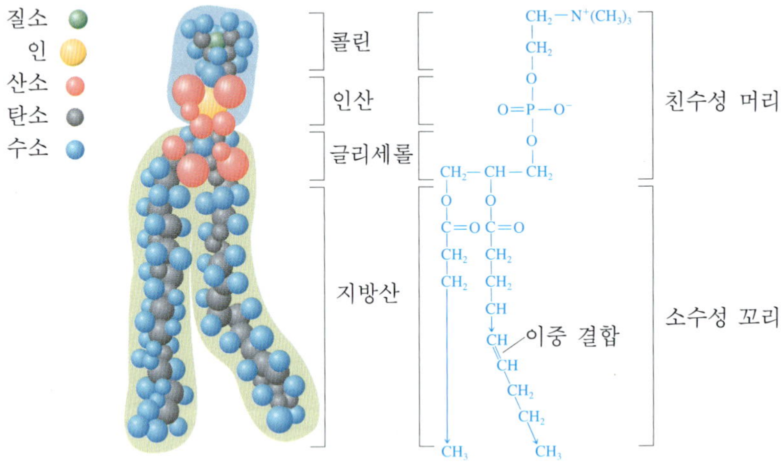

■ **그림 6-21** 인지질의 구조

체크 포인트

1. 세포막의 소수성 부분은 어떤 원소들로 이루어졌는가?
2. 세포막의 친수성 부분은 어떤 원소들로 이루어졌는가?

토의 포인트

1. 원소들의 전기음성도 차이가 크지 않았다면 생명이 가능할까?

6-4

탄수화물 – 생명의 에너지

생명체가 살아가려면 반드시 에너지가 필요하다. 그런데 생명 현상은 화학 반응의 연속이기 때문에 생명체가 현실적으로 필요로 하는 것은 화학 반응의 추진력을 제공할 수 있는 화학적 에너지이다. 지구 상 모든 생명체가 공통적으로 사용하는 화학적 에너지는 **ATP (adenosine triphosphate)** 라는 분자 단위로 생산되고, 저장되고, 이용된다. ATP는 세포가 사용하는 에너지 화폐의 기본 단위인 것이다. 따라서 생명의 탄생은 ATP를 생산하고 사용할 줄 아는 능력의 발전 과정이라고 볼 수도 있다. 현재 지구 상에 있는 대부분의 생명체는 광합성을 통해 만들어진 글루코스라는 탄수화물을 산화시키면서 얻어진 ATP에 에너지를 저장하고, 사용해서 생명 활동을 하고 있다.

그러고 보면 DNA에 유전 정보를 기록하고, DNA의 유전 정보로부터 단백질을 만드는 가장 중요한 이유의 중 하나는 태양 에너지를 탄수화물의 화학 에너지로 전환하는 데 있다고 볼 수 있다. 그렇다면 초기 지구에서는 어떤 환경의 변화가 일어나서 광합성 과정이 발전되었을까?

●● 첫 번째 위기

약 46억 년 전에 태양계는 대부분 수소와 헬륨, 약간의 다른 기체들 그리고 먼지와 티끌 같은 작은 고체 입자들로부터 만들어졌다. 중력 작용으로 태양계 전체 질량의 대부분이 모인 중심에는 핵융합을 할 수 있는 태양이 생겼고, 태양 주위로 행성들이 자리를 잡게 되었다.

지구가 어느 정도 모습을 갖추면서 수소, 헬륨 그리고 약간의 기타 기체로 이루어진 1차 대기가 형성된다. 그러나 태양이 핵융합을 하고 태양풍을 내면서 지구 대기를 이루었던 가벼운 기체들은 비교적 초기에 모두 바깥쪽으로 밀려났다. 지구 내부에서는 무거운 철과 니켈 등은 퍼텐셜 에너지가 낮은 중심으로 가라앉고, 가벼운 암석 성분은 위쪽에 자리 잡게 된다. 이때 지구 표면은 바다도, 대기도 없는 상태이다.

(a) (b)

■ **그림 6-22** 초기 태양계의 모습(a)과 지구 초기의 모습(b) 추측도

한편으로는 지구가 중력으로 수축을 계속하면서 내부 온도가 올라가고, 다른 한편으로는 방사능 물질이 붕괴하면서 내는 에너지로 철 핵 바깥쪽의 지구 내부는 암석이 녹은 마그마 상태가 된다. 뿐만 아니라 초기에는 운석이나 소행성들이 지구 표면에 자주 충돌하기 때문에 지각 자체도 녹아서 지구 표면까지 마그마로 덮인다.

■ **그림 6-23** 화산 활동을 통해 마그마가 지각을 뚫고 나온다.

소행성 충돌이 줄어들면서 마그마는 식어서 고체의 지각이 생긴다. 그 후 화산 활동으로 마그마가 지각의 약한 부분을 뚫고 올라오면서 마그마에 잡혀 있던 기체들을 지구 표면으로 가져와서 2차 대기가 형성되었다. 오늘날 화산에서 나오는 기체는 60% 이상이 H_2O이고, 10~40%는 CO_2이다. 나머지는 SO_2 또는 H_2S 그리고 N_2, Ar, He, Ne, CH_4, CO, H_2의 순서이고, NH_3도 미량 들어 있다. 그런데 오늘날의 화산 기체는 초기 지구의 화산 기체에 비해 많은 산화 과정을 거쳤을 것이다. 예를 들어, 오늘날 화산 기체에 가장 많이 들어 있는 H_2O와 CO_2는 CH_4가 산화된 결과인지도 모른다. 그렇다면 초기 지구에는 H_2O 이외에도 오늘날의 화산 기체에서 볼 수 있는 것보다는 많은 양의 CH_4, H_2, NH_3가 들어 있었을지도 모른다.

초기 지구에는 소행성들이 지구 표면에 자주 충돌했었다.

지구 표면이 식으면서 초기 지구 대기에 들어 있던 엄청난 양의 수증기가 응축해서 대규모의 비가 내리고 태초의 바다를 만든다. 이때 빗물은 지각의 금속 성분을 녹여 바닷물을 알칼리성으로 만든다. 그리고 알칼리성 바다에는 산성 물질인 CO_2가 상당히 녹아 들어가고, 대기에 있는 CO_2의 양은 크게 감소한다.

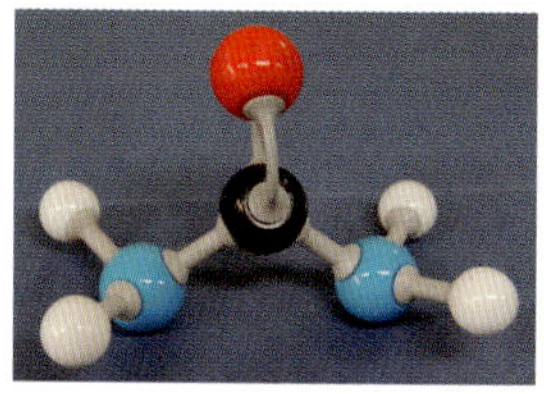
요소

이런 상황에서 밀러가 가능성을 보여 준 대로 여러 가지 아미노산과 그 밖의 유기물질들이 바다에 녹아 있었다고 하자. 밀러 실험은 고등학교 실험실에서 재현될 정도로 수많은 사람들에 의해 테스트되었고, 밀러 자신도 여러 다른 조건에서 행해진 실험을 통해 아미노산 뿐 아니라 요소(urea), 아세트산, 락트산(lactic acid) 등의 다양한 유기 화합물을 만들었다. 후일 밀러 실험과 유사한 조건에서 20가지 아미노산 모두가 만들어지는 것이 확인되었다. 따라서 환원성 물질이 아직 많이 남아 있는 초기 지구나 외계에서도 오랜 시간이 주어지면 생명이 출발하는 데 필요한 유기 화합물들이 만들어질 수 있다는 것은 타당한 가정인 것이다.

아세트산

아미노산이 만들어졌다고 해서 단백질이 쉽게 만들어지는 것은 아니다. 만들어진 아미노산은 바닷물에 녹아 들어갔을 것인데, 오랜 기간에 걸려서 아미노산이 만들어지고 녹았다고 해도 바닷물에서는 아미노산들이 자체적으로 반응해서 단백질이 되기에는 농도가 충분히 높지 못하다. 그래서 아미노산이 농축되는 과정이 필요하다. 아마도 바닷물이 조석 작용으로 내륙에 갇혀서 만들어진 "따뜻한 작은 연못"에서 물이 증발하면서 아미노산이 농축되었는지도 모른다. 실제로 마이애미 대학의 시드니 폭스(Sydney Fox)는 말린 아미노산 용액에서 1마이크로미터 정도 크기의 단백질 구(protein microsphere)가 만들어질 수 있는 것을 보여 주었다.

약 40억 년 전에는 달과 지구의 거리가 지금보다 훨씬 가까웠다고 한다. 지구 표면이 식기 전에 상당한 크기의 소행성이 충돌해서 상당한 양의 마그마가 떨어져 나가 파편들이 뭉치고 식어서 달이 생겼다는 것이 현재 달의 기원에 관한 정설이다. 마그마의 밀도는 중심에 무거운 철이 들어 있는 지구 전체의 밀도보다 낮은데, 달의 밀도는 마그마의 밀도와 비슷한 것이 중요한 단서이다. 달은 내양에 끌려서 서서히 지구로부터 멀어져 가고 있는데, 그렇다면 초기에는 지구와 가까운 달의 영향으로 조석 간만의 차이가 컸을 것이고, 내륙 쪽에 바닷물이 모이고 농축되기를 반복하는 환경이 여기저기에 조성되었을 수 있다.

아미노산으로부터 단백질이 만들어지는 데 필요한 에너지는 햇빛의 자외선으로부터 충분히 제공되었을 것이다. 그보다 필요한 것은 반응이 빨리 일어나게 해 주는 촉매였으리라고 생각된다. 진흙 표면에 아미노산 같은 비교적 간단한 유기물이 흡착되고, 에너지를 흡수해서 여러 단계를 거쳐 고분자가 만들어졌을 가능성이 있다. 진흙 표면의 촉매 작용을 거쳐서 DNA, RNA가 만들어지고, ATP를 합성하는 기능이 발전하고, 이 모든 물질이 세포막에 둘러싸이면 드디어 생명의 기본 단위인 세포가 된다.

■ **그림 6-24** 지구와 달, 태양의 모습. 시간이 지날수록 지구와 달의 거리는 멀어지고 있다.

이렇게 해서 지구 상에 처음 태어난 생명체는 살아가는 데 필요한 유기 물질을 스스로 만들어낼 능력이 없다. 즉, 자체적으로 영양을 해결할 능력이 없기 때문에 초기 생물은 종속 영양 생물인 것이다. 그렇다면 먹이가 필요한데, 다행히도 태초의 바다에는 상당한 양의 유기 물질들이 녹아 있다. 그래서 처음에는 이미 만들어진 유기 물질을 사용해서 간단한 대사 활동을 하며 살아가고 번식했을 것이다.

그런데 수천만 년의 긴 세월 동안 태초의 박테리아가 번식을 하다 보면 바다에 녹아 있던 유기 물질들이 거의 다 소모되는 상황이 벌어졌을 것이다. 밀러 실험으로 보여준 방식으로 유기 물질이 만들어지는 속도가 소비되는 속도를 따라가지 못하기 때문이다. 그래서 결국 지구 상 생명의 역사에서 첫 번째 큰 위기가 닥친다. 오늘날 세계 인구는 증가하는데 식량 공급이 10분의 1로 줄어든 것과 비슷한 상황이었을 것이다.

위기는 기회가 될 수도 있다. 처음에는 초기 박테리아가 사용하기에 편한 유기 물질들이 주로 사용되었을 것이다. 그러다가 식량이 떨어지면서 예전에는 거들떠보지

■ **그림 6-25** 바닷속 모습. 태초의 바다에는 상당량의 유기 물질이 있어 이를 통해 초기 생명체들이 번식할 수 있었다.

도 않던 유기물들을 활용하는 방안이 개발되고, 대사 시스템이 상당히 복잡해진다. 그래서 생명이 태어나고, 2~3억 년 후에 태양 에너지를 사용해서 스스로 화학 에너지를 만들어낼 수 있을 정도로 세포의 생화학 시스템이 발전한다.

●● 광합성

생명의 역사에서 가장 창의적이고 획기적인 발전은 생명체에게 찾아온 첫 번째 위기에 직면하면서 이루어졌다. 이를 통해 태초의 생명체는 위기를 극복했을 뿐 아니라, 이 발전은 보다 큰 발전을 가져오는 계기가 되었다. 지금부터 약 35억 년 전, 그러므로 생명이 태어나고 약 2~3억 년 후에 이루어진 이 발전은, 오늘날도 눈을 창밖으로 돌리기만 하면 쉽게 볼 수 있는 광합성이다.

■ **그림 6-26** 광합성 작용은 빛으로부터 시작한다.

광합성(photosynthesis)은 문자 그대로 빛을 이용해서 합성을 한다는 뜻이다. 여기서 빛은 햇빛, 즉 태양 에너지를 말하는데, 무엇으로부터 무엇을 합성한다는 말일까? 예를 들어, 처음에 생명이 태어날 때 지구는 CH_4가 풍부한 환원성 환경이었을지도 모른다. 그러나 수억 년이 지나면서 대부분의 환원성 물질은 H_2O와 CO_2 등으로 산화되었다. 산화는 CH_4처럼 화학 에너지가 높은 물질이 산소와 결합해서 H_2O와 CO_2처럼 화학 에너지가 낮은, 즉 안정한 물질로 바뀌면서 에너지를 내는 반응인데, 모든 변화는 안정한 쪽으로 진행하는 경향이 있기 때문에 시간이 흐르면 산화가 자연스럽게 일어나는 것이다. 그런데 생명체는 화학 에너지가 낮은 물질을 사용해서 에너지를 얻을 수는 없다. 에너지가 더 낮은 상태로 바꾸어야 그때의 에너지 차이를 얻어서 생명 활동을 할 수 있는데, 이미 안정한 물질은 더 이상 안정해질 수 없는 것이다.

■ **그림 6-27** 광합성

수원이 마르고 강물이 모두 바다로 흘러갔다면 강은 바닥을 드러내게 된다. 약 35억 년 전에 이처럼 삭막한 지구의 화학적 환경에서 광합성이 시작되었다. 이때 광합성의 반응물은 H_2O와 CO_2이다. H_2O와 CO_2는 2차 대기를 만드는 데 주역을 맡았던 화산 기체에 가장 많이 들어 있는 두 가지 물질이기 때문에 지구 상에 풍부하지만, 이미 산화되어 안정하기 때문에 화학적으로 반응성이 거의 없다. 반응성이 없는 물질로부터 생명체가 세포 활동에 사용할 수 있는 물질을 만들어 종속 영양 생물로부터 독립 영양 생물로 나아간다는 것은 아주 어려운 과제이다.

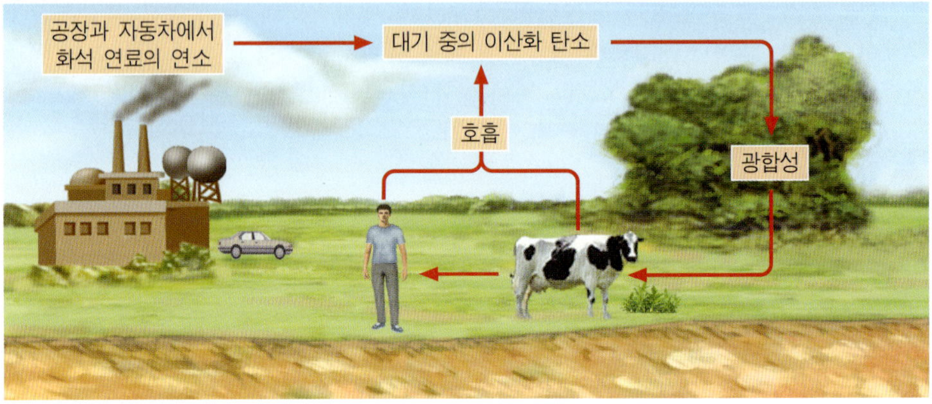

■ **그림 6-28** 탄소 순환

자연이 이 과제를 해결하지 못했다면, 생명은 태어난 지 2~3억 년 후에 태초의 바다에 녹아 있던 유기물을 모두 소비한 다음에는 서서히 지구 상에서 사라졌을지도 모른다. 그때는 이미 밀러의 방식으로 유기물을 만드는 데 필요한 수소, 메테인, 암모니아 등의 환원성 물질이 모두 소모되어서 더 이상 영양의 공급이 불가능했을 것이기 때문이다.

자연이 이 과제를 해결하고 생명이 한 단계 도약하기 위해 개발한 광합성의 중심에는 화학의 핵심 개념인 전기음성도가 자리잡고 있다. 광합성 반응식은 다음과 같이 적는다.

$$6CO_2 + 12H_2O \longrightarrow C_6H_{12}O_6 + 6H_2O + 6O_2$$

6몰의 이산화탄소와 12몰의 물이 반응해서 1몰의 포도당이 만들어지고 6몰의 물과 6몰의 산소가 부산물로 나오는 것이다. 그런데 왜 6몰의 물을 상쇄해서 반응물에 6몰의 물을 적지 않는 것일까?

광합성에서 반응물이 이산화탄소와 물이라고 한다면 생성물인 포도당은 탄수화물의 일종이다. $C_6H_{12}O_6$는 $(CH_2O)_6$로 쓸 수도 있는데, CH_2O는 탄소(C)와 물(H_2O)이 공존하는 모습이다. 탄수화물도 탄소가 물과 어울려 있다는 뜻이다. 그러므로 광합성 반응은 탄소(C), 산소(O), 수소(H) 세 원소 사이의 자리바꿈이다. 그런데 이산화탄소, 물, 탄수화물에 공통적으로 들어 있는 원소는 산소이다. 그러므로 광합성에서 탄소, 산소, 수소의 자리바꿈을 주도한 것은 산소인 듯하다.

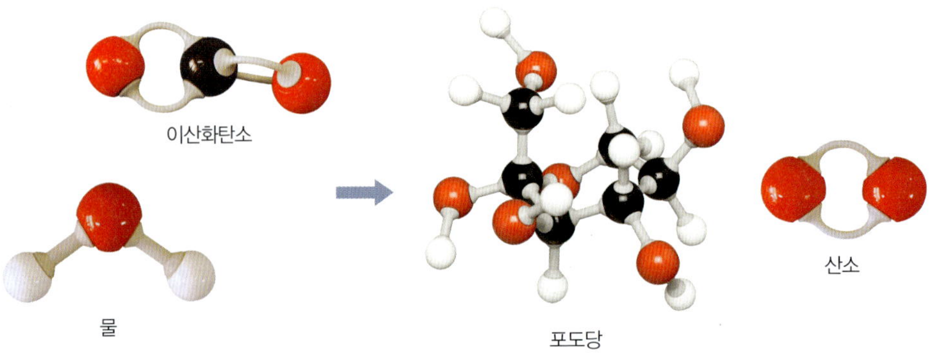

■ **그림 6-29** 광합성의 반응물과 생성물

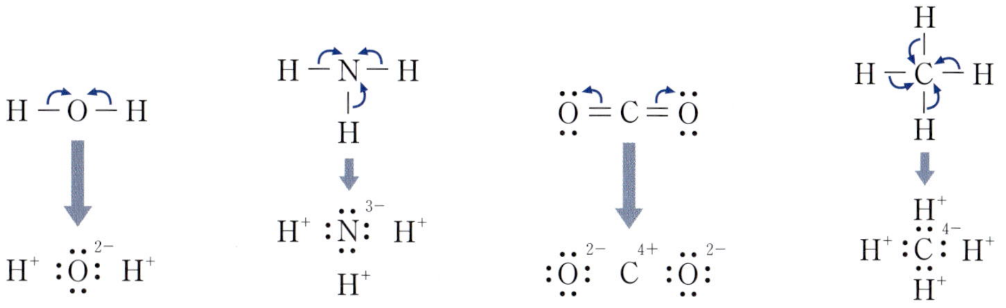

■ **그림 6-30** H_2O, NH_3, CO_2, CH_4에서 각 원자의 산화수

광합성 반응의 첫 단계에서 태양 에너지에 의해 물이 수소와 산소로 분해된다. 안정한 물을 수소와 산소로 분해하는 것은 쉬운 일은 아니다. 그러나 이산화탄소에서 탄소와 산소 사이의 이중 결합을 끊는 것은 더욱 어렵다. 이제 물에서 산소로부터 전자를 되찾아 가지고 나온 수소가 이산화탄소를 만난다면 어떤 일이 일어날까? 이산화탄소에서 산소는 탄소로부터 전자를 끌어당겨서 자신의 높은 전기음성도를 만족시키고 있다. 그러나 탄소보다 전기음성도가 더 낮은, 즉 전자를 더 잘 내어주는 수소를 만나면 산소는 탄소를 내보내고, 수소와 결합해서 탄수화물의 물이 될 것이다.

그런데 반응물 중 6몰의 CO_2에는 12몰의 산소 원자가 들어 있다. 12몰의 산소 원자와 결합하려면 24몰의 수소 원자가 필요하고, 24몰의 수소 원자를 만들어내려면 12몰의 물을 분해해야 한다. 그래서 반응식에는 $12H_2O$를 적어야 하는 것이다.

한편 12몰의 물이 분해되면 24몰의 수소 원자와 함께 12몰의 산소 원자가 얻어진다. 이 산소는 6몰의 O_2로 결합을 이루어 부산물로 공기 중으로 빠져나온다. 이 산소가 나중에 지구 대기의 산소 농도를 증가시키고, 육상 동물의 호흡에 사용된다.

이렇게 우리는 광합성의 핵심을 산소, 탄소, 수소의 전기음성도 차이로 이해할 수 있다. 이제 탄소의 입장에서 산화-환원의 개념을 사용해서 광합성을 이해해 보자. 산화-환원을 논의할 때는 산화수를 사용하는 것이 편리하다. 3장에서 살펴본 대로 전기음성도가 높은 원자가 전기음성도가 낮은 원자로부터 전자를 완전히 빼앗아갔다고 가정했을 때 각 원자가 가지는 전하를 **산화수(oxidation number)**라고 한다. 예를 들어, H_2O에서는 O 원자가 2개의 H 원자로부터 전자를 얻었으므로 O의 산화수는 -2이고, 각각 H의 산화수는 $+1$이다. CO_2에서 C의 산화수는 $+4$이고, 각각 O의 산화수는 -2이다. 산화수가 증가하는 것은 산화이고, 산화수가 감소하는 것은 환원이다.

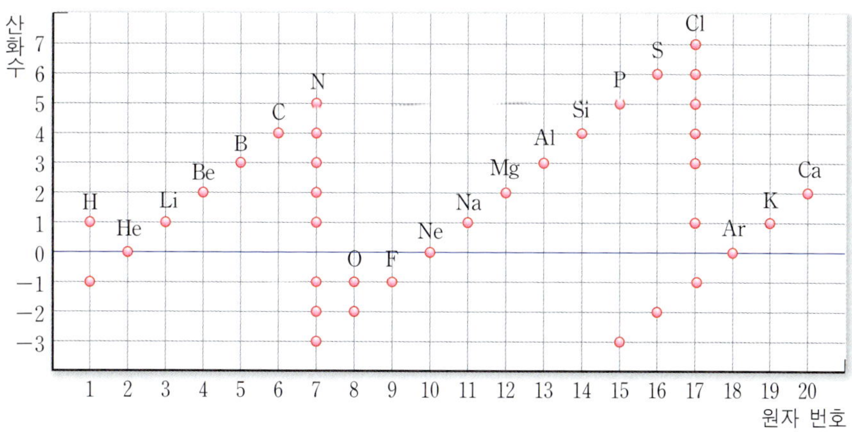

■ **그림 6-31** 산화수의 주기성

CO_2에서 C는 O에 의해 산화되어 있다. C를 O에서 떼어 놓아야, 즉 환원시켜야 나중에 C를 산화시키면서 에너지를 얻을 수 있다. C를 O에서 떼어 놓으려면 O에게 C보다 전자를 잘 내주는 H가 필요하다. 그런데 H는 이미 O에 의해 산화된 상태로 H_2O에 들어 있다. 따라서 H를 얻으려면 H_2O에서 H를 떼내야 한다. H_2O에서 O가 H로부터 전자를 끌어당기고 있다고 해서 H가 O에게 전자를 내주고 나오면 CO_2에서 O에게 전자를 주고 C를 환원시킬 수 없다. 그래서 물이 분해될 때 H는 O로부터 전자를 되찾아 가지고 나와야 한다. 안정한 물을 H와 O로 갈라놓는 것은 에너지가 높은 방향으로 가는 반응이다. 따라서 물의 분해는 외부에서 에너지를 공급해야만 일어난다.

물이 분해될 때 O에 의해 +1로 산화되었던 H는 O와 떨어지면서 0으로 환원된다. 반대로 H에 의해 −2로 환원되었던 O는 태양 에너지에 의해 0으로 산화되면서 H에게 전자를 되돌려 준다. 그러나 실제로 물이 분해되면서 H가 수소 원자로 나오는 것은 아니다. 수소 원자가 나온다면 금방 기체인 수소 분자로 바뀌어 공기로 빠져나갈 것이다. 그렇다면 수소는 CO_2의 C를 환원시키는 역할을 할 수 없게 된다. 그래서 물이 햇빛에 의해 분해될 때는 수소 이온(H^+)과 전자(e^-)가 따로 나온다. 물에 잘 녹는 수소 이온은 H^+ 농도가 낮은 쪽으로 흘러가고, 전자는 엽록소의 막을 따라 이동해서 궁극적으로는 CO_2를 만나 탄수화물을 만들게 된다. 탄수화물을 줄여서 CH_2O라고 쓴다면 전기음성도가 가장 높은 O는 산화수가 −2, 가장 낮은 H는 +1, 그리고 중간인 C는 0이라고 볼 수 있다. CO_2에서 산화수가 +4였던 C의 산화수가 0이 되었으므로 C는 환원된 것이다.

이제 남은 의문은 그렇다면 왜 포도당의 화학식이 $C_6H_{24}O_{12}$가 아니고 $C_6H_{12}O_6$인가하는 점이다. 6몰의 CO_2가 반응했다면 6몰의 C와 함께 12몰의 O가 반응한 셈이다. 12몰의 O가 물이 되었다면 12몰의 H_2O에 해당하는 $H_{24}O_{12}$가 있어야 할 것이다. 여기에서 화합물과 혼합물의 차이가 드러난다. 설탕물과 같은 혼합물에서는 설탕과 물의 비율이 일정하지 않고 여러 가지 다른 값을 가질 수 있다. 만일 포도당이 6몰의 탄소가 12몰의 물에 녹아 있는 것이라면 $C_6H_{24}O_{12}$라고 해도 문제가 없다. 그러나 포도당은 탄소가 수소, 산소와 공유 결합을 이룬 화합물이다. 그런데 화합물에서는 옥텟 규칙에 따라 탄소, 수소, 산소가 일정한 방식으로 결합을 이루기 때문에, C와 H_2O의 비율이 혼합물에서처럼 자유롭지 못하다.

캘빈(Melvin Calvin, 1911~1997). 광합성 연구로 1961년 노벨 화학상 수상.

C는 4개, O는 2개, H는 1개의 결합을 만들면서 $C_6H_{24}O_{12}$라는 화학식을 만족하는 구조를 그려본다면 곧 불가능한 것을 깨닫게 될 것이다. 실제 포도당의 구조는 아래 그림과 같다. 포도당에서는 6개의 C 원자, 12개의 H 원자, 6개의 O 원자가 결합의 규칙을 지키면서 공유 결합을 이루고 있는 것을 볼 수 있다.

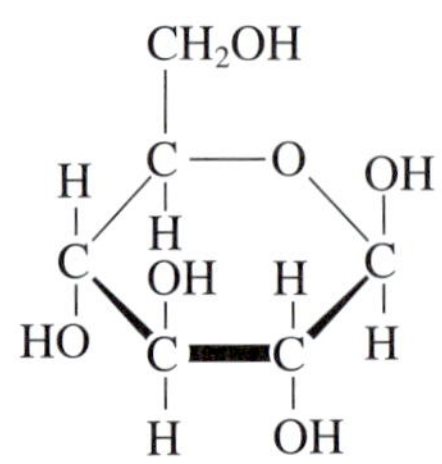

두 번째 위기

우리는 공기 없이는 한 시간도 살 수 없다. 그런데 우리에게 공기가 필요한 것은 질소 때문이 아니라 산소 때문이다. 오늘날 우리가 당연시하는 공기 중의 산소는 수억 년의 광합성 과정을 걸쳐 배출된, 태초 바다의 물에 들어 있던 산소이다. 산소는 이산화탄소를 탄수화물로 환원시키는 데 필요한 수소를 얻기 위해 물을 분해하는 과정에서 나온 부산물인 것이다.

1882년에 독일의 엥겔만(Engelmann)은 다음과 같이 광합성의 결과로 산소가 발생한다는 것을 확인하였다. 박테리아에는 산소를 싫어하는 혐기성 박테리아(anaerobic bacteria)와 산소를 좋아하는 호기성 박테리아(aerobic bacteria)가 있다. 엥겔만은 해캄(Cladophora)이라는 수중생물을 현미경 아래에 놓고, 해캄 주위에 호기성 박테리아를 넣었다. 그리고 빛을 쪼이자 박테리아가 해캄 주위로 모여 들었다.

그런데 프리즘을 사용해서 빛을 파장별로 분리하고 나서 쪼이자 파장이 긴 빨간색 빛과 짧은 파란색 빛 주위에 많은 박테리아가 모였다. 중간 파장의 황색이나 녹색 빛보다 빨간색과 파란색 빛이 광합성 효율이 높아서 산소를 많이 발생하기 때문이다. 엥겔만의 실험 결과는 엽록소 흡수 스펙트럼의 모양과 비슷하다. 박테리아를 모여 들게 한, 즉 산소를 많이 발생시킨 빛의 파장은 엽록소가 많이 흡수하는 빨간색과 파란색인데, 녹색 식물이 녹색인 이유는 엽록소가 650~680 nm의 빨간색과 400~450 nm의 파란색 빛을 흡수하고, 녹색 빛을 반사해서 우리 눈에 들어오기 때문이다.

오늘날은 호기성 박테리아가 많이 있지만, 약 35억 년 전에 처음 광합성이 시작될 당시에는 호기성 박테리아는 전혀 없었다. 반응성이 높은 산소에 대처할 준비가 갖추어지지 않았던 것이다. 그래서 광합성이 활발해지고 산소의 양이 증가하는 것은 당시 지구 상에 살고 있던 모든 생명체에게 치명적이었을 것이다. 물론 당시에는 아직 육지로 진출한 생명체는 없었고, 모든 생명체는 바다에서 살고 있었다. 지구 대기에 어느 정도 산소가 모이고, 대기 상층부에 오존층이 생기기 전에는 생명체가 살기에는 자외선이 너무 강했다.

아무튼 오늘날 우리에게 필수적인 산소 때문에 초기 생명체는 유기 물질의 고갈에 이어 두 번째의 치명적인 위기를 맞았다. 산소는 세포 내의 단백질, DNA 등을 공격해서 산화시키고, 돌연변이를 너무 자주 일으켰다. 후일 지구 상에는 지각 변동이나 기후의 격변 등으로 살아 있던 생물 종의 90% 이상이 사라지는 대멸종이 몇 차례 있게 되는데, 아이러니컬하게도 후일 생명의 핵심 물질이 된 산소의 발생이 위기를

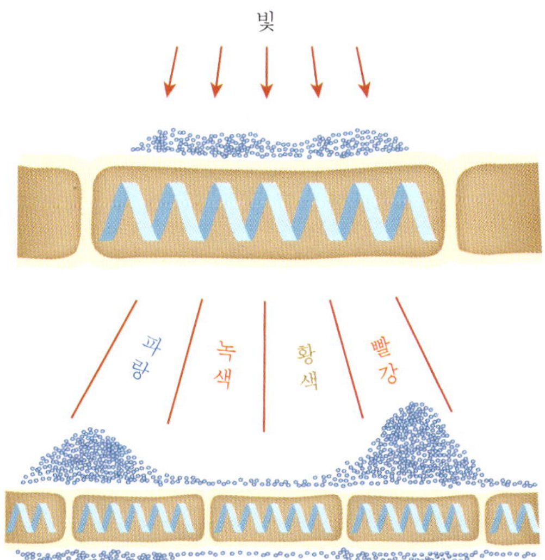

■ 그림 6-32 엥겔만의 실험

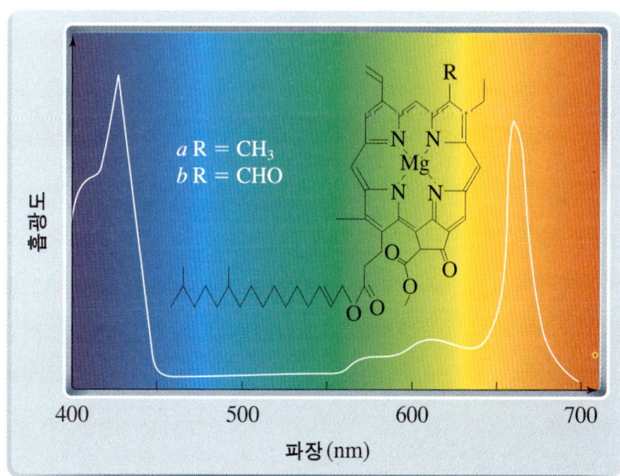

■ 그림 6-33 엽록소의 흡수 스펙트럼

초래한 것이다.

위기를 기회로 삼은 종은 살아남았다. 산소를 대사 과정에 끌어들여서 산화 반응에서 나오는 많은 에너지를 사용하는 방법을 개발한 박테리아는 살아남았을 뿐 아니라 압도적으로 유리한 위치를 차지하게 되었다. 이렇게 태어난 호기성 박테리아는 나중에 다른 세포에 들어가서 공생 관계를 시작하게 되었다. 오늘날 동물 세포에서 산화 반응을 통해 에너지를 생산하는 **미토콘드리아 (mitochondria)** 라는 기관은 호기성 박테리아의 유물이라고 생각된다.

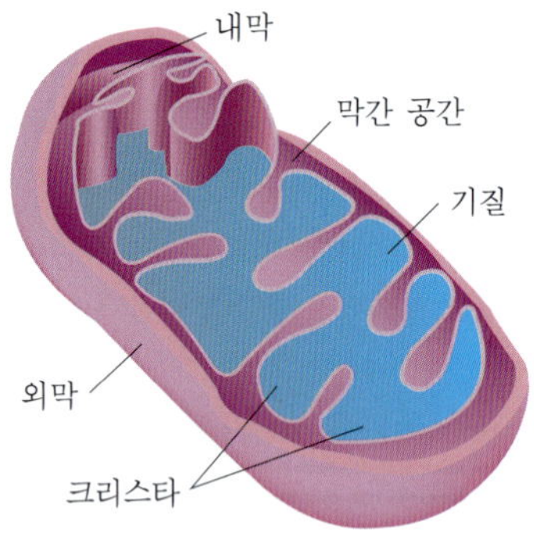

■ **그림 6-34** 호기성 박테리아의 유물이라고 할 수 있는 미토콘드리아

현미경으로 관찰한 나뭇잎의 엽록체

오늘날 공기가 닿지 못하는 곳에는 혐기성 박테리아가 살고 있다. 예를 들어, 우리 몸의 내장에는 혐기성 박테리아가 호기성 박테리아에 비해 천 배 정도 많이 있다. 그러나 지구 표면의 수많은 동식물은 산소를 필요로 한다. 산소를 사용하면 산소를 사용하지 않는 경우에 비해 같은 양의 탄수화물로부터 약 20배의 에너지를 얻을 수 있다.

광합성 박테리아는 다른 세포와의 공생 관계를 통해 식물의 **엽록체 (chloroplast)** 가 되었다. 오늘날 지구 상의 식물은 동물에게 먹이를 제공할 뿐 아니라, 먹이를 산화시켜서 에너지를 얻는 데 필요한 산소까지 제공하고 있다. 동물은 호흡 (respiration) 작용을 통해 탄수화물을 산화시키고, 부산물로 나온 이산화탄소를 식물에게 되돌려 준다.

인간 활동은 많은 에너지를 필요로 한다. 수렵, 농경 모두 많은 에너지를 필요로 하는 육체 노동이다. 생각은 육체노동에 못지않게 많은 에너지를 필요로 하는 정신 노동이다. 그러고 보면 인간은 식물이 제공해 준 산소 덕분에 문명과 문화, 나아가서 현대 과학을 발전시킨 셈이다.

약 30억 년 전 초기 생명체가 지구적인 위기를 극복한 결과로 가능해진 식물의 광합성과 동물의 호흡은 산소를 중심으로 하는 자연의 거대한 에너지 순환 체계이다. 이러한 동물과 식물의 상호 관계를 처음으로 인식한 사람은 영국의 화학자 프리스틀리 (Priestley) 였다.

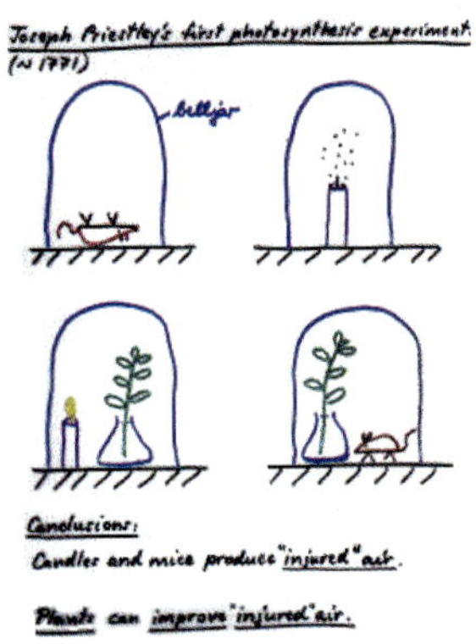

프리스틀리의 스케치

관찰력이 뛰어나고 호기심이 많았던 프리스틀리는 소년 시절에 거미 같은 동물을 밀폐된 유리병에 넣으면 얼마 있다가 죽는 것을 보았다. 그는 그렇다면 식물은 어떨까 하고 식물을 밀폐된 병에 넣어 보았는데, 놀랍게도 식물은 동물보다 훨씬 오래 살았다. 후일 1772년경에 프리스틀리는 식물과 동물이 광합성을 통해 긴밀하게 연관되어 있다는 사실을 다음과 같은 간단한 실험을 통해서 알아냈다.

밀폐된 유리병에 쥐를 넣으면 얼마 후 죽었다. 그 병에 타고 있는 양초를 넣으면 곧 꺼졌다. 공기 중에 쥐를 살게 하고 양초를 타게 하는 어떤 물질이 있다가 소모된다는 의미이다. 병에 식물을 넣고 타고 있는 양초를 넣고 밀폐하면 역시 곧 꺼졌다.

■ **그림 6-35** 산소의 발견으로 이어진 프리스틀리의 실험

그런데 식물이 들어 있는 병에서 양초가 꺼진 후 며칠을 기다렸다가 불이 꺼져가는 양초를 집어넣었더니 불길이 다시 타올랐다. 식물이 살아가면서 그 미지의 물질을 만들어내는 것이었다. 그 병에 쥐를 넣었더니 쥐가 한동안 죽지 않았다.

당시 프리스틀리는 식물이 광합성에 사용하는 원료가 동물의 호흡에서 나오는 이산화탄소인지, 쥐를 살게 해 주는 것이 식물이 광합성을 통해 만들어낸 산소인지 몰랐다. 그러나 그는 이런 간단한 실험을 통해 식물과 동물의 연결 고리를 최초로 관찰한 셈이다.

2년 후 1774년에 프리스틀리는 커다란 렌즈로 햇빛을 모아 나중에 산화 수은(HgO)으로 알려진 어떤 붉은색 광물에 쪼이면 기체가 발생하는 것을 발견하였다.

$$2HgO\,(s) \longrightarrow 2Hg\,(l) + O_2\,(g)\uparrow$$

이 기체가 1772년 실험에서 쥐와 촛불을 살아나게 하는 물질인 것을 확인한 프리스틀리는, 심지어 이 기체가 공기보다 5~6배 효과가 있는 것도 알아냈다(I have discovered an air five or six times as good as common air). 공기의 21%가 산소인 것을 생각하면 상당히 정확한 관찰이었음을 알 수 있다.

그에 앞서서 1767년에 과학자인 동시에 목사였던 프리스틀리가 목회를 하게 된 리즈(Leeds)에는 양조장이 있었는데, 프리스틀리 목사는 양조장을 드나들면서 발효의 결과로 생기는 이산화탄소 기체에 관심을 가지게 되었다. 그리고 1772년에는 이 기체를 물에 녹이면 톡 쏘는 특이한 느낌을 주는 것을 발견했다. 이렇게 소다수가 발명되었는데, 프리스틀리가 특허를 받았다면 산소의 발견자보다 큰 부자로 더 잘 알려졌을지 모른다. 프리스틀리는 이 발명으로 1773년에 코플리 메달(Copley medal)을 받았는데, 노벨상이 없던 당시 코플리 메달은 지금의 노벨상과 같은 영예로운 상이었다고 한다.

지금은 흔히 볼 수 있는 소다수

프리스틀리가 소다수를 톡 쏘게 하는 기체가 바로 광합성의 핵심 반응물인 것까지 발견했다면 더 좋았을 뻔했다. 태초의 바다에서 일어난 최초의 광합성은 이산화탄소가 물에 녹기 때문에 가능하다는 것을 생각해 보면 소다수의 발명은 광합성과 산소의 발견을 예고하는 듯하다.

체크 포인트

1. 광합성에서 이산화탄소의 탄소를 환원시키는 원소는 무엇인가?

2. 광합성에서 만들어진 글루코스에서 탄소의 산화수는 얼마인가?

3. 광합성에서 태양 에너지에 의해 물이 분해될 때 산소는 산화되는가, 환원되는가?

토의 포인트

1. 광합성에서 태양 에너지에 의해 물이 분해될 때 광자가 직접 물의 O—H 결합을 깨려면 어떤 파장의 빛이 필요할까? 가시광선을 사용해서 광합성을 하려면 어떤 방법이 필요할까?

탐구활동

다음 도표를 기초로 우주와 생명의 역사에 관한 핵심 내용을 요약해 보시오.

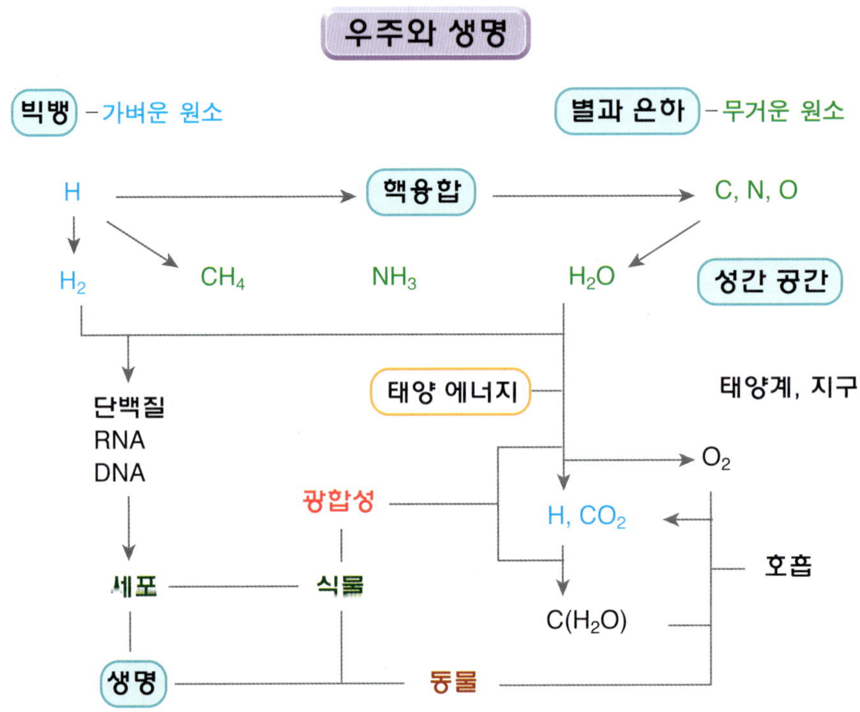

단원 요약

- 20가지 아미노산이 펩타이드 결합으로 연결되어 만들어진 단백질은 고유한 구조에 따라 고유한 기능을 나타낸다.
- 특정한 아미노산 서열에 관한 정보는 DNA의 A, T, G, C 염기 서열로 저장된다.
- DNA는 당-인산 골격을 이루는 이중 나선의 두 가닥 사이에 A–T, G–C 염기쌍이 자리 잡는 구조이다.
- DNA의 유전 정보는 mRNA로 전사되고, 다시 mRNA로부터 단백질로 번역된다.
- 세포막은 인지질 이중층으로 이루어져서 세포의 내부와 외부를 구분한다.
- 광합성에서 이산화탄소의 탄소는 수소에 의해 환원되어 탄수화물을 만든다. 이때 필요한 수소는 태양 에너지에 의해 물로부터 얻어진다.
- 생명은 광합성을 통해 첫 번째 위기를 극복하면서 식물로 발전했다.
- 생명은 광합성의 부산물인 산소에 의해 두 번째 위기를 맞았지만, 산소를 이용하여 호흡을 하고 많은 에너지를 얻는 동물로, 특히 높은 지능을 갖춘 인간으로 발전했다.

종합 문제

01 다음 중 생명에 필수적인 5원소를 모두 포함한 물질은?

① 탄수화물 ② 물 ③ 단백질
④ DNA ⑤ 지방질

02 다음 중 생명에 필수적인 5원소를 모두 포함한 물질은?

① ATP ② 포도당 ③ 라이소자임
④ 올레인산 ⑤ 물

03 다음 생체 고분자의 구조를 밝힌 과학자를 쓰시오.

ㄱ. 헤모글로빈　　ㄴ. 마이오글로빈　　ㄷ. DNA

04 단백질의 구조에 관하여 틀린 것은?

① 1차 구조는 아미노산의 서열을 뜻한다.
② 2차 구조는 아미노산들이 평면상에 배열된 상태를 뜻한다.
③ 3차 구조는 원자들의 3차원적 배열을 뜻한다.
④ 4차 구조에는 공유 결합을 이루지 않은 단백질들이 들어 있다.
⑤ 단백질의 구조는 기능을 결정한다.

05 유전공학 방법으로 인슐린을 생산했다고 하자. 판매하기 전에 생산한 물질이 인슐린인 것을 확인하는 데 유용한 방법이 아닌 것은?

① 아미노산 조성 분석 ② 아미노산 서열 분석
③ X-선 회절을 통한 원자들의 위치 조사 ④ 삼투압을 통한 분자량 측정
⑤ 가수분해 효소로 몇 개의 조각으로 자르고, 각 조각의 분자량을 질량 분석법으로 측정한다.

06 단백질과 DNA의 공통점과 차이점에 관하여 틀린 것은?

① 모든 종에서 단백질의 분자량은 크게 다르지 않지만, DNA의 분자량은 크게 다를 수 있다.
② 모든 종에서 DNA의 3차원 구조는 기본적으로 같다.
③ 아미노산이 결합해서 단백질이 되는 것도, 뉴클레오타이드가 결합해서 DNA가 되는 것도 탈수 반응이다.
④ 둘 다 촉매 역할을 할 수 있다.
⑤ 둘 다 나선 구조를 찾아볼 수 있다.

07 단백질과 DNA에 관하여 <u>틀린</u> 것은?

① 단백질의 단위인 아미노산은 중심 탄소와 그에 결합한 산과 염기로 이루어졌고, DNA의 단위인 뉴클레오타이드는 중심 탄수화물과 그에 결합한 산과 염기로 이루어졌다.

② DNA는 단백질에 비해 열에 의해 3차원 구조가 쉽게 파괴된다.

③ 단백질은 특정한 기능을 가진 3차원 구조를 만들기 위해 아미노산의 1차원 서열을 가진다고 볼 수 있고, DNA는 특정한 유전 정보를 지닌 염기쌍의 1차원 서열을 저장하기 위해 이중 나선의 3차원 구조를 가진다고 볼 수 있다.

④ DNA는 기능이 단순하고, 단백질은 기능이 다양하다.

⑤ 둘 다 화학 결합의 원리를 따른다.

08 여러 종으로부터 DNA를 추출 · 분석하여 다음 결과를 얻었다. 이에 관하여 맞는 것은?

종	몰 %			
	A	G	C	T
옥수수	26.8	22.8	23.2	27.2
닭	28.0	22.0	21.6	28.4
쥐	28.6	21.4	20.5	28.4
사람	29.3	20.7	20.0	30.0

① 종에 상관없이 A의 몰 %는 실험 오차 내에서 같다.

② 종에 상관없이 A/T, G/C 비율은 실험 오차 내에서 같다.

③ 이 결과는 DNA 이중 나선 구조가 제안된 후 그 구조를 확인하는 역할을 했다.

④ 이 결과는 DNA에서 A, G, C, T 염기들이 나선 골격의 바깥을 향하고 있는 것을 암시한다.

⑤ 진화 과정에서 DNA의 구조는 바뀌었다.

09 어떤 DNA의 염기 중에서 아데닌이 28%를 차지한다면 사이토신은 몇 %가 들어 있을까?

① 22% ② 28% ③ 50%

④ 72% ⑤ 78%

10 어떤 박테리아의 유전체는 300만 개의 염기쌍으로 이루어졌고, 이 유전체에는 3000개의 유전자가 들어 있다고 하자. 이 박테리아가 만들어내는 단백질의 평균 분자량을 추산하시오.

11 DNA가 유전 물질이라는 사실이 확립된 과정에 순서를 매기고, 관련된 과학자의 이름을 보기에서 고르시오.

보기			
허시	그리피스	에이버리	미셰르

(1) 형질 변환 물질의 원소 조성은 알려진 DNA의 원소 조성과 일치한다.

(2) 환자의 고름에서 인을 포함한 산성 고분자 물질이 분리되었다.

(3) 박테리오파지에서 박테리아로 침투하는 물질은 인을 포함한다.

(4) 폐렴균의 형질을 변환시키는 물질이 존재한다.

12 DNA가 유전 물질이라는 사실을 보여 준 과학자는?

① 다윈 ② 멘델 ③ 미셰르

④ 에이버리 ⑤ 왓슨

13 허시와 체이스의 실험에 관하여 <u>틀린</u> 것은?

① 박테리오파지는 단백질과 DNA만으로 구성되어 결과를 분석하기가 쉽다.

② S-35 동위원소는 박테리오파지 단백질의 표지로 사용되었다.

③ P-32 동위원소는 박테리오파지 DNA의 표지로 사용되었다.

④ 박테리오파지로 감염된 박테리아에서는 S-35 동위원소의 방사능이 검출되었다.

⑤ 박테리오파지로 감염된 박테리아에서는 P-32 동위원소의 방사능이 검출되었다.

14 겸상적혈구 빈혈증 환자의 헤모글로빈은 정상적인 헤모글로빈에서 단 하나의 글루탐산이 발린으로 치환된 결과로 산소를 운반하는 기능을 잃어버린 경우이다. DNA 수준에서는 단 하나의 염기가 다른 염기로 치환된 것으로 알려졌다. 이에 관련하여 <u>틀린</u> 것은?

① DNA에서 하나의 염기가 단백질에서 하나의 아미노산을 지정한다.

② 글루탐산은 산해리를 통해 음전하를 가지지만 발린은 산해리를 하지 못한다.

③ 단 하나의 아미노산이 다른 아미노산으로 치환되어도 단백질의 3차원 구조가 크게 달라질 수 있다.

④ 단백질에서 어느 하나의 아미노산이 다른 아미노산으로 치환되더라도 단백질의 3차원 구조와 기능이 달라지는 것은 아니다.

⑤ DNA에서 하나의 염기가 다른 염기로 치환되면 돌연변이로 이어질 수 있다.

15 DNA와 RNA의 차이에 관하여 <u>틀린</u> 것은?

① DNA의 데옥시라이보스는 RNA의 라이보스에 비해 반응성이 높은 산소가 1개 없기 때문에 상대적으로 안정하다.

② DNA로부터 만들어진 mRNA는 단백질 합성에 사용된 후에는 분해되지만, DNA는 계속해서 사용된다.

③ 이중 나선인 DNA에 비해 단일 나선인 RNA에 유전 정보를 보관하는 RNA 바이러스는 돌연변이를 잘 일으킨다.

④ 태초의 지구에서 DNA가 먼저 만들어지고, 나중에 RNA가 발전한 것으로 믿어진다.

⑤ DNA에서는 이중 나선의 상보적 정보 때문에 오류가 수정될 가능성이 있다.

16 DNA는 260 nm 파장의 자외선을 흡수한다. 자외선에 노출되면 돌연변이가 일어날 수 있는 이유와 관계가 깊은 것은?

① 라디칼 생성　② 산해리　③ 수소 결합 분리

④ 이온화　⑤ 핵변환

17 세포막에서 극성이 낮은 지질 부분은 주로 어떤 원소들로 이루어졌는가? 그 원소가 사용되는 이유는 무엇인가?

18 세포막에서 극성이 높은 부분에 들어 있는 인은 어떤 역할을 하는가?

19 광합성 반응식을 쓰고, 반응물과 생성물에서 각 원소의 산화수를 쓰시오.

20 물이 분해되는 광합성의 명반응에서 산소는 산화되는지, 환원되는지 설명하시오.

21 광합성의 부산물인 산소는 이산화탄소에서 오는지, 물에서 오는지, 그리고 어떻게 조사할 수 있는지 설명하시오.

22 광합성의 주요 생성물인 글루코스는 6개의 탄소 원자가 들어 있는 화합물이다. 6개의 탄소 원자가 들어 있는 탄소, 수소, 산소의 화합물에서 최대로 들어갈 수 있는 수소 원자는 몇 개인가?

23 호흡 작용에 의해 글루코스 1몰을 산화시키면 몇 몰의 이산화탄소가 얻어질까?

지구 밖, 외계에 생명체가 있는지 없는지는 아직 답이 없는, 그래서 가장 궁금한 문제 중의 하나이다. 밀러는 지구 상에서 생명이 출발하는 하나의 가능성을 제시했지만 실제로 그런 방식으로 생명체가 태어났는지도 알 수 없다. 외계에서 날아드는 운석에서 아미노산이 발견되고, 별과 별 사이의 공간에서도 수백 가지의 간단한 유기 화합물이 발견되는 것을 보면 밀러가 보여 준 것과 유사한 화학 반응은 외계에서 과거에도, 지금도 일어나고 있을 것이 틀림없고, 그렇다면 외계에서 생명의 씨앗이 지구로 유입되었을 가능성도 부정하기 어렵다.

137억 년 전 빅뱅의 순간에 우주 전체의 에너지 총량이 주어졌다. 그 에너지의 총량은 보존되지만 형태는 바뀌어 가면서 우주가 진화했다. 처음 중요한 변화는 에너지가 쿼크, 양성자, 중성자 등의 질량 형태를 가지게 된 것이다. 질량을 가진 물질이어야 중력 작용에 의해서 별과 은하를 만들 수 있다. 그리고 별에서 핵융합이 일어나면서 질량의 일부가 열과 빛 에너지로 바뀌어 나온다. 지구는 태양이라는 별로부터 이러한 에너지를 받아서 적절한 온도를 유지하고, 광합성을 통해 빛 에너지를 화학 에너지로 전환하고, ATP를 합성해서 세포 활동을 해 나간다. 그러므로 생명의 에너지는 궁극적으로 빅뱅의 에너지인 것이다.

광합성에서 핵심적인 환원 작용을 하는 수소는 빅뱅의 순간에 만들어진 가장 가볍고 단순한 원소이다. 수소와 함께 광합성에서 핵심 역할을 하는 탄소와 산소는 수소보다 수억 년 후에 어느 별의 내부에서 만들어졌다. 그리고 초신성 폭발을 통해 별을 탈출한 탄소와 산소는 우주 공간에서 수소와 만나 이산화탄소와 물을 만들고, 이산화탄소와 물은 후일 태양계의 행성 중 하나인 지구에서 광합성에 참여한다. 물이 태양 에너지를 받아 수소를 내주고 남은 산소는 대기에 축적되어 지구 표면을 동물의 왕국으로 만드는 데 중요한 역할을 한다. 수소, 탄소, 산소는 지구 상 생명의 주역인 것이다.

약 40억 년에 걸친 지구 상 생명의 역사에서 생명은 여러 차례 위기를 겪었지만, 매번 놀랍게 창의적인 방법으로 위기를 극복했을 뿐만 아니라 위기를 도약의 기회로 삼았다. 바다의 유기물이 고갈되었을 때는 광합성을 개발해서 유기물을 자체 생산했다. 광합성의 결과 당시로는 유독한 산소와 직면했을 때는 산소를 활용해서 보다 많은 에너지를 얻는 방식으로 상황을 역전시켰다. 그 다음 이야기는 자연의 역사가 말해 준다.

정답 및 해설

1장 원소의 기원

1-1 생명과 유기 화합물

체크 포인트

1. (1) ㄴ, (2) ㅁ, (3) ㄷ

2. ⑤

토의 포인트

1. • 근육 단백질 : 악틴, 마이오신
- 효소 : 아밀레이스, 펩신
- 호르몬 : 인슐린
- 혈액 : 헤모글로빈, 글루코스, 알부민
- 세포막 : 인지질
- 유전 물질 : DNA
- 고에너지 화합물 : ATP

2. 규소는 탄소와 마찬가지로 4개의 결합을 이루지만 SiO_2는 고체이기 때문에 규소를 기반으로 하는 다양한 유기 화합물을 통해 생명 현상이 일어나기 어려울 것이다.

1-2 환원성 대기, 산화성 대기

체크 포인트

1. (1) 환원, (2) 산화, (3) 산화

토의 포인트

1. 산소는 다른 원소를 산화시키므로 산화되는 원소는 전자를 빼앗기지만 산소 자신은 전자를 끌어당긴다. 산소는 전자를 잘 끌어당겨서 산화력이 강하다.

2. 산소는 지구에 풍부하고 산화력이 적당하다. 산소보다 산화력이 더 강한 플루오린은 한 번 전자를 끌어가면 웬만해서는 다시 내놓지 않기 때문에 특히 생명 현상에 쓰일 수 없다.

3. 산소 발견에 관한 셸레, 프리스틀리, 라부아지에의 업적을 조사해 보자.

4. 산을 만드는 원소라는 뜻에서 라부아지에가 산소라고 명명했다.

1-3 화학적 진화

체크 포인트

1. ⑤

2. ④

토의 포인트

1. 시간이 흐르면서 엔트로피 증가하고, 입자들이 다양하게 조합되기 때문이다.

2. 과학적으로는 방향성이 있다고 볼 필요는 없다.

3. 해저 열수구에서 출발한 가설, 외계 유입설 등

4. ㅂ

1-4 원소의 기원

체크 포인트

1. ②

2. ⑤

3. ⑤

4. ①

토의 포인트

1. 아니다. 아주 높은 온도에서는 입자들의 운동 에너지가 너무 커서 따로 운동하기 때문에 보다 무거운 입자가 만들어지지 않는다.

2. 업 쿼크 또는 다운 쿼크 사이의 전기적 반발력 때문에 업 쿼크와 다운 쿼크가 조합해서 양성자와 중성자가 만들 수 없었을 것이다.

3. PET는 positron emission tomography의 약자이다. 여기서 positron은 electron의 반물질인 반전자 또는 양전자이다.

4. 수소 원자는 빅뱅 후 약 38만 년만에 만들어졌고, 탄소 원자핵은 그보다 수억 년 후에 별에서 만들어졌다.

5. 양성자들 사이의 전기적 반발력 때문에 무거운 원소의 핵은 모두 해체되고, 탄소나 산소 등은 모두 수소로 바뀔 것이다. 결과적으로 화학 결합도 깨지고, 우리 몸도 해체될 것이다.

종합문제

01. ①
02. 이산화탄소, 질소, 산소, 물
03. (1) 산화, (2) 산화, (3) 환원
04. ①
05. ②
06. ④
07. 양성자 6개에 1개씩 = 6, 중성자 8개에 2개씩 = 16, 따라서 합 = 22
08. ②
09. ④
10. ②
11. ①
12. ①
13. ⑤
14. ①
15. ④
16. ④

2장 밀러의 반응물

2-1 원소, 화합물, 분자, 원자

체크 포인트

1. 수소
2. 없음
3. 4가지(H, C, N, O)

토의 포인트

1. 수소 분자에서 볼 수 있듯이 화합물이 아닌 분자도 많다.
2. 원소는 원자핵에 들어 있는 양성자 수에 따라 원자들을 구별하는 관점에서 사용하는 말이고, 원자는 원자핵과 전자로 이루어진 작은 입자라는 관점에서 사용하는 말이다.
3. 고대에는 약 10종류의 원소가 알려졌고, 근대 화학이 시작된 18세기 말에는 약 30종류의 원소가 알려졌다. 19세기에 들어서 전기분해, 스펙트럼 분석 등 새로운 방법에 의해 새로운 원소들이 발견되어 주기율표가 만들어진 1860년대에는 약 60종류의 원소가 알려졌다. 지금은 약 120종류의 원소가 알려졌다.

2-2 원자량, 분자량, 아보가드로수, 몰

체크 포인트

1. ③
2. ③
3. 물
4. 수소 분자 = 0.2 g, 메테인 = 1.6 g

토의 포인트

1. 수소 → 산소 → 탄소
2. 19세기 후반
3. 기체 분자 운동론, X-선 결정학, 전자의 전하, 방사능, 통계역학 등
4. 8자리 $(6.0221415 + 0.00000010) \times 10^{23}$
5. 밀도 측정, 아보가드로 원리

2-3 원소 분석, 화학 반응식

체크 포인트

1. 4.4 g CO_2 = 0.1 mol CO_2 = 0.1 mol C,
1.8 g H_2O = 0.1 mol H_2O = 0.2 mol H
실험식 : CH_2, 분자식 : C_2H_4
2.
- 글루코스 – 건포도
- 구아닌 – 구아노
- 글라이신 – 젤라틴
- 아스파라진 – 아스파라거스

토의 포인트

1. 질소는 한 가지 산화물을 만들지 않기 때문에 어렵다. 질소는 켈달 방법이라는 리비히 방법보다 복잡한 방법으로 분석한다.

2-4 우주에 풍부한 분자들

체크 포인트

1. H_2
2. CO
3. H_2O

토의 포인트

1. H가 O보다 훨씬 많다. 삼중 결합인 N_2는 O_2에 비해 안정해서 한 번 만들어지면 잘 분해되지 않는다.
2. 암모니아는 사원자 분자인데 메테인은 오원자 분자라서 여러 단계를 거쳐야 만들어진다.

2-5 보어의 원자 모형

체크 포인트

1. ③
2. ②
3. ④
4. ③

토의 포인트

1. 양전하의 배경에 전자가 여러 개 들어 있는 푸딩 모형. 전자의 질량이 작기 때문에 톰슨은 수소 원자에 전자가 여러 개 들어 있다고 생각했다.
2. 없다. 단지 에너지 준위가 있다는 개념만 있다.

2-6 공유 결합과 옥텟 규칙

체크 포인트

1. 8개
2. 8개
3. 8개
4. 1개
5. 2개
6. 2개
7. 1개

토의 포인트

1. 원소 분석 결과로 결합수는 알았지만, 이유를 설명할 수는 없었다.
2. 2-7절에서 다룰 오비탈과 스핀 개념 그리고 파울리 배타 원리가 나오기 전에는 설명할 수 없었다.

2-7 오비탈과 쌓음 원리

체크 포인트

1. ④
2. • 하이젠베르크 – 불확정성 원리
   • 드브로이 – 물질의 파동성
   • 슈뢰딩거 – 파동역학
   • 파울리 – 배타 원리
   • 보른 – 확률적 해석
3.

	$1s$	$2s$	$2p$
N	(↑↓)	(↑↓)	(↑)(↑)(↑)

토의 포인트

1. 디락
2. 네온의 전자 배치를 보면 8의 의미를 알 수 있다. s, p 오비탈은 파동역학에서 나왔고, $2s$, $2p$의 도합 4개 오비탈에 8개의 전자가 채워지는 것은 한 오비탈에는 스핀이 다른 2개의 전자가 들어갈 수 있기 때문이다.

	$1s$	$2s$	$2p$
Ne	(↑↓)	(↑↓)	(↑↓)(↑↓)(↑↓)

종합 문제

01. ④
02. ④
03. 질량수는 원자핵의 양성자 수와 중성자 수를 합한 값으로, 정수이다.
04. 무거운 원소의 원자핵의 질량수는 원자 번호의 2배 이상이다.
05. ②
06. ②
07. 1.8리터의 물 = 1800 g의 물 = 100몰의 물 분자 – 300몰의 원자 = 2×10^{26}개의 원자
08. 2000 g × 0.3 × 12/30 = 240 g = 1200캐럿
09. 광합성에서는 6몰의 이산화탄소가 1몰의 포도당으로 바뀌면서 6몰의 산소가 발생한다.
    한 숨의 산소 = 0.5리터 × 0.21 = 0.1리터
    온도 차이를 무시하면 한 숨 속에 있는 산소의 몰수는 0.1리터/22리터 = 0.005
    0.005몰의 이산화탄소의 질량은
    44 × 0.005 = 0.22 g
10. 체중의 대부분은 물이다.

$$x\text{ kg의 물} = x \times \frac{1000}{18}\text{몰의 물 분자}$$
$$= x \times \frac{1000}{18} \times 3\text{몰의 원자}$$
$$= \left(x \times \frac{1000}{18} \times 3\right)(6 \times 10^{23})\text{개의 원자}$$
$$= x \times 10^{26}$$

11. ③

12. ③

13. ②

14. (1) (b), (2) (a), (3) (f), (4) (a), (5) (d), (6) (b), (7) (c), (8) (e)

15.
- 양성자 → 원자의 중심에 위치해서 전자의 에너지 상태를 결정한다.
- 중성자 → 반발하는 양성자들을 원자핵에 붙잡아 준다.
- 전자 → 원자의 외곽에 위치해서 화학 결합, 전류 발생 등의 일을 한다.

16. ②

17. ④

18. $n = 3 \rightarrow n = 2$, 가시광선 영역

19. ④

20. ①

21. ②

22. ①

23. 수소 1, 탄소 4, 질소 3, 산소 2

24. ④

25. ④

26. 크기

27. ⑤

28. ④

29. ①

30.

	공유 전자쌍	비공유 전자쌍	합
메테인	4	0	4
암모니아	3	1	4
물	2	2	4
이산화탄소	4	0	4

3장 태초의 지구

3-1 끓는점

체크 포인트

1. ④

토의 포인트

1. 많은 경우에 끓는점을 측정하는 것이 실험적으로 보다 용이하다. 녹는점을 측정하려면 아주 낮은 온도가 필요한 경우가 많다.

3-2 주기율

체크 포인트

1. ②

2. ②

3. ②

4. 금, 은, 동의 전자 친화도값은 223, 126, 118 kJ/mol로, 흥미롭게도 메달 순위와 일치한다. 물론 그램당 가격의 순서와도 일치한다. 철의 전자 친화도는 16 kJ/mol로 아주 낮아서 지각의 대부분 철은 산화물로 존재한다. 철기가 청동기보다 뒤에 온 이유를 알 수 있다.

토의 포인트

1. C, N, O, F로 가면서 반지름이 작아지는 것은 핵전하가 커지는 것과 일치한다. 핵전하가 커지면 전자를 자기 쪽으로 끌어당기는 경향이 커질 것이다.

2. 플루오린은 산소나 네온과 달리 양성자 수가 홀수이다. 별의 내부에서 핵합성이 일어날 때 양성자가 두 개인 알파 입자가 단위로 사용되기 때문에 원자 번호가 짝수인 원소가 풍부하다.

3. 플루오린이 산화 반응을 주도했을 것이다. 플루오린과 결합한 화합물에서 플루오린을 떼내기 어렵기 때문에 자연에서는 지금과 같이 다양한 반응을 찾아보기 어렵고, 생명도 불가능했을 것이다.

3-3 산화수와 형식 전하

체크 포인트

1. $CH_4 + 2O_2 \rightarrow CO_2 + 2H_2O$

C : −4에서 +4로 (산화) (8 증가)

H : +1에서 +1로 (산화도 환원도 아님)

O : 0에서 −2로 (환원) (4개 원자 : $-2 \times 4 = -8$, 8 감소)

2. NH_3에서 N의 산화수는 −3, N_2에서 N의 산화수는 0, 산화

토의 포인트

1. 산화는 전자를 잃음, 환원은 전자를 얻음

2. 전기음성도가 산소보다 낮은 탄소가 산소로부터 전자를 받은 상황이므로 불안정하다.

3-4 수소, 메테인, 암모니아, 물의 구조

체크 포인트

1. 수소

2. ④

토의 포인트

1. 중심 탄소에서 양쪽으로 2개의 전자쌍이 이중 결합을 이루기 때문에 메테인과 상황이 다르다.

2. 비공유 전자쌍이 전자쌍에 비해 반발 효과가 클지, 작을지를 판단해서 추정할 수 있다.

3-5 분자간 상호작용

체크 포인트

1. (1) H_2 : 분자가 커서 분산력도 크다.

(2) O_2 : 분자가 커서 분산력도 크다.

(3) HCl : 영구 쌍극자 모멘트를 가진다.

(4) H_2O : 수소 결합이 강하다.

2. ④

토의 포인트

1. 분자 내에 극성 결합의 존재 유무

1. 없다 : 무극성 분자(H_2)

2. 있다 :

① 하나뿐 − 극성 분자(HCl)

② 두 개 이상 − { 벡터합 = 0 : 무극성 분자(CH_4) / 벡터합 ≠ 0 : 극성 분자(NH_3, H_2O) }

2. 아니다. 쌍극자 힘이나 분산력이 수소 결합보다 크게 작용하는 경우가 있다. 예를 들어, 아세톤이나 뷰테인은 암모니아보다 끓는점이 높다.

3. 플루오린화 수소는 한 분자당 평균 한 개의 수소 결합을 이루지만, 물은 한 분자당 평균 두 개의 수소 결합을 이룬다.

3-6 고체 지각과 이온 결합

체크 포인트

1. 공유 결합

2. 감소

3. 증가

4. Na^+, K^+, Mg^{2+}, Ca^{2+}, Cl^-, $H_2PO_4^-$, CO_3^{2-} 등

토의 포인트

1. 지각이 없으면 바다도 없기 때문에 애초에 생명체가 태어나기 어려웠을 것이다. 물론 육상 생물도 있을 수 없다.

2. 지각의 SiO_2, 바다의 물, 탄소 화합물을 생각해 보면 공유 결합이 많다.

종합 문제

01. ③

02. ②

03. (1) 수소 분자에서 볼 수 있듯이 분자 내의 공유 결합이 강하다고 해서 분자 사이의 상호작용이 강한 것은 아니다. (2) 분자 내에 극성 공유 결합이 있어도 이산화탄소에서처럼 결합의 쌍극자 모멘트가 상쇄되면 분자 전체로는 무극성이 될 수도 있다. (3) 쌍극자 모멘트는 분자 내 부분 전하의 크기와 δ^+와 δ^- 사이 거리의 곱이다. (4) 전기음성도 차이가 큰 H−F 결합의 쌍극자 모멘트가 H−O 결합의 쌍극자 모멘트보다 크다. (5) N−H의 전기음성도 차이가 O−H의 전기음성도 차이보다 작기 때문에 N−H 결합의 쌍극자 모멘트는 O−H 결합의 쌍극자 모멘트보다 작다. 암모니아는 극성인 N−H 결합이 3개이지만 이들의 벡터합은 2개의 O−H 결합의

벡터합보다 작다. (6) 물 분자는 굽은 분자이기 때문에 물의 쌍극자 모멘트는 H—O 결합의 쌍극자 모멘트의 2배보다 작다. (7) 메틸기($-CH_3$)의 수소는 전기음성도가 그리 높지 않은 탄소와 결합하고 있어서 부분 양전하가 작고, 따라서 수소 결합에 참여하지 않는다. 메탄올에서는 산소와 결합한 한 개의 수소만이 수소 결합에 참여한다. (8) 수소 결합의 세기는 변하지 않는다. 온도가 낮아지면 물 분자의 운동 에너지가 수소 결합의 에너지에 비해 작아지기 때문에 물이 어는 것이다.

04. ②

05. ③

06. ⑤

07. ⑤

08. ②

09. 물

10. COOH에서 O와 결합한 H는 O에 전자를 내주고 부분 양전하를 가진다. 이 H가 이웃 폼산 분자의 O와 수소 결합을 이룬다.

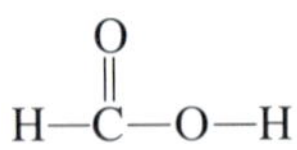

폼산

11. ④

12. Ne(−246°C), Rn(−62°C), Xe(−108°C), Kr(−153°C), Ar(−186°C)

13. ①

14. 암모니아의 수소는 물의 산소와 암모니아의 질소는 물의 수소와 수소 결합을 이룰 것이다. 따라서 물과 수소 결합을 이루는 물질은 물에 잘 녹는다.

15. 수소를 포함하는 화합물 중에서 수소 결합을 만들지 않는 경우도 많이 있다. 메테인처럼 수소가 자신과 전기음성도가 비슷한 탄소와 결합한 경우에는 수소의 (+) 부분 전하가 크지 않고, 탄소의 (−) 부분 전하도 크지 않아서 수소 결합이 이루어지지 않는다. 이처럼 물과 수소 결합을 이루지 않는 물질은 물에 잘 녹지 않는다. 그래서 물과 기름은 섞이지 않는 것이다.

16. OH 때문이다. 메틸기의 수소는 전기음성도가 그리 높지 않은 탄소와 결합하고 있어서 부분 양전하가 작고, 따라서 물과 상호작용이 약하다.

17. N, O, F는 원자 반지름이 H의 원자 반지름보다 약간 큰 정도이다. 그래서 이들 사이에는 쉽게 수소 결합이 만들어진다. 그러나 P, S, Cl는 H보다 원자 반지름이 상당히 크기 때문에 H로부터 끌어간 전자가 넓은 공간에 퍼지게 되고, 그래서 수소의 부분 양전하와의 끌리는 효과가 약해지는 것이다.

18. 고분자인 셀룰로스 분자 사이에는 여러 개의 수소 결합이 작용하기 때문이다.

19. ④

20. 물의 수소 결합 때문에 얼음은 빈 공간을 가지고 밀도가 낮아져서 물에서 뜬다. 드라이아이스에서는 직선형 이산화탄소 분자들이 채워져서 물에서와 같은 빈 공간이 없다.

21. 아세톤에서는 메틸기의 수소로부터 산소로 전자가 끌려가서 쌍극자 모멘트가 크다.

22. ④

23. 요소, 수소 결합이 작용해서 요소는 상온에서 고체이다.

24. ①

25. ④

26. ①

27. ⑤

28. ⑤

4장 태초의 에너지

4-1 라디칼

체크 포인트

1. ④

2. 결합을 이룬 상태

토의 포인트

1. 우주 공간에서는 라디칼들이 충돌해서 안정한 분자로 바뀔 확률이 낮다.

4-2 결합 에너지, 빛 에너지, 전기 에너지

체크 포인트

1. ④

2. 결합 에너지가 467 kJ/mol인 O—H 결합을 깨는 데 필요한 빛의 파장이 256 nm이다. 결합 에너지가 432 kJ/mol인 H—H 결합을 깨는 데 필요한 빛의 파장은 256 nm보다 결합 에너지에 반비례해서 길 것이다.

$$256\text{ nm} \times \left(\frac{467}{432}\right) = 277\text{ nm}$$

토의 포인트

1. C는 H보다 약간 커서 전자 구름의 중첩이 작아진다.
2. O와 H의 전기음성도 차이가 커서 결합에 이온성이 생긴다.
3. 가시광선의 에너지는 라디칼을 만들기에 부족하기 때문에 가시광선을 아무리 오래 쪼여도 아미노산이 만들어지지 않는다.

4-3 엔탈피, 엔트로피

체크 포인트

1. ①

토의 포인트

1. 선 스펙트럼 현상에서는 전자가 전이할 때 에너지 차이가 빛으로 나오는 것이지 가지고 있던 빛을 내놓는 것은 아니다. 마찬가지로 발열 반응에서 열이 나온다고 해서 열 에너지를 가지고 있다가 내놓는 것은 아니다.

4-4 자유 에너지

체크 포인트

1. 낮은 온도에서 자발적
2. 높은 온도에서 자발적

토의 포인트

1. 안정한 산화 철에서 산소를 떼내는 반응에서는 엔탈피도 증가하고, 엔트로피도 증가한다. 산화 철을 직접 가열해서 산소를 떼내려면 아주 높은 온도가 필요하기 때문에 실용적이 아니다. 철광석에 코크스(C)를 섞어서 용광로에서 가열하면 코크스가 일산화탄소로 바뀌고, 일산화탄소가 철광석의 산화 철로부터 산소를 떼내면서 이산화탄소로 바뀐다. 일산화탄소가 이산화탄소로 바뀌는 반응은 엔탈피 감소가 아주 크기 때문에 전체 반응에서 엔탈피는 감소한다. 뿐만 아니라 전체 반응에서 엔트로피는 증가하기 때문에 이 반응은 모든 온도에서 자발적으로 일어난다.

4-5 화학 평형

체크 포인트

1. 온도를 낮추면 얼음이 더 생기는 발열 반응이 더 진행하고, 온도를 높이면 얼음이 녹는 흡열 반응이 더 진행하는 방향으로 평형이 이동한다.
2. 암모니아 합성은 발열 반응이기 때문에 온도를 낮추면 암모니아가 더 합성된다. 암모니아 합성에서는 몰수가 감소하기 때문에 압력을 낮추면 암모니아가 분해한다.

토의 포인트

1. 분자 수준에서는 양쪽 방향으로 빠르게 반응이 일어난다. 단지 반응 속도가 같기 때문에 겉보기로는 반응이 일어나지 않는 것처럼 보인다.

4-6 반응 속도

체크 포인트

1. ②

토의 포인트

1. 월급을 받아서 첫 날은 절반을 쓰고, 다음 날은 남은 돈의 절반을, 그 다음 날은 또 남은 돈의 절반을, 이런 식으로 돈을 쓴다면 반감기는 하루인 셈이다. 고온에서 박테리아를 살균할 때 시간에 따라 박테리아 수는 반씩 줄어든다.

4-7 활성화 에너지

체크 포인트

1. 역반응
2. 역반응
3. 정반응
4. 정반응

토의 포인트

1. 298 K, 308 K의 두 온도에서 반응 속도 상수 k에 대한 식을 쓴다.

$$\ln k_{298} = \ln A - \frac{E_a}{298R}$$

$$\ln k_{308} = \ln A - \frac{E_a}{308R}$$

위의 식에서 아래 식을 빼고 E_a에 대해서 풀면 다음 결과가 얻어진다.

$$\ln\frac{k_{298}}{k_{308}} = \ln\frac{1}{2} = \frac{E_a}{R} \times \left(\frac{1}{308} - \frac{1}{298}\right)$$

$$E_a = \ln\frac{1}{2} \times (8.314) \div \left(\frac{1}{308} - \frac{1}{298}\right)$$

$$= \frac{(-0.693)(-8.314)}{(-0.000109)}$$

$$= 52900 \text{ J/mol} = \text{약 } 53 \text{ kJ/mol}$$

대부분 반응의 활성화 에너지는 C−H, O−H 등 결합 에너지의 대략 10분의 1 정도인 것을 알 수 있다.

4-8 촉매 반응

체크 포인트

1. ④

2. ③

토의 포인트

1. 암모니아 합성의 촉매, 불포화 탄화수소의 수소화 촉매, 자동차 배기가스 처리 촉매, 의약품 합성의 촉매, 알코올 발효 효소 등.

2. 예외적으로 촉매 작용을 나타내는 RNA가 있지만, 대부분의 생체 촉매는 단백질이다.

종합 문제

01. (1) 메테인에 자외선을 쪼여야 C−H 결합이 깨진다.

(2) 엔트로피가 감소하는 반응은 엔탈피 감소가 크면 자발적으로 일어날 수 있다.

(3) ΔG < 0인 반응은 열역학적으로는 자발적이지만 반응물을 섞어주기만 한다고 해서 모든 경우에 쉽게 일어나지는 않는다. 에너지 장벽을 넘을 수 있도록 에너지를 공급해 주어야 하기 때문이다.

(4) CO_2에서 O−C−O 각도는 180°이다. 그러나 SiO_2는 정사면체 구조이기 때문에 O−Si−O 각도는 109.5°이다.

02. ③

03. ④

04. ④

05. 결합 에너지는 상온에서 분자의 운동 에너지보다 훨씬 크기 때문이다.

06. ⑤

07. ①

08. (1) $\Delta H > 0 \quad \Delta S > 0$

(2) $\Delta H < 0 \quad \Delta S < 0$

(3) $\Delta H < 0 \quad \Delta S > 0$

(4) $\Delta H < 0 \quad \Delta S > 0$

(5) $\Delta H > 0 \quad \Delta S > 0$

(6) $\Delta H > 0 \quad \Delta S > 0$

(7) $\Delta H > 0 \quad \Delta S > 0$

(8) $\Delta H < 0 \quad \Delta S < 0$

(9) $\Delta H < 0 \quad \Delta S < 0$

09. ②

10. ①

11. ③

12. ③

13. ②

14. (1) $\Delta H^\circ = (-153.9 \text{ kJ} + 0) - (0 + 0) = -153.9 \text{ kJ}$ (발열 반응)

Zn^{2+}이 물에 둘러싸여 안정화

(2) $\Delta S^\circ = (-112.1 + 130.6) - (41.6 + 0) = -23.1 \text{ J/K}$

Zn^{2+}을 둘러싸는 물 분자의 엔트로피 감소 효과가 수소 기체 발생에 따른 엔트로피 증가 효과보다 크다.

(3) $\Delta G^\circ = -153.9 - (298)(-0.0231) = -147.0 \text{ kJ}$

자발적

15. 높은 온도에서 생성물이 증가하므로 흡열 반응이다.

16. 0차 반응

17. ③

18. (1) 감소

(2) 증가

(3) 모든 온도

(4) 에너지 장벽을 넘어야 하기 때문이다.

19. ⑤

20. ①

5장 밀러의 생성물

5-1 아미노산의 종류

체크 포인트

1. 글라이신

2. 알라닌

3. 아스파트산, 글루탐산

4. 라이신, 아지닌, 아스파라진, 글루타민

토의 포인트

1. 비교적 안정한 구조를 가지고, 또한 펩타이드 결합을 통해 안정한 단백질 구조를 만들어서 다양한 기능을 나타낼 수 있기 때문이었을 것이다.

2. 실제로 다른 아미노산들도 존재한다. 그러나 20가지 아미노산이 모든 생물에서 단백질을 만드는 데 보편적으로 사용된다.

5-2 산-염기

체크 포인트

1. 암모니아는 $-OH$를 내놓지 않기 때문에 아레니우스 염기는 아니다.

2. 암모니아는 수소 이온을 받아들이기 때문에 브뢴스테드-로우리 염기이다.

3. 암모니아는 비공유 전자쌍을 제공하기 때문에 루이스 염기이다.

토의 포인트

1. 산소가 수소보다 전기음성도가 낮은 소듐으로부터 전자를 끌어당기기 때문이다.

2. 질소는 염소와 전기음성도가 비슷하다. 따라서 HCl처럼 질소가 수소와 하나씩 결합한다면 수소는 산으로 해리할 것이다. 그러나 암모니아에서 질소가 수소 3개와 결합하면 질소가 수소에서 전자를 끌어당기는 경향이 줄어들어서 수소는 산으로 해리하지 않는다.

3. 에틸 알코올에서 산소는 한쪽의 수소와 반대쪽의 탄소로부터 전자를 끌어당긴다. 탄소는 수소에 비해 전기음성도가 크게 차이 나지 않아서 산소에게 전자를 어느 정도 내준다. 따라서 산소가 수소로부터 전자를 끌어당기는 경향이 줄어들어서 수소는 산으로 해리하지 않는다. 암모니아가 산이 아닌 이유와 비슷하다.

5-3 종이 크로마토그래피

체크 포인트

1. 종이의 주성분인 셀룰로스에는 $-OH$기가 많이 들어 있어서 극성이 높다.

2. 정지상이 극성이 높은 경우는 정상 크로마토그래피이다.

토의 포인트

1. 역상 크로마토그래피가 많이 쓰인다. 역상 크로마토그래피에서는 이동상이 물처럼 극성이 높아서 경제적이고 폐기하기도 쉽다. 또한 분리하려는 많은 물질이 무극성 부분에 약간 차이가 있어서 역상 크로마토그래피로 분리가 잘된다.

5-4 아미노산의 수율

체크 포인트

1. 다른 아미노산도 수율이 낮지만 만들어졌을 것이다. 간단한 글라이신과 알라닌이 많이 만들어진 것은 당연하다. 반응 시간을 늘리면 글라이신과 알라닌이 일부 다른 아미노산으로 바뀔 것이다.

토의 포인트

1. 대부분의 아미노산은 특정 아미노산을 잘 만들어 내는 박테리아를 배양해서 대량으로 생산한다.

종합 문제

01. (1) 글라이신
(2) 시스테인
(3) 세린
(4) 프롤린
(5) 루신
(6) 히스티딘

02. ②

03. ④

04. (1) 어느 온도에서 기체의 온도가 1°C 증가하면 부피는

0°C 때 부피의 1/273씩 증가한다.

(2) 정상 크로마토그래피에서는 이동상에 유기 용매를 사용하기 때문에 폐기하기가 어렵다.

(3) NaOH에서 수소가 산 해리를 하지 않는 이유는 소듐이 수소보다 전기음성도가 낮기 때문이다.

(4) 아미노산의 아미노기에서 수소가 산 해리를 하지 않는 이유는 질소가 수소보다 전기음성도가 높지만 질소는 2개의 수소와 1개의 탄소, 즉 모두 3개의 전기음성도가 낮은 원소로부터 전자를 끌어당기기 때문이다.

(5) 에틸 알코올에서 산소와 결합한 수소는 해리하지 않기 때문에 물에서 산성을 나타내지 않는다.

(6) 밀러 실험에서 부산물로 얻어진 아세트산은 산을 가해서 중성으로 만들고 휘발성을 높여서 분리할 수 있다.

05. $HF > H_2O > CH_4 > NH_3$

06. ①

07. ③

08. ②

09. ③

10. 생선의 비린 냄새는 아민 계열의 화합물 때문이다. 레몬즙의 수소 이온이 아민의 비공유 전자쌍과 결합하면 양이온이 되어 물에 잘 녹아서 냄새가 약해진다.

11. 염화 암모늄에서 암모니아는 물에 잘 녹는 암모늄 이온(NH_4^+)으로 존재하기 때문이다.

12.

	정상	역상
정지상의 극성	상대적으로 높음	상대적으로 낮음
이동상의 극성	상대적으로 낮음	상대적으로 높음

13. ④

14. ⑤

15. 극성이 낮은 메틸기를 3개 가진 카페인이 극성이 낮은 정지상과 상호작용이 커서 나중에 나온다.

16. (1) 보일 법칙 $pV = k$

(2) 샤를 법칙 $V = kT$

(3) 아보가드로 법칙 $V = kn$

(4) 이상 기체 방정식 $pV = nRT$

17. (1) 1 L당 150 g

$\frac{150}{67000} = 0.0022$ M

(2) 0.0022 M $\times$ 4 = 0.0088 M

(3) 22.4 L에 1몰의 공기 분자

1 L에는 $\frac{1}{22.4} = 0.045$몰의 공기 분자

그중 21%가 산소이므로 0.045 $\times$ 0.21 = 0.0094몰

적혈구 1 L에 들어 있는 산소 0.0088몰과 비슷하다.

18. 1 L당 1.6 g

$\frac{1.6}{14400} = 0.00011$ M (헤모글로빈 농도의 약 100분의 1)

헤모글로빈은 산소를 운반하는 단백질이지만 라이소자임은 촉매 작용을 하는 효소이기 때문에 많은 양이 필요하지 않다.

6장 생명의 화학

6-1 단백질–생명의 촉매

체크 포인트

1. ②

토의 포인트

1. 단백질의 기능은 3차 구조에서 나오기 때문에 1차 구조는 3차 구조를 만들기 위한 것이라고 보는 것이 타당하다.

6-2 DNA–생명의 유전 물질

체크 포인트

1. ①

토의 포인트

1. DNA의 기능은 1차원적 염기 서열을 통해 유전 정보를 기록하는 데 있다. 따라서 DNA의 3차원적 이중 나선 구조는 1차원적 염기 서열을 저장하기 위한 것이라고 보는 것이 타당하다. 단백질의 경우와 대비된다.

2. 샤가프는 DNA를 산이나 염기로 가수분해하고 얻어진 A, T, G, C를 종이 크로마토그래피로 분리했다. 분리된 A, T, G, C를 산으로 추출하고 추출된 A, T, G, C의 양을 흡광 분석 방법으로 분석했다.

3. RNA는 라이보스를 가지고 있는데 비해 DNA는 라이보스에서 반응성이 높은 산소가 떨어진 데옥시라이보스를 가지고 있다. 따라서 DNA가 보다 안정하다. 유전 정보

를 기록하는 DNA는 안정할 필요가 있다. RNA는 단백질 합성에 사용된 후 빨리 분해되어 새로운 RNA를 만드는 데 사용된다.

6-3 세포막 – 생명의 구획

체크 포인트

1. 탄소, 수소
2. 탄소, 수소, 산소, 인, 질소

토의 포인트

1. 대부분 원소들의 전기음성도가 비슷하다면 물, 단백질 구조, DNA의 수소 결합 그리고 세포막의 친수성 부분이 있을 수 없고, 따라서 생명이 불가능하다.

6-4 탄수화물 – 생명의 에너지

체크 포인트

1. 수소
2. 0
3. 산소는 수소를 잃으므로 산화된다.

토의 포인트

1. 4장에서 보았듯이 467 kJ/mol의 O−H 결합 에너지는 자외선에 해당한다.

종합 문제

01. ④

02. ①

03. (1) 헤모글로빈 (퍼루츠)
 (2) 바이오글로빈 (켄드류)
 (3) DNA (왓슨-크릭)

04. ②

05. ④

06. ④

07. ②

08. ②

09. ①

10. 하나의 유전자의 염기쌍수 $= \frac{300만}{3000} = 1000$
 유전자에 대응하는 단백질의 아미노산수
 $= \frac{1000}{3} =$ 약 300
 (3개의 염기쌍이 하나의 아미노산에 대응하므로)
 아미노산의 평균 분자량은 약 100이므로 단백질의 평균 분자량은
 $100 \times 300 = 30000$

11. (1) 에이버리
 (2) 미셰르
 (3) 허시
 (4) 그리피스

12. ④

13. ④

14. ①

15. ④

16. ①

17. C, H
 전기음성도가 비교적 낮기 때문이다.

18. 인산 구조를 가지고, 인산은 해리해서 음전하를 띠기 때문에 물과 잘 섞인다.

19. $\underset{ㄱ}{\underline{6CO_2}} + \underset{ㄴ}{\underline{12H_2O}} \rightarrow \underset{ㄷ}{\underline{C_6H_{12}O_6}} + \underset{ㄹ}{\underline{6H_2O}} + \underset{ㅁ}{\underline{6O_2}}$
 ㄱ. C = +4, O = −2
 ㄴ. H = +1, O = −2
 ㄷ. C = 0, H = +1, O = −2
 ㄹ. 같음
 ㅁ. O = 0

20. 물에서 산소의 산화수는 −2인데, 수소와 분리된 산소(O_2)에서 산소의 산화수는 0이므로 산화된 것이다.

21. 산소는 광합성의 명반응에서 물이 분해되어 나온다. O-18 방사성 동위원소를 가진 물을 사용해서 광합성을 하고, 발생한 산소에 방사능이 나타나는지 조사한다.

22. 산소는 결합수가 2이기 때문에 탄소나 수소와 결합하면 또 하나의 새로운 결합을 할 수 있게 된다. 따라서 산소는 고려할 필요가 없다. 6개의 탄소 원자가 직선으로 결합하면 양쪽으로 2개씩 그리고 양쪽 끝에 2개, 도합 14개의 수소와 결합할 수 있다. 이것이 헥세인(hexane)이다. 따라서 광합성의 생성물은 $C_6H_{24}O_{12}$가 될 수 없는 것이다.

23. $C_6H_{12}O_6 + 6O_2 \rightarrow 6CO_2 + 6H_2O$
 6몰

찾아보기

ㄱ

ㄴ

ㄷ

ㄹ

ㅁ

ㅂ

ㅈ

| 저자 약력 |

김 희 준
서울대학교 화학과 졸업
시카고대학교 이학박사(물리화학 전공)
MIT 생물학과, 하버드의대 연구원
미육군네이틱연구소 책임연구원
2006년 국제화학올림피아드 학술위원장
현: 서울대학교 화학부 교수

Miller와 함께하는

기초 화학

|저　　자　김 희 준
|발 행 인　주 정 희
|발 행 처　자유아카데미

|주　　소　경기도 파주시 문발동 527-2
파주출판문화정보산업단지
|전　　화　031-955-1321
|팩　　스　031-955-1322
|전자우편　main@freeaca.com(대표)
editor@freeaca.com(편집)
|홈페이지　www.freeaca.com

저자와의
협의하에
인지생략

|등　　록　제406-2003-017호, 1980. 7. 12
|제1판1쇄　2012년 3월 10일 발행
|정　　가　28,000원

ISBN 978-89-7338-943-8 93430